FREILEITUNGSBAU ORTSNETZBAU

EIN LEITFADEN FÜR
MONTAGE- UND PROJEKTIERUNGS-INGENIEURE,
BETRIEBSLEITER UND VERWALTUNGSBEAMTE

VON

F. KAPPER

OBERINGENIEUR DER BADISCHEN ELEKTRIZITÄTS-AKTIENGESELLSCHAFT
MANNHEIM

MIT 364 ABBILDUNGEN IM TEXT, 2 TAFELN
UND 53 TABELLEN

DRITTE, UNVERÄNDERTE AUFLAGE

MÜNCHEN UND BERLIN 1921
DRUCK UND VERLAG VON R. OLDENBOURG

Vorwort zur I. Auflage.

Dieses Buch soll die Aufgabe erfüllen, den in die Praxis eintretenden Ingenieur und den jüngeren Montageingenieur mit den Anforderungen und den Arbeiten des praktischen Freileitungsbaues schneller vertraut zu machen, als dies durch die geschäftliche Tätigkeit möglich ist. Es ist nicht Zweck dieser Arbeit, eine Konstruktionslehre zu bieten. Berechnungen sind deshalb auch nur soweit aufgenommen worden, als diese dem projektierenden und bauleitenden Beamten nützlich sein können und zur Erläuterung und im Zusammenhang mit der ganzen Arbeit notwendig erschienen. Besonderer Wert wurde auf möglichst einfache Darstellung gelegt, durch zahlreich eingestreute, zum größten Teile der Praxis entnommene Zahlenbeispiele wurde der Weg zur Anwendung der aufgenommenen Formeln gewiesen. Wenn auch das vorliegende Buch hauptsächlich für die Bedürfnisse jüngerer Techniker bearbeitet wurde, so dürfte es doch auch dem reiferen, mit der Montage vertrauten Bauleiter und projektierenden Ingenieur willkommene Unterstützung bieten, da in demselben auch die Erfahrungen einer langjährigen praktischen Tätigkeit auf dem behandelten Gebiete niedergelegt sind.

Möge meine Arbeit wohlwollend aufgenommen werden.

Denjenigen Firmen, welche mich durch Überlassung von Abbildungen unterstützt haben, sei an dieser Stelle nochmals der verbindlichste Dank ausgesprochen.

Mannheim, Mai 1913.

F. Kapper.

Vorwort zur II. Auflage.

Die erste Auflage dieses Buches wurde so freundlich aufgenommen, daß sie etwa $1^1/_2$ Jahre nach Erscheinen, kurz nach Ausbruch des Weltkrieges, vergriffen war. Die Bearbeitung der zweiten Auflage konnte erst nach Beendigung des Krieges vorgenommen werden. Die technischen Schwierigkeiten, welche sich der Drucklegung entgegenstellten, ergaben eine weitere Verzögerung, so daß die zweite Auflage erst $5^1/_2$ Jahre später, nachdem die erste Auflage vergriffen war, erscheinen konnte.

Von grundlegender Bedeutung sind die Änderungen, die infolge der vom Verbande Deutscher Elektrotechniker neu aufgestellten Normalien für Freileitungen vorgenommen wurden. Wertvolle Anregungen, die mir aus Fachkreisen zugingen und für die ich nochmals an dieser Stelle danke, wurden zu Ergänzungen und Erweiterungen benutzt. Alle Preisangaben beziehen sich auf Friedenspreise; die Absicht, diese den derzeitigen Verhältnissen anzupassen, mußte wegen der ganz unsicheren Preisbewegung aufgegeben werden.

Mannheim, Mai 1920.

F. Kapper.

Vorwort zur III. Auflage.

Die vorliegende dritte Auflage dieses Buches konnte in unveränderter Darstellung herausgegeben werden, weil infolge des raschen Absatzes der zweiten Auflage eine Neubearbeitung nicht notwendig erschien.

Mannheim, Januar 1921.

F. Kapper.

Inhaltsverzeichnis.

1. Einleitung.

Die technische und wirtschaftliche Entwicklung hat der Elektrizität, die noch vor wenig mehr wie einem Jahrzehnt in der Hauptsache für Beleuchtungszwecke erzeugt wurde, als wichtigste Verwendungsart die Kraftübertragung zugewiesen. Auf Hunderte von Kilometern wird heute der elektrische Starkstrom mit Spannungen übertragen, die noch vor wenigen Jahren für praktische Zwecke unverwendbar erschienen. Die Benutzung hoher Spannungen hat die Möglichkeit gegeben, große Energiemengen noch wirtschaftlich weiterzuleiten und von einer Erzeugerstation aus ein immer größeres Absatzgebiet mit Strom zu versorgen.

Durch die bedeutenden Fortschritte der Elektrotechnik, besonders seit der Einführung der Metallfadenlampe und der Herstellung billiger und zweckmäßiger Motoren, war die allgemeine Verwendung der Elektrizität auch auf dem Lande gesichert. Die Herabsetzung der Strompreise hat den Konsum bedeutend gehoben und in Verbindung mit der hohen Wirtschaftlichkeit der modernen Erzeugungsanlagen sowie der bedeutend gesunkenen Erstellungskosten die Rentabilität der Elektrizitätswerke, besonders der Überlandzentralen, günstig beeinflußt.

Die Verwendungsmöglichkeit der Elektrizität in den Haushaltungen, den Gewerbebetrieben des platten Landes ist wohl sehr vielseitig, trotzdem werden natürlich die Konsumziffern niemals diejenigen der Städte erreichen. Es werden deshalb in Stadtgebieten errichtete Elektrizitätsanlagen in der Regel auch noch rentabel sein, wenn die Erstellungskosten groß sind, bei Überlandzentralen trifft dies nur unter besonders günstigen Verhältnissen zu. In Städten kann die teurere unterirdische Verlegung der elektrischen Leiter, als Kabel ausgebildet, vorzugsweise angewendet werden, für Überlandleitungen und Ortsnetze kommen, von ganz besonderen Fällen abgesehen, nur oberirdische Verlegungsarten der Drähte für den Elektrizitätsleiter in Betracht.

Das Bestreben, die elektrische Energie in großen, am Gewinnungsort der schwarzen und weißen Kohle liegenden Werken zu erzeugen und von da aus auf große Entfernungen weiterzuleiten und sowohl der Großindustrie, dem Handwerker als auch dem kleinen Lichtverbraucher in störungsfreiem Betriebe zuzuführen, hat, da die Fortleitung großer Energiemengen mit hohen Spannungen bei dem heutigen Stand der Kabeltechnik nur wirtschaftlich mit Freileitungen möglich ist, den Freileitungsanlagen wachsende Bedeutung verschafft, aber auch die Anforderungen wesentlich gesteigert, die noch bis vor wenigen Jahren an den Bau und die Betriebssicherheit gestellt wurden.

Und mit Recht! In der Erzeugungsanlage stehen Reservemaschinen, die bei Störungen an der Betriebsmaschine in wenigen Minuten in Betrieb genommen werden können, geschultes Personal sorgt durch ständige Überwachung dafür, daß Störungen überhaupt nur selten oder in so geringem Umfange vorkommen, daß sie den Stromabnehmern nicht bemerkbar werden. Dazu kommt noch, daß die Maschinen und sonstigen Anlagen weitaus nicht in dem Maße äußeren, z. B. atmosphärischen Einflüssen ausgesetzt sind wie die Freileitungen. Für diese sind in modernen Anlagen zwar ebenfalls Reserven vorhanden, in Störungsfällen erfordert das Umschalten aber naturgemäß längere Zeit. Die Überwachung der Außenleitungen ist durch den Überwachungsdienst geregelt. Die einzelnen Teile können aber nur periodisch kontrolliert werden. Der beste Streckendienst kann die Gefahren nicht beseitigen, die den Freileitungsanlagen in Sturm, Schnee, Reif und Angriffen von Vögeln entstehen und welche nur durch beste mechanische Ausführung unter richtiger Bewertung und Beachtung der von den Leitungen durchzogenen Gegenden unschädlich gemacht werden können.

Die Ausgaben für die Leitungsanlagen bilden in der Regel den größeren Teil der Gesamtkosten einer Überlandzentrale, geringe Erstellungskosten werden die Rentabilität in günstigem Sinne beeinflussen. Selbstverständlich kann diese Forderung nur so weit geltend gemacht werden, als die betriebssichere und bis zu einem gewissen Grade die ästhetische Ausführung nicht darunter leidet. Die Mittel, die Gestehungskosten möglichst niedrig zu halten, sollen nicht in Verwendung minderwertiger Konstruktionen oder Materials gesucht werden, sondern in der zweckmäßigen Verwendung einheitlicher Normalkonstruktionen. Geringe Anlagekosten sind durchaus nicht gleichbedeutend mit geringen Betriebskosten. Die Ausgaben, die für Reparaturen und Instandhaltung schlecht ausgeführter Anlagen entstehen, übersteigen in der Regel die Verzinsungs- und Entwertungsquoten des für gut angelegte Anlagen erforderlichen größeren Kapitals.

Diese Gesichtspunkte bilden im allgemeinen auch die Grundlage für die Ausführung von Ortsnetzanlagen. In höherem Maße aber als beim Bau von Fernleitungen müssen ästhetische Rücksichten Beobachtung finden. In Straßenzügen, besonders gilt dies für Hauptstraßen, dürfen die elektrischen Leitungen und deren Tragkonstruktionen nicht unangenehm auffallen. Die Befestigungskonstruktionen sollen der Örtlichkeit angepaßt sein, anderseits darf aber nicht so weit gegangen werden, daß für jeden Befestigungspunkt eine besondere Ausführung gewählt wird. Die Konstruktionen müssen so zusammengestellt werden, daß die einzelnen Teile zu den verschiedensten Zwecken Verwendung finden können. Die Lagerhaltung und Materialbeschaffung wird dadurch sehr vereinfacht, an Stelle der Einzelherstellung tritt Massenherstellung mit geringen Gestehungskosten.

Die Montage der Leitungsanlagen fordert mit Rücksicht auf die bei modernen Ausführungen gewählte hohe Materialbeanspruchung besondere Sorgfalt und Sachkenntnis. Beiden Bedingungen können nur gewissenhafte und geschulte Monteure genügen, die durch Ingenieure und Montage-Inspektoren herangebildet und kontrolliert werden, welche mit Theorie und Praxis des Freileitungsbaues genügend vertraut sind, um sorgfältige Beachtung aller Regeln und Vorschriften dauernd zu sichern.

2. Materialien für den Leiter.

Das Material für den elektrischen Leiter soll bei billigsten Preisen höchste Leitfähigkeit, geringstes Gewicht und größte Festigkeit besitzen. Die Auswahl des Materials wird aber nicht allein durch die elektrischen und mechanischen Eigenschaften sondern auch durch die Widerstandsfähigkeit gegenüber chemischen Einflüssen der Luft und den Einfluß auf die Kosten der Tragkonstruktionen bestimmt.

Die gebräuchlichsten Materialien, die den genannten Bedingungen am nächsten kommen, sind Kupfer und Aluminium. Für besondere Fälle kommen Bronze, Eisen, Stahl und neuerdings das in Amerika schon häufig verwendete Monnotmetall in Betracht.

Tabelle 1. **a) Kupfer.**

	Kupferdraht			Bemerkungen
	weich	halbhart	hart	
Spez. Gewicht	8,9	8,93	8,95	Für Seile mit 12—15 facher Schlaglänge 9,1
Bruchfestigkeit in kg/qmm	22—26	28—34	37—41	Die größeren Werte sind für Drähte von 1—3 mm Durchmesser gültig, mit wachsendem Durchmesser nähern sich die Werte der unteren Grenze.
Streckgrenze in kg/qmm	12	20—26	27—33	
Zulässige Beanspruchung in kg/qmm	5	massiv 7 Seil 12	massiv 12 Seil 16	
Elastizitätsmodul (E) in kg/qcm	1 000 000	1 250 000	1 300 000	
Dehnungskoeffizient $\beta = \frac{1}{E}$	$1{,}00 \cdot 10^{-6}$	$0{,}8 \cdot 10^{-6}$	$0{,}77 \cdot 10^{-6}$	
Wärmeausdehnungskoeffizient α	$17 \cdot 10^{-6}$	$17 \cdot 10^{-6}$	$17 \cdot 10^{-6}$	
Spez. Leitfähigkeit	58	57	57	

Der kleinste Querschnitt ist für den Kupferleiter 10 qmm. Dieser und 16 qmm sind mit der geringeren Höchstbeanspruchung von 12 kg/qmm als massive Leitungen zugelassen. Für 25 qmm und höhere Querschnitte kommen nur Seilkonstruktionen (Höchstbeanspruchung 16 kg/qmm) in Betracht, die normalisiert sind.

Der besondere Vorzug der Seile gegenüber den massiven Drähten besteht neben der leichteren Behandlung bei der Montage darin, daß bei Verletzung der harten Oberfläche oder einer schwachen Stelle eines Drahtes des Seiles die anderen Drähte bei nur wenig erhöhter Beanspruchung ohne Gefahr den Leitungszug aufnehmen können.

Die früher gebrauchten, in der vorstehenden Tabelle mit Rücksicht auf die weiteren Ausführungen beibehaltenen Bezeichnungen der verschiedenen Kupferarten werden in den neuesten Normalien für Freileitungen des Verbandes Deutscher Elektrotechniker nicht mehr genannt. Diese sprechen nur von normalen Materialien, als welche Kupfer und Aluminium gelten, und deren Beschaffenheit bestimmten Bedingungen genügen muß.

Die Bruchfestigkeit für Kupfer soll z. B. ca. 40 kg/qmm betragen, die nur mit hartgezogenem Kupfer erreicht werden kann. Für halbhartes oder weiches Kupfer (ebenso für andere Materialien) darf die Zugspannung für massive Drähte ein Drittel, für Seile die Hälfte der Streckgrenze nicht überschreiten.

Die Schwierigkeit der Verwendung und Unterbringung geeigneter Befestigungskonstruktionen beim Ortsnetzbau erlaubt in der Regel nicht die volle Beanspruchung der verwendeten Kupferleiter. Es ist deshalb zweckmäßig, Leitungen zu verarbeiten, die, weil für geringere Beanspruchung benötigt, weniger hartgezogene Oberfläche besitzen und deshalb besser zu montieren sind. Solches Material ist »halbhartes Kupfer« mit einer Festigkeit an der Streckgrenze von 20 bis 26 kg/qmm, woraus nach den Normalien für massive Drähte eine Beanspruchung von 7 kg/qmm, für Seile von 12 bis 13 kg/qmm resultiert. Das sind Beanspruchungen, die als oberste Grenze für Ortsnetzleitungen in Betracht kommen dürften. Die in der Regel verwendeten geringen Spannweiten erhöhen nur wenig die Durchhänge und damit die Stützpunkte gegenüber der maximalen, für Kupfer zugelassenen Spannung von 12 bzw. 16 kg/qmm.

Weicher, ausgeglühter Kupferdraht kommt für Freileitungszwecke nicht mehr in Betracht. Die Elastizitätsgrenze liegt so niedrig, daß schon geringe höhere Beanspruchungen eine bedeutende Dehnung hervorrufen, die den Durchhang unzulässig erhöht und ein Nachspannen der Leitung erforderlich macht. Im Freileitungsbau wird weiches Kupfer teilweise noch für Bindedrähte zum Befestigen der Leitungen an den Isolatoren verwendet.

Tabelle 2. **b) Aluminium.**

Spez. Gewicht	Bruchfestigkeit kg/qmm	Streckgrenze kg/qmm	Zulässige Beanspruchung kg/qmm	Elastizitätsmodul E kg/qcm	Dehnungskoeffizient $\beta = \frac{1}{E}$	Wärmeausdehnungskoeffizient α	Spez. Leitfähigkeit	Bemerkungen
2,7[1]	18—20	14—15	9	715 000	$140 \cdot 10^{-6}$	$23 \cdot 10^{-6}$	34,8	
	16—18	12,5 bis 13,5	7		$140 \cdot 10^{-6}$	$23 \cdot 10^{-6}$	34,8	

[1] Für Seile 2,75.

Die nach den Normalien des Verbandes Deutscher Elektrotechniker zulässige Höchstbelastung für Aluminiumseile beträgt 9 kg/qmm, wenn die Zuglast in kg, die mindestens eine Minute wirken soll, ohne zum Bruche zu führen, für Drähte von 2,1 mm Normdurchmesser 65 kg, für solche von 2,5 mm 90 kg und für solche von 2,8 mm 115 kg beträgt. Aluminiumseile, deren Drähte diesen Bedingungen nicht genügen, dürfen nur mit 7 kg/qmm beansprucht werden.

Der Querschnitt für Aluminium muß bei gleicher Leitfähigkeit wie Kupfer 1,7 mal größer gewählt werden als für letzteres Metall, so daß die Beanspruchung eines Querschnittes von gleicher Leitfähigkeit bei Hartkupfer 16 qkg, bei Aluminium 7 · 1,7 qkg = ca. 12 qkg beträgt. Infolgedessen werden die Beanspruchungen der Abspann- und Winkelmaste, der Maste für die bruchsicheren Aufhängungen im Verhältnis von 16 : 12 kleiner. Die geringe Festigkeit und der große Temperaturkoeffizient erfordern aber großen Durchhang der Leitungen, so daß besonders bei größeren Spannweiten die Tragkonstruktionen bedeutend höher sein müssen wie bei Leitungen anderen Materials. Die Maste werden deshalb nicht leichter und billiger, sondern in den meisten Fällen teurer. Der größere Querschnitt des Aluminiumleiters erhöht den Winddruck und beansprucht hierdurch besonders ungünstig die zwischen Abspannmasten und Winkelpunkten stehenden Tragmaste, die unter Berücksichtigung des höheren Angriffspunktes der Last wesentlich kräftiger auszuführen sind als bei Kupferleitungen. Bei Verwendung von Holzmasten und bei Ortsnetzanlagen kann der Aluminiumleiter Ersparnisse bringen, die etwa dem Differenzbetrage zwischen Kupfer und Aluminium gleichkommen. Die Spannweiten sind in diesen Fällen nicht groß, so daß der Durchhang, der proportional dem Quadrate des Mastabstandes wächst, von dem der Kupferleitungen nicht viel abweicht. Dementsprechend werden die Maste und Unterstützungspunkte nicht wesentlich höher, und der besondere Vorzug des Aluminiums, das geringe Gewicht, beeinflußt günstig die Stärke der Konstruktionsteile.

Ein Nachteil liegt in der Weichheit des Metalls. Die Festigkeit liegt auch hier in der Hauptsache in der spröden Oberfläche, die nicht verletzt werden darf. Besondere Sorgfalt ist deshalb bei der Montage geboten. Trotzdem werden die Montagekosten wegen des geringen Gewichtes nicht höher wie bei anderen Materialien.

Der niedrige Schmelzpunkt von Aluminium vergrößert die Gefahr der Abschmelzung bei Isolatorendefekten, und ein Übelstand in elektrischer Hinsicht ist die erhöhte Induktion der Leitung infolge des erhöhten Drahtabstandes, der durch den großen Durchhang des Aluminiumleiters notwendig ist.

Die Verwendung von massiven Aluminiumleitungen ist gemäß den Normalien des V. D. E. verboten und wird von den Fabriken nicht mehr empfohlen, weil es nicht möglich ist, dickere Drähte mit genügender Homogenität auszuführen. Bei einzelnen Leitungsanlagen zeigten die Drähte an den Bruchstellen glasharte Stellen spröden, brüchigen Materials. Die ausschließliche Anwendung von Aluminiumseilen hat solche Erscheinungen behoben.

Das Preisverhältnis der beiden Materialien Kupfer und Aluminium steht in einem durch die Leitfähigkeit und das spez. Gewicht bedingten Zusammenhang. Der Querschnitt des weißen Metalls muß das 1,7 fache des Kupferquerschnittes betragen, die spez. Gewichte sind 2,7 und 8,95, somit

$$\text{Kupferpreis} = \frac{2{,}7 \cdot 1{,}7}{8{,}95} = \text{rund } 0{,}51,$$

d. h. die Kosten für beide Materialien werden dann gleich, wenn der Kupferpreis 51% des Aluminiumpreises beträgt. Die untenstehende Kurve (Fig. 1) gibt die Ersparnis oder, wenn das Preisverhältnis zwischen Kupfer und Aluminium kleiner als 0,51 wird, den Verlust an, der bei Verwendung von Aluminium gegenüber Kupfer entsteht.

Die Schwierigkeit der Herstellung einer guten Lötverbindung ist bis jetzt noch nicht behoben; es empfiehlt sich deshalb, die Leitungen durch Klemmen oder Würgehülsen aus gleichem Material zu verbinden.

Die atmosphärischen Einflüsse sind für Aluminium nicht wesentlich ungünstiger wie für Kupfer. Geringe Widerstandsfähigkeit besitzt es gegen alkalische Flüssigkeiten. Im Wasser, welches freie Säuren enthält, mit welchen sich das Aluminium verbinden kann, löst es sich leicht unter Entwicklung von Wasserstoff. In der Nähe chemischer Fabriken

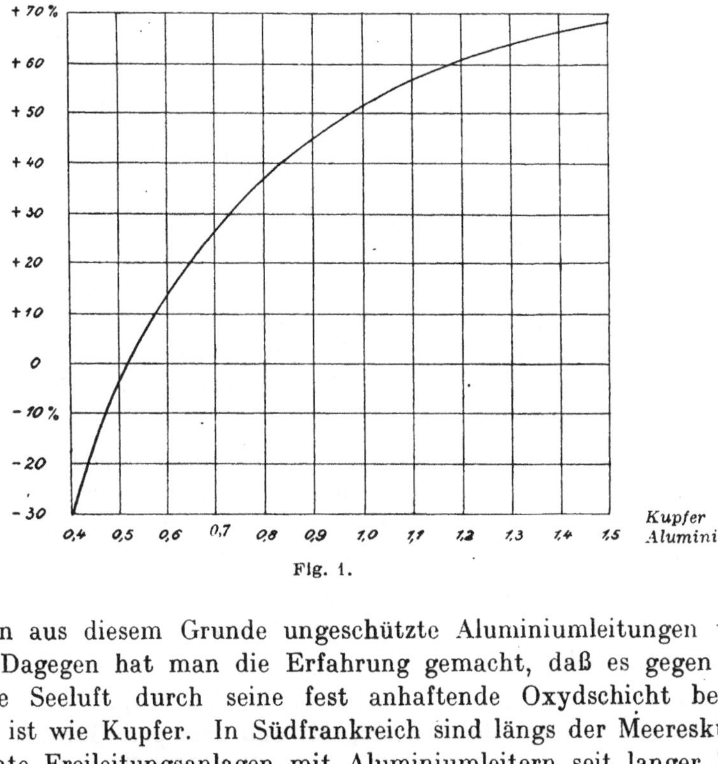

Fig. 1.

sollte man aus diesem Grunde ungeschützte Aluminiumleitungen vermeiden. Dagegen hat man die Erfahrung gemacht, daß es gegen die salzhaltige Seeluft durch seine fest anhaftende Oxydschicht besser geschützt ist wie Kupfer. In Südfrankreich sind längs der Meeresküste ausgedehnte Freileitungsanlagen mit Aluminiumleitern seit langer Zeit anstandslos in Betrieb.

Tabelle 3. **c) Bronze.**

Spez. Gewicht	Bruchfestigkeit kg/qmm	Streckgrenze kg/qmm	Zulässige Beanspruchung kg/qmm	Elastizitätsmodul E kg/qcm	Dehnungskoeffizient $\beta = \frac{1}{E}$	Wärmeausdehnungskoeffizient α	Spez. Leitfähigkeit
8,95	50	34	18	1 200 000	$84 \cdot 10^{-6}$	$18 \cdot 10^{-6}$	50,4
8,92	70	45	25	1 200 000	$84 \cdot 10^{-6}$	$18 \cdot 10^{-6}$	35,3

Bei größeren Spannweiten, wenn mit einem großen Durchhang nicht gerechnet werden kann, verwendet man Leitungen aus Bronze; dies ist eine Legierung aus Kupfer und Zinn, welche in einer Anzahl Zusammensetzungen den jeweiligen Anforderungen an Leitfähigkeit und Zugfestigkeit angepaßt werden kann. Die bei hoher Festigkeit stark zurückgehende Leitfähigkeit und die große Empfindlichkeit des harten Materials gegen Biegungsbeanspruchungen, die besondere Vorsicht bei der Montage verlangt, beschränkt die Verwendung der Kupferbronze auf besondere Fälle.

Tabelle 4. **d) Eisen und Stahl.**

Spez. Gewicht	Bruchfestigkeit kg/qmm	Streckgrenze kg/qmm	Zulässige Beanspruchung kg/qmm	Elastizitätsmodul E kg/qcm	Dehnungskoeffizient $\beta = \frac{1}{E}$	Wärmeausdehnungskoeffizient α	Spez. Leitfähigkeit	Bemerkungen
7,9[1]	62	42	24	2000000	$50 \cdot 10^{-6}$	$12,3 \cdot 10^{-6}$	7,25	Eisenhart gezogen
7,95	70	50	27	2000000	$50 \cdot 10^{-6}$	$12,3 \cdot 10^{-6}$	6,25	Stahl
7,95	90	70	38	2100000	$48 \cdot 10^{-6}$	$12,3 \cdot 10^{-6}$	5,7	Gußstahldraht
7,95	130	110	58	2150000	$47 \cdot 10^{-6}$	$12,3 \cdot 10^{-6}$	4,9	Patentgußstahldraht

[1] Für Eisenseile 8,1.

Für besondere Verhältnisse, wo mit geringstem Durchhang größte Spannweiten zugelassen werden sollen oder infolge der durch den Krieg hervorgerufenen Knappheit an Sparmetallen, werden Leitungen aus galvanisch verzinkten Eisen- oder Stahlseilen in Betracht kommen. Die geringere Leitfähigkeit des Eisens gegenüber Kupfer wird bei Wechselstrom noch durch das magnetische Verhalten verschlechtert. Besonders bei weichem Draht macht sich der Verlust durch Hautwirkung (Skineffekt) stärker bemerkbar als bei hartgezogenem Material, das für Freileitungen nur verwendet werden sollte, obwohl ersterer leichter zu verlegen ist. Die Größe des induktiven Widerstandes hängt besonders auch von der geometrischen Anordnung der Leiter zueinander ab.

Zur Verhütung von Rostbildungen ist nur gezogener und besonders gut verzinkter Draht zu verwenden. Die Reichspost- und Telegraphenverwaltung hat besondere »Vertragsbedingungen für die Lieferung von verzinktem Eisendraht« herausgegeben, deren Anwendung auch vom V. D. E. empfohlen wird. § 2 derselben, welcher die Forderungen über die mechanischen und elektrischen Eigenschaften des Drahtes enthält, lautet auszugsweise:

Der Draht muß durchgängig einen genau kreisrunden Querschnitt haben; der Durchmesser muß innerhalb der nachstehend bezeichneten Grenzen liegen:

bei 3 mm starkem Eisendraht zwischen 2,9 und 3,1 mm,
» 2 » » » » 1,9 » 2,1 »
» 1,7 » » » » 1,6 » 1,8 »

Im übrigen muß der Draht ein und derselben, nach Gutdünken des prüfenden Beamten der Reichspost- und Telegraphenverwaltung ausgewählten Drahtader den nachstehenden Bedingungen entsprechen, wobei es dem prüfenden Beamten freisteht, die Prüfungen an den verschiedenen Drahtadern an dem äußeren oder dem inneren Drahtende vorzunehmen:

a) Der Eisendraht muß so biegsam sein, daß er an derselben Stelle eine bestimmte Anzahl von Biegungen im rechten Winkel aushält, ohne zu spalten oder zu brechen, und zwar:

der 3 mm starke Eisendraht 8 Biegungen im rechten Winkel,
» 2 » » » 14 » » » »
» 1,7 » » » 16 » » » »

Unter einer Biegung im rechten Winkel ist zu verstehen, daß der Draht aus der Lotrechten in die Wagerechte (um 90°) gebogen und wieder in die Lotrechte zurückgebogen wird.

Bei der Prüfung wird ein Stück Draht von etwa 200 mm Länge so in einen Schraubstock gespannt, daß etwa 150 mm über den Schraubstock hervorstehen. Die Backen des Schraubstockes müssen an der oberen Kante

mit einem Radius von 5 mm für die Prüfung sämtlicher Drahtsorten abgerundet sein.

Der eingespannte Draht wird abwechselnd nach rechts und nach links aus der Lotrechten in die Wagrechte und zurück in die Lotrechte gebogen.

Der Bruch ist als eingetreten anzusehen, sobald nach deutlich sichtbar gewordenen Rissen der Außenhaut die Widerstandskraft des Drahtes plötzlich merkbar abnimmt.

Draht, der die vorgeschriebene Anzahl von Biegungen im rechten Winkel nicht aushält, wird zurückgewiesen.

b) Der Eisendraht muß auf eine freie Länge von 150 mm, ohne zu brechen, folgende Anzahl von Torsionen aushalten, und zwar:

der 3 mm starke Draht 22 Torsionen,
» 2 » » » 32 »
» 1,7 » » » 38 »

Zur Bestimmung der Anzahl von Torsionen wird das zu prüfende Drahtstück in eine Torsionsvorrichtung eingespannt und axial mit 2 kg für 1 mm Querschnitt durch Gewicht belastet. Die Torsionen erfolgen mit etwa 15 Umdr. in 10 Sek. Die Torsionszahlen können unmittelbar durch Zählen oder durch ein an der Maschine angebrachtes Zählwerk oder auch in der Weise ermittelt werden, daß das Drahtstück vor dem Einspannen mit einem über die ganze Meßlänge verlaufenden Farbstriche versehen wird, der sich nach der Torsion als Schraubenlinie zeigt, deren Windungen abgezählt werden können. Während der Ausführung der Torsion darf der Draht nicht besonders gekühlt werden.

c) Die absolute Festigkeit des Eisendrahtes muß mindestens 40 kg auf das qmm Querschnitt betragen. Hiernach ergibt sich für die einzelnen Drahtsorten folgende absolute Festigkeit:

für den 3 mm starken Eisendraht rd. 282 kg,
» » 2 » » » » 125 »
» » 1,7 » » » » 90 »

Die Prüfung auf absolute Festigkeit wird entweder mittels Hebelzerreißmaschine oder durch unmittelbare Belastung des zu prüfenden Drahtstückes, das zwischen den Klemmbacken der Aufhängevorrichtung 150 mm freie Länge besitzt, derart ausgeführt, daß die Belastung des Drahtes mit dem der verlangten absoluten Festigkeit entsprechenden Gewichte nicht mit einem Male, sondern nach und nach und nicht ruckweise bewirkt wird.

d) Der Zinküberzug muß eine glatte Oberfläche haben, den Draht überall zusammenhängend bedecken und so fest daran haften, daß der Draht in eng aneinanderliegenden Spiralwindungen um einen Zylinder von dem zehnfachen Durchmesser des Drahtes fest umwickelt werden kann, ohne daß der Zinküberzug Risse bekommt oder abblättert.

Der Zinküberzug muß eine solche Dicke haben, daß

der 3 mm starke Eisendraht 7 Eintauchungen von je 1 Min. Dauer,
» 2 » | » » 6 » » » 1 » »
» 1,7 » |

in eine Lösung von einem Gewichtsteile Kupfervitriol in fünf Gewichtsteilen Wasser verträgt, ohne sich mit einer zusammenhängenden Kupferhaut zu bedecken.

e) Der Leitungswiderstand darf sich bei einer Temperatur von + 15° C

für den 3 mm starken Draht auf höchstens 19,09 Ω

für das km belaufen. Die zulässigen Abweichungen in der Drahtstärke werden hierbei nicht in Betracht gezogen.

Es ist empfehlenswert, diese Bedingungen der Reichspost- und Telegraphenverwaltung für solche Drähte, die einer besonderen Deformierung unterliegen, wie z. B. Bindedrähte, weiter zu verschärfen, um einer einwandfreien Beschaffenheit und guten Schutzes gegen Rosten sicher zu sein. Für solche Drähte sollte entgegen § 2 d der Postbestimmungen verlangt werden, daß der Draht um seinen eigenen Durchmesser gewickelt werden kann, ohne daß der Zinküberzug Risse bekommt oder abblättert, und daß der Draht die dann vorzunehmende Eintauchprobe in Kupfervitriollösung verträgt, ohne sich mit einer zusammenhängenden Kupferhaut zu bedecken. Vor dieser Prüfung ist der Draht gut zu entfetten.

Zur Vermeidung des Rostens und der Bildung von Roststraßen an den Isolatoren ist bei der Verlegung des Eisendrahtes besondere Aufmerksamkeit darauf zu richten, daß die Verzinkung der Leitung und des Bindedrahtes nicht beschädigt wird. Aus diesem Grunde ist auch eine vorsichtige Benutzung der nötigen Werkzeuge bei sämtlichen Verlegungsarbeiten notwendig.

Tabelle 5. **e) Monnotmetall.**

Spez. Gewicht	Bruchfestigkeit kg/qmm	Streckgrenze kg/qmm	Zulässige Beanspruchung kg/qmm	Elastizitätsmodul E kg/qcm	Dehnungskoeffizient $\beta = \frac{1}{E}$	Wärmeausdehnungskoeffizient α	Spez. Leitfähigkeit
8,45	58	47	24	1900000	$52 \cdot 10^{-6}$	$12 \cdot 10^{-6}$	29
8,3	90	75	45	2100000	$48 \cdot 10^{-6}$	$12 \cdot 10^{-6}$	21

Das Bestreben, die hohe Leitfähigkeit des Kupfers mit der Festigkeit des Stahles zu vereinigen, führte schon sehr frühe dazu, den Kupferleiter an Stahlseilen aufzuhängen. Diese Konstruktion gibt bei großen Spannweiten starke Beanspruchungen der Maste durch vermehrtes Eigengewicht, hohe Belastung durch Schnee, Eis und Winddruck.

Die Anregung, Eisen- und Stahldrähten durch einen kupfernen Überzug höhere Leitfähigkeit zu geben und sie gegen Rosten zu schützen, gab die Schwachstromtechnik. Die Einführung solcher Leiter scheiterte jedoch an dem Umstand, daß es nicht gelingen wollte, den Kupfermantel innig mit dem Stahlkern zu verbinden. Der Mantel bekam Risse und der dann einsetzende elektrochemische Prozeß zerstörte bald den Überzug, der Stahldraht verrostete. Den Amerikanern ist es erst in letzter Zeit gelungen, in dem »Monnotmetall« einen Leiter herzustellen, dessen Kupfermantel dem Stahlkern metallurgisch aufgeschweißt wird. Ein Stahl- oder Eisenblock wird in flüssiges Kupfer getaucht, wobei sich die oberste Schicht mit dem Kupfer legiert. Zur Erzielung der gewünschten Dicke des Kupfermantels wird der Stahlblock mit einer entsprechenden Kupfermenge umgossen und dann in Drähten beliebigen Durchmessers ausgewalzt.

In Amerika sind diese Doppelmetalldrähte für Telephon- und Signalleitungen und auch für Starkstromzwecke sehr viel zur Verwendung gekommen. In Deutschland ist die Einführung noch nicht gelungen, trotzdem das Material für große Spannweiten außerordentlich zweckmäßig ist. Es vereinigt recht gute Leitfähigkeit mit hoher Festigkeit und Wetterbeständigkeit.

Die Befürchtungen, daß ein Reißen und Abspringen des Kupfermantels infolge der ungleichen Ausdehnung der beiden Metalle zu erwarten sei, haben sich nicht erfüllt. Die legierte Zwischenschicht gleicht die Differenz vollkommen aus.

Beim Walzen und ebenso beim Ziehen erleiden der Zusammenhalt und das Mengenverhältnis zwischen Eisen und Kupfer keine Veränderungen, da beide Metalle sich vollständig gleichmäßig längen. Der fertige Draht hat deshalb in seiner ganzen Ausdehnung dieselbe Zusammensetzung, die vordem der Knüppel hatte. Der innere Kern besteht aus reinem Eisen oder Stahl und der äußere Mantel aus reinem Kupfer, während das Übergangsmittel zwischen beiden aus einer Kupfer-Eisenlegierung besteht. Das Mengenverhältnis zwischen Eisen und Kupfer kann dabei beliebig gewählt werden; es schwankt zwischen 1:1 und 9:1.

Tabelle 6. **Blanke Kupfer- und Aluminiumleitungen.**

Querschnitt von gleichem Widerstand		Anzahl der einzelnen Drähte		Durchmesser der einzelnen Drähte		Äußerer Durchmesser		Gewicht für 1000 m	
Kupfer qmm	Aluminium qmm	Kupfer	Aluminium	Kupfer mm	Aluminium mm	Kupfer mm	Aluminium mm	Kupfer kg	Aluminium kg
10	17	1	7	3,56	1,76	3,5	5,28	89	46
16	27,2	1	7	4,52	2,23	4,5	6,60	142	74
16	27,2	7	7	1,71	2,23	5,2	6,60	145	74
25	42,5	7	19	2,13	1,70	6,5	8,35	228	115
35	59,5	7	19	2,52	2,00	7,7	9,95	318	162
50	85	19	19	1,83	2,39	9,2	11,90	455	230
70	119	19	19	2,16	2,82	10,9	14,10	640	322
95	161,5	19	19	2,52	3,30	12,7	16,30	870	440
120	204	19	37	2,84	2,65	14,2	18,70	1100	555

Tabelle 7. **Isolierte Kupferleitungen für Kreuzungen von Niederspannungsleitungen mit Schwachstromleitungen.**

Querschnitt qmm	Einzelne Drähte Anzahl	Einzelne Drähte Durchmesser mm	Äußerer Durchmesser der isolierten Leitung mm	Gewicht für 1000 m kg
10	1	3,56	7,0	115
16	1	4,52	8,0	175
16	7	1,71	8,5	185
25	7	2,13	10,0	275
35	7	2,52	11,5	375
50	19	1,83	13,0	525
70	19	2,16	15,0	720
95	19	2,52	16,5	950
120	19	2,84	18,0	1200

Tabelle 8. **Drahtseile aus verzinkten Eisen- und Stahldrähten.**

Drahtmaterial	Anzahl der Drähte	Durchmesser des Seiles[1] mm	Festigkeit kg	Gewicht für 1000 m kg
Eisen	84	3	100	25
Eisen	49	3	110	35
Stahl	49	3	275	35
Eisen	96	5	275	130
Eisen	42	5	400	90
Stahl	42	5	1200	90
Eisen	72	7	600	155
Stahl	77	7	2200	170
Eisen	42	9	1100	290
Stahl	49	9	3000	325
Eisen	42	12	2200	540

[1] Mit Hanfseele.

Tabelle 9. **Blanke Leitungen aus verzinktem Eisendraht.**

Querschnitt qmm	Einzelne Drähte Anzahl	Einzelne Drähte Durchmesser mm	Äußerer Leiterdurchmesser mm	Gewicht für 1000 m kg
10	1	3,5	3,5	80
10	7	1,4	4,2	90
16	1	4,5	4,5	125
16	7	1,7	15,	130
25	7	2,2	6,6	220
35	7	2,5	7,5	290
50	7	3,0	9,0	410
70	19	2,2	11,0	605
95	19	2,5	12,5	775
120	37	2,0	14,0	980
150	37	2,3	16,1	1280

3. Spannung und Durchhang des Leiters.

Die Stützpunkte liegen gleich hoch.

Ein zwischen zwei festen Punkten A und B ausgespannter, vollkommen biegsam gedachter Faden (Fig. 2) nimmt im Gleichgewichtszustand seiner inneren und äußeren Kräfte eine Kurvenform an, die mit Kettenlinie bezeichnet wird, weil eine Kette unter dem Einflusse ihres Eigengewichtes diese Kurve beschreibt. Die Belastung ist an allen Stellen proportional der Länge. Die Kurve ist zu einer durch ihren tiefsten Punkt gelegten Lotrechten symmetrisch.

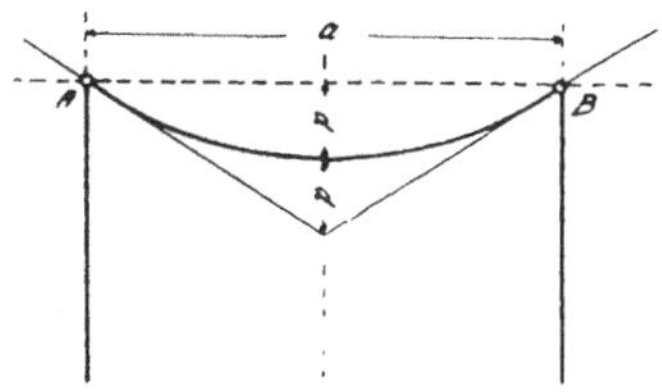

Fig. 2.

Die Entfernung a der beiden Stützpunkte A und B bezeichnet man als Spannweite; den lotrechten Abstand d des tiefsten Punktes von der geraden Verbindungslinie der beiden Stützpunkte als Durchhang. Dieser wird bestimmt von der Spannung, die auf den Faden in seiner Längsrichtung ausgeübt wird, von der Spannweite a und von dem Gewicht des Fadens. Da der Durchhang in allen praktisch vorkommenden Fällen im Vergleich zur Spannweite sehr gering ist, so kann angenommen werden, daß das Gewicht des halben Fadenstückes $\frac{a}{2} \cdot g$ ist, wenn

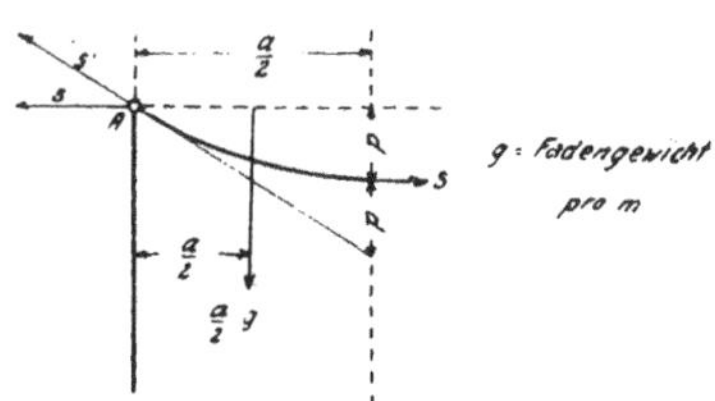

Fig. 3.

das Fadengewicht der Längeneinheit g ist. Ist die Spannung im tiefsten Punkte s, so ist nach Fig. 3 auf Grund des Kräftegleichgewichts:

$$s \cdot d = {}^1/_2\, a g\, {}^1/_4\, a$$

$$s = \frac{a^2 g}{8 d} \quad \ldots \ldots \ldots \ldots \ldots \quad (1)$$

$$d = \frac{a^2 g}{8 s} \quad \ldots \ldots \ldots \ldots \ldots \quad (2)$$

Die Spannung s herrscht im tiefsten Punkte der Kurve; an den anderen Punkten ist sie größer und erreicht ihren Höchstwert in den Aufhängepunkten. Für die Aufhängepunkte A oder B beträgt die Spannung:

$$s' = \frac{a^2 \cdot g}{8d} + d \cdot g, \quad \ldots \ldots \ldots \ldots (1\,a)$$

s wird aber von der Spannung im Aufhängepunkt um so weniger abweichen, je kleiner der Durchhang d im Verhältnis zur Spannweite a ist. Für normale Fälle ist d klein (der Durchhang beträgt nicht über 8% der Spannweite), so daß mit genügender Genauigkeit die Spannung im Aufhängepunkt gleich der Scheitelspannung s gesetzt werden kann.

Die abgeleiteten Gleichungen 1 und 2 sind unabhängig von der Temperatur und gelten für irgendeinen Dehnungszustand des Drahtes.

Die Kettenlinie paßt sich sehr genau der flachen Parabel an, es kann deshalb im folgenden zur Vereinfachung des Rechnungsverfahrens die Parabelgleichung zugrundegelegt werden. Das rechnerische Annäherungsverfahren weicht von der genauen Methode ganz unwesentlich ab, obwohl infolge des kleinen Verhältnisses von Durchhang und Spannweite der Leitungen auch die größten Querschnitte der Biegungsbeanspruchung keinen Widerstand entgegensetzen, also als vollkommen biegsam angenommen werden können. (Genaue Vergleiche hat Keil im Elektrotechnischen Anzeiger 1911, Heft 63 u. f. durchgeführt.)

Die flache Parabel (Fig. 4) hat einen Scheitelkrümmungskreis vom Radius r gleich dem Parameter der Parabel. Die Kreisbogenlänge für die Sehne a und den Zentriwinkel φ ergibt sich hiernach zu:

$$\frac{L}{2} = r \cdot \varphi \cdot \frac{\pi}{180} = r \cdot \text{arc sin} \frac{a}{2r}$$

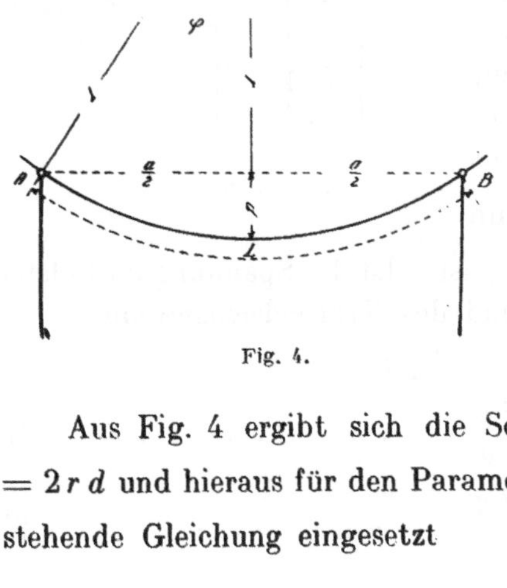

Fig. 4.

$$\text{arc sin} \frac{a}{2r} = \frac{a}{2r} + \frac{1}{2 \cdot 3} \left(\frac{a}{2r}\right)^3 + \frac{1 \cdot 3}{2 \cdot 4 \cdot 5} \left(\frac{a}{2r}\right)^5 + \ldots$$

$$\frac{L}{2} = r \left[\frac{a}{2r} + \frac{1}{2 \cdot 3} \left(\frac{a}{2r}\right)^3 + \frac{1 \cdot 3}{2 \cdot 4 \cdot 5} \left(\frac{a}{2r}\right)^5 + \ldots\right].$$

Aus Fig. 4 ergibt sich die Scheitelgleichung der Parabel zu $\frac{a^2}{4} = 2\,r\,d$ und hieraus für den Parameter der Parabel $r = \frac{a^2}{8\,d}$, dies in vorstehende Gleichung eingesetzt

$$\frac{L}{2} = \frac{a^2}{8\,d}\left[\frac{a}{2}\cdot\frac{8\,d}{a^2} + \frac{1}{2\cdot 3}\left(\frac{a}{2}\cdot\frac{8\,d}{a^2}\right)^3 + \frac{1\cdot 3}{2\cdot 4\cdot 5}\left(\frac{a}{2}\cdot\frac{8\,d}{a^2}\right)^5 + \ldots\right].$$

$$\frac{L}{2} = \frac{a}{2}\left[1 + \frac{2}{3}\left(\frac{2\,d}{a}\right)^2 + \frac{2\cdot 3}{5}\left(\frac{2\,d}{a}\right)^4 + \ldots\ldots\right].$$

Da $2d$ im Verhältnis zu a sehr klein ist, können die höheren Glieder vernachlässigt werden, und man erhält somit

$$L = a\left[1 + \frac{2}{3}\left(\frac{2\,d}{a}\right)^2\right] = a + \frac{8}{3}\cdot\frac{d^2}{a} \quad \ldots\ldots \quad (3)$$

Die Stützpunkte liegen verschieden hoch.

Wird eine Leitung an zwei Stützpunkten befestigt, die verschieden hoch sind, dann fällt der Scheitel der Parabel nicht in die Mitte der Verbindungslinie der Stützpunkte. Die beiden Zweige der Parabel sind nicht gleich. Die Gleichheit entsteht durch Verkürzung von AB (Fig. 5) mittels der Horizontalen BB', wodurch man den Hilfsstützpunkt B' und die Spannweite a' erhält, oder durch Verlängerung von AB (Fig 6) bis zur Horizontalen AC, die den Hilfsstützpunkt C und die Spannweite a'' bestimmt. Diese Spannweiten sollen rechnerisch mit Hilfe der durch die Absteckungsarbeiten gegebenen Maße ermittelt werden.

a) Ermittelung nach Fig. 5; es ergibt die Momentensumme um den Stützpunkt A bzw. B:

$$s\,(d + f) = \left(a - \frac{a'}{2}\right) g\,\frac{a - \frac{a'}{2}}{2}$$

$$= \frac{g}{2}\left(a - \frac{a'}{2}\right)^2$$

$$s\,d = \frac{a'}{2}\,g\,\frac{a'}{4} = g\,\frac{a'^2}{8}.$$

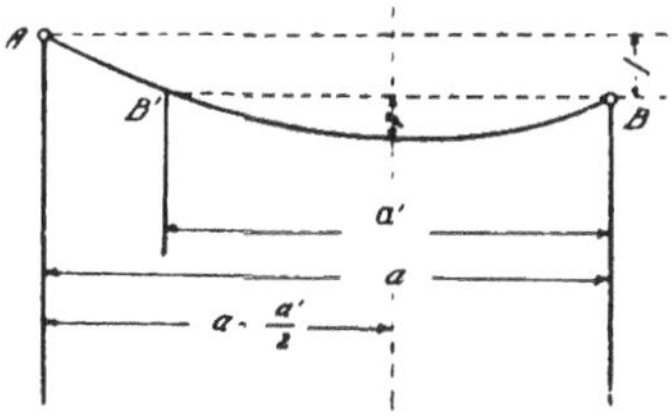

Fig. 5.

Durch Subtraktion der beiden Gleichungen erhält man:

$$s\,f = \frac{g}{2}\left(a - \frac{a'}{2}\right)^2 - g\cdot\frac{a'^2}{8}$$

$$2\,s\,f = g\,a^2 - g\,a\,a' + g\,\frac{a'^2}{4} - g\,\frac{a'^2}{4}$$

$$a' = a - \frac{2\,s\,f}{a\,g} \quad \ldots\ldots\ldots\ldots\ldots\ldots \quad (4)$$

Der Durchhang d wird nun mit der gefundenen Spannweite a' wie bei gleichhohen Stützpunkten berechnet.

b) Ermittelung nach Fig. 6; es ergeben sich die Momentensummen um die Punkte A und B zu

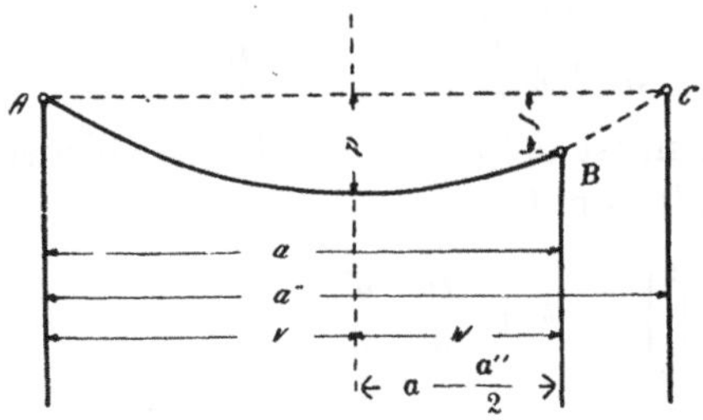

Fig. 6.

$$s\,d = \frac{a''}{2}\,g\,\frac{a''}{4}$$

$$s\,(d-f) = \left(a - \frac{a''}{2}\right) g\, \frac{a - \frac{a''}{2}}{2}.$$

Subtrahiert man die beiden Gleichungen, dann ergibt sich

$$2\,s\,f = g\,\frac{a''^2}{4} - g\left(a - \frac{a''}{2}\right)^2$$

$$2\,s\,f = g\,\frac{a''^2}{4} - g\,a^2 - 2\,g\,a\,a'' - g\,\frac{a''^2}{4}$$

$$a'' = a + \frac{2\,s\,f}{a\,g} \quad \ldots\ldots\ldots\ldots\ldots (5)$$

Die Entfernung des tiefsten Punktes (Parabelscheitels) vom Stützpunkt A ist

$$v = \frac{a''}{2} = \frac{1}{2}\left(a + \frac{2\,s\,f}{a\,g}\right)$$

$$v = \frac{2\,s\,f + a^2\,g}{2\,a\,g} \quad \ldots\ldots\ldots\ldots\ldots (6)$$

Die Entfernung des Parabelscheitels vom Stützpunkt B beträgt

$$w = a - \frac{a''}{2} = a - \frac{1}{2}\left(a + \frac{2\,s\,f}{a\,g}\right)$$

$$w = \frac{a^2\,g - 2\,s\,f}{2\,a\,g} \quad \ldots\ldots\ldots\ldots\ldots (7)$$

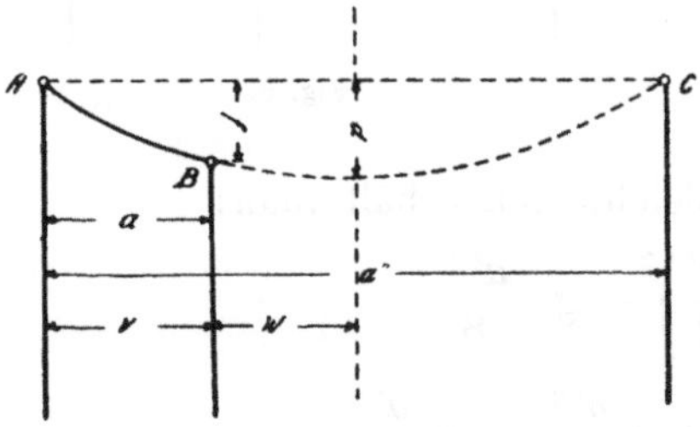

Fig. 7.

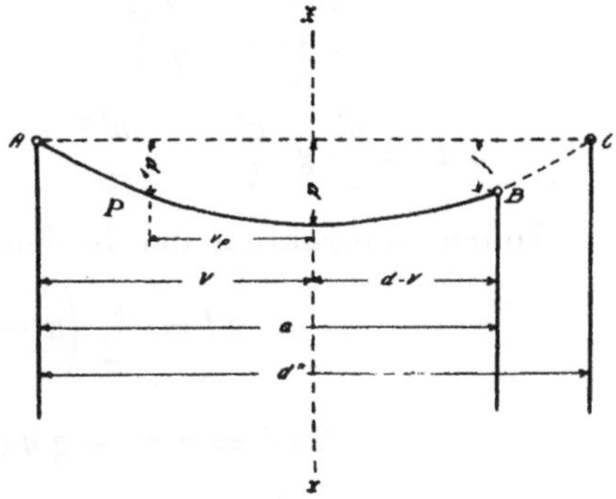

Fig. 8.

Errechnet sich aus dieser Gleichung ein negativer Wert, so liegt der tiefste Punkt der Parabel außerhalb der beiden Stützpunkte, und die Verhältnisse liegen wie in Fig. 7. Es kann für besondere Fälle, wenn

z. B. die Leitung über welliges Terrain führt, notwendig werden, den Durchhang eines beliebigen Punktes P (Fig. 8) zu bestimmen. Die Ermittelung ergibt sich aus folgender Überlegung:

Für die vorliegenden Verhältnisse gelten, wenn r den Parabelparameter bezeichnet, die Parabelgleichungen

$$v^2 = 2\,r\,d$$

$$v_p{}^2 = 2\,r \cdot x_p$$

mit $x_p = d - d_p$ ergibt sich

$$\frac{v^2}{d} = \frac{v_p{}^2}{d - d_p}$$

$$d_p = d\,\frac{v^2 - v_p{}^2}{v^2} \quad \ldots\ldots\ldots\ldots \quad (8)$$

Die Lage des Parabelscheitels zu den Stützpunkten ist von dem Höhenunterschiede dieser Punkte und der Spannweite abhängig. Ist der Durchhang gleich der Differenz der Stützpunkthöhen, so fällt der Scheitel der Durchhangslinie in den niedrigen Stützpunkt. Bei geringer Spannweite und großem Höhenunterschiede kann der Parabelscheitel außerhalb der Stützpunkte fallen, ein Fall, der in Fig. 7 dargestellt ist.

Zahlenbeispiel 1.

Gleiche Höhe der Stützpunkte.

Für eine Hochspannungsfernleitung werden zwei Maste in einer gegenseitigen Entfernung von 120 m aufgestellt. Der Querschnitt der Kupferleitung ist 35 qmm mit einem spez. Gewicht von 0,0089 kg/qmm. Die Zugspannung pro Draht soll bei +20° C 222 kg = 6,3 kg/qmm betragen; zu berechnen ist Durchhang und Drahtlänge.

Nach Gleichung 2 ist

$$d = \frac{a^2\,g}{8\,s} = \frac{120^2 \cdot 0{,}0089}{8 \cdot 6{,}3} = \underline{2{,}54 \text{ m.}}$$

Nach Gleichung 3 ist

$$L = a + \frac{8\,d^2}{3\,a} = 120 + \frac{8 \cdot 2{,}54^2}{3 \cdot 120} = \underline{120{,}144 \text{ m.}}$$

Zahlenbeispiel 2.

Ungleiche Höhe der Stützpunkte.

Mastentfernung 200 m, Höhendifferenz der Stützpunkte 5 m. Kupferleitung 35 qmm mit dem spez. Gewicht von 0,0089 kg/qmm, Zugspannung pro Draht bei +10° C 210 kg = 6 kg/qmm. Zu berechnen ist Durchhang und Abstand des Parabelscheitels von den beiden Stützpunkten.

Nach Gleichung 2 ist

$$d = \frac{a^2 g}{8 s}; \text{ nach Gleichung 4 ist}$$

$$a' = a - \frac{2 s \cdot f}{a g}$$

$$a' = 200 - \frac{2 \cdot 6 \cdot 5}{200 \cdot 0{,}0089} = \underline{166{,}5 \text{ m}}$$

$$d = \frac{166{,}5 \cdot 0{,}0089}{8 \cdot 6} = \underline{5{,}18 \text{ m.}}$$

Wird die Rechnung in bezug auf den höherliegenden Stützpunkt durchgeführt, dann ergibt sich

nach Gleichung 5

$$a'' = a + \frac{2 s f}{a g}$$

$$a'' = 200 + \frac{2 \cdot 6 \cdot 5}{200 \cdot 0{,}0089} = \underline{233{,}5 \text{ m}}$$

$$d = \frac{a''^2 g}{8 s} = \frac{233{,}5 \cdot 0{,}0089}{8 \cdot 6} = \underline{10{,}03 \text{ m.}}$$

Nach Gleichung 6 ist

$$v = \frac{2 s f + a^2 g}{2 a g}$$

$$v = \frac{2 \cdot 6 \cdot 5 + 200^2 \cdot 0{,}0089}{2 \cdot 200 \cdot 0{,}0089} = \underline{116{,}8 \text{ m.}}$$

Nach Gleichung 7 ist

$$w = \frac{a^2 g - 2 s f}{2 a g}$$

$$w = \frac{200^2 \cdot 0{,}0089 - 2 \cdot 6 \cdot 5}{2 \cdot 200 \cdot 0{,}0089} = \underline{83{,}2 \text{ m.}}$$

Zahlenbeispiel 3.

Ungleiche Höhe der Stützpunkte.

Mastentfernung 200 m, Höhendifferenz der Stützpunkte 40 m. Kupferleitung 3 · 35 qmm mit dem spez. Gewicht von 0,0089 kg/qmm, Zugspannung pro Draht bei 0° C 215 kg = 6,14 kg/qmm. Zu berechnen sind Durchhang und Abstände des Parabelscheitels von den Stützpunkten.

Nach Gleichung 5 ist

$$a'' = 200 + \frac{2 \cdot 6{,}14 \cdot 40}{200 \cdot 0{,}0089} = \underline{476 \text{ m}}$$

$$d = \frac{476^2 \cdot 0{,}0089}{8 \cdot 6{,}14} = \underline{41{,}05 \text{ m.}}$$

Nach Gleichung 6 ist

$$v = \frac{2\,s\,f + a^2 g}{2\,a\,g}$$

$$v = \frac{2 \cdot 6{,}14 \cdot 40 + 200^2 \cdot 0{,}0089}{2 \cdot 200 \cdot 0{,}0089} = \underline{238 \text{ m.}}$$

Nach Gleichung 7 ist

$$w = \frac{a^2 g - 2\,s\,f}{2\,a\,g}$$

$$w = \frac{200^2 \cdot 0{,}0089 - 2 \cdot 6{,}14 \cdot 40}{2 \cdot 200 \cdot 0{,}0089} = \underline{-38 \text{ m,}}$$

d. h. der Scheitel der Parabel liegt außerhalb der Stützpunkte.

Zahlenbeispiel 4.

Unter Zugrundelegung der im Zahlenbeispiel 2 gegebenen Werte soll der Durchhang in der Entfernung von 50 m vom höchsten Stützpunkt bestimmt werden.

Es wurde gefunden:

$$d = 10{,}03 \text{ m}, \qquad v = 116{,}8 \text{ m.}$$

Diese Werte sind in Gleichung 8 einzusetzen:

$$d_p = d\,\frac{v^2 - v_p^{\,2}}{v^2}, \qquad v_p = 116{,}8 - 50 = \underline{66{,}8 \text{ m.}}$$

$$d_p = 10{,}03 \cdot \frac{116{,}8^2 - 66{,}8^2}{116{,}8^2} = \underline{6{,}96 \text{ m.}}$$

Einfluß der Temperatur auf Beanspruchung und Durchhang des Leiters.

Aus Gleichung 1 ist zu ersehen, daß für eine gegebene Spannweite und bestimmtes Material das Produkt aus Durchhang und Spannung konstant ist, vermindert sich der Durchhang, dann steigt die Spannung und umgekehrt. Die Eigenschaft aller in der Praxis verwendeten Leitungsmaterialien, ihre Länge proportional den Zugbeanspruchungen zu ändern, verschiebt jedoch das einfache Verhältnis. Der Durchhang eines Leiters vergrößert sich bei abnehmender Spannung nicht in demselben Verhältnis wie aus Gleichung 1 zu erwarten wäre. Die verminderte Spannung bewirkt eine elastische Zusammenziehung, verkürzt die Länge und verringert dadurch den Durchhang.

Durch die Befestigung der Leitungen an den Gestängen erhalten Durchhang und Zugspannung bestimmte Größen, die aber nicht dauernd bestehen bleiben. Zusatzbelastungen und Temperaturwechsel verändern die durch die Montage gegebenen Werte. Die ersteren werden gebildet durch Wind-, Schnee- und Eisbelastung und erhöhen die durch das Eigengewicht hervorgerufene Zugbeanspruchung, die eine stärkere Dehnung des Leiters bewirkt und dadurch den Durchhang vergrößert. Änderungen der Temperatur nach oben oder unten verlängern oder verkürzen infolge der Wärmeausdehnung die Leitungslänge und den Durchhang

Für die folgenden Berechnungen bedeute:

s_0 die zugelassene Höchstspannung in kg/qmm,
s_t die Spannung bei t^0 C,
L_0 die Leitungslänge bei der Höchstbelastung,
L_t die Leitungslänge bei t^0 C,
g das Eigengewicht des Leiters für 1 m in kg/qmm,
g_z das um die Zusatzlast erhöhte Leitergewicht für 1 m in kg/qmm,
a die Spannweite in Meter,
d der Durchhang in Meter,
t die Temperatur in Celsiusgraden, für die s_t und d zu berechnen sind,
α den Wärmeausdehnungskoeffizient,
β der elastische Dehnungskoeffizient.

Die Länge des in der Form einer flachen Parabel hängenden Leiters ist nach Gleichung 3

$$L = a + \frac{8}{3}\frac{d^2}{a}.$$

Durch Erhöhung der Temperatur dehnt sich der metallische Leiter aus. Die spezifische Ausdehnung α ist das Maß, um welches der Leiter von 1 m Länge sich dehnt, wenn die Temperatur um 1^0 C steigt. Für t^0 C wird die Längenänderung αt betragen. Ohne Berücksichtigung der elastischen Dehnung wird demnach die Leitungslänge um

$$L\alpha t$$

zunehmen, und die neue Länge wird sein

$$L' = L + L\alpha t.$$

Die Elastizität des Leitermaterials wirkt dieser Ausdehnung entgegen, denn unter dem Einflusse der durch die Vergrößerung der Leitungslänge verminderten Spannung zieht sich das Material zusammen. Das Verhältnis der Längenänderung zur ursprünglichen Länge heißt Dehnung. Diese ist bis zur Elastizitätsgrenze proportional der Zugbelastung und der Leitungslänge. Das Verhältnis $\frac{\text{Dehnung}}{\text{Zugbelastung}} = \beta$

ist der Dehnungskoeffizient, den umgekehrten Wert $\frac{1}{\beta} = E$ nennt man den Elastizitätsmodul, d. i. diejenige ideelle Belastung, bei welcher ein Leitungsdraht von z. B. 1 m Länge um die gleiche Länge von 1 m ausgedehnt würde, vorausgesetzt, daß die Elastizitätsgrenze des Materials nicht überschritten wird und dieses eine solche Formänderung überhaupt zuläßt.

Nimmt der auf eine Leitung von der Länge L wirkende Zug um s kg ab, so wird sich die Leitungslänge um $Ls\beta$ verkürzen.

Geht man von der tiefsten Temperatur t_0 aus, bei welcher die Länge L_0 ist, und bezeichnet die der Länge L' entsprechende Temperatur mit t, so ist die Temperaturdifferenz $t - t_0$, und die neue Länge ist

$$L' = L_0 + L_0\,\alpha\,(t - t_0) = L_0\,[1 + \alpha\,(t - t_0)].$$

Da aber bei einer Temperaturerhöhung um $t - t_0$ die Länge des Drahtes nicht L', sondern entsprechend der elastischen Zusammenziehung nur L_t ist, so wird, wenn s_0 die der tiefsten Temperatur t_0 entsprechende Höchstbelastung, s_t die bei der Temperatur t zu erwartende Spannung

$$L_t = L_0\,[1 + \alpha\,(t - t_0)] + L_0\,\beta\,(s_t - s_0),$$

$$L_t = a + \frac{8}{3}\,\frac{d_t^2}{a}, \qquad L_0 = a + \frac{8}{3}\,\frac{d_0^2}{a},$$

$$a + \frac{8}{3}\,\frac{d_t^2}{a} = a + \frac{8}{3}\,\frac{d_0^2}{a} + L_0\,\alpha\,(t - t_0) + L_0\,\beta\,(s_t - s_0).$$

In den letzten beiden Gliedern kann die Drahtlänge L_0 unbedenklich durch die Spannweite a ersetzt werden, und es entsteht

$$a + \frac{8}{3}\,\frac{d_t^2}{a} = a + \frac{8}{3}\,\frac{d_0^2}{a} + a\,\alpha\,(t - t_0) + a\,\beta\,(s_t - s_0);$$

setzt man hierin für

$$d_t = \frac{a^2 g}{8\,s_t} \text{ und für } d_0 = \frac{a^2 g}{8\,s_0},$$

so erhält man

$$\frac{1}{3}\,\frac{a^2 g^2}{8\,s_t^2} = \frac{1}{3}\,\frac{a^2 g^2}{8\,s_0^2} + \alpha\,(t - t_0) + \beta\,(s_t - s_0)$$

und hieraus

$$s_t - \frac{a^2 g^2}{24\,s_t^2\,\beta} = s_0 - \frac{a^2 g^2}{24\,s_0^2\,\beta} - \frac{\alpha}{\beta}\,(t - t_0) \quad . \; . \; . \; . \; . \quad (9)$$

Nach den Vorschriften des Verbandes Deutscher Elektrotechniker ist als niedrigste Temperatur —20° C zu berücksichtigen. Gleichung 9 schreibt sich hiermit

$$s_t - \frac{a^2 g^2}{24 s_t^2 \beta} = s_0 - \frac{a^2 g^2}{24 s_0^2 \beta} - \frac{\alpha}{\beta}(t + 20) \quad . \; . \; . \; . \quad (10)$$

Für den Zustand —5° C mit Zusatzlast wird das Eigengewicht bei der Temperatur $t_0 = -5°$ um die Zusatzlast erhöht, es entsteht aus Gleichung 9

$$s_t - \frac{a^2 g^2}{24 s_t^2 \beta} = s_0 - \frac{a^2 g_z^2}{24 s_0^2 \beta} - \frac{\alpha}{\beta}(t + 5) \quad . \; . \; . \; . \; . \quad (11)$$

Die Normalien für Freileitungen des Verbandes Deutscher Elektrotechniker schreiben vor, daß die Festigkeitsberechnungen sowohl für die Temperatur —20° C ohne Zusatzlast, als auch für —5° C mit zusätzlicher Eis- und Schneelast durchgeführt werden. Die Zusatzlast ist mit $180 \sqrt{d}$ für das laufende Meter Leitungslänge anzunehmen, wobei d den Leitungsdurchmesser, bei isolierten Leitungen den Außendurchmesser in mm bedeutet.

Rechnet man die Zugbeanspruchung für diese beiden Fälle für die verschiedensten Spannweiten durch, so wird man finden, daß bis zu einer bestimmten Spannweite die für —20° C durchgeführte Rechnung größere Werte ergibt, und daß über dieser Spannweite die ungünstigste Beanspruchung bei —5° C und Schnee- und Eislast liegt.

Schauer[1]) hat diese »kritische Spannweite«, d. h. jene Spannweite, bei welcher die Zugbeanspruchung bei —5° mit Zusatzlast und —20° ohne Zusatzlast gleich sind, durch nachstehende Gleichung festgelegt:

$$a = 6\, s \sqrt{\frac{10\, \alpha}{g_z^2 - g_2}} \quad . \; . \; . \; . \; . \; . \; . \; . \; . \; . \; . \quad (12)$$

hierin bedeutet

- a Spannweite in m,
- s zulässige Beanspruchung in kg/qmm;
- g das Gewicht des Drahtes in kg/qmm und m,
- g_z das Gewicht des Drahtes in kg/qmm und m mit Schnee- und Eiszusatzlast,
- α Wärmeausdehnungskoeffizient.

Diese Beziehung gibt für die normalen Materialien folgende Werte:

Tabelle 10.

	Draht qmm		Seil qmm									
	10	16	16	25	35	50	70	95	120	150	185	240
Kupfer 16 kg/qmm . . .	—	—	38	50	56	70	84	95	105	116	133	147
Kupfer 12 kg/qmm . . .	23	30	29	37	42	53	63	71	78	88	100	119
Aluminium 7 kg/qmm .	—	—	—	31	32	48	59	68	77	88	106	116
Aluminium 9 kg/qmm .	—	—	—	40	47	61	76	88	98	114	137	150

[1]) Elektrische Kraftbetriebe und Bahnen 1910.

Bei Spannweiten unter den in dieser Tabelle angegebenen Werten tritt die höchste Zugbeanspruchung bei —20° C auf, bei allen über die Tabellenwerte hinausgehenden Spannweiten ist die Höchstbelastung bei —5° C und Zusatzlast zu erwarten.

Zahlenbeispiel 5.

Für eine Hochspannungsleitung von 35 qmm Seilquerschnitt wird auf Masten in Abständen von 120 m eine hartgezogene Kupferleitung verlegt, welchen Durchhang muß die Leitung bei +10° C erhalten?

Nach Gleichung 12 wird die kritische Spannweite bei einer Höchstbeanspruchung von 16 kg pro qmm Kupferquerschnitt

$$a = 6 \cdot 16 \sqrt{\frac{10 \cdot 0{,}000017}{g_z^2 - 0{,}0089^2}}$$

$$\text{mit } g_z = 0{,}0089 + \left(\frac{180 \sqrt{7{,}7}}{35 \cdot 1000}\right) = 0{,}024$$

$$a = 96 \sqrt{\frac{0{,}00017}{0{,}024^2 - 0{,}0089^2}} = \sim 56 \text{ m.}$$

Die Maximalbeanspruchung des Drahtes bei 120 m Spannweite tritt also bei —5° C und Zusatzlast ein; hierfür gilt die Gleichung 11

$$s_t - \frac{a^2 g^2}{24 s_t^2 \beta} = s_0 - \frac{g_z^2 a^2}{24 s_0^2 \beta} - \frac{\alpha}{\beta}(t + 5),$$

$$s_t - \frac{0{,}0089^2 \cdot 120^2}{24 \cdot 77 \cdot 10^{-6} s_t^2} = 16 - \frac{0{,}024^2 \cdot 120^2}{24 \cdot 77 \cdot 10^{-6} \cdot 16^2} - \frac{17}{77}(10 + 5),$$

$$s_t^3 + 6.9\, s_t^2 - 617 = 0.$$

Durch Substitution von $s_t = x - \frac{6{,}9}{3} = x - 2{,}3$ erhält man

$$x^3 - 15{,}9\, x - 624 = 0;$$

hieraus ergibt sich mittels der Cardanischen Formel

$$x = 9$$

$$s_t = 9 - 2{,}3 = 6{,}7 \text{ kg/qmm.}$$

Der Durchhang ist

$$d = \frac{a^2 g}{8 s_t} = \frac{120^2 \cdot 0{,}0089}{8 \cdot 6{,}7} = 2{,}39 \text{ m.}$$

Zahlenbeispiel 6.

Im Leitungszuge einer Aluminiumfreileitung von 150 qmm Querschnitt folgt einem Weitspannfelde von 240 m eine Straßenkreuzung von 40 m Spannweite. Wie groß ist für jedes Feld der größte Durchhang, wenn die Beanspruchung nicht mehr als 7 kg/qmm betragen soll?

Die Untersuchung muß sich auf die Fälle —5° C mit Zusatzlast und +40° C erstrecken. Für 150 qmm Aluminium beträgt die kritische Spannweite (Tabelle S. 24) 88 m, im Weitspannfelde von 240 m wird deshalb die Höchstbeanspruchung von 7 kg/qmm bei —5° C Zusatzlast, im Straßenkreuzungsfeld bei —20° C auftreten. Für den ersten Fall ist nach Gleichung 2 der Durchhang

$$d = \frac{240^2\left(0{,}00275 \cdot \frac{180\sqrt{15{,}9}}{150 \cdot 1000}\right)}{8 \cdot 7} = \frac{240^2 \cdot 0{,}00755}{56} = 7{,}72 \text{ m.}$$

Für den Zustand +40° C errechnet sich die Beanspruchung aus Gleichung 11

$$s_t - \frac{240^2 \cdot 0{,}00275^2}{24\, s_t^2 \cdot 140 \cdot 10^{-6}} = 7 - \frac{240^2 \cdot 0{,}00755^2}{24 \cdot 7^2 \cdot 140 \cdot 10^{-6}} - \frac{23}{140}(40 + 5)$$

$$s_t = 4{,}20 \text{ kg/qmm}$$

und hiermit der Durchhang bei +40° C

$$d = \frac{240^2 \cdot 0{,}00275}{8 \cdot 4{,}20} = \underline{4{,}71 \text{ m.}}$$

Zur Berechnung des größten Durchhanges im Straßenkreuzungsfeld muß sowohl für —5° C mit Zusatzlast als auch für +40° C die Beanspruchung errechnet werden. Im ersteren Falle ist nach Gleichung 11

$$s_t - \frac{40^2 \cdot 0{,}00275^2}{24 \cdot s_t^2 \cdot 140 \cdot 10^{-6}} = 7 - \frac{40^2 \cdot 0{,}00755^2}{24 \cdot 7^2 \cdot 140 \cdot 10^{-6}} - 0$$

$$s_t = 6{,}26 \text{ kg/qmm,}$$

der Durchhang ist somit

$$d = \frac{40^2 \cdot 0{,}00755}{8 \cdot 6{,}26} = \underline{0{,}24 \text{ m.}}$$

Für den Zustand +40° C gilt die Gleichung

$$s_t - \frac{40^2 \cdot 0{,}00275^2}{24 \cdot s_t^2 \cdot 140 \cdot 10^{-6}} = 7 - \frac{40^2 \cdot 0{,}00755^2}{24 \cdot 7^2 \cdot 140 \cdot 10^{-6}} - \frac{23}{140}(40 + 5)$$

$$s_t = 1{,}25 \text{ kg/qmm,}$$

somit der Durchhang

$$d = \frac{40^2 \cdot 0{,}00275}{8 \cdot 1{,}25} = \underline{0{,}44 \text{ m.}}$$

In dem Weitspannfelde entsteht der maximale Durchhang bei —5° C mit Zusatzlast, in dem Kreuzungsfelde bei +40° C. Es drängt sich nun die Frage auf: bei welcher Temperatur tritt gleicher Durchhang wie bei —5° C mit Zusatzlast auf, und mit welcher Spannung muß die

Leitung gespannt werden, um gleiche Durchhänge für die Zustände —5° C mit Zusatzlast und +40° C zu erhalten? Die Formeln hierfür sollen abgeleitet werden.

Gleicher Durchhang für beide Fälle wird vorhanden sein, wenn die Dehnung des Leiters durch Erhöhung des Eigengewichtes mit Zusatzlast gleich ist der Ausdehnung durch Temperaturerhöhung (kritische Temperatur).

Der Durchhang für den Zustand —5° C und Zusatzlast ist

$$d = \frac{a^2 g_z}{8 s_0}.$$

für die Temperatur s_t gilt die Beziehung

$$d = \frac{a^2 g}{8 s_t}.$$

Beide gleichgesetzt, ergibt

$$\frac{a^2 g_z}{8 s_0} = \frac{a^2 g}{8 s_t}$$

$$\text{oder } \frac{g_z}{s_0} = \frac{g}{s_t} \text{ und hieraus } s_t = s_0 \frac{g}{g_z}.$$

Dieser Wert in Gleichung 11 eingesetzt

$$s_0 \frac{g}{g_z} - \frac{a^2 g^2 g_z^2}{24 \cdot s_0^2 \cdot g^2 \beta} = s_0 - \frac{a^2 g_z^2}{24 s_0^2 \beta} - \frac{\alpha}{\beta}(t + 5),$$

$$s_0 \frac{g}{g_z} = s_0 - \frac{\alpha}{\beta}(t + 5),$$

$$t = s_0 \left(1 - \frac{g}{g_z}\right) \frac{\beta}{\alpha} - 5 \qquad (13)$$

Aus dieser Gleichung ist ersichtlich, daß die gesuchte Temperatur, bei welcher der Leiter durch Eigengewichtsbelastung denselben Durchhang annimmt wie bei —5° C und Zusatzbelastung, unabhängig ist von der Spannweite.

Aus Gleichung 13 errechnen sich für die verschiedenen Querschnitte der normalen Materialien folgende Werte (° C):

Tabelle 11.

	Draht qmm		Seil qmm									
	10	16	16	25	35	50	70	95	120	150	185	240
Kupfer 16 kg/qmm . . .	—	—	49	44	41	35	30	28	24	21	18	15
» 12 kg/qmm . . .	38	35	36	32	29	25	22	20	17	15	12	10
Aluminium 7 kg/qmm . .	—	—	—	32	31	29	27	25	24	22	20	19
» 9 kg/qmm . .	—	—	—	43	41	39	36	34	32	30	27	25

Die Spannung, welche der Leiter erhalten muß, damit gleicher Durchhang auftritt, ermittelt sich aus vorstehender Gleichung zu

$$s_0 = \frac{\alpha}{\beta}(t + 5)\frac{g_z}{g_z - g} \quad \text{. . . . . (14)}$$

und mit $t = +40^0$

$$s_0 = 45\frac{\alpha}{\beta}\left(\frac{g_z}{g_z - g}\right) \quad \text{. . . . . (15)}$$

Mit dieser Beziehung ergeben sich für die gebräuchlichsten Materialien folgende Werte:

Tabelle 12.

	Draht qmm		Seil qmm									
	10	16	16	25	35	50	70	95	120	150	185	240
Kupfer	12,5	13,6	13,5	15,0	15,9	18,1	20,4	22,7	24,9	27,9	32,3	36,2
Aluminium	—	—	—	8,5	8,8	9,3	9,8	10,2	10,8	11,5	12,5	13,4
Eisen	13,5	14,4	14,2	15,6	16,5	18,5	20,7	22,7	24,7	27,5	31,6	35,3

Sind diese Werte als Maximalbeanspruchungen festgesetzt, dann wird der Durchhang bei —5° C und Zusatzlast gleich dem Durchhang bei +40° C sein. Die Überschreitung ergibt für Spannweiten über der kritischen Spannweite den Maximalwert des Durchhanges bei —5° C und Zusatzlast, bei Herabsetzung der Werte wird der größte Durchhang bei +40° C eintreten.

Zahlenbeispiel 7.

Eine über welliges Gelände führende Hochspannungsleitung hat eine Mulde zu überschreiten (Fig. 9), deren zum Aufstellen von Masten geeignete Höhenränder 380 m Abstand haben. Die Sohle der Mulde liegt ca. 20 m tief. Es soll untersucht werden, ob es möglich ist, die Mulde mit hartgezogenem Kupferseil von 35 qmm Querschnitt und 16 kg/qmm zugelassener Höchstbeanspruchung so zu überqueren, daß der tiefste Punkt der Leitungsdrähte noch mindestens 6 m über Erde liegt. Die Höhe der Maste bis zur untersten Traverse beträgt 9 m.

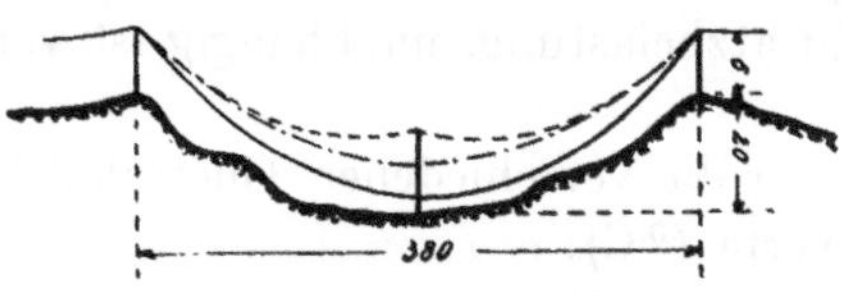

Fig. 9.

Den Ausgangspunkt für die Untersuchung gibt die Frage: wann tritt der größte Durchhang auf und wann die Maximalbeanspruchung

von 16 kg/qmm? Nach Tabelle 11 ist für 35 qmm Kupfer mit 16 kg/qmm Beanspruchung der Durchhang bei —5° C mit Zusatzbelastung gleich dem Durchhang bei +41° C, so daß ersterer der Berechnung zugrundezulegen ist; die kritische Spannweite liegt für den verwendeten Querschnitt bei 56 m (Tabelle 10), so daß auch die Höchstbeanspruchung für den Zustand —5° C und Zusatzlast eintritt. Es ist somit

$$d = \frac{a^2 \cdot g_z}{8 \cdot s_0} = \frac{380^2 \cdot 0{,}0239}{8 \cdot 16} = \underline{27{,}69 \text{ m.}}$$

Da die Sohle der Mulde nur 20 m tiefer liegt als die Höhenränder, so kann die Überspannung mit den vorgesehenen Masten von 9 m Höhe und Hartkupfer nicht durchgeführt werden. Es gibt nun drei Wege, die zum Ziele führen:

1. Die Höhe der Maste von 9 m auf 15 m zu vergrößern. Diese Maßnahme bedingt schwere und teuere Maste mit entsprechend großen und teueren Fundamenten.

2. Die Leitung in der Mitte durch einen Tragmast so weit zu heben, daß die vorgeschriebene Höhe erreicht wird. Hierbei ist zu beachten, daß die Durchhangskurve in zwei Abschnitte zerlegt wird, von denen jeder die Parabelform annimmt. Der Zwischenmast ist deshalb um das Maß des zu erwartenden Durchhanges zu erhöhen, es soll zu 6 m angenommen werden. Die Rechnung ist nun für den Fall verschieden hoher Stützpunkte durchzuführen, für welche die Werte gegeben sind:

Spannweite 190 m, Höhendifferenz der Stützpunkte 17 m.

Nach Gleichung 5 ist

$$a'' = a + \frac{2\,s\,f}{a\,g_z} = 190 + \frac{2 \cdot 16 \cdot 17}{190 \cdot 0{,}024} = 310 \text{ m.}$$

Der Durchhang ergibt sich zu:

$$d = \frac{310^2 \cdot 0{,}024}{8 \cdot 16} = \underline{17{,}95 \text{ m.}}$$

Da die Höhendifferenz der Stützpunkte 17 m beträgt, so liegt der tiefste Punkt der Leitung ca. 1 m unter dem niedrigsten Stützpunkt. Der Abstand des tiefsten Punktes der Leitung von der Erde ist demnach 11 m. Dieser Punkt liegt nach Gleichung 6 in

$$v = \frac{2 \cdot 5{,}6 \cdot 17 + 190^2 \cdot 0{,}009}{2 \cdot 190 \cdot 0{,}009} = \sim \underline{155 \text{ m}}$$

vom höheren Stützpunkt. Da die Sohle der Mulde nicht horizontal ist, gegen die Höhenränder etwas ansteigt, ist durch den Zwischenmast von 12 m Höhe der zu 6 m vorgeschriebene Abstand der Leitung auch an der tiefsten Stelle gewahrt.

3. Es kann für den elektrischen Leiter Material gewählt werden, das mit geringem Durchhang gespannt werden kann. Es soll Eisenseil mit 25 kg zulässiger Beanspruchung verwendet werden.

Wird Eisenseil von 35 qmm Querschnitt mit 16,5 kg/qmm gespannt, dann wird der Durchhang bei $+40^0$ C gleich dem Durchhang bei -5^0 C und Zusatzlast (Tabelle 12). Für eine Beanspruchung von 25 kg/qmm wird der größte Durchhang demnach bei letzterem Zustande eintreten; somit ist

$$d = \frac{380^2 \cdot 0{,}0225}{8 \cdot 25} = \underline{16{,}3 \text{ m.}}$$

Der tiefste Punkt der Leitung liegt $20 + 9 - 16{,}3 = 12{,}7$ m über der Muldensohle. Der Durchhang darf somit noch wesentlich erhöht werden. Die Zugbeanspruchung der Leitungen wird dadurch geringer, und die Maste können schwächer dimensioniert werden.

Der zulässige Durchhang ist $29 - 6 = 23$ m. Wird die Beanspruchung zu 18 kg/qmm gewählt, wofür sich der größte Durchhang immer noch bei -5^0 C und Zusatzlast errechnet, so beträgt dieser

$$d = \frac{380^2 \cdot 0{,}0225}{8 \cdot 18} = \underline{22{,}6 \text{ m.}}$$

Soll infolge der elektrischen Verhältnisse der Querschnitt des Eisenkabels auf 70 qmm erhöht werden, so ergibt sich gleicher Durchhang für -5^0 C mit Zusatzlast und $+40^0$ C, wenn die Leitung mit 20,7 kg/qmm (Tabelle 12) gespannt wird.

$$d = \frac{380^2 \cdot 0{,}0162}{8 \cdot 20{,}7} = \underline{14{,}2 \text{ m.}}$$

Die Maste könnten unter dieser Voraussetzung niedriger gewählt oder die Zugspannung verringert werden.

Zahlenbeispiel 8.

Eine auf Hängeisolatoren verlegte Hochspannungsleitung von 50 qmm Kupferseilquerschnitt kreuzt eine Straße in senkrechter Richtung. Die Leitung soll im ungünstigsten Falle mit 4 kg/qmm beansprucht werden. Wie hoch muß der Mast bis Unterkante der ersten Traverse werden, wenn beim größtmöglichsten Durchhang der Leitung ein Abstand von 7 m von Straßenoberkante vorhanden sein soll. Die Situation ist durch Fig. 11 dargestellt.

Die ungünstigste Beanspruchung des Kupferleiters soll 4 kg/qmm betragen. Nach Gleichung 12 ergibt sich die kritische Spannweite zu

$$a = 6\, s \sqrt{\frac{10\, \alpha}{g_z^2 - g^2}} = 6 \cdot 4 \sqrt{\frac{10 \cdot 17 \cdot 10^{-6}}{0{,}0199^2 - 0{,}0089^2}} = \underline{17{,}6 \text{ m,}}$$

die größte Beanspruchung tritt somit bei —5° C und Zusatzlast auf. Hierfür ist der Durchhang nach Gleichung 2

$$d = \frac{a^2 \cdot g}{8\,s} = \frac{40^2\left((0{,}0089 + \frac{180\sqrt{9{,}2}}{50 \cdot 1000}\right)}{8 \cdot 4} = \sim 1 \text{ m.}$$

Für die gewählte Beanspruchung des Kupferleiters wird der größte Durchhang bei + 40° C entstehen, weil nach Tabelle 11 für Kupfer

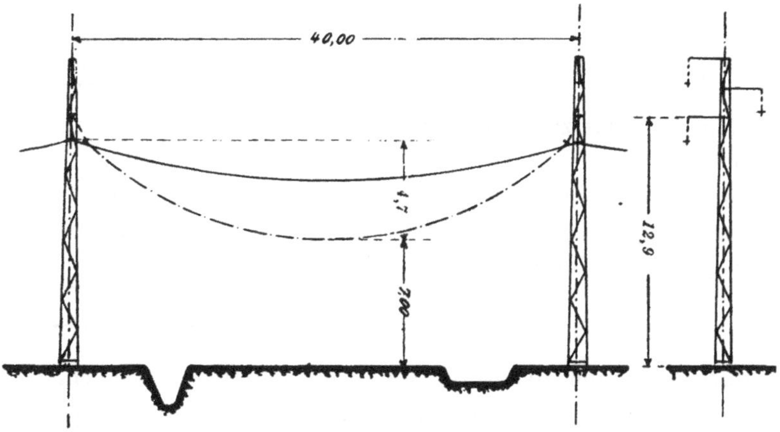

Fig. 11.

50 qmm und 16 kg/qmm die kritische Temperatur bei 35° C und für Kupfer 12 kg/qmm bei 25° C liegt. Für die Beanspruchung 4 kg/qmm wird diese Temperatur noch niedriger sein. Nach Gleichung 11 ist

$$s_t - \frac{a^2\,g^2}{24\,s_t^2\,\beta} = s_0 - \frac{a^2\,g_z^2}{24\,s_0^2\,\beta} - \frac{\alpha}{\beta}\,(t + 5),$$

$$s_t - \frac{40^2 \cdot 0{,}0089^2}{24\,s_t^2 \cdot 77 \cdot 10^{-6}} = 4 - \frac{40^2 \cdot 0{,}0199^2}{24 \cdot 4^2 \cdot 77 \cdot 10^{-6}} - \frac{17}{77} \cdot 45,$$

$$s = 1{,}53 \text{ kg/qmm},$$

hiermit nach Gleichung 2 der Durchhang

$$d_{40} = \frac{a^2\,g}{8\,s} = \frac{40^2 \cdot 0{,}0089}{8 \cdot 1{,}53} = \underline{1{,}17 \text{ m.}}$$

Wenn die Außenfelder gerissen sind, werden sich die Hängeisolatorenketten gegen die Straßenkreuzung schräg stellen. Der Winkel, um welchen sie ihre vertikale Lage ändern, soll zu 35° angenommen werden. Bei einem Radius von 1,2 m entspricht diesem Winkel eine Sehnenlänge von 0,72 m, die Spannweite wird also um 2 · 0,72 = 1,44 m verringert.

Die Leitungslänge bei $+40^0$ C ist

$$L_{40} = a + \frac{8\,d_{40}^2}{3\,a} = 40 + \frac{8}{3} \cdot \frac{1{,}17^2}{40} = 40{,}091 \text{ m},$$

bei gerissenen Außenleitern und $+40^0$ C besteht dieselbe Leitungslänge bei einer Spannweite von

$$40 - 1{,}44 = \underline{38{,}56 \text{ m}},$$

hiermit ergibt sich der Durchhang aus $L = a + \frac{8}{3}\frac{d^2}{a}$ zu

$$d = \sqrt{\frac{3}{8}(L - a)\,a} = \sqrt{\frac{3}{8}(40{,}091 - 38{,}56)\,38{,}56} = \underline{4{,}70 \text{ m.}}$$

Die Masthöhe bis zur ersten untersten Traverse wird sich zusammensetzen aus:

Leitungsabstand von Straßenoberkante	7,00 m
Durchhang bei gerissenen Außenfeldern	4,70 »
Länge der Isolatorenkette	1,20 »
Höhe =	12,90 m ∾ 13 m.

Durchhang und Beanspruchung von isolierten Leitungen.

Die bisher entwickelten Formeln sind ohne weiteres auch für isolierte Leitungen gültig. Das Gewicht der isolierten Leitungen setzt sich zusammen aus dem Gewicht des Leiters und dem Gewicht der Isolation, die gleichmäßig über die ganze Länge verteilt ist. Die Dicke der Isolationsschicht ist für alle für Freileitungen in Betracht kommenden Querschnitte (10 bis 120 qmm) nahezu gleich. Da das spez. Gewicht der Isolationsmaterialien wesentlich kleiner wie das spez. Gewicht des Leiters ist, so folgt daraus, daß das Gewicht der Längen- und Querschnittseinheit isolierter Leitungen mit wachsendem Durchmesser abnimmt. Damit ergibt sich schon die Notwendigkeit, isolierte Leitungen verschiedenen Querschnittes mit verschiedenen Zugbeanspruchungen zu verlegen, wenn der Durchhang aller Leitungen der gleiche sein soll.

Die Zugbelastung durch Eis und Schnee ist für den Außendurchmesser des isolierten Leiters in Rechnung zu stellen. Ist D_i der Durchmesser des isolierten Leiters, dann ist entsprechend den Freileitungsnormalien des V. D. E. als Zusatzlast $180\sqrt{D_i}$ anzusetzen. Wenn g_i das Gewicht des isolierten Leiters bedeutet, dann berechnet sich der Leitungsdurchhang nach Gleichung 2 zu

$$d = \frac{a^2}{q} \cdot \frac{g_i + 180\sqrt{D_i}}{8\,s} \quad \text{. . . . . (16)}$$

und die Beanspruchung

$$s = \frac{a^2}{q} \cdot \frac{g_i + 180\sqrt{D_i}}{8d} \quad \ldots\ldots\ldots\ldots \quad (17)$$

Die kritische Spannweite beträgt für die Grenzzahlen der Tabelle 7 (10 und 120 qmm Kupfer) nach Gleichung 12 für 10 kg maximale Zugbeanspruchung

$$a = 6 \cdot 10 \sqrt{\frac{10 \cdot 17 \cdot 10^{-6}}{0{,}058^2 - 0{,}0115^2}} = \underline{\backsim 14 \text{ m}},$$

$$a = 6 \cdot 10 \sqrt{\frac{10 \cdot 17 \cdot 10^{-6}}{0{,}0164^2 - 0{,}01^2}} = \underline{\backsim 60 \text{ m}}.$$

Die Maximalbeanspruchung tritt also bei diesen Querschnitten bei —5° C und Zusatzlast auf.

Zur Untersuchung, bei welcher Temperatur der isolierte Kupferleiter durch Eigengewichtsbelastung denselben Durchhang annimmt wie bei —5° C und Zusatzbelastung, dient Gleichung 13:

$$\text{für Kupfer 10 qmm: } t = 10\left(1 - \frac{0{,}0115}{0{,}058}\right)\frac{77 \cdot 10^{-6}}{17 \cdot 10^{-6}} - 5 = \underline{36{,}8^0},$$

$$\text{für Kupfer 120 qmm: } t = 10\left(1 - \frac{0{,}01}{0{,}0164}\right)\frac{77 \cdot 10^{-6}}{17 \cdot 10^{-6}} - 5 = \underline{17{,}7^0}.$$

Der größte Durchhang wird demnach bei +40° C eintreten, wenn die Leitungen aus Kupfer unter 10 kg/qmm maximal beansprucht werden.

Zur Untersuchung der Frage, mit welcher Spannung die Leitungen der gewählten Querschnitte gezogen werden müssen, damit gleicher Durchhang beim Zustande —5° C und Zusatzlast und +40° C eintritt, dient Gleichung 15; hiernach ist:

$$\text{für 10 qmm } s_0 = 45 \cdot \frac{17 \cdot 10^{-6}}{77 \cdot 10^{-6}}\left(\frac{0{,}058}{0{,}058 - 0{,}0115}\right) = \underline{12{,}4 \text{ kg/qmm}},$$

$$\text{für 120 qmm } s_0 = 45 \cdot \frac{17 \cdot 10^{-6}}{77 \cdot 10^{-6}}\left(\frac{0{,}0164}{0{,}0164 - 0{,}01}\right) = \underline{25{,}5 \text{ kg/qmm}}.$$

Zahlenbeispiel 9.

Auf dem Gestänge einer Ortsnetzleitung mit 40 m Spannweite werden für Straßenbeleuchtung Kupferdrähte von 10 qmm, für Verteilungszwecke Kupferseile von 35 qmm verlegt. Wie groß muß der Durchhang der schwächeren Leitung gemacht werden, wenn die Beanspruchung 10 kg/qmm nicht überschreiten soll, und welche Zugbeanspruchung muß der stärkere Leiter erhalten, wenn der Durchhang beider Leitungen gleich sein soll?

Aus Tabelle 12 ist ersichtlich, daß bei der gewählten Beanspruchung von 10 kg/qmm für beide Leitungen der größte Durchhang bei $+40^0$ C eintritt. Dieser errechnet sich nach Gleichung 11 und 2 für 10 qmm zu:

$$s_t - \frac{40^2 \cdot 0{,}0089^2}{24 \cdot s_t^2 \cdot 77 \cdot 10^{-6}} = 10 - \frac{40^2 \cdot 0{,}0429^2}{24 \cdot 10^2 \cdot 77 \cdot 10^{-6}} - \frac{17}{77} \cdot 45 = \underline{1{,}95 \text{ kg/qmm}},$$

$$d = \frac{40^2 \cdot 0{,}0089}{8 \cdot 1{,}95} = \underline{0{,}92 \text{ m.}}$$

Mit diesem Durchhang muß auch die 35 qmm-Leitung gespannt werden. Deren höchste Beanspruchung bei -5^0 + Zusatzlast wird dann aber nur

$$1{,}95 - \frac{40^2 \cdot 0{,}0089^2}{24 \cdot 1{,}95^2 \cdot 77 \cdot 10^{-6}} = s_0 - \frac{40^2 \cdot 0{,}024^2}{24 \cdot s_0^2 \cdot 77 \cdot 10^{-6}} - \frac{17}{77} \cdot 45 = \underline{6{,}25 \text{kg/qmm}}$$

sein. Da die Temperatur $+40^0$ C nur ganz selten eintreten wird, so werden die Durchhänge bei diesen Temperaturen nur für die Stützpunkthöhe berücksichtigt, die Leitungen aber für eine mittlere Temperatur etwa $+10^0$ C gespannt. Dies hat nicht nur den Vorteil des besseren Aussehens während der längeren Zeit des Jahres, auch die Montage und Kontrolle der Leitungen wird genauer durchgeführt werden können. Für diesen Fall sei das nächste Beispiel aufgestellt.

Zahlenbeispiel 10.

Die Leitungen des vorigen Beispiels sollen wegen der Nähe von Schwachstromleitungen als isolierte Leitungen verlegt werden. Wenn der Durchhang bei $+10^0$ C für beide Leitungen gleich sein soll, mit welcher Spannung müssen dann die beiden Leitungen bei dieser Temperatur gezogen werden und welchen Durchhang haben sie? Die höchste Beanspruchung soll 12 kg/qmm nicht überschreiten.

Nach Tabelle 7 »Isolierte Kupferleitungen« ist:

für 10 qmm	. . . . g	=	0,115 kg/m,
» 35 »	. . . . g	=	0,375 »
» 10 »	äußeren Durchmesser	=	7,0 mm
» 35 »	» »	=	11,5 »

Aus Gleichung 11 und 2 errechnen sich Spannung und Durchhang bei $+10^0$ C zu:

$$s_t - \frac{40^2 \cdot 0{,}0115^2}{24 \cdot s_t^2 \cdot 77 \cdot 10^{-6}} = 12 - \frac{40^2 \cdot 0{,}0593^2}{24 \cdot 12^2 \cdot 77 \cdot 10^{-6}} - \frac{17}{77} \cdot 15 = \underline{2{,}72 \text{ kg/qmm}},$$

$$d = \frac{40^2 \cdot 0{,}0115}{8 \cdot 2{,}72} = \underline{0{,}84 \text{ m,}}$$

hiermit die Spannung der 35 qmm-Leitung bei $+10^0$ C

$$s = \frac{40^2 \cdot 0{,}375}{8 \cdot 0{,}84} = 2{,}55 \text{ kg/qmm}$$

und die höchste Beanspruchung beim Zustand -5^0 + Zusatzlast

$$2{,}55 - \frac{40^2 \cdot 0{,}0107^2}{24 \cdot 2{,}55^2 \cdot 77 \cdot 10^{-6}} = s_0 - \frac{40^2 \cdot 0{,}0282^2}{24 \cdot s_0^2 \cdot 77 \cdot 10^{-6}} - \frac{17}{77} \cdot 15 = \underline{6{,}55 \text{ kg/qmm}}$$

Der Durchhang bei -5^0 C mit Zusatzlast ist

$$1. \text{ für } 10 \text{ qmm } d = \frac{40^2 \cdot 0{,}0593}{8 \cdot 12} = \underline{0{,}99 \text{ m}},$$

$$2. \text{ für } 35 \text{ qmm } d = \frac{40^2 \cdot 0{,}0282}{8 \cdot 6{,}55} = \underline{0{,}86 \text{ m}}.$$

Die Beanspruchung und der Durchhang bei $+40^0$ C errechnen sich:

1. für 10 qmm

$$s_t - \frac{40^2 \cdot 0{,}0115^2}{24\, s_t^2 \cdot 77 \cdot 10^{-6}} = 12 - \frac{40^2 \cdot 0{,}0593^2}{24 \cdot 12^2 \cdot 77 \cdot 10^{-6}} - \frac{17}{77}\,(40 + 5)$$

$$s = 2{,}32 \text{ kg/qmm},$$

hiermit der Durchhang

$$d = \frac{40^2 \cdot 0{,}0115}{8 \cdot 2{,}32} = \sim \underline{1{,}0 \text{ m}};$$

2. für 35 qmm

$$s_t - \frac{40^2 \cdot 0{,}0107^2}{24 \cdot s_t^2 \cdot 77 \cdot 10^{-6}} = 12 - \frac{40^2 \cdot 0{,}0282^2}{24 \cdot 12^2 \cdot 77 \cdot 10^{-6}} - \frac{17}{77}\,(40 + 5)$$

$$s = 3{,}88 \text{ kg/qmm},$$

somit der Durchhang

$$d = \frac{40^2 \cdot 0{,}0107}{8 \cdot 3{,}88} = \underline{0{,}55 \text{ m}}.$$

Werden Leitungen verschiedenen Querschnittes oder verschiedenen Materials auf einem Gestänge untereinander verlegt, so ist durch entsprechende Wahl des lotrechten Abstandes und der Zugbeanspruchung dafür zu sorgen, daß auch unter den ungünstigsten Verhältnissen die Leitungen nicht in Berührung kommen können.

Durchhang und Beanspruchung von Schutznetzseilen.

Das Eigengewicht der Schutznetzlängsdrähte wird durch die Querdrähte, die als gleichmäßig auf der Länge verteilt angesehen werden können, erhöht. Der Durchhang und die Beanspruchung der Längsdrähte kann somit nach Gleichung 16 und 17 erfolgen, wenn für das Gewicht g_i das Gesamtgewicht der Längs- und Querverbindungen gesetzt, die Zusatzlast für die Längs- und Querdrähte berechnet und auf den beanspruchten Querschnitt bezogen wird. Die Sicherheit soll mindestens eine dreifache sein, weil der durch die Freileitungsnormalien vorgeschriebene Wert der Zusatzbelastung für die vorliegenden Verhältnisse zu gering ist, denn die Verflechtung der Schutznetze bietet besonders geeignete Punkte für Schneeablagerungen.

Durchhang und Beanspruchung von Stahlseilen mit angehängtem Kabel.

Fernsprechleitungen, die unter Hochspannungsleitungen geführt werden, können, um die Sprechverständigung auch bei Erdschlüssen der Hochspannungsleitung zu bewahren, als doppeladriges Bleikabel verlegt werden. Das Kabel wird an einem Stahlseil aufgehängt. Die Belastung kann auch hier über die ganze Länge gleichmäßig verteilt angenommen werden. Das Eigengewicht des Stahlseiles erhöht sich um das Gewicht des Kabels und der Befestigungsteile. Die Zusatzbelastung ist von Drahtseil und Kabel zu ermitteln. Der Raum zwischen Drahtseil und Kabel kann sich mit Eis und Schnee vollsetzen, wodurch sich wesentlich ungünstigere Verhältnisse ergeben können wie bei einzeln gespannten Leitungen. Es empfiehlt sich deshalb, den Sicherheitsgrad auch hier nicht zu gering zu bemessen.

Zahlenbeispiel 11.

Unter einer Hochspannungsleitung, deren Kupferleiter von 35 qmm bei -5^0 C und Zusatzlast einen maximalen Durchhang von 4,35 m besitzt und deren Spannweite 150 m beträgt, wird ein Gußstahlseil von 40 qmm Querschnitt, Seildurchmesser 9 mm, 130 kg Bruchfestigkeit und 0,325 kg/m Gewicht verlegt, an welchem ein Telephonkabel von 15 mm äußerem Durchmesser und 0,82 kg/m Gewicht angehängt ist. Mit welchem Durchhang muß das Stahlseil montiert werden, wenn die Zugbeanspruchung 35 kg/qmm nicht überschreiten soll?

Aus Gleichung 16 ergibt sich

$$d = \frac{150^2}{40} \cdot \frac{1145 + 180(\sqrt{9} + \sqrt{15})}{8 \cdot 35 \cdot 1000} = \underline{4{,}07 \text{ m.}}$$

Es soll weiter untersucht werden, bei welcher Temperatur derselbe Durchhang zu erwarten ist wie bei -5^0 C mit Zusatzbelastung. Mit Gleichung 13 ergibt sich

$$t = 35\left(1 - \frac{1{,}145}{2{,}383}\right)\frac{47 \cdot 10^{-6}}{12 \cdot 10^{-6}} - 5 = \underline{59{,}5^0 \text{ C.}}$$

Seit Januar 1919 ist die Formel für die Zusatzlast vom V. D. E. zu $180\sqrt{d}$ festgesetzt. Diese Formel ist, wie die frühere, unter der Voraussetzung entstanden, daß die Zusatzlast des Querschnittes 35 qmm denselben Wert behalte wie in den vorangegangenen Formeln. Die Querschnitte unter 35 qmm erfahren durch den neuen Wert nur eine geringfügige Abnahme der Zusatzlast, während bei den Querschnitten über 35 qmm beträchtlich kleinere Belastungen zur Berechnung kommen.

Es ist nun durch einwandfreie Messungen festgestellt, daß für kleinere Leiterdurchmesser wesentlich höhere Zusatzbelastungen auftreten können, wie sie sich durch die Formel des V. D. E. ergeben. So wird z. B. in der E. T. Z. 1917, S. 507 eine Beobachtung veröffentlicht, wo bei einer Leitung von 1,5 mm Durchmesser eine Eislast von 368 g/m gemessen wurde, was dem 21,6fachen Drahtgewicht entspricht. Der vom V. D. E. für 10 qmm festgesetzte Wert entspricht nur etwa dem 3,8fachen des Eigengewichtes. Solche außergewöhnlichen Vorkommnisse können nun aber für unsere überwiegend normalen Verhältnisse keine Berücksichtigung finden. In den Vorschriften des V. D. E. wird aber für Gegenden, in denen nachweislich große Eislast zu erwarten ist, bestimmt, daß die Sicherheit der Anlage durch zweckdienliche Maßnahmen erhöht wird. Als solche werden empfohlen: Verringerung des Mastabstandes, Herabsetzung der Höchstbeanspruchung der Leitung bei gleichzeitiger Vergrößerung der Leiterabstände.

In den Tabellen 13—21 sind Montagewerte für blanke Kupfer-, Aluminium- und Eisenleitungen niedergelegt. Das Gewicht der Kupferdrähte wurde zu 8,9 kg, das der Kupferseile zu 9,1 kg, der Aluminiumseile zu 2,75 kg, der Eisenseile zu 8,1 kg für den qmm/km angenommen, was einer Schlag- oder Drallänge gleich dem 12—15fachen des äußeren Seildurchmessers entspricht. Die sonstigen in die Rechnung eingeführten Koeffizienten sind den Tabellen unter »Materialien für den Leiter« entnommen.

Einfluß der Windbelastung auf Leitungen und Tragkonstruktionen.

Nach den Errichtungsvorschriften für Freileitungen des Verbande- Deutscher Elektrotechniker ist den Festigkeitsberechnungen eine zusätzliche Belastung der Leitungsdrähte durch Winddruck nicht hinzuzurechnen, weil in Deutschland starke Windbelastung nur durch Weststürme verursacht wird, die aber durchweg warm sind und die empirische Formel für die Zusatzlast bereits eine geringe Windbelastung mitberücksichtigt. In besonderen Fällen, in denen der Einfluß der Windkraft berücksichtigt werden muß, ist mit 125 kg pro qm getroffener ebener Fläche zu rechnen, wobei die Angriffsrichtung horizontal anzunehmen ist. Das Gewicht der Leitung und Zusatzlast g bzw. g_z wirkt vertikal, die

Tabelle 13. **Zug- und Durchhangstabelle für Kupferleitungen nach den Normalien des V. D. E. 1919.**

Querschnitt **50 qmm.** Größte Zugbeanspruchung **16 kg/qmm.**

S	— 20°		— 10°		± 0°		+ 10°		+ 20°		+ 30°		+ 40°		— 5° + Z	
	d	*p*	*d*	*p*	*d*	*p*	*d*	*p*	*d*	*p*	*d*	*p*	*d*	*p*	*d*	*p*
10	0,7	800	0,8	690,5	0,9	582	1	471	1,5	363	2	257	3,5	162	2	637,5
20	2,7	800	3,2	691,5	3,8	584	5	476	6	374	8	275	11	194	8	646
30	6	800	7	693,5	9	586	10	483	13	387	17	299	22	229	17	657,5
40	11	800	13	695	15	592	18	493	23	403	28	323	35	260	29	674
50	18	800	20	698	24	593	28	503,5	34	418	41	346	50	289	45	693
60	25	800	30	700	34	599	40	514	47	436	55	368	65	314	63	711,5
70	35	800	40	703	45,5	613	53	528	59	470	70,5	395	82	339	77	800
80	48	751	55	665	63	580	72	550	83	440	94,5	385	107	341	100	800
90	64	716	73	630	81,5	565	95	486	107	428	120	382	133	345	125	800
100	85	670	96	590	108	526	121	470	136	420	150	380	163,5	348	156	800
110	117	626	131	560	145	503,5	161	454	176	412	193	379	209	350	189	800
120	139	590	154	532	169	483	186	441	201	406	217,5	376	233	351	225	800
130	173	554	189	509	206	467	223	432	239	401	253	375	272	354	264	800
140	212	525	227	490	245	454	263	423	282	395	297	374	315	354	298	800
150	254	504	272	471	290	442	309	415	326	393	343	373	361	355	353	800
160	298	489	318	458	336	432	351	411	372	391	391	372	422	356	400	800
170	348	472	368	446	388	424	406	405	424	388	442	371	460	358	452	800
180	400	458	419	437	438	420	458	401	478	384	497	370	515	358	506	800
190	458	449	477	430	497	413	518	396	536	383	541	370	573	359	564	800
200	518	439	540	421	560	406	578	393	599	380	616	369	634	359	625	800
210	581	432	600	417	621	403	641	391	660	380	680	369	698	359,5	689	800
220	648	425	669	412	688	400	707	389	725	379	746	369	766	359,5	756	800
230	717	420	736	408	760	396	781	385	803	375	824	366	844	356	826	800
240	789	415	810	405	831	394	852	384	874	375	896	366	911	359,5	900	800
250	865	411	889	400	909	391	928	382	949	375	972	366	989	359,5	976	800
260	949	405	969	397	987	390	1008	381	1026	375	1045	367	1066	360,5	1056	800
270	1026	403	1050	395	1073	386	1091	380	1110	375	1134	366	1150	360,5	1139	800
280	1115	400	1132	394	1152	386	1173	380	1191	375	1212	366	1233	361,5	1225	800
290	1202	398	1226	390	1247	383	1274	375	1291	371	1310	366	1329	360	1314	800
300	1292	396	1312	390	1335	383	1352	378	1368	374	1391	367	1412	363	1406	800

d = Durchhänge in cm *S* = Spannweite in m
p = Züge in kg Temperatur in °C

durch den Wind hervorgerufene Belastung W horizontal, beide Kräfte setzen sich zu einer Resultierenden R zusammen (Fig. 12).

Die Stärke des Windes ist nicht gleichmäßig, sie verändert sich stoßweise. Unter diesem Einfluß und den Eigenschwingungen des Seiles gerät der Leiter in Bewegung. Die Entfernung aus der vertikalen Lage (Fig. 12) ist gegeben durch die Gleichung:

$$E = d \sin \gamma; \quad R = \sqrt{W^2 + g^2}$$

$$\sin \gamma = \frac{W}{\sqrt{W^2 + g^2}}$$

$$E = \frac{d\,W}{\sqrt{W^2 + g^2}} \quad \dots\dots\dots\dots \quad (18)$$

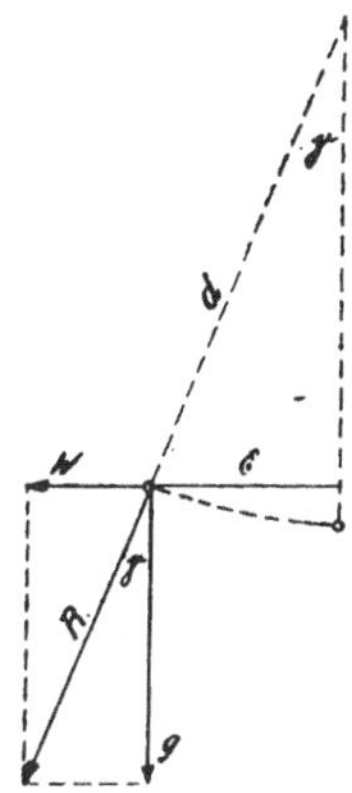

Fig. 12.

Resonanz der Windstöße und Eigenschwingungen des Seiles können größere Ablenkungen hervorrufen,

Tabelle 14. **Zug- und Durchhangstabelle für Kupferleitungen nach den Normalien des V. D. E. 1919.**

Querschnitt **70 qmm.** Größte Zugsbeanspruchung **4 kg/qmm.**

S	− 20°		− 10°		± 0°		+ 10°		+ 20°		+ 30°		+ 40°		−5° + Z	
	d	p	d	p	d	p	d	p	d	p	d	p	d	p	d	p
10	3	280	5	165	7,5	108	10	74	13	61	15	52	17	46	8	189
15	6	280	10	185	14	131	17	103	21	86,5	24	75,5	26	68	15	236
20	11	280	14	224	17	182	21	148	25	124,5	29	107	33	95	22	275
25	21	231	27	183,5	32	152,5	37	133	42	119	46	108	50	99	34	280
30	36	199,5	42	171	47,5	150,5	52,5	136	57	124,5	61	116	66	108,5	49,5	280
35	53	182	59,5	163	65	149,5	70,5	138	75,5	129	80	121	85	115	67	280
40	74	171,5	80	159	86	148	91	139,5	96	132	102	125	106	120	88	280
45	97,5	165	103	156	109	147,5	115	140	120	134	125	129	130	124	111	280
50	123,5	161	130	154	135	147	141	141	146	136	152	131	156	127,5	137,5	280
60	184	155	190	150,5	195,5	146	201	142	207	138,5	212	135	217,5	132	198	280
70	255,5	152,5	261,5	149	267	145,5	273	143	278	140	284	137	288	135	269,5	280
80	338,5	150,5	344	148	350	145,5	355	143,5	360	141	367,5	138,5	372	137	352	280
90	432	149	437	147,5	442	145,5	449	143,5	456,5	141	460	140	466	138,5	445,5	280
100	537	148	541	147	546	145,5	552	144	559	142	566	141	571	139,5	550	280

S = Spannweite in m p = Züge in kg

d = Durchhänge in cm Temperatur in °C.

Tabelle 15. **Zug- und Durchhangstabelle für Aluminiumleitungen nach den Normalien des V. D. E. 1919.**

Querschnitt **120 qmm.** Größte Zugbeanspruchung **9 kg/qmm.**

S	— 20°		— 10°		± 0°		+ 10°		+ 20°		+ 30°		+ 40°		— 5° + Z	
	d	*p*	*d*	*p*	*d*	*p*	*d*	*p*	*d*	*p*	*d*	*p*	*d*	*p*	*d*	*p*
10	0,3	1080	0,4	873	0,5	672	0,8	470	1	265	2	101	6	48	1	780
20	1	1080	2	875	2,5	674	4	473	6	280	12	142	20	83	6	796
30	3	1080	4	876	5	677	8	480	12	300	21	176	31	119	14	821
40	6	1080	7	878	10	679	13	492	21	320	32	204	44	150	24	850
50	9	1080	12	880	15	684	21	499	30	341	44	234	58	176	36	883
60	14	1080	17	882	21	690	29	512	41	363	57	261	73	202	49	920
70	18	1080	22	883	28	694	37	521	51	382	68	285	86	226	65	960
80	24	1080	30	884	37	704	49	535	66	402	83	318	106	248	81	995
90	31	1080	38	886	47	710	61	548	80	416	110	330	123	270	99	1030
100	38	1080	46	892	58	719	74	556	94	437	118	350	142	292	118	1060
110	48	1040	58	862	72	694	91	550	114	437	139	358	165	303	141	1080
120	60	988	73	810	91	654	114	522	139	426	167	355	193	307	168	1080
130	75	924	92	761	113	616	138	504	166	420	196	357	221	315	198	1080
140	94	866	114	710	140	580	166	496	198	408	227	357	257	316	229	1080
150	116	804	140	666	168	553	198	468	229	405	261	355	290	320	263	1080
160	140	750	172	613	200	528	233	454	266	396	298	354	327	323	300	1080
170	170	700	203	589	237	504	270	440	304	393	335	357	370	324	338	1080
180	205	653	244	561	280	488	317	431	352	388	385	354	419	326	379	1080
190	242	617	279	533	315	472	353	422	388	384	419	355	451	330	422	1080
200	284	580	321	514	360	457	394	418	430	383	464	355	496	332	468	1080
210	327	558	366	496	405	450	442	412	475	383	510	357	545	334	516	1080
220	379	528	417	480	455	440	493	405	530	377	564	354	595	336	566	1080
230	426	512	466	468	505	433	546	400	582	375	615	354	647	337	619	1080
240	483	493	523	454	560	424	600	395	639	372	671	354	705	337	674	1080
250	540	478	580	444	619	417	658	393	693	372	729	354	761	338	731	1080
260	599	465	642	436	679	410	718	390	754	370	789	353	820	340	790	1080
270	659	456	700	430	737	407	776	388	816	368	850	354	879	342	852	1080
280	724	445	770	420	803	403	840	384	875	368	913	354	942	343	917	1080
290	790	440	843	418	871	399	911	382	942	368	980	354	1011	343	983	1080
300	859	432	904	410	950	390	976	380	1011	367	1049	354	1082	343	1052	1080

d = Durchhänge in cm *S* = Spannweite in m
p = Züge in kg Temperatur in °C.

Tabelle 16. **Zug- und Durchhangtabelle für Aluminiumleitungen nach den Normalien des V. D. E. 1919.**

Querschnitt **70 qmm.** Größte Zugbeanspruchnng **9 kg/qmm.**

S	-20^0		-10^0		$\pm 0^0$		$+10^0$		$+20^0$		$+30^0$		$+40^0$		-5^0+Z	
	d	p	d	p	d	p	d	p	d	p	d	p	d	p	d	p
10	0,3	630	0,4	510	0,5	393	0,8	276	1	157	4	59	7,5	28	2	454
20	1,5	630	0	511	2,5	394	3,5	277	6	166	12	82	20	49	8	484
30	3	630	4	512	5,5	396	8	280	12	175	21	103	31	70	18	497
40	6	630	75	513	10	398	13	285	20	188	32	120	45	85	30	527
50	9,5	630	12	514	15	399	20	293	30	199	44	136	57	105	44	556
60	14	630	17	516	21	405	29	298	41	212	57	153	74	118	61	583
70	19	630	23	517	29	406	38	305	53	223	70	167	89	132	78	615
80	25	610	31	498	39	392	52	298	69	223	90	170	110	140	100	630
90	35	561	43	453	55	353	71	273	93	210	116	167	138	141	126	630
100	47	510	59	408	76	318	96	250	120	200	146	165	168	144	156	630
110	64	453	81	361	101	287	124	234	154	189	181	161	200	144	189	630
120	86	403	108	321	132	260	160	216	189	183	217	160	239	145	225	630
130	115	354	150	289	168	242	198	205	226	180	255	160	275	147	264	630
140	150	315	191	264	210	226	238	198	268	176	295	160	320	147	306	630
150	191	284	173	243	253	214	283	192	312	174	339	160	365	148	338	630
160	238	259	271	227	301	204	331	186	359	172	385	160	413	149	400	630
170	288	241	320	217	351	198	380	182	414	168	437	159	464	150	451	630
180	341	229	373	208	405	192	436	178	465	167	493	158	520	150	506	630
190	400	217	433	202	463	188	496	175	523	166	551	157	577	150,5	564	630
200	461	208	490	196	523	184	554	174	580	166	621	157	633	152	625	630
210	524	202	557	190	587	180	619	172	647	164	676	156	700	152	689	630
220	594	196	622	187	658	177	685	170	713	163	742	156	766	152	756	630
230	668	190	699	182	728	175	757	168	787	162	810	156	838	152	826	630
240	736	188	769	180	798	174	832	167	861	161	888	155	912	152	900	630
250	818	186	839	179	873	172	902	167	934	161	963	155	985	152,5	976	630
260	884	182	926	176	950	171	980	166	1015	160	1042	155	1066	152,5	1056	630
270	979	179	1010	174	1044	168	1057	166	1094	160	1124	155	1149	152,5	1139	630
280	1069	176	1091	173	1128	167	1152	164	1182	159	1214	154	1236	152,5	1225	630
290	1056	175	1180	172	1215	166	1251	163	1273	158	1302	154	1320	153	1314	630
300	1242	174	1278	169	1305	165	1333	162	1364	158	1394	154	1413	153	1406	630

d = Durchhänge in cm S = Spannweite in m
p = Züge in kg Temperatur in °C.

Tabelle 17. **Zug- und Durchhangstabelle für Aluminiumleitungen nach den Normalien des V. D. E. 1919.**

Querschnitt **50 qmm.** Größte Zugbeanspruchung **9 kg/qmm.**

S	− 20°		− 10°		± 0°		+ 10°		+ 20°		+ 30°		+ 40°		− 5° + Z	
	d	*p*	*d*	*p*	*d*	*p*	*d*	*p*	*d*	*p*	*d*	*p*	*d*	*p*	*d*	*p*
10	0,3	450	0,4	364	0,5	279	0,8	195	1	112	3,5	42	7,5	20	2	329
20	1	450	2	364	2,5	280	3	197	6	118	12	58	19	36,5	10	345,5
30	3	450	4	364	5,5	281	8	200	12	125	21	73	32	49	21	368
40	6	450	7,5	366	10	283,5	13	204	21	133	32	86	45	61	35	393
50	9	450	12	366,5	15	284	21	208	30	142	44	97	59	72,5	51	420
60	14	450	17	368	22	288	29	213	41	150	57	108	78	84	69	447
70	20	414	25	333	33	257	44	190	60	140	80	105	97	86,5	93	450
80	30	367	38	290	49	225	66	166	86	127	107	103	120	86,5	121	450
90	44	317	59	236	70	199	95	147	116	119	139	100	159	86,5	153	450
100	64	268	82	209	105	164	129	134	151	114	174	99	194	88,5	189	450
110	93	223	114	178	134	145	168	124	192	108,5	214	97	235	88,5	229	450
120	131	188	158	156	184	134	209	119	235	105,5	260	95	280	88,5	273	450
130	175	166	202	144	230	126,5	255	114	280	103,5	306	95	323	89,5	324	450
140	227	148	256	132	283	119	307	110	332	101,5	356	94,5	378	89,5	376	450
150	282	137	309	125	336	115	363	107	388	99,5	411	94	432	89,5	426	450
160	331	133	370	119	391	112	420	105	444	99	468	94	492	89,5	485	450
170	404	123	431	115	457	109	484	102,5	507	98	530	93,5	552	90	548	450
180	470	118	500	112	525	106	553	100	574	97	595	93,5	620	90	614	450
190	538	115	569	109	596	104	623	99,5	647	96	668	93	690	90	683	450
200	616	112	644	107	670	102,5	696	98,5	721	95	739	93	764	90	758	450
210	692	110	720	106	747	101,5	760	98,5	800	95	819	92,5	842	90	836	450
220	781	107	804	104	830	100	845	98,5	877	95	900	92,5	920	90	917,5	450
230	861	105	889	102	912	99,5	942	96,5	962	94,5	988	92	1010	90	1003	450
240	950	104	990	100	1000	99	1026	96,5	1048	94,5	1076	92	1100	90	1092	450
250	1058	102	1074	100	1090	98,5	1125	95,5	1142	94	1174	91,5	1193	90	1185	450
260	1150	101	1168	99,5	1186	98	1223	95	1236	94	1270	91,5	1291	90	1281	450
270	1178	100	1196	99	1227	96,5	1246	95	1259	94	1294	91,5	1315	90	1307	450
280	1347	99	1368	98,5	1396	96,5	1418	95	1433	94	1473	91,5	1489	90	1472	450
290	1453	98	1475	98	1514	95,5	1530	94,5	1546	93,5	1580	91,5	1606	90	1594	450
300	1563	97	1586	97,5	1620	95,5	1637	94,5	1654	93,5	1691	91,5	1709	90,5	1706	450

S = Spannweite in m *p* = Züge in kg
d = Durchhänge in cm Temperatur in °C.

Tabelle 18. **Zug- und Durchhangstabelle für Aluminiumleitungen nach den Normalien des V. D. E. 1919.**

Querschnitt **120 qmm.** Größte Zugbeanspruchung **2 kg/qmm.**

S	— 20°		— 10°		± 0°		+ 10°		+ 20°		+ 30°		+ 40°		— 5° + *Z*	
	d	*p*	*d*	*p*	*d*	*p*	*d*	*p*	*d*	*p*	*d*	*p*	*d*	*p*	*d*	*p*
10	2	240	5	83	10	42,5	12	31,5	16	26,8	18	22,4	20	20	9	134
15	4	240	9	103	16	60	21	45	24	39	29	32,6	32	30	16	178
20	7	240	14	120	22	77	28	59	34	49,2	39	43,3	43	39	23	219
25	13	197	21	118	30	83,5	37	68	43	58	49	51,6	53	47,5	33	240
30	26	142	36	102	45	83	53	71	59	63	65	57	71	52,5	47	240
35	42	116	52	94	60	82	67	73	74	66,2	81	60,5	87	56,6	63	240
40	64	104	70	90	82	81	89	73,8	97	67,9	103	64	108	61	84	240
45	87,5	96	96	87,5	104	80,5	112	75	121	69,3	128	66	135	62	111	240
50	112	92	120	86	128	80,2	137	75,5	145	70,1	152	68	159	65	131	240
60	170	87,5	178	83	188	79,2	194	76,5	204	73	210	70,6	217	68	190	240
70	224	84,5	247	81,8	254	79,2	262	77	266	75,8	275	73	286	70,6	258	240
80	316	83,5	324	81,2	333	79,2	343	77,2	348	76	355	74,5	361	73	337	240
90	400	81,6	415	80,3	421	79,2	433	77,2	440	76	448	74,5	456	73,2	426	240
100	507	81.2	517	79,8	521	79,2	531	77,2	538	76	546	75,8	554	74,7	526	240

Tabelle 19. **Zug- und Durchhangstabelle für Aluminiumleitungen nach den Normalien des V. D. E. 1919.**

Querschnitt **120 qmm.** Größte Zugbeanspruchung **4 kg/qmm.**

S	— 20°		— 10°		± 0°		+ 10°		+ 20°		+ 30°		+ 40°		— 5° + *Z*	
	d	*p*	*d*	*p*	*d*	*p*	*d*	*p*	*d*	*p*	*d*	*p*	*d*	*p*	*d*	*p*
10	0,7	480	1	279	3	106	8	56	11	31,8	14	26,4	16	22,2	5	238
15	2	480	3	283	8	126	14	66	20	48	25	39	29	33,5	10	278
20	3	480	6	290	12	143	20	87,8	27	62,5	32	51,6	37	45	16	317
25	5	480	8	295	16	160	25	102	33	76	40	63	45	55,5	22	350
30	8	480	12	300	21	175	28	116	41	90	50	75	57	65,5	30	390
35	11	480	17	307	27	188	39	131	50	102	60	68,2	68	76	37	417
40	14	480	21	311	32	204	46	143	56	116	66	100	76	86,2	45	460
45	18	480	26	329	38	220	53	160	65	130	78	108	86	97	53	480
50	24	435	35	295	50	206	65	158	77	133	88	118	99	104	66	480
60	44	334	61	245	78	191	94	158	106	140	119	125	133	112	95	480
70	75	268	94	215	112	180	127	158	140	144	153	132	168	120	129	480
80	112	237	131	202	149	178	167	158	180	146	195	136	206	128	168	480
90	157	212	176	190	196	170	212	157	228	146	242	138	255	131	213	480
100	210	197	229	180	247	167	265	156	282	146	294	140	310	133	263	480

S = Spannweite in m $\quad$ p = Züge in kg

d = Durchhänge in ccm $\quad$ Temperatur in ° C.

Tabelle 20.

Zug- und Durchhangstabelle für Eisenleitungen nach den Normalien des V. D. E. 1919.

Querschnitt **50 qmm.**

Größte Zugbeanspruchung **16 kg/qmm.**

S	− 20⁰		− 10⁰		± 0⁰		+ 10⁰		+ 20⁰		+ 30⁰		+ 40⁰		− 5 + *Z*	
	d	*p*	*d*	*p*	*d*	*p*	*d*	*p*	*d*	*p*	*d*	*p*	*d*	*p*	*d*	*p*
10	0,6	800	0,7	695	0,9	540	1,1	442	1,5	324	2,2	221	3,8	128		
20	2,5	800	3	648	3,5	556	4,5	432	6	324	8	243	11,5	169		
30	5,5	800	6,5	672	8	550	10	438	12	364	16	274	20,5	214		
40	10	800	11,5	680	13,5	574	16,5	472	20,5	380	26	300	32	248		
50	15,5	800	18	676	21	596	25	487	30,5	404	37	330	44,5	274		
60	22	800	25,5	687	30	581	35	500	42	418	49,5	354	58	301		
70	31,5	757	37	643	43	550	50	477	58	411	67	356	76,5	311	72	800
80	44	720	51	618	59	530	68	459	77,5	403	88,5	352,5	100	311	93,5	800
90	61	646	70	563	79	500	89,5	440	100,5	395	112,5	350	124,5	317,5	118,5	800
100	81,5	597	92,5	527	103,5	470	115,5	420	127,5	382	140	348	153	317,5	146,5	800
110	107	550	118,5	496	131,5	448	144,5	408	157	375	170,5	345	184	320	177	800
120	137	512	149,5	470	163	430	176,5	400	190,5	367,5	204	342	218	321	210,5	800
130	170	485	185	445	200	411	214	385	228	360	242	340	256	322	247	800
140	208	460	223	427,5	238	400	252,5	377	266,5	357	280,5	340	294	324	286,5	800
150	248,5	440	265	414	280,5	390	295,5	370	310	354	323,5	337	337,5	325	329	800
160	293	425	309	404	324,5	384	340	367,5	354	352,5	368,5	338	382	326,5	374,5	800
170	341	412,5	357	394	373	376	388	362	403	348	418	336	432,5	325	422,5	800
180	391	404	407,5	386	423	371,5	438	360	453	348	468	337,5	483	326	474	800
190	446,5	393	462	381	477,5	367,5	493	356	508	345,5	523	335	537,5	326	528	800
200	501,5	388	518	376	533,5	365	549,5	355	564,5	345	579,5	336	594	328	585	800
210	563	381	579	371	595	361	610	352,5	625,5	344	640	336	655	328	645	800
220	625	377	640,5	367	656	360	671,5	351	686,5	343	701	336	715	329	707,5	800
230	691,5	372,5	708	364	723,5	356	738,5	349	753,5	341,5	768	336	782	329	773,5	800
240	759	370	776	361	792	354	807,5	346,5	823	341	838	335	853	330	842	800
250	830	366	846,5	360	863	352	879	346	894,5	340	910	335	925	329	913,5	800
260	906	363,5	922	356	938	350	954	345	970	339	985	334	1000	329	988,5	800
270	984,5	361	995,5	355,5	1015	349	1030,5	342,5	1046,5	339	1062	334	1077	330	1065,5	800
280	1064	360	1080	354	1096	347,5	1112	340	1127	339	1142	334	1157	330	1146	800
290	1148	357	1164	551,5	1180	346,5	1196	342,5	1211	338,5	1226,5	334	1241,5	330	1229,5	800
300	1233	355	1250	350	1267	346	1283,5	341	1299,5	337	1315,5	332,5	1331	329	1315,5	800

S = Spannweite in m *p* = Züge in kg

d = Durchhang in cm Temperatur in ⁰ C.

Tabelle 21.

Zug- und Durchhangstabelle für Eisenleitungen nach den Normalien des V. D. E. 1919.

Querschnitt **25 qmm.**

Größte Zugbeanspruchung **16 kg/qmm.**

S	-20^0		-10^0		$\pm 0^0$		$+10^0$		$+20^0$		$+30^0$		$+40^0$		$-5+Z$	
	d	p	d	p	d	p	d	p	d	p	d	p	d	p	d	p
10	0,6	400	0,7	347,5	0,9	270	1,1	221	1,5	162	2,2	110,5	3,8	64		
20	2,5	400	3	324	3,5	278	4,5	216	6	162	8	121,5	11,5	84,5		
30	5,5	400	6,5	336	8	275	10	219	12	182	16	137	20,5	107		
40	9	400	11,5	340	13,5	287	16,5	236	20,5	190	26	150	32	124		
50	16	380	19	320	23	265	28	218	34	178	41	148	49	124	51	400
60	27	325	32	275	38	230	45,5	192	53,5	163	62	141	71	123	73,5	400
70	43	277	51	234	59,5	200	69	173	78,5	152	88	135	97,5	122	100	400
80	66	236	76,5	204	87	178	97,5	160	108	144	118	132	129	121	131	400
90	96,5	204	108	182,5	119,5	165	130,5	151	141,5	139	152	130	162,5	121	165,5	400
100	134	181,5	146	167	157	154,5	169	143	180	135	191,5	127,5	202,5	120	204,5	400
110	176	167	188	156	200	148	211,5	139	223	132	234	126	245	120	247,5	400
120	221,5	158	234,5	150	247	142	258,5	136	270	130	281	124	292	120	294,5	400
130	274	150	286	144	298	138	310	132	321,5	128	332,5	124	343	120	345,5	400
140	328	146	340	141	352	136	363,5	132	375	128	386	124	397	120	400,5	400
150	389	140	401	136	412,5	132,5	424	129	435,5	126	447	122	458	119	460	400
160	453,5	137,5	466	134	478	130	489,5	127	501	124	510,5	122	521	119	523	400
170	519	135,5	530,5	132,5	542,5	130	554	126,5	566	124	577	122	588,5	119	590,5	400
180	591	133	603	131	614,5	128	626	126	637,5	124	649	121,5	660	119	662	400
190	668	132	679	129,5	691	127	702,5	125	714	123	725	121	736	119	737,5	400
200	746	130,5	758	128	770	126	781,5	124	793	122	804,5	120,5	815,5	119	817	400
210	831	129	843	127,5	855	125,5	866	124	878	122	890	120,5	900	119	901	400
220	920	128	931	126	942	125	953,5	124	965	122	976	120,5	987,5	119	989	400
230	1010	127	1022	126	1033,5	124,5	1046	123	1057	122	1068,5	120,5	1080	119	1081	400
240	1108	126	1119,5	125	1131	124	1143	122,5	1154	122	1165,5	120,5	1176	119	1177	400
250	1207	126	1218	124	1230	124	1241	122,5	1252,5	122	1264	120	1275	119	1277	400

S = Spannweite in m $\qquad$ p = Züge in kg

d = Durchhang in cm $\qquad$ Temperatur in ^{0}C.

als sich nach vorstehender Gleichung, die der Ausdruck des statischen Gleichgewichtes ist, errechnet.

Der Winddruck W wirkt als Zusatzkraft zur Zugbeanspruchung auf die Stützpunkte des elektrischen Leiters und greift im Schwerpunkt der gedrückten Fläche an. Steht die Körperfläche senkrecht zur Windrichtung, so ist die gedrückte Fläche gleich der ebenen Fläche des Körpers oder wie bei Fachwerkkonstruktionen gleich der Summe der Einzelflächen.

Nach Versuchen von Grashof ist der Winddruck auf die Flächeneinheit $w = 0{,}122\, v^2$, hieraus berechnet sich die Windgeschwindigkeit, welche der vom Verband Deutscher Elektrotechniker vorgeschriebenen Windbelastung von 125 kg/qm zugrundegelegt ist:

$$v = \sqrt{\frac{125}{0{,}122}} = \sim 32 \text{ m pro Sekunde},$$

entsprechend 130 km in der Stunde. Für deutsche Verhältnisse wird diese Geschwindigkeit nur ganz ausnahmsweise vorkommen.

Stößt der Wind auf eine Fläche, welche mit der Windrichtung einen Winkel α bildet, so ist nach Newton der Winddruck normal zur Fläche

$$W = w_1 \cdot F = w \sin^2 \alpha F.$$

Der Winddruck auf ein Prisma von der Länge L und der Quadratseite A ist, wenn der Winddruck normal zu A,

$$W_n = w\, A\, L \quad \ldots\ldots\ldots\ldots \quad (19)$$

Weht der Wind in der Richtung der Diagonale, so ist

$$W = 2\, W_n = w\, 2\, A\, L \sin^3 45^0 = \sqrt{\frac{1}{2}}\, w\, A\, L \quad \ldots\ldots \quad (20)$$

Der Winddruck auf das Flächenelement $\frac{d}{2}\, d\,\alpha L$ eines Kreiszylinders, dessen Achse normal zur Windrichtung steht, ist

$$d W = w \sin^3 \alpha\, \frac{d}{2}\, d\, \alpha\, L$$

und somit Winddruck pro Längeneinheit

$$W_1 = \frac{W}{L} = w \cdot \frac{d}{2} \int_0^{\pi} \sin^3 \alpha\, d\, \alpha = \frac{2}{3}\, w\, d = 0{,}667\, w\, d \quad \ldots \quad (21)$$

und mit $w = 0{,}122\, v^2$ und $v = 32$ m/Sek.

$$\frac{W}{L} = 84 \cdot d \text{ kg} \quad \ldots\ldots\ldots\ldots \quad (21\text{a})$$

worin d den Durchmesser des Zylinders von 1 m Länge bedeutet. Dieser Wert entspricht etwa dem 0,7fachen d bei einem Winddruck von 125 kg/qm und wird noch häufig von Behörden bei Bahn- und Straßenkreuzungen vorgeschrieben. Auch die Vorschriften des V. D. E. schreiben bei der Berechnung des Winddruckes auf runde Maste vor, daß die gedrückte Fläche gleich dem 0,7fachen des Durchmessers multipliziert mit der Länge in die Rechnung einzusetzen ist.

Die Freileitungsnormalien des Verbandes Deutscher Elektrotechniker schreiben vor, daß bei Leitungen die durch Wind gedrückte Fläche gleich dem 0,5fachen Durchmesser d mal der Länge einzusetzen ist. Mit 125 kg/qm ergibt sich für die Länge 1 m

$$W_1 = \frac{W}{L} = 0{,}5\, d \cdot 125 = 62{,}5\, d \text{ kg} \quad \ldots \ldots \quad (22)$$

Die dem Winddruck ausgesetzte Oberfläche ist bei Seilen größer als die Oberfläche des umschriebenen Kreiszylinders mit dem Durchmesser D. Versuche der nautischen Hochschule in Genua haben ergeben, daß eine Erhöhung des Winddruckes um 10% gegenüber dem glatten Kreiszylinder vorhanden ist. Die Normalien des V. D. E. machen jedoch keinen Unterschied zwischen Drähten und Seilen, für letztere ist der umschriebene Kreisdurchmesser, der Seildurchmesser, maßgebend.

Zahlenbeispiel 12.

Ein 19drähtiger Aluminiumleiter von 70 qmm Querschnitt wird mit 80 m Spannweite verlegt. Wie groß ist der Winddruck auf den Leiter, wie groß die Resultierende aus Eigengewicht und Winddruck und welche Ablenkung aus der lotrechten Ruhelage erfährt der Leiter unter dem Einfluß der Windkraft, wenn angenommen wird, daß die höchste Windbeanspruchung bei $+10^0$ C auftritt, bei welcher Temperatur der Leiter einen Durchhang von 121 cm besitzt.

Der Durchmesser eines Aluminiumseiles von 70 qmm ist 10,9 mm, somit nach Gleichung 18 und 22

$$W_1 = 62{,}5 \cdot 0{,}0109 \cdot 80 = \underline{54{,}5 \text{ kg.}}$$

Das Eigengewicht des Leiters beträgt

$$g = 70 \cdot 0{,}0028 \cdot 80 = 15{,}68 \text{ kg,}$$

$$R = \sqrt{W^2 + g^2} = \sqrt{54{,}5^2 + 15{,}68^2} = \underline{56{,}7 \text{ kg}}$$

$$\sin \gamma = \frac{W}{R} = \frac{54{,}5}{56{,}7} = 0{,}96$$

$$\gamma = 74^0$$

$$E = d \sin \gamma = 121 \cdot 0{,}96 = \underline{116 \text{ cm.}}$$

Die gleiche Rechnung für ein 19drähtiges Kupferkabel von 70 qmm mit einem Durchhang von 72 cm, bei 10^0 C durchgeführt, ergibt

$$W_1 = 62{,}5 \cdot 0{,}0109 \cdot 80 = \underline{54{,}5 \text{ kg}}$$

$$g = 70 \cdot 0{,}0089 \cdot 80 = 50 \text{ kg,}$$

$$R = \sqrt{W^2 + g^2} = \sqrt{54{,}5^2 + 50^2} = \underline{74 \text{ kg,}}$$

$$\sin \gamma = \frac{W}{R} = \frac{54{,}5}{74} = 0{,}735$$

$$\gamma = 47^0$$

$$E = d \sin \gamma = 72 \cdot 0{,}735 = \underline{53 \text{ cm.}}$$

Wie ersichtlich, wird das Aluminiumseil unter dem Einfluß der Windkraft mehr als doppelt so weit abgetrieben wie das Kupferseil, die Gefahr des Zusammenschlagens zweier in einer Ebene liegender Leiter ist infolge des geringen Gewichtes und größeren Durchhanges bei Aluminiumleitungen bedeutend größer, wenn die Leiter in ihrem Synchronismus gestört werden.

Zahlenbeispiel 13.

Es soll der Winddruck auf einen Holzmast von 20 cm Zopfstärke, 30 cm Durchmesser an der Einspannstelle und einer Länge von 9 m über Erde berechnet werden. In welcher Höhe über Erdboden greift der Winddruck an, wie groß ist der Winddruck am Hebelarm 8,5 m, an welchem die Leitungszugkraft angreift?

Der Winddruck auf den Mast ist nach Gleichung 22

$$W_1 = 0{,}7 \cdot 125 \cdot d\,L = 0{,}7 \cdot 125 \cdot \frac{0{,}2 + 0{,}3}{2} \cdot 9 = \sim \underline{197 \text{ kg.}}$$

Diese Kraft greift am Schwerpunkt der gedrückten Fläche an, der im Abstand

$$\frac{0{,}3 + 2 \cdot 0{,}2}{0{,}3 + 0{,}2} \cdot \frac{9}{3} = \underline{4{,}2 \text{ m}}$$

von der Erdoberfläche liegt. Das durch den Winddruck ausgeübte Moment ist somit

$$M_w = 4{,}2 \cdot 197 = \sim 825 \text{ kgm},$$

das in der Höhe 8,5 m einer Angriffskraft von

$$\frac{825}{8{,}5} = \underline{97{,}5 \text{ kg}}$$

entspricht.

4. Berechnung der Tragkonstruktionen.

Die auf die Leitungen einwirkenden Kräfte — Zug, Gewicht und Windbelastung — müssen von den Tragkonstruktionen aufgenommen werden. Diese drei Kräfte wirken gleichzeitig, aber in verschiedenen Richtungen, auf Abspannmaste, Winkelmaste und Maste für Straßen- und Bahnkreuzungen und Überspannungen von Fernsprechleitungen.

Fig. 13.

Fig. 14.

Fig. 15.

Fig. 16.

Tragmaste, die nur auf gerader Strecke als Unterstützungspunkte dienen, werden bei gleichen Spannweiten der einzelnen Felder durch den Leitungszug nicht beansprucht. Auf sie wirkt nur der Winddruck des elektrischen Leiters und der eigenen Fläche. Das größte Widerstandsmoment dieser Maste muß deshalb nicht in der Leitungsrichtung, sondern senkrecht zu dieser liegen. In Richtung der Leitung sollen die Maste möglichst elastisch sein. Je elastischer die Maste in der Leitungsrichtung sind, desto besser und somit ohne Schaden für Maste und Leitungen pflanzt sich die bei gerissenen Leitungen auftretende einseitige Beanspruchung fort, desto mehr Maste werden zur Aufnahme der Beanspruchung herangezogen und desto geringer werden die Einzelbeanspruchungen der Maste.

Fig. 17.

Je weiter ein Mast von der Störungsstelle entfernt ist, desto geringer wird seine Durchbiegung. Versuche haben gezeigt, daß diese beim fünften oder sechsten Mast ganz verschwunden ist. Die Photographien (Fig. 13 bis 16) zeigen die durchgebogenen Maste einer Freileitung, nachdem auf der einen Seite sämtliche drei Drähte abgeschnitten wurden. Die Aufnahmen lassen deutlich erkennen, wie die Durchbiegung der Maste allmählich abnimmt und bei dem vierten Mast nur noch ganz gering ist. Am fünften Mast war mit dem Auge keine Durchbiegung festzustellen.

Die Tragkonstruktionen können auf Zug und Druck, Biegung, Knickung und Verdrehung beansprucht werden. Die Zug- und Biegungsbeanspruchung ergibt sich durch die Drahtspannung und den Winddruck auf Leitung und Mast. Die Beanspruchung auf Druck und Knikkung wird durch das Gewicht der Leitungen hervorgerufen; da letzteres im Verhältnis zu den sonst auftretenden Beanspruchungen sehr gering ist, kann im allgemeinen die Untersuchung in dieser Richtung unterbleiben. Eine Verdrehung der Tragkonstruktion kann bei gerissenen Drähten, besonders bei langen Querträgern, in Betracht kommen. Die Elastizität der Maste, besonders der unterstützenden Tragmaste, ist auch hier recht wertvoll. Fig. 17 zeigt die photographische Aufnahme eines Zwischenmastes, der infolge einer gerissenen Leitung sich fast um 90° verdrehte. Nach Abwerfen sämtlicher Leitungen ging der Mast, ohne Schaden genommen zu haben, in seinen früheren Zustand zurück.

Ermittelung der Beanspruchungen.

Der Leitungszug, der Winddruck auf Leitung und Mast bilden mit den zugehörigen Hebelarmen die Momente, welche den Mast zu verbiegen suchen. Das Gewicht der Leitungen und die aus schräg angreifendem Zuge sich ergebende Vertikalkomponente beanspruchen den Unterstützungspunkt auf Druck oder Knickung. Verdrehung der Tragkonstruktionen ist bei ungleich gespannten oder einseitig gerissenen Leitern zu erwarten.

In einer Ebene, aber nach verschiedenen Richtungen wirkende Kräfte werden geometrisch zusammengesetzt. Die Addition kann zeichnerisch oder rechnerisch erfolgen. Die graphische Methode ist in vielen Fällen die einfachere und führt unter Verwendung des Kräftepolygons am schnellsten zum Ziele.

Der einfachste Fall, welcher die Grundlage für das Zusammensetzen von Kräften bildet, ist das Parallelogramm der Kräfte. Um zwei auf einen Punkt A (Fig. 18) wirkende Kräfte P_1 und P_2 zusammenzusetzen, bildet man aus ihnen ein Parallelogramm, dann ist dessen Diagonale R die Mittelkraft (Resultante) der beiden Kräfte P_1 und P_2. Diese resultierende Kraft übt auf den Punkt A genau dieselbe Wirkung wie die beiden Einzelkräfte zusammen. Umgekehrt läßt sich jede Kraft R in zwei Einzelkräfte zerlegen, die mit R in einer Ebene liegen.

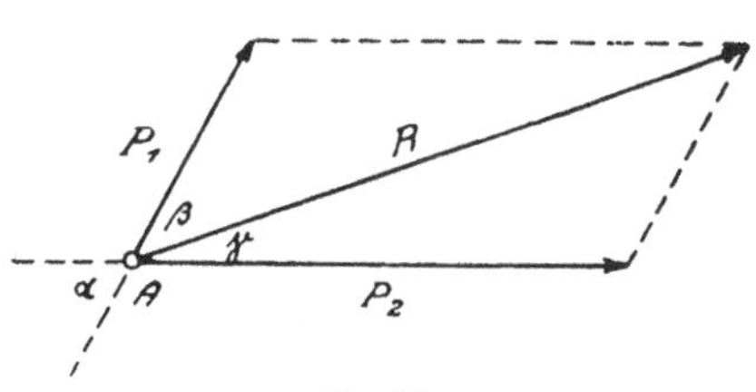

Fig. 18.

Rechnerisch ermittelt sich die Mittelkraft nach dem Kosinussatze zu

$$R = \sqrt{P_1^2 + P_2^2 - 2\, P_1\, P_2 \cos (180^0 - \alpha)} \quad \ldots\ldots (25)$$

oder, da $\cos (180^0 - \alpha) = - \cos \alpha$ ist,

$$R = \sqrt{P_1^2 + P_2^2 + 2\, P_1 \cdot P_2 \cdot \cos \alpha} \quad \ldots\ldots (25\text{a})$$

$$\sin \beta : \sin \gamma : \sin \alpha = P_2 : P_1 : R,$$

somit bestimmen sich die Winkel, welche die Einzelkräfte mit der Mittelkraft einschließen, zu

$$\sin\beta = \frac{P_2}{R}\sin\alpha;\ \sin\gamma = \frac{P_1}{R}\sin\alpha$$

$$\text{für } \alpha = 90^0 \text{ wird: } R = \sqrt{P_1^2 + P_2^2} \quad \ldots\ldots \quad (26)$$

und

$$\cos\beta = \frac{P_1}{R};\ \cos\gamma = \frac{P_2}{R};\ \operatorname{tg}\gamma = \frac{P_1}{P_2};$$

für $P_1 = P_2$ wird:

$$R = Z\sqrt{2\,(1+\cos\alpha)};\quad \sqrt{\frac{1+\cos\alpha}{2}} = \cos\frac{\alpha}{2}.$$

$$R = 2\,Z\cos\frac{\alpha}{2} \quad \ldots\ldots\ldots\ldots \quad (27)$$

Sollen mehrere in einem Punkt angreifende Kräfte zeichnerisch zusammengesetzt werden, so werden diese so aneinandergereiht, daß der Anfangspunkt der folgenden Kraft mit dem Endpunkt der vorhergehenden zusammenfällt. Sollen z. B. (Fig. 19) die vier in A angreifenden Kräfte P_1 bis P_4 durch eine resultierende Kraft ersetzt werden, so zeichnet man, von dem Punkt A ausgehend, ein Vieleck, in welchem in der angedeuteten Weise jede Kraft sich an die vorhergehende anschließt.

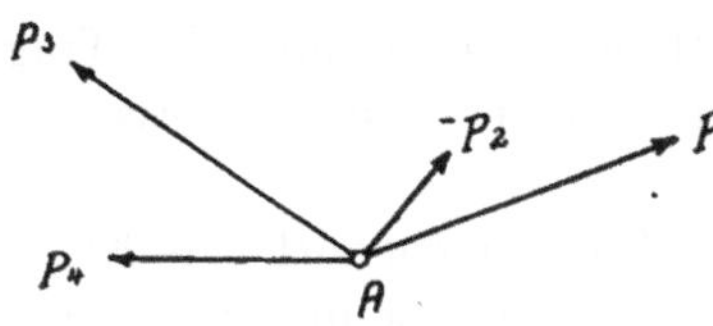

Fig. 19.

In Fig. 20 ist

P_{1-2} die Mittelkraft von P_1 und P_2,
P_{1-3} die Mittelkraft von P_1, P_2 und P_3, und
$R = P_{1-4}$ die Mittelkraft aller vier Kräfte.

Zahlenbeispiel 14.

Ein Dachständer eines Ortsnetzes (Fig. 21) wird mit 500 kg horizontalem Seitenzug belastet. Im Angriffspunkt der Zugkraft soll unter

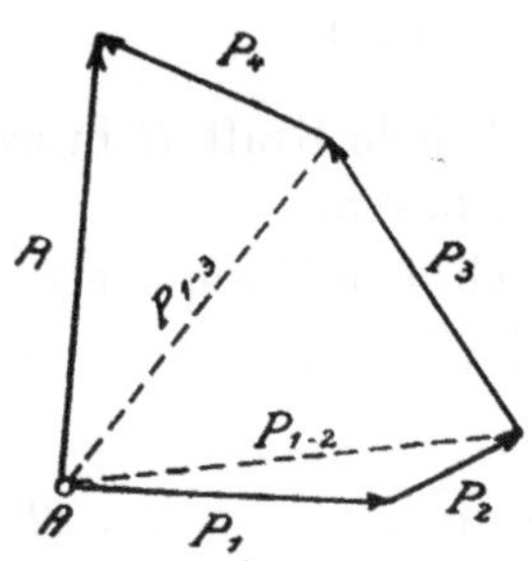

Fig. 20.

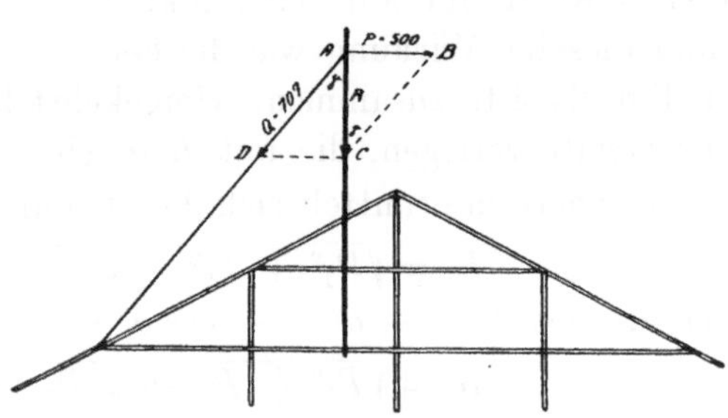

Fig. 21.

einem Winkel von 45° eine Verankerung angebracht werden, wie groß ist die im Ankereisen auftretende Zugkraft?

a) Graphische Lösung: Man trage im Kräftemaßstab 1 mm = 10 kg die Zugkraft 500 kg auf und in A die Richtung des Zugankers (45°), ziehe vom Endpunkt der Kraft P eine Parallele zur Richtung des Zugankers, und im Schnittpunkt dieser mit der Vertikalachse des Dachständers eine Parallele zu P. AD ist dann der im Anker auftretende Zug Q = 707 kg.

b) Rechnerische Lösung: Aus Fig. 18 ergibt sich

$$Q = \frac{P}{\sin 45^0} = \frac{500}{0{,}707} = \underline{707 \text{ kg.}}$$

Die beiden Kräfte P und Q bilden die Resultierende R, welche den Dachständer in Richtung der Vertikalachse beansprucht. Zeichnerisch ist die Größe dieser Kraft durch die Konstruktion des Kräfteparallelogramms gefunden. Die rechnerische Ermittelung folgt aus der Beziehung

$$R = \frac{P}{\operatorname{tg} 45^0} = \frac{500}{1} = 500 \text{ kg.}$$

Die resultierende Kraft R fällt mit der Gewichtsbelastung durch die Leitungen, Zusatzlast und Armaturen zusammen. Die algebraische Summe dieser Kräfte bildet die Gesamtkraft, welche den Dachständer auf Druck oder Knickung beansprucht. Wie aus Fig. 21 ersichtlich, wächst die Mittelkraft R mit abnehmendem Winkel γ. Wird γ kleiner als 45°, dann wird R größer als P. Es empfiehlt sich deshalb, γ nicht unter 25° zu wählen, weil sonst die vertikal wirkende Druck- bzw. Knickkraft im Verhältnis zur Horizontalbelastung zu groß wird.

Zahlenbeispiel 15.

Eine Hochspannungsfernleitung ändert ihre Richtung im Winkel von 130°. Die am Eckmast angreifenden maximalen Leitungszüge wurden zu 1050 kg und 840 kg errechnet; wie groß ist die Resultierende dieser beiden Kräfte und welchen Winkel bildet sie mit der größeren Kraft?

a) Die zeichnerische Lösung ergibt sich durch Konstruktion des Parallelogramms der Kräfte (Fig. 22).

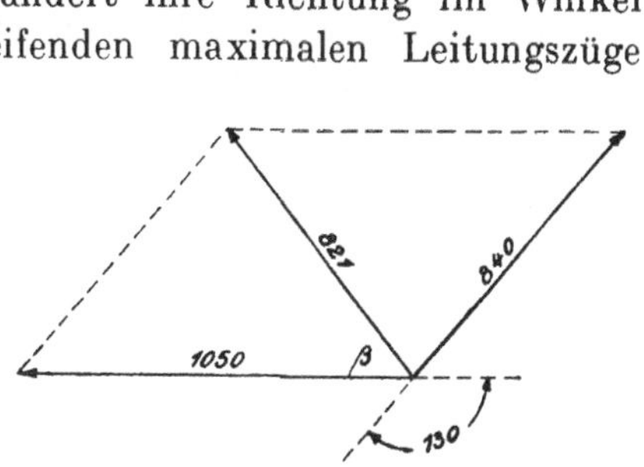

Fig. 22.

Die Mittelkraft R wird zu 821 kg, der Winkel β zwischen R und P_1 zu 51° 35′ gefunden.

b) Nach Gleichung 25 ist

$$R = \sqrt{P_1^2 + P_2^2 + 2\,P_1 \cdot P_2 \cdot \cos\alpha}$$
$$= \sqrt{1050^2 + 840^2 + 2 \cdot 1050 \cdot 840 \cdot \cos 130^0}$$
$$\cos 130^0 = -\sin 40^0.$$
$$\underline{R = 821 \text{ kg},}$$
$$\sin\beta = \frac{P_2}{R}\sin\alpha = \frac{840}{821} \cdot 0{,}7660$$
$$\sin\beta = 0{,}7835;\ \beta = 51^0\,35'$$

oder

$$\cos\beta = \frac{1050^2 + 821^2 - 840^2}{2 \cdot 1050 \cdot 821} = 0{,}6212,$$
$$\underline{\beta = 51^0\,35'.}$$

Zahlenbeispiel 16.

Durch eine senkrecht zur Flußrichtung ausgeführte Kreuzung *AB* wird die Richtung einer Hochspannungsleitung ($3 \cdot 35$ qmm) nach Fig. 23 gebrochen. Es soll die ungünstigste Beanspruchung der Maste gesucht werden, die durch zwei senkrecht aufeinanderstehende, in Richtung der Hauptachsen fallende Kräfte entsteht.

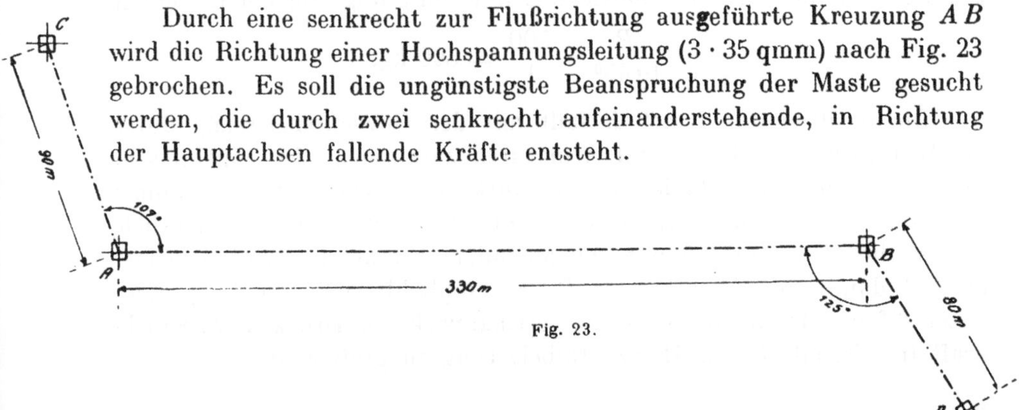

Fig. 23.

Die maximale Zugbeanspruchung der Leiter beträgt 16 kg/qmm. Sind sämtliche Drähte eines Nachbarfeldes gerissen, so würde, ohne Berücksichtigung der Durchbiegung der Maste, die Beanspruchung betragen

$$P_1 = 3 \cdot 35 \cdot 16 = 1680 \text{ kg}.$$

1. Ermittelung der Kräfte des Mastes A.

Die Zugkraft in Richtung *AC* zerlegt sich (Fig. 24) in zwei in der Richtung der Hauptachsen des Mastes *A* fallende Kräfte, und zwar

$$P' = P_1 \cdot \cos 17^0 = 1680 \cdot 0{,}9563 = 1607 \text{ kg},$$
$$P'' = P_1 \cdot \sin 17^0 = 1680 \cdot 0{,}2923 = 491 \text{ kg}.$$

P'' wirkt in entgegengesetztem Sinne wie P_1, es bleibt als resultierende Kraft

$$P_1 - P'' = 1680 - 491 = 1189 \text{ kg}$$

und als Summe der im Winkel von 90° wirkenden Kräfte P' und $P_1 - P''$

$$P' + P_1 - P'' = 1607 + 1189 = \underline{2796 \text{ kg.}}$$

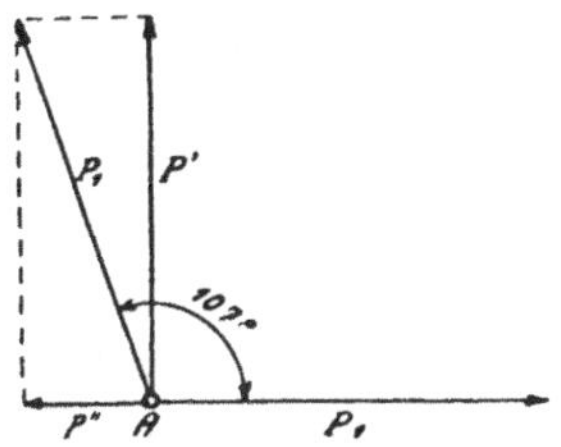

Fig. 24.

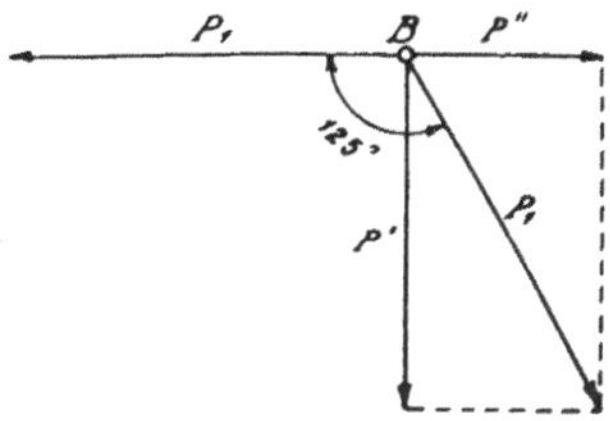

Fig. 25.

Sind im Kreuzungsfelde sämtliche Leiter gerissen, so wirkt auf den Mast die Summe der zueinander senkrechten Kräfte P' und P'', die sich ergibt zu

$$P' + P'' = 1607 + 491 = \underline{2098 \text{ kg.}}$$

2. Ermittelung der Kräfte des Mastes B.

Die Zugkraft in Richtung BD zerlegt sich in (Fig. 25)

$$P' = P_1 \cdot \cos 35° = 1680 \cdot 0{,}8192 = 1376 \text{ kg}$$

und

$$P'' = P_1 \sin 35° = 1680 \cdot 0{,}5735 = 964 \text{ kg}$$

$$P_1 - P'' = 1680 - 964 = 716 \text{ kg,}$$

somit die Summe der zueinander senkrechten Kräfte P' und $P_1 - P''$

$$P' + P_1 - P'' = 1376 + 716 = \underline{2092 \text{ kg.}}$$

Sind im Kreuzungsfelde sämtliche Leiter gerissen, so wirkt auf den Mast die Summe von P' und P'', die beträgt

$$1376 + 964 = \underline{2340 \text{ kg.}}$$

Zahlenbeispiel 17.

Vom Verteilungspunkt einer Ortsnetzanlage (Fig. 26) zweigen fünf Leitungen ab mit den horizontalen, in einer Ebene liegenden Zügen $P_1 = 630$ kg, $P_2 = 450$ kg, $P_3 = 180$ kg, $P_4 = 1260$ kg und $P_5 = 630$ kg; wie groß ist die resultierende Kraft?

Durch Aufzeichnung des Kräftepolygons (Fig. 27) mit dem Kräftemaßstab 1 mm = 20 kg wird die Mittelkraft zu 780 kg gefunden. Da

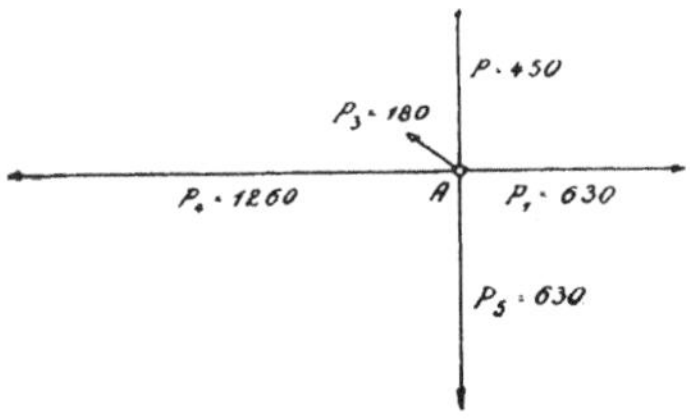

Fig. 26.

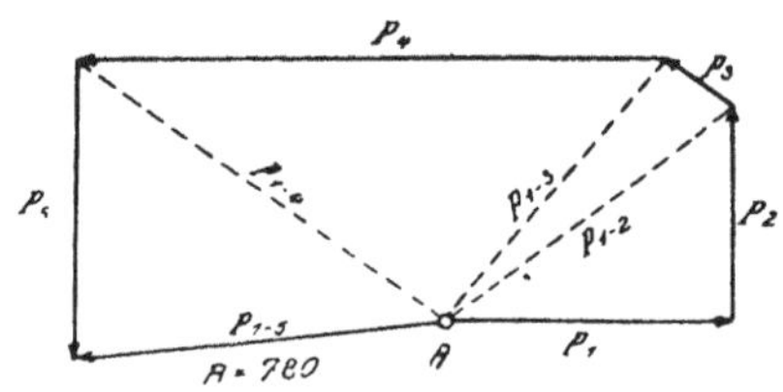

Fig. 27.

die resultierende Kraft in diesem Falle kleiner ist als die größte Einzelkraft $P_4 = 1260$ kg, muß die letztere zur Berechnung der Tragkonstruktion herangezogen werden.

Allgemeine Gesetze der Festigkeitslehre.

a) Zug- und Druckbeanspruchung.

Bezeichnet P die Kraft, welche einen Stab vom Querschnitt F durch Zug oder Druck beansprucht, dann ist

$$P = F \cdot k \quad \ldots \ldots \ldots \ldots \quad (28)$$

wenn k die zulässige Materialspannung für Zug oder Druck bedeutet. Die Festigkeitszahlen für Zug- oder Druckbeanspruchung sind für viele der im Freileitungsbau verwendeten Materialien annähernd gleich. Das Verhältnis der Festigkeit des Baustoffes K (größte Belastung, die das Material aushalten kann) zu der zulässigen Beanspruchung k ist die Sicherheit s, so daß

$$ks = K.$$

b) Knickbeanspruchung.

Ist der auf Druck beanspruchte Stab im Verhältnis zu seinem Querschnitt sehr lang, so wird er unter der Einwirkung einer entsprechend großen Druckkraft seine gerade Lage nicht beibehalten können, es wird eine seitliche Ausbiegung eintreten, und es entsteht außer der Druckspannung k noch eine Biegungsspannung k_b. Wächst P, dann wird unter dem Einflusse der beiden Spannungen der Stab zerknickt werden. Euler hat für vier verschiedene Fälle (Fig. 28 bis 31) der Befestigung der Stabenden folgende Formeln aufgestellt:

$$P = \frac{\pi^2}{4} \frac{E J}{l^2} \quad \ldots \ldots \ldots (29) \qquad\qquad P = \pi^2 \frac{E J}{l^2} \quad \ldots \ldots \ldots (30)$$

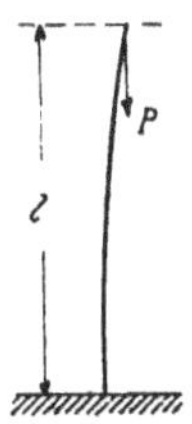

Fig. 28. Ein Ende eingespannt, das andere frei.

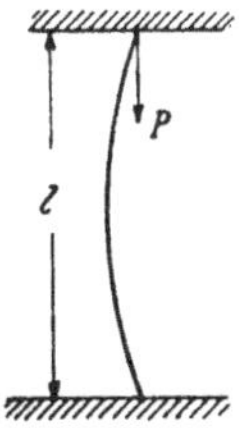

Fig. 29. Beide Enden frei und in der ursprünglichen Achse geführt.

$$P = 2\,\pi^2 \frac{E J}{l^2} \quad \ldots \ldots \ldots (31) \qquad\qquad P = 4\,\pi^2 \frac{E J}{l^2} \quad \ldots \ldots \ldots (32)$$

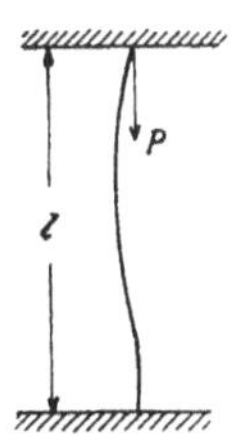

Fig. 30. Ein Ende eingespannt, das andere frei und in der Achse geführt.

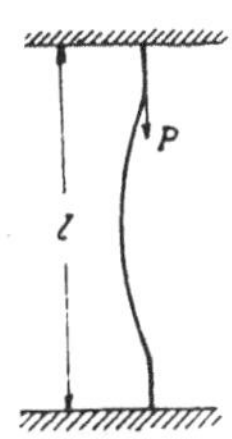

Fig. 31. Beide Enden eingespannt.

Die Belastung P, welche auf einen Stab wirken kann, ohne daß er geknickt wird, ist umgekehrt proportional dem Quadrate der Stablänge, sie nimmt also bei zunehmender Stablänge schnell ab.

Bei der kritischen Stablänge l' wird die Widerstandsfähigkeit gegen Druck und Knickung gleich sein. Die Ermittelung dieser Stablänge folgt aus der Überlegung, daß die Sicherheit gegen Druck gleich sein muß der Sicherheit gegen Knickung. Es ist also für den ersten Fall (Gleichung 29) der Eulerschen Formeln mit der Druckfestigkeit K

$$\frac{\pi^2 E J}{4 P l^2} = \frac{F K}{P},$$

woraus die kritische Stablänge

$$l' = \frac{\pi}{2} \sqrt{\frac{E J}{F K}} \quad \ldots \ldots \ldots \ldots \ldots (29\,a)$$

für die 2., 3. und 4. Formel ergibt sich analog

$$l' = \pi \sqrt{\frac{E J}{F K}} \quad \text{(30a)}$$

$$l' = 1{,}41\, \pi \sqrt{\frac{E J}{F K}} \quad \text{(31a)}$$

$$l' = 2\, \pi \sqrt{\frac{E J}{F K}} \quad \text{(32a)}$$

Nach Versuchen von Tetmayer[1]) ist die Eulersche Formel 30, die n nahezu allen Fällen für die vorliegenden Berechnungen in Betracht kommt, nur gültig, wenn $\lambda = l : i \geqq 80$ für Gußeisen, 112 für Schweißeisen, 105 für Flußeisen, 90 für Flußstahl, 100 für Holz. Hierin ist l die Knicklänge in cm, $i = \sqrt{J : F}$ der Trägheitshalbmesser.

Für kleinere Stablängen als vorstehend für λ angegeben, ergibt sich die Knickspannung beim Bruche

$$K_k = \frac{P_k}{F} = K\,(1 - a\,\lambda + b\,\lambda^2) \quad \text{(33)}$$

Hierin sind die Unveränderlichen K, a und b für den Fall der Fig. 29 nach folgender Tabelle einzusetzen:

Tabelle 22.

Baustoff	K	a	b	Grenzen für λ min.	max.
Gußeisen	7760	0,01546	0,0007	5	80
Schweißeisen	3030	0,00426	0	10	112,1
Flußeisen	3100	0,00368	0	10	105
Flußstahl	3350	0,00185	0	—	90
Holz	293	0,00662	0	1,8	100

Hiernach berechnet sich für Flußeisen die Knickspannung aus Formel 32

$$K_k = 3100 - 11{,}41 \frac{l}{i} \quad \text{(33a)}$$

Der Sicherheitsgrad s ergibt sich zu

$$s = \frac{K_k}{k},$$

worin K_k der Wert der Formel 32a und k die zugelassene oder vorhandene Druckspannung (1500 kg/qcm nach den Verbandsnormalien) ist.

[1]) Hütte, 21. Auflage, S. 536.

c) Biegungsbeanspruchung.

Das maximale Biegungsmoment M darf das Widerstandsmoment W des Gestängequerschnittes mal der zulässigen Biegungsbeanspruchung k_b des verwendeten Materials nicht überschreiten.

Das Biegungsmoment ergibt sich aus der Größe der angreifenden Kraft P, multipliziert mit ihrem Hebelarm L, d. i. dem senkrechten Abstande ihrer Richtungslinie vom Drehpunkte.

Das Widerstandsmoment oder der Querschnittsmodul einer Querschnittsfläche in bezug auf ihre neutrale Achse ist gleich dem Trägheitsmomente J, bezogen auf diese Achse, dividiert durch den Abstand e der äußersten Faser von derselben.

Es ist also

$$P\,L = M = W \cdot k_b = \frac{J}{e} \cdot k_b \quad \ldots\ldots\ldots \quad (34)$$

Das Trägheitsmoment J_a einer Fläche, bezogen auf eine beliebige Achse, ist gleich dem Trägheitsmomente für die zu dieser Achse parallele Schwerpunktsachse, vermehrt um das Produkt aus dem Inhalte F der Fläche mit dem Quadrate des Abstandes a beider Achsen

$$J_a = J + F \cdot a^2 \quad \ldots\ldots\ldots \quad (35)$$

Die praktisch zulässige Biegungsbeanspruchung k_b, die zulässige Inanspruchnahme des Materials pro Quadrateinheit seiner Querschnittsfläche, muß ebenso wie bei der Zug- und Druckbelastung so weit unter der Elastizitätsgrenze liegen, daß eine bleibende Formveränderung nicht zu befürchten ist.

Aus Gleichung $M = W \cdot k_b$ folgt $k_b = \frac{M}{W} = \frac{P\,L}{W}$.

Ist das Widerstandsmoment für alle Querschnitte dasselbe, so muß, weil sich die Größe des angreifenden Biegungsmomentes mit der Länge des Hebelarmes ändert, die größte Spannung in den einzelnen Querschnitten verschieden sein. Soll die Spannung in allen Querschnitten konstant sein, so müssen sich die Widerstandsmomente im Verhältnis der Biegungsmomente ändern. Körperformen, die dieser Bedingung entsprechen, nennt man Träger von gleicher Festigkeit oder gleicher Widerstandsfähigkeit (Tabelle 22).

d) Scherbeanspruchung.

Der Widerstand, den ein Körper einer auf Abscherung wirkenden Kraft entgegensetzt, ist proportional seiner Fläche. Bezeichnet k_s die zulässige Schubbeanspruchung, dann ist

$$P = F\,k_s \quad \ldots\ldots\ldots \quad (36)$$

Die zulässige Schubspannung k_s ist abhängig vom Querschnitt und darf im allgemeinen den Wert

$$k_s = \frac{2}{3} k_z \text{ bis } \frac{4}{5} k_z,$$

worin k_z die zulässige Zugspannung des Materials, nicht überschreiten.

e) Verdrehungsfestigkeit.

Das Torsionsmoment $P \cdot L$, die Kraft P, welche am Hebelarm L wirkt, ist gleich dem polaren Widerstandsmoment W_d, das der Körper gegen Verdrehung bietet, multipliziert mit der zulässigen Spannung k_d

$$M_d = PL = W_d \cdot k_d \quad \ldots \ldots \quad (37)$$

Die Ebene des verdrehenden Momentes M_d steht senkrecht zur Achse des Körpers, der so beansprucht wird, daß eine gleichzeitige Biegungsbeanspruchung nicht auftritt.

Für den kreisförmigen Querschnitt ist

$$M_d = \frac{\pi \cdot d^3}{16} k_d,$$

für den kreisförmigen, hohlen Querschnitt, wenn d der äußere, d_1 der innere Durchmesser ist,

$$W_d = \frac{\pi}{16} \cdot \frac{d^4 - d_1^4}{d}.$$

Besondere Fälle.

a) Freistehender Mast.

Nach Gleichung 33 ist

$$M = W \cdot k_b.$$

Das Widerstandsmoment eines kreisförmigen Querschnittes ist

$$W = \frac{\pi}{32} \cdot d^3, \text{ somit}$$

$$M = \frac{\pi}{32} \cdot d^3 \cdot k_b = P \cdot L,$$

wenn mit L die Länge des Mastes über Erde bis zum Kraftangriffspunkt und mit P die am Hebelarm L angreifende Kraft bezeichnet wird. Aus dieser Gleichung ergibt sich der Durchmesser an der Einspannstelle

$$D_u = 2{,}15 \sqrt[3]{\frac{PL}{k_b}} \quad \ldots \ldots \quad (38)$$

Tabelle 23. Körperformen von gleicher Biegungsfertigkeit. [1])

Genaue Körperform	Begrenzung des Längsprofils	Annähernde Körperform	Formeln zur Berechnung der Querschnitts-abmessungen	Inhalt der genauen Körperform	Inhalt der annähern. Körperform
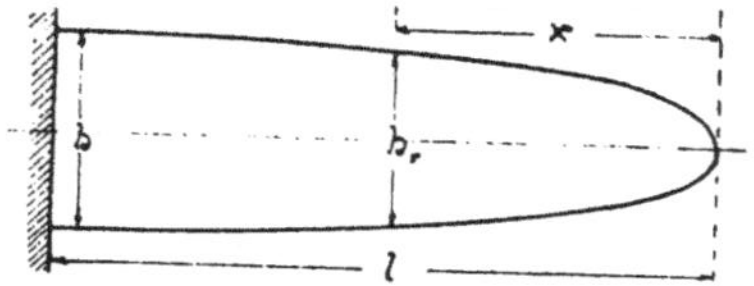	Gemeine Parabel	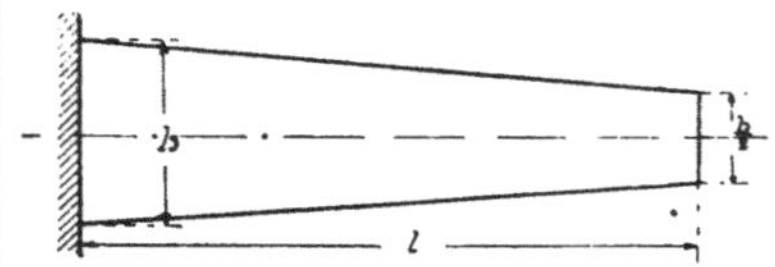	Trägerbreite konstant $h_x = h\sqrt{\frac{x}{l}}$; $h_x = \sqrt{\frac{6\,P\,x}{b\,k_b}}$	$\frac{8}{12}\,b\,h\,l$	$\frac{9}{12}\,b\,h\,l$
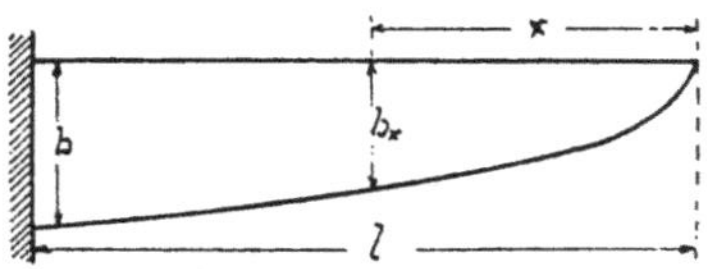	obere Begrenzung: Gerade; untere Begrenzung: gemeine Parabel	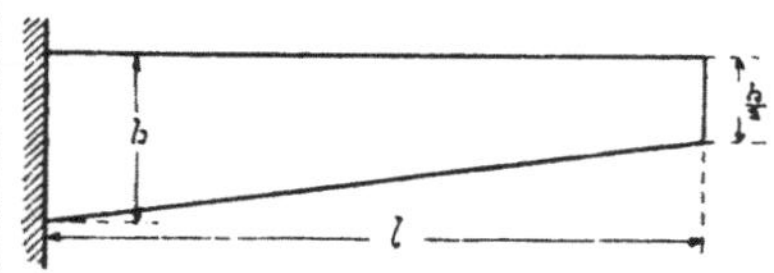	Trägerbreite konstant $h_x = h\sqrt{\frac{x}{l}}$; $h_x = \sqrt{\frac{6\,P\,x}{b\,k_b}}$	$\frac{8}{12}\,b\,h\,l$	$\frac{9}{12}\,b\,h\,l$
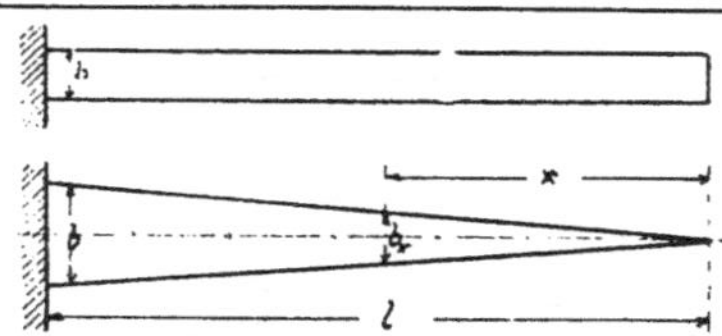	Gerade Linie	Die genaue Form ist leicht herzustellen	Trägerhöhe konstant $b_x = b\,\frac{x}{l}$; $b_x = \frac{6\,P\,x}{h^2\,k_b}$	$\frac{1}{2}\,b\,h\,l$	—
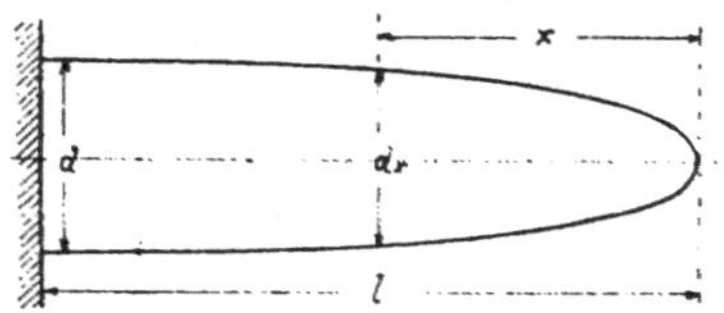	Kubische Parabel	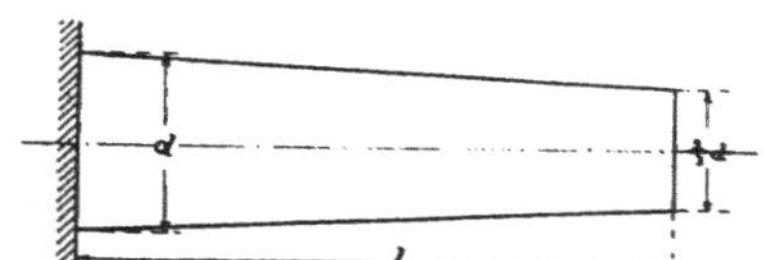	Kreisquerschnitt $d_x = d\sqrt[3]{\frac{x}{l}}$; $d_x = \sqrt[3]{\frac{32\,P\,x}{\pi \cdot k_b}}$	$\frac{1}{2}\,l\,d^2$	$\frac{5}{9}\,l\,d^2$

[1]) Die Last greift am Ende des Trägers an.

Tabelle 24. Trägheits- und Widerstandsmomente einfacher Körper.

Querschnitt	Trägheitsmoment	Widerstandsmoment	Schwerpunktsabstand	Flächeninhalt
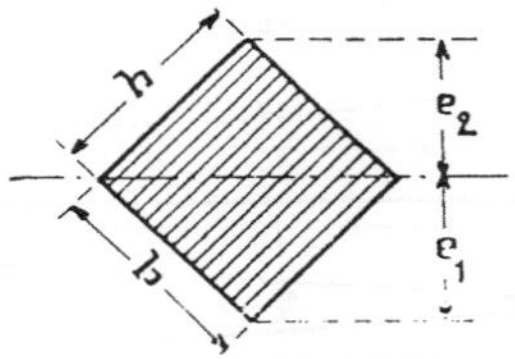	$J = \frac{h^4}{12}$	$W = \frac{\sqrt{2}}{12}\,h^3 = 0{,}1179\,h^3$	$e_1 = e_2 = \frac{h}{\sqrt{2}}$	h^2
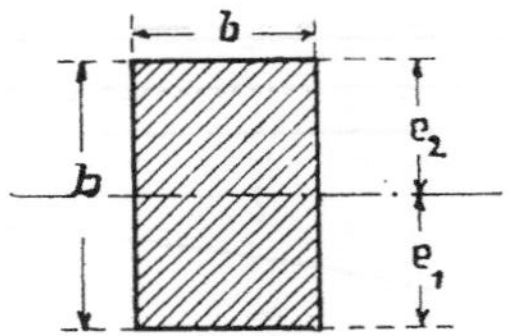	$J = \frac{b\,h^3}{12}$	$W = \frac{b\,h^2}{6}$	$e_1 = e_2 = \frac{h}{2}$	$b\,h$
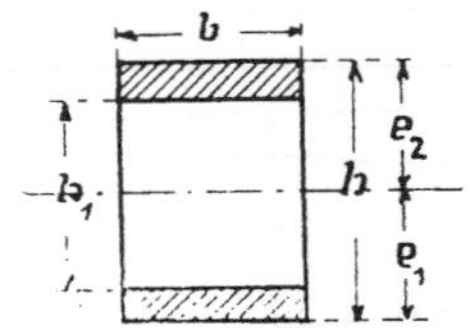	$J = \frac{b}{12}\,(h^3 - h_1^3)$	$W = \frac{b}{6}\,\frac{h^3 - h_1^3}{h}$	$e_1 = e_2 = \frac{h}{2}$	$b\,(h - h_1)$
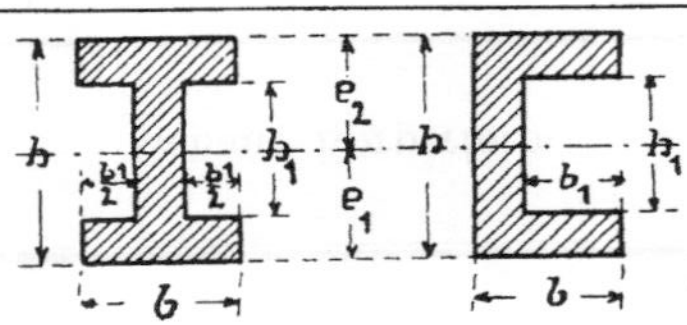	$J = \frac{b\,h^3 - b_1\,h_1^3}{12}$	$W = \frac{b\,h^3 - b_1\,h_1^3}{6\,h}$	$e_1 = e_2 = \frac{h}{2}$	$b\,h - b_1\,h_1$

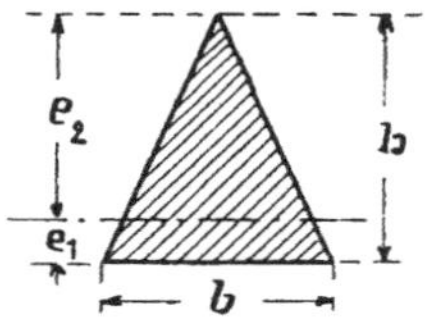	$J = \frac{b h^3}{36}$	$W = \frac{b h^2}{24}$	$e_1 = \frac{1}{3} h$ $e_2 = \frac{2}{3} h$	$\frac{b h}{2}$
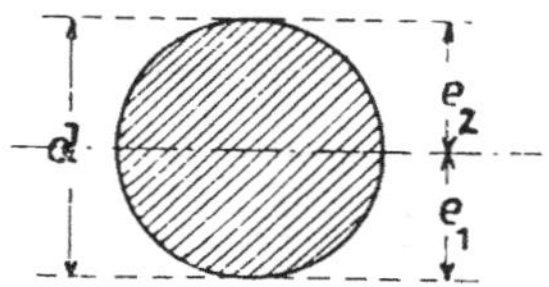	$J = \frac{\pi d^4}{64} = \frac{\pi r^4}{4}$ $= \sim 0{,}05\, d^4$	$W = \frac{\pi d^3}{32} = \frac{\pi r^3}{4}$ $= \sim 0{,}1\, d^3$	$e_1 = e_2 = \frac{d}{2}$	$\frac{\pi d^2}{4}$
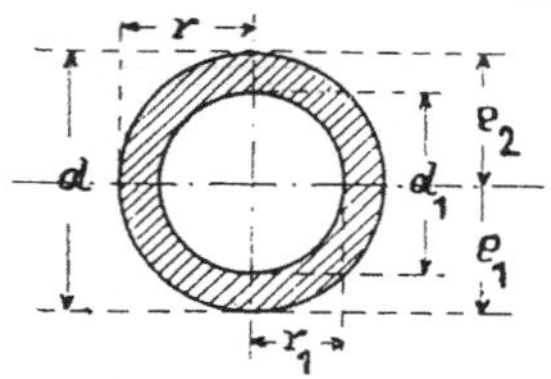	$J = \frac{\pi}{64} (d^4 - d_1^4)$ $= \frac{\pi}{4} (r^4 - r_1^4)$ $= \sim 0{,}05 (d^4 - d_1^4)$	$W = \frac{\pi}{32} \frac{d^4 - d_1^4}{d}$ $= \frac{\pi}{4} \frac{r^4 - r_1^4}{a}$ $= \sim 00{,}8 \frac{d^4 - d_1^4}{d}$	$e_1 = e_2 = \frac{d}{2}$	$\frac{\pi}{2} (d^2 - d_1^2)$
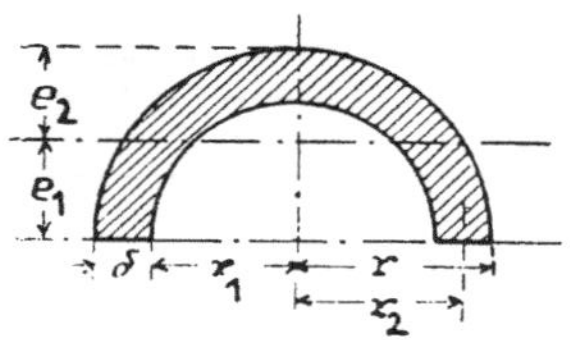	$J = 0{,}1098\, (r^4 - r_1^4)$ $- \frac{0{,}283\, r^2 r_1^2 (r - r_1)}{r + r_1}$	—	$e_1 = \frac{4}{3\pi} \frac{r^2 + r r_1 + r_1^2}{r + r_1}$ $= \frac{4}{3\pi} \frac{r^3 - r_1^3}{r^2 - r_1^2}$ $e_2 = r - e_1$	$\frac{\pi}{2} (r^2 - r_1^2)$

Tab. 25. **Zusammenstellung der wichtigsten Belastungsarten von Trägern mit unveränderl. Querschnitt.**

Nr.	Art der Belastung	Auflagerdrucke A, B Biegungsmoment M	Tragkraft P Erforderliches Wiederstandsmoment W	Gleichung der elastischen Linie	Durchbiegung am Angriffspunkt der Last $= F$; Größte Durchbiegung $= F_{max}$
1	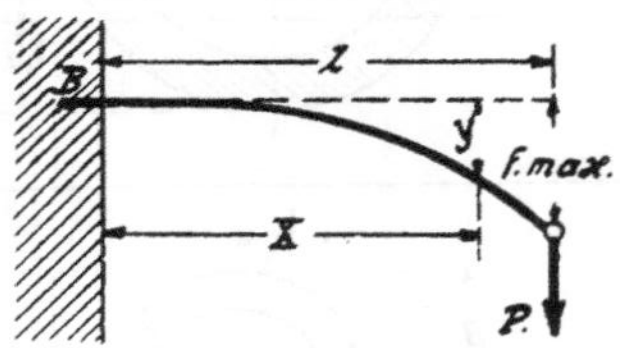	$B = P$ $Mx = P \cdot (l - x)$ $M_{max} = P \cdot l$	$P = \frac{W \cdot K_b}{l}$ $W = \frac{P \cdot l}{K_b}$	$y = \frac{P}{2 E \cdot J}\left(l x^2 - \frac{x^3}{3}\right)$	$F = F_{max} = \frac{P}{E \cdot J} \cdot \frac{l^3}{3}$
2	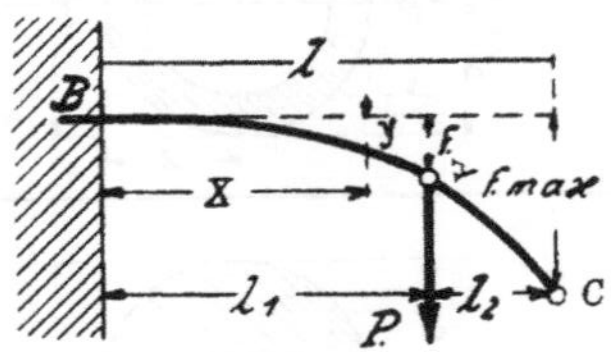	$B = P$ $Mx = P(l_1 - x)$ $M_{max} = P \cdot l_1$	$P = \frac{W \cdot K_b}{l_1}$ $W = \frac{P \cdot l_1}{K_b}$	Von B bis A: $y = \frac{P}{2 E \cdot J}\left(l_1 x^2 - \frac{x^3}{3}\right)$ Von A bis C wird die neutrale Faser nicht gebogen.	$F = \frac{P}{E \cdot J} \cdot \frac{l^3_1}{3}$ $F_{max} = \frac{P}{E \cdot J}\left(\frac{l_1^3}{3} + \frac{l^2_1 l_2}{2}\right)$
3	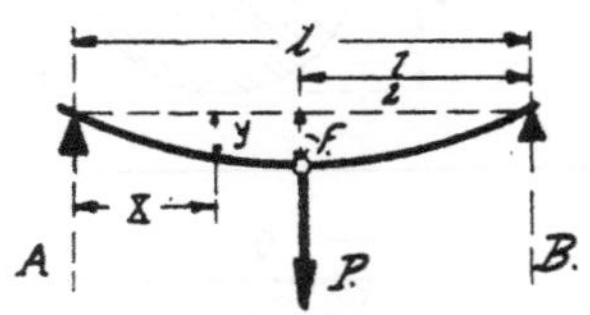	$A = B = \frac{P}{2}$ $Mx = \frac{P}{2} \cdot x$ $M_{max} = \frac{P \cdot l}{4}$	$P = 4 \cdot \frac{W \cdot K_b}{l}$ $W = \frac{P l}{4 K_b}$	$y = \frac{P}{16 E \cdot J}\left(l^2 x - 4 \cdot \frac{x^3}{3}\right)$	$F = F_{max} = \frac{P}{E \cdot J} \cdot \frac{l^3}{48}$
4	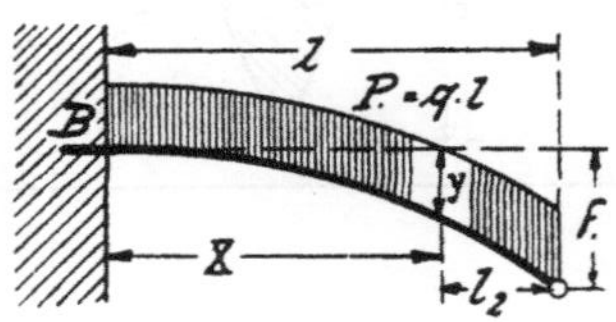	$B = P$ $Mx = \frac{q(l - x)^2}{2}$ $M_{max} = P \cdot \frac{l}{2}$	$P = 2\frac{W \cdot K_b}{l}$ $W = \frac{P}{K_b} \cdot \frac{l}{2}$	$y = \frac{P}{24 E \cdot J}\left(3 l^3 - 4 l^2 l_2 + \frac{l^4_2}{l}\right)$	$F = F_{max} = \frac{P}{E \cdot J} \cdot \frac{l^3}{8}$

Die Begrenzung des Längsprofils eines nach dieser Formel berechneten runden Mastes ist eine kubische Parabel. Die annähernde Körperform ist bestimmt durch die Beziehung

$$D_0 = \frac{2}{3} D_u;\; D_u = \frac{3}{2} D_0 \quad . \quad . \quad . \quad . \quad . \quad . \quad (39)$$

Holzmaste sind im allgemeinen nicht so gewachsen, daß dieses Größenverhältnis zutrifft. Die Abnahme des Durchmessers gegen das Zopfende schwankt zwischen 1 und 0,5 cm pro Meter. Stärkere Maste sind seltener, werden aber gerne verwendet. Dagegen sollten Maste, deren Verjüngung geringer ist als 0,5 cm/m, für Hochspannungsleitungen nicht benutzt werden. Immer muß aber der wirkliche Durchmesser an der Einspannstelle in Rechnung gestellt werden, nicht etwa der, der sich aus der Bezeichnung $D_u = \frac{3}{2} D_0$ ergibt. Maste, deren Durchmesser an der Einspannstelle $D_u < \frac{3}{2} D_0$, werden kurz unterhalb der Erdoberfläche am stärksten beansprucht. Für praktische Zwecke genügt es aber, den Durchmesser an der Einspannstelle in die Rechnung einzusetzen.

Zu der Beanspruchung des Mastes auf Biegung, die durch den Drahtzug und den Winddruck auf Leitungen und Mast entsteht, tritt noch eine vertikale Belastung, die durch das Gewicht der Leitungen (einschließlich Zusatzlast), das Gewicht der Armaturen, das Eigengewicht des Mastes und durch die Vertikalkomponente schräg angreifender Zug- oder Gegenkräfte gebildet wird. Diese in Richtung der Stangenachse wirkende Kraft kann den Mast auf Druck oder Knickung beanspruchen. Aus Gleichung 29a wird die kritische Stablänge gefunden. Für den kreisförmigen Querschnitt ist das Trägheitsmoment $J = \frac{\pi}{64} d^4$; dies in Gleichung 29a eingesetzt, ergibt für die kritische Stablänge

$$l' = \frac{\pi d}{8} \sqrt{\frac{E}{K_d}}$$

und z. B. für einen Mastdurchmesser von 22 cm mit der Druckfestigkeit $K_d = 320$ kg/qcm

$$l' = \frac{3{,}14 \cdot 22}{8} \sqrt{\frac{106\,000}{320}} = \underline{157 \text{ cm.}}$$

Es ist somit für alle im Freileitungsbau verwendeten Holzmaste die Widerstandsfähigkeit gegen Ausknicken geringer als gegen Zerdrücken.

Für einen eisernen Rohrständer ist das Trägheitsmoment

$$J = \frac{\pi}{64}\,(d^4 - d_1^{\,4}),$$

wenn d den äußeren und d_1 den inneren Durchmesser bedeutet. Die kritische Stablänge l' ermittelt sich hiermit nach Gleichung 29a für $d = 76$ mm, $d_1 = 70$ mm und $K_d = 3300$ kg/qcm für Flußeisen:

$$l' = \frac{\pi}{2}\sqrt{\frac{2\,150\,000 \cdot 0{,}05\,(7{,}6^4 - 7{,}0^4)}{0{,}785\,(7{,}6^2 - 7{,}0^2)\,3300}} = \underline{104\text{ cm.}}$$

Beansprucht die vertikale Belastung P_v den gefährlichen Querschnitt F an der Einspannstelle auf Druck, so ergibt sich die Gesamtbeanspruchung zu

$$k = \frac{PL}{W} + \frac{P_v}{F} \quad \text{. . . . . (38a)}$$

Da die Länge der Holzmaste in allen Fällen über der kritischen Stablänge liegt, so überwiegt die Gefahr des seitlichen Ausknickens. Die zulässige Beanspruchung für diesen Fall ist gegeben durch die Gleichung[1])

$$k = \frac{M}{W} - \frac{P_v}{F} \quad \text{. . . . . (38b)}$$

Hierin ist

$$M = \frac{P}{\omega}\,\mathrm{tg}\,\omega L \text{ und } \omega = \sqrt{\frac{P_v}{EJ}}.$$

Für Holzmaste, die in gerader Leitungsstrecke gestellt werden, kann nach den Verbandsvorschriften für die Berechnung des Zopfdurchmessers die Formel

$$D_0 = 1{,}2\,\sqrt{\Delta L} \quad \text{. . . . . (40)}$$

worin Δ die Summe der Durchmesser aller am Mast befindlichen Leitungen in Millimeter und L die mittlere Höhe der Leitungen über Erde in Meter bedeutet, benutzt werden.

Maste in Winkelpunkten, für Wegkreuzungen und in Strecken, die mit erhöhter Sicherheit gebaut werden müssen, werden nach Gleichung 38 und 39 mit $k_b = 110$ kg/qcm für imprägnierte Maste, $k_b = 80$ kg/qcm für nicht imprägnierte Weichholzmaste berechnet.

Es ist darauf hinzuweisen, daß die Formel 40 nicht in allen Fällen richtige Werte ergibt, daß deshalb zweckmäßiger eine Berechnung mit den vorstehend angegebenen Werten durchgeführt wird.

---

[1]) Hütte, 21. Auflage, Bd. I, Zusammengesetzte Festigkeit, S. 599.

Zahlenbeispiel 18.

Es sind in gerader Leitungsstrecke 3 Kupferleitungen zu je 70 qmm, 3 Kupferleitungen zu je 50 qmm und 2 Kupferleitungen zu je 16 qmm mit einem äußeren Durchmesser von 10, 9, 9,2 und 4,5 mm auf Holzmasten zu verlegen. Welche Dimensionen erhalten diese, wenn die Höhe der Maste über Erde 7,5 m und die Mittelkraft des Zuges der symmetrisch angeordneten Leitungen 7,0 m über Erde angreift.

Nach den Normalien des V. D. E. (Gleichung 40) ergibt sich der obere Mastdurchmesser

$$D = 1{,}2\sqrt{\varDelta L} = 1{,}2\sqrt{69{,}3\cdot 7} = \backsim \underline{27\text{ cm.}}$$

Diese Zopfstärke wird einem Mastdurchmesser an der Einspannstelle von 31 bis 33 cm entsprechen. Für die Berechnung seien 32 cm angenommen.

Die Biegungsbeanspruchung wird durch den Winddruck auf Leitungen und Mast hervorgerufen. Es ist, da nach den Normalien für Freileitungen des V. D. E. der Mastabstand nicht mehr als 40 m betragen darf, wenn der Gesamtquerschnitt der Leitungen über 300 qmm ist:

Winddruck auf Leitungen: $0{,}069\cdot 40\cdot 0{,}5\cdot 125$ . . . $= 172$ kg

» » Mast $\frac{0{,}27+0{,}32}{2}\cdot 7{,}5\cdot 87{,}5$ . . . . $= 194$ »

» » Armaturen und Isolatoren geschätzt zu 14 »

Der Winddruck auf Leitungen, Armaturen und Isolatoren greift in 7 m Höhe über Erde an, der Winddruck auf den Mast ist gemäß den Vorschriften des V. D. E. in halber Masthöhe angreifend anzunehmen.

Das in 7 m über Erde am Mast angreifende Moment ergibt sich somit zu

$$(172+14)\,700 + 194\cdot 375 = 203\,000\text{ kg/cm.}$$

Nach Gleichung 37 ergibt sich somit der Durchmesser an der Einspannstelle mit einer zulässigen Beanspruchung $k_b = 110$ kg/qcm zu

$$D_u = 2{,}15\sqrt[3]{\frac{203\,000}{110}} = \backsim \underline{27\text{ cm}}$$

entsprechend einer Zopfstärke von 20 bis 22 cm.

Soll die Rechnung etwas schärfer durchgeführt werden, dann ist Gleichung 38a oder b zu verwenden.

Die in der Richtung der Achse des Mastes von 22 cm Zopfstärke und 27 cm Durchmesser an der Einspannstelle wirkende Vertikalkraft P_v setzt sich zusammen

Gewicht der Leitungen $(360 \cdot 0{,}0091 + 32 \cdot 0{,}0089)\,40$ . . . = 142 kg

» » Zusatzlast $(3 \cdot 180\,(\sqrt{10{,}9} + \sqrt{9{,}2}) + 2 \cdot 180$ $\sqrt{4{,}5})\,40$ . . . . = 167 »

» des Mastteils über Erde unter Annahme eines spez. Holzgewichtes von 0,5 . . . . = 178 »

» » Träger und Isolatoren etwa . . . . = 80 »

567 kg

Nach Gleichung 37a ergibt sich die Materialbeanspruchung zu

$$k = \frac{203\,000}{1968} + \frac{567}{572}.$$

Man ersieht hieraus, daß die infolge der Druckbeanspruchung und durch den Wert $\frac{567}{572}$ ausgedrückte zusätzliche Beanspruchung zu der aus der Biegungsbeanspruchung errechneten so gering ist, daß die Berücksichtigung nicht notwendig ist. Schon die in den meisten Fällen für praktische Lieferungszwecke vorgenommene Aufrundung des errechneten Mastdurchmessers verschiebt die angenommenen Werte der Beanspruchung soweit nach unten, daß die zulässige Beanspruchung nicht überschritten wird.

Zahlenbeispiel 19.

Auf Holzmasten, deren gegenseitiger Abstand zu 80 m gewählt ist, sollen 3 Aluminiumleitungen von je 35 qmm Querschnitt mit dem äußeren Durchmesser von 7,7 mm und dem spez. Gewicht von 0,00275 verlegt werden. Die Isolatoren werden mit gebogenen Stützen in die Holzmasten eingeschraubt. Wie stark sind die Maste zu wählen, wenn die mittlere Höhe der Leitungen über Erde 10 und die Mastlänge über Erde 10,5 m beträgt?

Der Zopfdurchmesser errechnet sich nach der Formel der Freileitungsnormalien des V. D. E. zu

$$D_o = 1{,}2\,\sqrt{\varDelta\,L} = 1{,}2\,\sqrt{23{,}1 \cdot 10} = \sim 18 \text{ cm}.$$

Dies entspricht etwa einem Durchmesser an der Einspannstelle von $D_u = 23 - 25$ cm, für die weitere Rechnung sei $D_u = 24$ cm angenommen. Die Beanspruchung ergibt sich aus der Formel

$$k = \frac{P\,L}{W};$$

P setzt sich zusammen aus

Winddruck auf Leitungen $0{,}0231 \cdot 80 \cdot 0{,}5 \cdot 125$ . . . $= 116$ kg

» » Mast $\frac{0{,}18 + 0{,}24}{2} \cdot 10{,}5 \cdot 0{,}7 \cdot 125$ . . $= 192$ »

Hebelarm des Winddruckes auf die Leitungen . . . 10,00 m

» » » » den Mast . . . . . 5,25 »

Biegemoment $M = 116 \cdot 1000 + 192 \cdot 525 = 216800$ kg/cm, somit die Beanspruchung

$$k = \frac{216800}{1382} = 157 \text{ kg/qcm.}$$

Da diese unzulässig hoch ist, muß eine Nachrechnung auf Grund der Gleichung 37 erfolgen. Hiernach ist

$$D_u = 2{,}15 \sqrt[3]{\frac{216800}{110}} = \sim \underline{27 \text{ cm},}$$

entsprechend einem Zopfdurchmesser von etwa 20 bis 22 cm.

Wie aus diesen beiden Beispielen ersichtlich ist, liefert die Forme des V. D. E. nur für mittlere Verhältnisse brauchbare Werte. Für hoch belastete Gestänge errechnen sich zu große, für geringbelastete Gestänge zu kleine Zopfdurchmesser. Für letztere kann allerdings durch entsprechende Verringerung des Mastabstandes ein Ausgleich geschaffen werden.

Ein einzelner, freistehender Holzmast besitzt eine verhältnismäßig geringe Belastungsfähigkeit. In Winkelpunkten und geraden Linien mit großer Windbelastung kann diese durch Verankerung oder Verstrebung erhöht werden, oder es werden Doppelmaste, als A-Maste (Fig. 34) oder als Doppelgestänge (Fig. 35) ausgebildet, verwendet, die auch für Linien mit großen Querschnitten zweckmäßig sind.

b) Verankerter Mast.

Mit den in Fig. 32 eingeschriebenen Bezeichnungen ist in bezug auf Punkt E als Drehpunkt

$$P' c = P (e + c)$$

$$P' = P\left(1 + \frac{e}{c}\right).$$

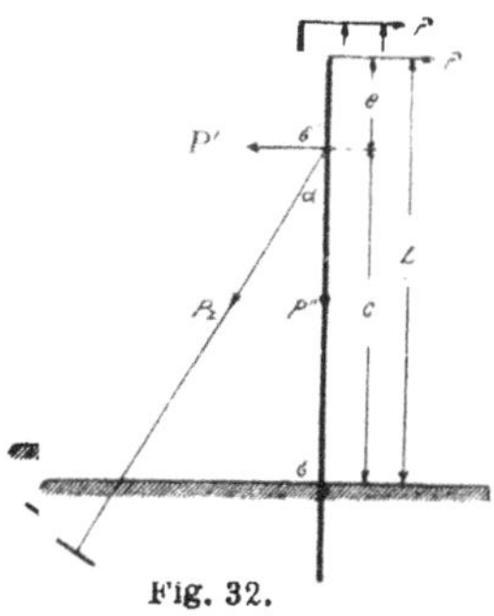

Fig. 32.

Diese Beziehung ist genau richtig nur für den Fall, daß der Mast in E drehbar ist. Da dies infolge der Einspannung im Erdreich nicht zutrifft, muß das Einspannungsmoment M_e mit in Rechnung gestellt werden. Die für den vorliegenden Fall aufstellbaren Gleichgewichtsbedingungen genügen nicht für die Ermittelung der Unbekannten M_e, es muß deshalb die Bestimmung von P' durch P nach einer anderen Überlegung geschehen. Die Kraft P' soll so groß und so gerichtet sein, daß eine Abweichung des Mastpunktes E' aus der Vertikalen nicht möglich ist. Demzufolge müssen die Durchbiegungen des Mastes im Punkte E', welche von den Kräften P und P' hervorgerufen werden, gleich, aber von entgegengesetzter Richtung sein. Der einfacheren Rechnung wegen soll der Mastquerschnitt als unveränderlich angesehen werden. Die Durchbiegung im Punkte E' durch die Kraft P ist dann[1])

$$f = \frac{P}{2EJ}\left(L c^2 - \frac{c^3}{3}\right)$$

P' erzeugt die Durchbiegung

$$f = \frac{P'}{EJ} \cdot \frac{c^3}{3}.$$

Beide gleichgesetzt, ergibt

$$P' \frac{c^3}{3} = \frac{P}{2}\left(L c^2 - \frac{c^3}{3}\right)$$

und hieraus mit $L = e + c$

$$P' = P\left(1 + \frac{3e}{2c}\right).$$

Die Zugkraft im Ankereisen erhält man mit der Beziehung

$$P' = P_z \sin \alpha$$

zu

$$P_z = \frac{P'}{\sin \alpha} = \frac{P}{\sin \alpha}\left(1 + \frac{3e}{2c}\right) = F k_z \quad . \quad . \quad . \quad . \quad (41)$$

Für einen Anker aus Rundeisen wird der Durchmesser

$$d = 1{,}13 \sqrt{\frac{P}{k_z \sin \alpha}\left(1 + \frac{3e}{2c}\right)} \quad . \quad . \quad . \quad . \quad . \quad . \quad (42)$$

mit $k_z = 15$ kg/qmm für Schmiedeeisen wird

$$d = 0{,}29 \sqrt{\frac{P}{\sin \alpha}\left(1 + \frac{3e}{2c}\right)} \quad . \quad . \quad . \quad . \quad . \quad . \quad (42\,a)$$

Werden zur Verankerung Eisendrähte mit einer zulässigen Beanspruchung von 20 kg/qmm verwendet, dann muß der Querschnitt aller Drähte sein

$$F = \frac{0{,}05\,P}{\sin \alpha}\left(1 + \frac{3e}{2c}\right). \quad . \quad . \quad . \quad . \quad . \quad . \quad (42\,b)$$

[1]) s. Tabelle 24.

Der Mast erfährt seine maximale Beanspruchung bei E', wo sich die Druckspannungen aus der Biegungsbeanspruchung $\frac{P_e}{W}$, der Vertikalkomponente des Ankerzuges $\frac{P' \operatorname{cotg} \alpha}{F}$ und dem Gewichte der Leitungen mit Zusatzlast, Armaturen und Isolatoren $\frac{P_v}{F}$ addieren. Die Gesamtbeanspruchung des gefährlichen Querschnittes ist somit

$$k = \frac{Pe}{W} + \frac{1}{F}\left[P\left(1 + \frac{3e}{2c}\right)\operatorname{cotg}\alpha + P_v\right] \quad . \quad . \quad . \quad . \quad (43)$$

Für den kreisförmigen Holzmast wird

$$k = \frac{10\,Pe}{D^3} + \frac{1{,}27}{D^2}\left[P\left(1 + \frac{3e}{2c}\right)\operatorname{cotg}\alpha + P_v\right] \quad . \quad . \quad . \quad (43\text{a})$$

Die lotrecht wirkenden Kräfte beanspruchen den Mastteil $E\,E'$ mit der Länge c auf Knickung, wenn c über der kritischen Stablänge liegt. Da der Fuß des Mastes als eingespannt, der Punkt E' als in der Achse geführt angesehen werden kann, so darf nach der dritten Eulerschen Formel, Gleichung 31, die Belastung den Wert

$$P_k = P_v + P'' = 2\,\pi^2\,\frac{E \cdot J}{L^2}, \text{ wobei } L = c,$$

nicht übersteigen. Das erforderliche Trägheitsmoment für den vorliegenden Fall ist somit

$$J = \frac{c^2}{2\,\pi^2\,E}\left[P\left(1 + \frac{3e}{2c}\right)\operatorname{cotg}\alpha + P_v\right] \quad . \quad . \quad . \quad . \quad (44)$$

Für den kreisförmigen Holzmast ist

$$J = \frac{\pi}{64}\,D^4,$$

somit

$$D = \sqrt[4]{\frac{c^2}{E}\left[P\left(1 + \frac{3e}{2c}\right)\operatorname{cotg}\alpha + P_v\right]} \quad . \quad . \quad . \quad . \quad . \quad (45)$$

Für Kiefernholz und 6fache Knicksicherheit ergibt sich der kleinste Durchmesser in cm zu

$$D = 0{,}085\,\sqrt[4]{c^2\left[P\left(1 + \frac{3e}{2c}\right)\operatorname{cotg}\alpha + P_v\right]} \quad . \quad . \quad . \quad (45\text{a})$$

c) Verstrebter Mast.

Die Anordnung sei durch die schematische Fig. 33 dargestellt. Die die Strebe beanspruchende Kraft P_k besitzt dieselbe Größe wie die im vorangegangenen gefundene Zugkraft des Ankers. Es ist somit nach Gleichung 40

$$P_k = \frac{P}{\sin\alpha}\left(1 + \frac{3e}{2c}\right) \quad \ldots\ldots \quad (46)$$

Betrachtet man das obere Strebenende in der Achse geführt, das untere als eingespannt, setzt aber, da die letztere Bedingung praktisch nur unvollkommen erfüllt ist, die ganze Strebenlänge L_1 in die Rechnung, so wird der kleinste Strebendurchmesser

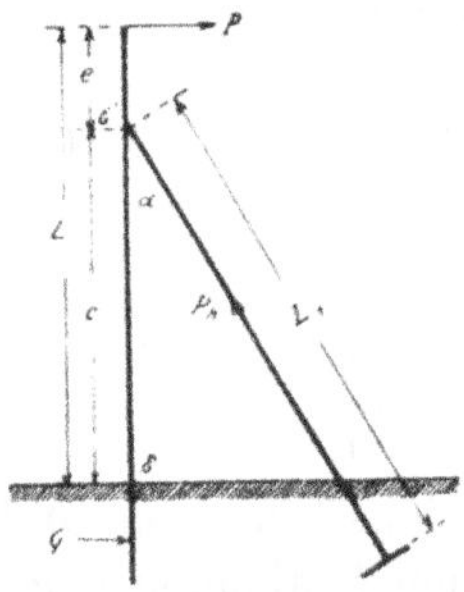

Fig. 33.

$$D = \sqrt[4]{\frac{PL_1^2}{E\sin\alpha}\left(1 + \frac{3e}{2c}\right)} \quad \ldots \quad (47)$$

und für Kiefernholz bei 6facher Sicherheit

$$D = 0{,}085\sqrt[4]{\frac{PL_1^2}{\sin\alpha}\left(1 + \frac{3e}{2c}\right)} \quad . \quad (47\,a)$$

Die Richtung der Vertikalkomponente der die Strebe beanspruchenden Kraft P_k geht nicht wie bei der Ankerzugkraft nach unten sondern nach oben, sie wirkt der Druckkraft aus dem Biegungsmomente und dem Gewicht der Leitungen und Armaturen entgegen. Die Gesamtbelastung des gefährlichen Querschnittes E' ist deshalb entsprechend Gleichung 42 und 42a

$$k = \frac{Pe}{W} + \frac{1}{F}\left[P_v - P\left(1 + \frac{3e}{2c}\right)\operatorname{cotg}\alpha\right] \quad \ldots. \quad (48)$$

$$k = \frac{10\,Pe}{D^3} + \frac{1{,}27}{D^2}\left[P_v - P\left(1 + \frac{3e}{2c}\right)\operatorname{cotg}\alpha\right]. \quad . \quad (48\,a)$$

Die Beanspruchung des unterhalb des gefährlichen Querschnittes liegenden Mastteiles durch die lotrecht wirkende Kraft P_v ist analog Gleichung 44 und 44a

$$D = \sqrt[4]{\frac{c^2}{E}\left[P_v - P\left(1 + \frac{3e}{2c}\right)\operatorname{cotg}\alpha\right]} \quad \ldots. \quad (49)$$

$$D = 0{,}085\sqrt[4]{c^2\left[P_v - P\left(1 + \frac{3e}{2c}\right)\operatorname{cotg}\alpha\right]} \quad \ldots \quad (49\,a)$$

Wird der gefährliche Querschnitt durch die Befestigung der Strebe nicht geschwächt, dann kann unter sonst gleichen Verhältnissen der verstrebte Mast stärker belastet werden wie der verankerte.

Die aufwärts gerichtete Seitenkraft der Strebenbelastung P_z ist bei ungünstiger Anordnung der Strebe (spitzer Winkel α) so beträchtlich, daß sie den Mast aus dem Boden heben kann. Der Mastfuß muß dann, besonders bei ungünstigen Bodenverhältnissen (Fließsand, aufgeschütteter Boden) durch Verankerung im Boden gesichert oder Mast und Strebe durch einen Querriegel verbunden werden. Wird eine solche Querverbindung etwa in der Mitte der Strebe angebracht, dann trägt sie infolge Verkürzung der Knicklänge zur Erhöhung der Knicksicherheit wesentlich bei.

d) Doppelmast in A-Form.

Die Festigkeit des A-Mastes Fig. 34 ist durch die Knicksicherheit des auf Druck beanspruchten Mastes bestimmt, wenn die resultierende Horizontallast mit der Verbindungslinie der beiden Mastmittelpunkte zusammenfällt.

Bezeichnet wieder

P die auf die Spitze als Angriffspunkt bezogene Horizontalkraft in kg,

L die Länge eines Mastes vom Angriffspunkt bis Querverbindung unter Erde in cm,

A die Entfernung der Mastmittelpunkte an der Querverbindung in cm,

dann ist die auf einen Mast wirkende Knickkraft

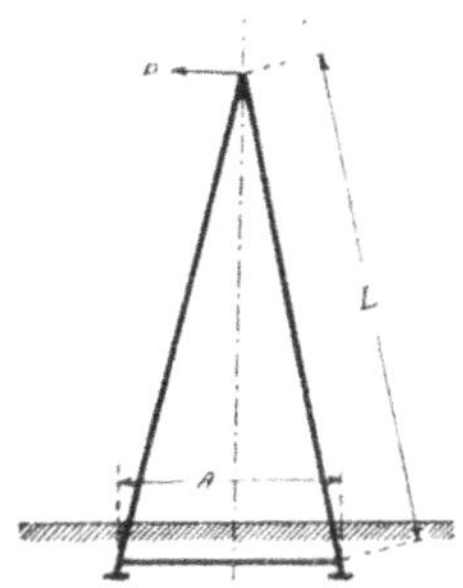

Fig. 34.

$$P_k = \frac{P L}{A} \quad \dots\dots\dots \quad (50)$$

Setzt man das Trägheitsmoment des kreisförmigen Holzmastes, $\frac{\pi}{64} D^4$, und den Wert für P_k in die Eulersche Knickformel ein, so erhält man

$$D = \sqrt[4]{\frac{P L^3}{A E}} \quad \dots\dots\dots \quad (51)$$

Für Kiefernholz und 6fache Knicksicherheit ergibt sich der kleinste Durchmesser in cm an der gefährdeten Stelle zu

$$D = 0{,}085 \sqrt[4]{\frac{P L^3}{\mathrm{A}}} \quad \dots\dots\dots \quad (51\,a)$$

Durch Verbindung der beiden Maste in ½ bis ⅓ der Masthöhe mittels eines Querriegels wird infolge Verkürzung der Knicklänge die Widerstandsfähigkeit des Systems wesentlich erhöht.

Das Gewicht der Leitungen und Querträger als lotrecht wirkende Kraft P_v wurde in vorstehender Betrachtung nicht berücksichtigt. Bezeichnet α den Winkel, welchen die Maste mit der Vertikalen bilden, so ist die Druckkraft in jeder Stange

$$P_v' = \frac{P_v}{2 \cos \alpha},$$

welche sich mit der Knickkraft P_k zur Gesamtkraft

$$P_k' = \frac{PL}{A} \pm \frac{P_v}{2\cos\alpha} \quad \ldots \ldots \quad (52)$$

zusammensetzt.

Die aus der lotrechten Belastung P_v entstehende Druckkraft P_v' ist gegen die Knickbelastung P_k sehr klein und beeinflußt das Ergebnis so wenig, daß sie in den meisten Fällen vernachlässigt werden kann.

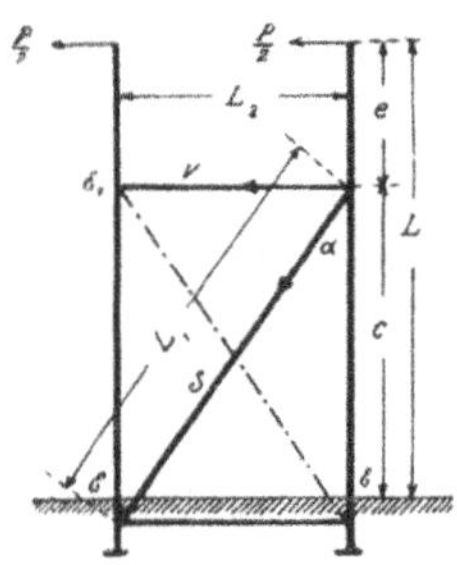

Fig. 35.

e) Doppelmast in H-Form.

Ausführung nach Fig. 35. Die gesamte horizontale Kraft greift an jedem Mast mit $\frac{P}{2}$ an. Die Querverbindung V wird, wenn die Strebe in der ausgezogenen Weise angeordnet wird, auf Zug beansprucht mit der Kraft

$$P' = \frac{P}{2}\left(1 + \frac{3e}{2c}\right).$$

Die auf die Diagonalstrebe S wirkende Knickkraft ist nach Gleichung 46

$$P_k = 2 \cdot \frac{P}{2} \frac{1 + \frac{3e}{3c}}{\sin\alpha} = \frac{P}{\sin\alpha}\left(1 + \frac{3e}{2c}\right) \quad \ldots \quad (53)$$

Wird die Diagonalverstärkung in der in der Fig. 35 punktiert angedeuteten Weise angeordnet, dann wird sie auf Zug und der Querriegel V auf Druck beansprucht. Werden beide Diagonalen zur Verstärkung benutzt, dann bleibt die Querverbindung V spannungslos, sie kann, ohne daß die Festigkeit des Gestänges leidet, entfernt werden.

Die Beanspruchung des gefährlichen Querschnittes der Maste bei E_1 ist von der Anordnung der Verstärkungsmittel abhängig. Wird eine Kreuzverstärkung vorgesehen, dann ist nach Gleichung 43 und 48

$$k = \frac{Pe}{2W} + \frac{1}{F}\left[\frac{P_v}{2} \pm P\left(1 + \frac{3e}{2c}\right)\operatorname{cotg}\alpha\right] \quad \ldots \quad (54)$$

Wird nur eine Strebe mit der Querverbindung V angeordnet, dann fällt für den nicht verstrebten Mast die Beanspruchung bzw. Entlastung durch die lotrechte Seitenkraft der Diagonalverstärkung fort und es ergibt sich

$$k = \frac{Pe}{2W} + \frac{P_v}{2F} \quad \ldots \ldots \ldots \quad (55)$$

Zahlenbeispiel 20.

Die Endstrecke einer Ortsnetzleitung von 2 · 16 qmm Querschnitt soll an einem Holzmast in einer Höhe von 7 m abgespannt werden. Die örtlichen Verhältnisse gestatten nicht, eine Verstrebung oder Verankerung anzubringen. Wie groß muß Fuß- und Zopfdurchmesser des Mastes werden, wenn die Leitung für eine Höchstbelastung von 8 kg/qmm verlegt wird?

Die in 7 m Höhe am Mast angreifende Zugkraft ist

$$P = 2 \cdot 16 \cdot 8 = 256 \text{ kg}.$$

Nach Gleichung 38 wird der Fußdurchmesser mit 110 kg/qcm zulässiger Biegungsbeanspruchung

$$D_u = \sqrt[3]{\frac{32 \cdot 256 \cdot 700}{3{,}14 \cdot 110}} = \sim \underline{26 \text{ cm.}}$$

dem ein oberer Durchmesser von 20 bis 22 cm entspricht

Zahlenbeispiel 21.

Der Freileitungsanschluß für eine kleine Fabrik muß mit 3 · 25 und 1 · 10 qmm vorgesehen werden. Die Leitung endigt an einem nach Fig. 36 angeordneten Wandständer. Wie groß muß das Widerstandsmoment im gefährlichen Querschnitt E sein, wenn die Konstruktion freitragend sein soll?

Der gesamte Leitungszug kann in der Mitte der beiden Traversen angreifend angenommen werden. Der Hebelarm ist somit 1050 + 150 = 1200 mm.

Das Biegungsmoment

$$M = PL = 8 \cdot (3 \cdot 25 + 1 \cdot 10) \cdot 120 = 81600 \text{ kg/cm}.$$

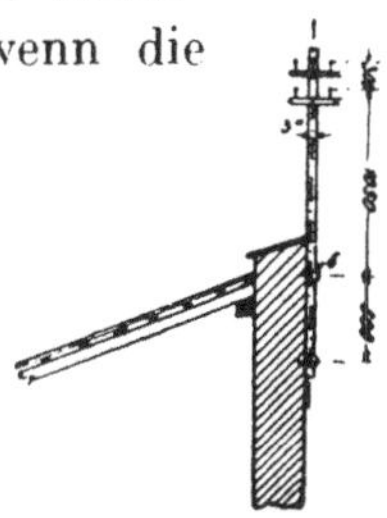

Fig. 36.

Nach Gleichung 34 ist

$$M = Wk_b,$$

$$W = \frac{81600}{1500} = \underline{54{,}4 \text{ cm}^3.}$$

Gewählt wird ein U-Eisen N.P. 12 mit 120 mm Höhe und einem Widerstandsmoment von 60,7 cm³ und einem Gewicht von 13,4 kg pro m.

Würde ein T-Träger gewählt, dann wäre ebenfalls N.P. 12 mit 120 mm Höhe zu nehmen, welcher ein Widerstandsmoment von 54,5 cm³ bei einem Gewicht von nur 11,1 kg besitzt, also billiger ist.

Ist beabsichtigt, die Anschlußleitungen durch den Wandständer durchzuführen, dann muß der Träger als Rohr ausgebildet sein. Das erforderliche Widerstandsmoment besitzen zwei Rohre von 89 mm äußerem Durchmesser und 5 mm Wandstärke bei einem Gewicht von 19,8 kg pro m Doppelrohr.

Welchen Einfluß übt die neben der Biegungskraft vorhandene lotrechte Druckkraft auf die Materialbeanspruchung aus?

Bei einer Spannweite von 40 m ist das Gewicht der Leitungsdrähte $20 \cdot 0{,}0091 \cdot 85 =$ . . . . rd. 16 kg,
Gewicht der Zusatzlast $20 \cdot 180\,(3\sqrt{25} + \sqrt{10})$ . . . . . = 64 »
» » Querträger, Isolatoren und des Trägerteiles über der Einspannstelle . . . . 33 »
$P_v = 113$ kg.

Für den U-Eisenträger ist nach Gleichung 38a

$$k = \frac{Pe}{W} + \frac{P_v}{F} = \frac{81\,600}{60{,}7} + \frac{113}{17} = 1365 \text{ kg/qcm}.$$

Die lotrechte Druckkraft vermehrt die Materialbeanspruchung nur um 4,9 kg/qcm = 0,4%. In den meisten Fällen kann die zusätzliche Materialbeanspruchung durch die Vertikalkraft aus Leitungsgewicht, Zusatzlast, Querträger und Isolatoren vernachlässigt werden.

Zahlenbeispiel 22.

Es soll untersucht werden, mit welcher Belastung der in Fig. 37 dargestellte Dachständer in freitragender Anordnung beansprucht werden kann, wenn für den Träger ein Rohr von 76 mm äußerem und 70 mm innerem Durchmesser verwendet wird.

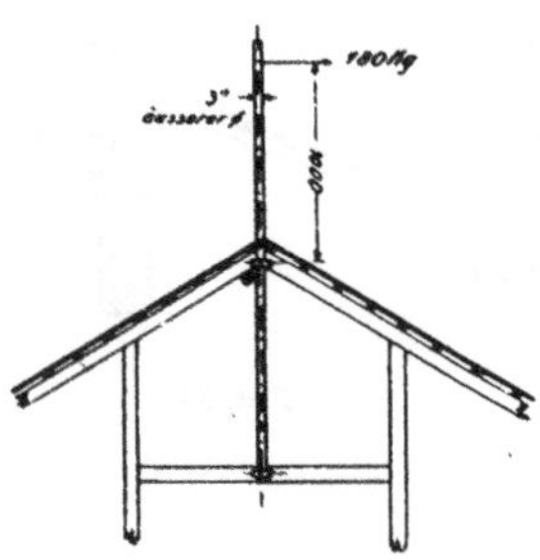

Fig. 37.

Das Widerstandsmoment des Rohrquerschnittes ist

$$W = \frac{\pi}{32} \cdot \frac{d^4 - d_1^4}{d},$$

$$W = \frac{3{,}14}{32} \cdot \frac{7{,}6^4 - 7{,}0^4}{7{,}6} = \underline{12 \text{ cm}^3.}$$

$$M = P \cdot l = W \cdot k_b,$$

mit $k_b = 1500$ kg/qcm erhält man für

$$P = \frac{12 \cdot 1500}{100} = \underline{180 \text{ kg.}}$$

Werden die Leitungen mit 8 kg/qmm gespannt, dann kann der Gesamtquerschnitt der Leitungen $\frac{180}{8}$ = rd. 25 qmm, mit 4 kg/qmm rd. 50 qmm betragen.

Zahlenbeispiel 23.

Im Winkelpunkt einer Leitungslinie wird ein Holzmast aufgestellt, der mit einer resultierenden Horizontalbelastung von $P = 420$ kg, einer lotrechten Kraft von $P_v = 120$ kg beansprucht wird und dessen Aufstellung nach Fig. 38 erfolgt. Es soll die Materialbeanspruchung des gefährlichen Querschnittes E und der Durchmesser der Strebe gesucht werden. Wie groß muß die den Strebendruck aufnehmende Unterlage $\ddot{U}$ werden, wenn die Erdpressung 1,5 kg/qcm betragen darf?

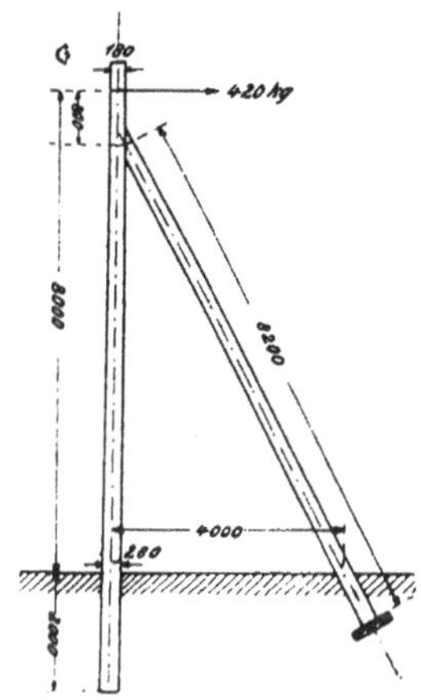

Fig 38.

Die in der Strebe auftretende Knickkraft ist nach Gleichung 46

$$P_k = \frac{P}{\sin\alpha}\left(1 + \frac{3e}{2c}\right),$$

$$e = 80 \text{ cm}, \quad c = 720 \text{ cm},$$

$$\operatorname{tg}\alpha = \frac{400}{720} = 0{,}555; \quad \alpha = 29^0,$$

$$\sin\alpha = 0{,}485; \quad \operatorname{ctg}\alpha = 1{,}804,$$

$$P_k = \frac{420}{0{,}485}\left(1 + \frac{240}{1440}\right) = \underline{1010 \text{ kg.}}$$

Der kleinste Durchmesser der Strebe ist nach Gleichung 47a

$$D_1 = 0{,}085 \sqrt[4]{\frac{420 \cdot 8{,}2^2}{0{,}485}\left(1 + \frac{240}{1440}\right)} = \sim \underline{14 \text{ cm.}}$$

Die Beanspruchung des Mastes im gefährlichen Querschnitt E ist nach Gleichung 47a

$$k = \frac{10 \cdot 420 \cdot 80}{19^3} + \frac{1{,}27}{19^2}\left[120 - 420\left(1 + \frac{240}{1440}\right)1{,}804\right] = \sim 49 \text{ kg/qcm.}$$

Die Beanspruchung liegt somit unter der zulässigen von 110 kg/qcm.

Der Mastteil unterhalb des Angriffspunktes der Strebe wird durch die Summe der lotrecht wirkenden Kräfte auf Knickung beansprucht. Der Durchmesser D, der für diese Beanspruchung erforderlich ist, berechnet sich aus Gleichung 49a.

$$D = 0{,}085 \sqrt[4]{720^2\left[120 - 420\left(1 + \frac{240}{1440}\right)1{,}804\right]} = 11{,}95 \text{ cm.}$$

Hieraus ist zu ersehen, daß die aufwärts gerichtete Komponente der Strebenkraft die Vertikalkraft P_v weit überwiegt, auch wenn zu letzterer noch das im Schwerpunkt angreifende und auf die Knicklänge c umgerechnete Mastgewicht hinzugerechnet wird. Eine Druckbeanspruchung des Mastteiles c tritt also nicht auf. Der Mast muß im Gegenteil im Boden besonders verankert werden, damit er nicht aus der Erde herausgehoben wird.

Die Druckkraft der Strebe wurde zu 1010 kg ermittelt.

Nach Gleichung 28 ist

$$F = \frac{P}{k_d} = \frac{1010}{1,7} = \underline{675 \text{ qcm.}}$$

Die Stein- oder Eichenholzunterlage muß bei einer Höhe von zirka 100 mm eine Grundfläche von 240 · 300 mm erhalten.

Zahlenbeispiel 24.

Die Verstrebung des Holzmastes im vorhergegangenen Zahlenbeispiel muß entfernt und durch einen Zuganker ersetzt werden, der, in E angreifend, an einem 5 m entfernten Gebäude so angebracht werden kann, daß er mit dem Mast einen Winkel von 90° bildet. Wie stark muß der Anker a) aus Rundeisen, b) aus gezogenen Eisendrähten und wie stark müssen Ankerschelle und Schraube ausgeführt werden? Welche Abmessungen erhält ein in den Anker eingeschaltetes Spannschloß?

Die im Anker vorhandene Zugkraft ist mit sin 90° = 1 nach Gleichung 41

$$P = 420 \left(1 + \frac{240}{1440}\right) = \underline{490 \text{ kg.}}$$

Zu a) Läßt man für den Eisenanker eine Beanspruchung von 10 kg/qmm zu, dann ist nach Gleichung 42

$$d = 1,13 \sqrt{\frac{490}{10}} = \underline{7,9 \text{ mm}};$$

zu b) Nach Gleichung 42b ist

$$F = \frac{0,05 \cdot P}{\sin \alpha}\left(1 + \frac{3e}{2c}\right) = 0,05 \cdot 490 = \underline{24,5 \text{ qmm.}}$$

Dieser Querschnitt entspricht zwei Drähten von je 4 mm Durchmesser.

Die Ankerschelle mit Schraube werde nach Fig. 39 ausgeführt. Die geschlossene Öse der Spannschraube, die in den Zuganker eingeschaltet ist, hängt in der Bolzenschraube der Mastschelle und beansprucht die Schraube bei a—a auf Abscherung, es sind somit zwei Querschnitte abzuscheren:

$$2 \cdot \frac{d^2 \pi}{4} \cdot 0,7 \cdot k_z = P,$$

$$2 \cdot \frac{d^2 \cdot 3,14}{4} \cdot 0,7 \cdot 10 = 490,$$

$$d = \sqrt{\frac{4 \cdot 490}{2 \cdot 3{,}14 \cdot 0{,}7 \cdot 10}} = \underline{6{,}7 \text{ mm.}}$$

Gewählt wird eine Schraube $^3/_8''$ mit einem Bolzendurchmesser von 9,5 mm, weil durch das Zusammenziehen der Schelle in der Schraube

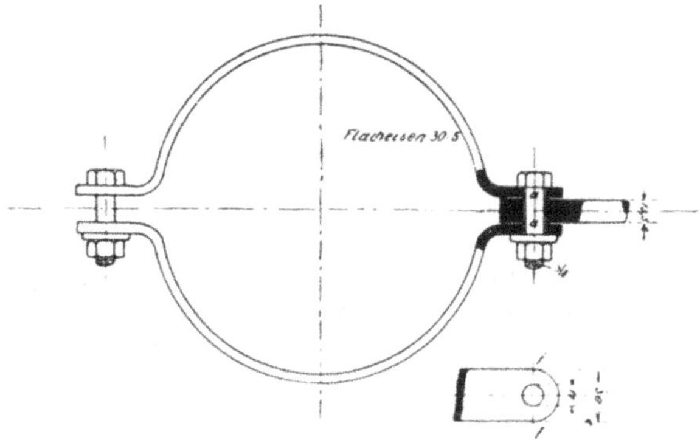

Fig. 39.

noch Zugspannungen entstehen, die vorstehend nicht berücksichtigt sind. Man trägt diesen Beanspruchungen dadurch Rechnung, daß man den errechneten Querschnitt auf das 1,2- bis 1,3fache erhöht.

Der gefährliche Querschnitt der Ankerschelle ist bei *f—f*. Der Querschnitt ist, wenn Flacheisen 30 · 5 mm verwendet und das Loch für die Schraube 11 mm gebohrt wird, 2 (30 — 11) 5, somit die Beanspruchung

$$k_z = \frac{490}{2\,(30 - 11)\,5} = \underline{2{,}59 \text{ kg/qmm.}}$$

Wird zur Regulierung der Anker ein Spannschloß verwendet, so muß der Kerndurchmesser des Gewindes mindestens gleich dem Durchmesser des Ankereisens sein. Für letzteres wurde ein Durchmesser von 7,9 mm errechnet, für das Spannschloß soll $\frac{1}{2}''$-Gewinde gewählt werden, dessen Kerndurchmesser 9,99 mm ist.

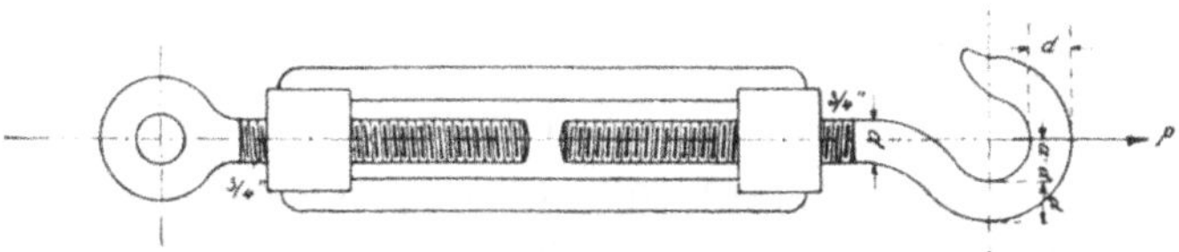

Fig. 40.

Die Bolzenstärke genügt, wenn das Spannschloß beiderseits mit engen, geschlossenen Ösen ausgeführt wird, offene Haken erfordern wesentlich stärkere Dimensionierung. Der Querschnitt *b* (Fig. 40) wird auf Zug durch die Kraft P und auf Biegung durch das Moment $P\left(a+\frac{d}{2}\right)$ beansprucht. Es wird $d = {}^3/_4'' = 19$ mm gewählt, der Abstand $a = d$. Die Beanspruchung im Querschnitt b ergibt sich dann zu

$$k = \frac{P}{F} + \frac{P\left(a+\frac{d}{2}\right)}{W};\ W = \frac{\pi}{32}\,d^3,$$

$$k = \frac{490}{283{,}5} + \frac{490\cdot(19+9{,}5)}{\frac{3{,}14}{32}\cdot 6859} = \sim \underline{21\ \text{kg/qmm.}}$$

Der Materialersparnis halber wird nur der Querschnitt b so stark dimensioniert, die nur auf Zug beanspruchten Teile können schwächer gehalten werden; der Haken wird dadurch die in Fig. 41 dargestellte Form erhalten.

Zahlenbeispiel 25.

Für eine Weitspannleitung sollen Tragmaste aus U-Eisen mit den in Fig. 42 angegebenen Abmessungen berechnet werden. Der auf die Leitungen wirkende Winddruck (Nutzlast des Mastes) beträgt 420 kg. Der Angriffspunkt dieser Kraft ist 12,0 m über der Einspannstelle. Das Gewicht (einschließlich Zusatzlast) der in Feldern von 160 m gespannten Kupferleitung wurde zu 170 kg ermittelt.

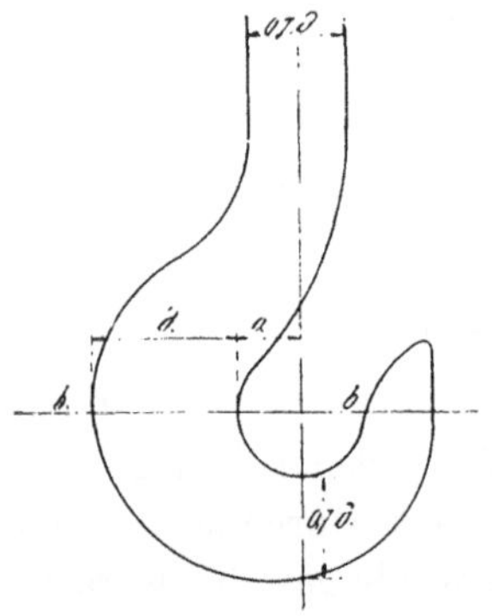

Fig. 41.

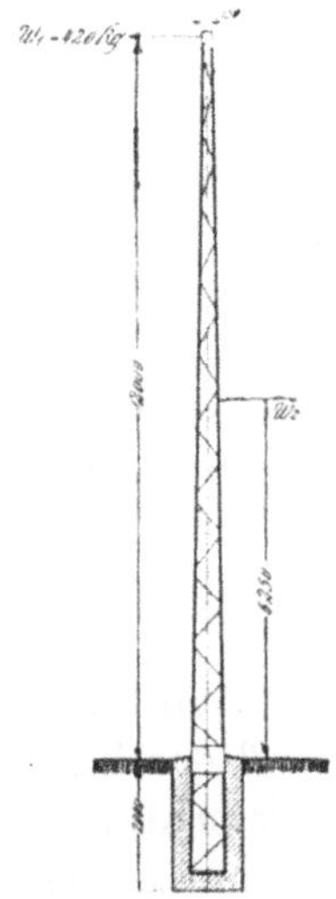

Fig. 42.

Wie in der Berechnung nachgewiesen wird, ergeben sich folgende Eisenprofile:

I. Gurtungen.

U-Eisen, Normalprofil 10, mit einem Gewicht $g = 10{,}6$ kg/m und einem Querschnitt $f_g = 13{,}5$ qcm, Stegdicke 6 mm.

Der durch eine Niete von 13 mm Durchmesser geschwächte Querschnitt

$$f_g' = 13{,}5 - 1{,}3\cdot 0{,}6 = 12{,}72\ \text{qcm.}$$

Trägheitsmoment der x-Achse $J_x = 206$ cm⁴
» » y-Achse $J_y = 29{,}3$ cm⁴
Widerstandsmoment der x-Achse $W_x = 41{,}1$ cm³
Schwerpunktabstand $\xi = 1{,}55$ cm.

II. Diagonalen.

Flacheisen 40 · 14 mm, mit einem Gewicht $g = 4{,}4$ kg/m und einem Querschnitt $f_d = 5{,}60$ qcm.

Der durch eine Niete von 13 mm Durchmesser geschwächte Querschnitt $f'_d = 5{,}60 - 1{,}3 \cdot 1{,}4 = 3{,}78$ qcm.

$$\text{Trägheitsmoment } J_{\min} = \frac{b^3 \cdot h}{12} = \frac{1{,}4^3 \cdot 4}{12} = 0{,}915 \text{ cm}^4.$$

III. Nieten.

13 mm Durchmesser mit einem Querschnitt von $f_n = 1{,}33$ qcm.

I. Gurtungen an der Einspannstelle E.

Diese werden durch vertikal und horizontal wirkende Kräfte beansprucht. Die ersteren sind: Gewicht des Mastes, der Armaturen und der Leitungen (einschließlich Zusatzlast), die letzteren: Winddruck auf die Leitungen (Nutzlast des Mastes) und Winddruck auf die Mastfläche senkrecht zu den Leitungen.

1. Vertikal wirkende Kräfte.

Gesamtgewicht des Mastes von 14,5 m Länge 425 kg, über der Einspannstelle

$$Q = 425 \cdot \frac{1250}{1450} = \text{rd. } 370 \text{ kg}$$

Leitungsgewicht $G =$ 170 »

Gesamtgewicht $P_v =$ 540 kg.

2. Horizontal wirkende Kräfte.

Winddruck auf die Leitungen $W_1 = 420$ kg mit dem Hebelarm 12 m, hiermit das Biegungsmoment . . . . $M_1 = 504000$ kgcm.

Der Winddruck auf den Mast berechnet sich zu $W_2 = 12{,}5 \cdot 0{,}1 \cdot 125 = 156$ kg und das hieraus resultierende Biegungsmoment mit dem im Schwerpunkt (der Mastmitte) der getroffenen Mastfläche angreifenden Hebelarm

$$M_2 = 156 \cdot \frac{1250}{2} = 97500 \text{ kgcm.}$$

Gesamtes Biegungsmoment . . . .

Schwerpunktsabstand von der neutralen Achse (Fig. 43):

$$e = \frac{50}{2} - \xi = 25 - 1{,}55 = 23{,}45 \text{ cm}.$$

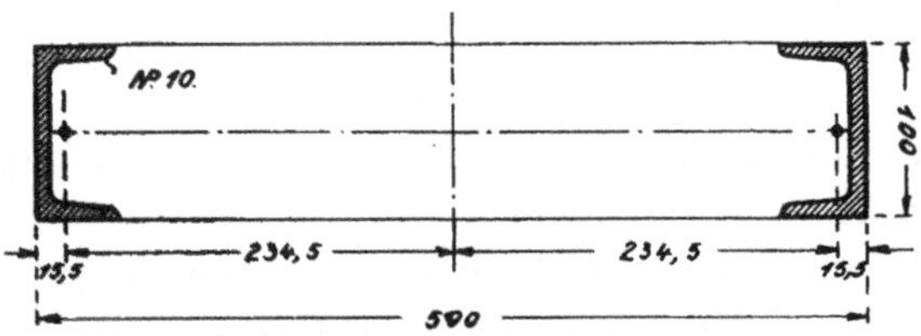

Fig. 43.

Diese Belastungen erzeugen in den U-Eisengurtungen eine Zug- bzw. Druckkraft von

$$P_z = \frac{1}{2}\left(\frac{M_b}{e} - P_v\right) = \frac{1}{2}\left(\frac{601\,500}{23{,}45} - 540\right) = 12\,560 \text{ kg}$$

$$P_d = \frac{1}{2}\left(\frac{M_b}{e} + P_v\right) = \frac{1}{2}\left(\frac{601\,500}{23{,}45} + 540\right) = 13\,100 \text{ kg},$$

hieraus entsteht an der Einspannstelle eine Zug- bzw. Druckbeanspruchung

$$k_z = \frac{P_z}{f_g'} = \frac{12\,560}{12{,}72} = \underline{990 \text{ kg/qcm}}$$

$$k_d = \frac{P_d}{f_g} = \frac{13\,100}{13{,}5} = 970 \text{ kg/qcm}.$$

Zur Beurteilung der Knicksicherheit muß untersucht werden, ob die Eulersche oder Tetmayersche Formel angesetzt werden darf.

Der Trägheitshalbmesser $i = \sqrt{\frac{J}{F}} = \sqrt{\frac{29{,}3}{13{,}5}} = 1{,}47.$

Die Feldlänge beträgt 130 cm, die freie Knicklänge 122 cm, somit ist

$$\lambda = 122 : 1{,}47 = 83 < 105.$$

Die Berechnung muß deshalb nach der Tetmayerschen Formel erfolgen. Nach dieser ist die Knickspannung beim Bruche für Flußeisen

$$K_k = 3100 - 11{,}41 \cdot 83 = 2150.$$

Da die Druckspannung vorher zu 970 kg/qcm errechnet wurde, ergibt sich der Sicherheitsgrad

$$s = \frac{2150}{970} = \underline{2{,}22}.$$

II. Diagonalen.

Die Druckkraft in der untersten Diagonale ist

$$D = (W_1 + W_2)\frac{l_d}{b} = (420 + 156)\frac{78}{50} = 898 \text{ kg},$$

somit die Druckbeanspruchung

$$k_d = \frac{D}{f_d} = \frac{898}{5{,}6} = \underline{160 \text{ kg/qcm.}}$$

Knicksicherheit

$$i = \sqrt{\frac{J}{F}} = \sqrt{\frac{0{,}915}{5{,}6}} = 0{,}4, \text{ Knicklänge } 78 \text{ cm},$$

$$\lambda = 78 : 0{,}4 = 195 > 105.$$

Die Berechnung muß deshalb nach der Eulerschen Formel erfolgen, für welche gilt

$$s_k = \frac{\pi^2 \cdot J_{\min} \cdot E}{D \cdot l_d^2} = \frac{3{,}14^2 \cdot 0{,}915 \cdot 2150000}{898 \cdot 78^2} = \underline{3{,}6 \text{ fach.}}$$

III. Niete.

Die auf die Nietung (Fig. 44) wirkende Scherkraft ist

$$P_s = D \cos\alpha = 898 \cdot \frac{122}{2 \cdot 78} = 703 \text{ kg},$$

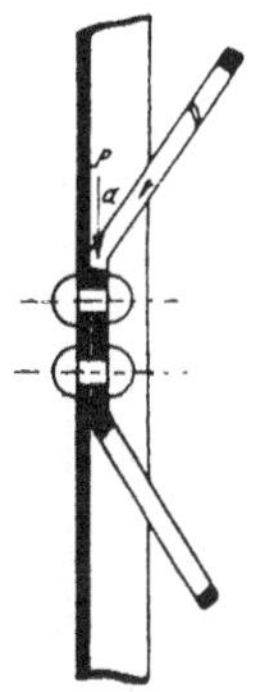

Fig. 44.

unter der Annahme, daß die Scherkraft nur von einer Niete aufgenommen wird, beträgt die Sicherheit gegen Abscheren

$$s_n = \frac{2 \cdot 4000 \cdot 1{,}33}{3 \cdot 703} = 5{,}06 \text{ fach.}$$

IV. Durchbiegung.

Die Durchbiegung eines Freiträgers ist[1])

$$f = \frac{P}{EJ}\frac{l^3}{3}.$$

Der Schwerpunktabstand der Gurtungseisen an der Einspannstelle wurde zu 23,45 cm gefunden. Schwerpunktabstand am Mastkopf ist bei einer Breite des Mastkopfes von 15 cm

$$\frac{15}{2} - \xi = 7{,}5 - 1{,}55 = 5{,}95 \text{ cm}.$$

somit der mittlere Schwerpunktabstand von der neutralen Achse

$$e_m = \frac{23{,}45 + 5{,}95}{2} = 14{,}7 \text{ cm},$$

[1]) Tabelle 25.

hiermit das mittlere Trägheitsmoment

$$J_m = 2\,(J_y + f_g \cdot e_m^2) = 2\,(29{,}3 + 13{,}5 \cdot 14{,}7^2) = 5891 \text{ cm}^4.$$

Die an der Mastspitze angreifende Kraft setzt sich zusammen aus dem Winddruck auf die Leitungen und dem auf die Mastspitze reduzierten Winddruck auf die Mastfläche. Dieses Biegemoment wurde zu 97500 kgcm gefunden. Auf den Angriffspunkt der Kraft W_1 bezogen, erhält man

$$W_2' = \frac{97\,500}{1200} = 81{,}5 \text{ kg},$$

somit unter Einsetzung der gefundenen Werte in die Durchbiegungsgleichung

$$f = \frac{(420 + 81{,}5)\,1200^3}{2\,150\,000 \cdot 5891 \cdot 3} = \underline{23{,}1 \text{ cm.}}$$

Zahlenbeispiel 26.

Für dieselben Verhältnisse, wie in Zahlenbeispiel 25 angegeben, soll ein Abspannmast berechnet werden. Der in der Höhe von 12 m angreifende einseitige Leitungszug beträgt maximal 1510 kg. Die angenommenen Dimensionen sind aus Fig. 45 ersichtlich. Es sollen verwendet werden:

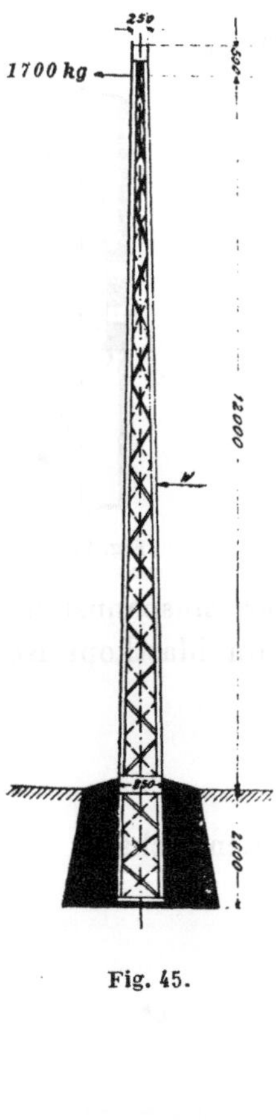

Fig. 45.

I. Gurtungen.

$\llcorner$-Eisen 65 · 65 · 9 mm N. P. 6,5, mit einem Gewicht $g = 8{,}6$ kg/m und einem Querschnitt $f_g = 11{,}0$ qcm.

Der durch eine Niete von 13 mm Durchmesser geschwächte Querschnitt

$$f'_g = 11{,}0 - 1{,}3 \cdot 0{,}9 = 9{,}83 \text{ qcm.}$$

Trägheitsmoment der ξ-Achse, $J_\xi = 41{,}3$ cm⁴

» » x-Achse, $J_{\min} = 17{,}2$ »

Schwerpunktabstand . . . . $\xi = 1{,}93$ cm.

II. Diagonalen.

$\llcorner$-Eisen 40 · 40 · 4 mm, mit einem Gewicht $g = 2{,}42$ kg/m und einem Querschnitt $f_d = 3{,}08$ qcm. Der durch eine Niete von 13 mm Durchmesser geschwächte Querschnitt

$$f'_d = 3{,}08 - 1{,}3 \cdot 0{,}4 = 2{,}56 \text{ qcm.}$$

Trägheitsmoment der y-Achse $= J_{\min} = 1{,}86$ cm⁴.

» » ξ- » $= J_\xi = 4{,}48$ cm.

III. Nieten.

13 mm Durchmesser, mit einem Querschnitt von $f_n = 1{,}33$ qcm.

Winddruck auf den Mast in Richtung des Leitungszuges.

Die vom Wind gedrückte vordere Mastfläche setzt sich zusammen aus

1. Fläche der Eckeisen bei einer Länge über Erdboden von 12,5 m, $2 \cdot 12{,}5 \cdot 0{,}065$ . . . . $= 1{,}625$ qm
2. Fläche der Diagonalen $22 \cdot 0{,}65 \cdot 0{,}04$ . . . . $= 0{,}572$ »
3. 65% Zuschlag für die hintere Mastfläche, Querträger und Isolatoren . . . . $= 1{,}425$ »

Gesamtfläche 3,622 qm;

mit 125 kg/qm ist der Winddruck

$$W = 3{,}622 \cdot 125 = 452 \text{ kg},$$

der etwa im Schwerpunkt der Mastfläche angreift. Dieser liegt

$$\frac{0{,}85 + 2 \cdot 0{,}25}{0{,}85 + 0{,}25} \cdot \frac{12{,}5}{3} = \underline{5{,}12 \text{ m}}$$

über der Einspannstelle und erzeugt im Angriffspunkt der Leitungszugkraft eine Zusatzkraft von

$$\frac{452 \cdot 5{,}12}{12} = 190 \text{ kg}$$

die mit dem Leitungszug von 1510 kg eine Gesamtzugkraft von 1700 kg ergibt.

1. Gurtungen an der Einspannstelle E.

Beanspruchung durch vertikal wirkende Kräfte:

Gewicht des Mastes über der Einspannstelle

$$Q = 820 \cdot \frac{1250}{1450} = \text{rd. } 700 \text{ kg}$$

$$\text{Leitungsgewicht } G = 170 \text{ »}$$

$$\text{Gesamtgewicht } P_v = 870 \text{ kg.}$$

Diese Kraft erzeugt eine Druckbeanspruchung der Gurtungen

$$k_d = \frac{P_v}{4 \cdot f_g} = \frac{870}{4 \cdot 11} = 19{,}8 \text{ kg/qcm}.$$

Beanspruchung durch horizontal wirkende Kräfte:

Das durch den Leitungszug und Winddruck erzeugte Biegungsmoment ist:

$$M_b = 1700 \cdot 1200 = 2040000 \text{ kgcm}.$$

Schwerpunktsabstand (Fig. 46) von der neutralen Achse

$$e = \frac{b}{2} - \xi = \frac{85}{2} - 1{,}93 = 40{,}57 \text{ cm}.$$

Das Biegungsmoment M_b erzeugt mit der vertikal wirkenden Gesamtkraft in jedem der vier Gurtungseisen eine Zug- bzw. Druckkraft von

$$P_z = \frac{1}{4}\left(\frac{M_b}{e} - P_v\right) = \frac{1}{4}\left(\frac{2040000}{40{,}57} - 870\right) = 12355 \text{ kg},$$

$$P_d = \frac{1}{4}\left(\frac{M_b}{e} + P_v\right) = \frac{1}{4}\left(\frac{2040000}{40{,}57} + 870\right) = 12790 \text{ kg},$$

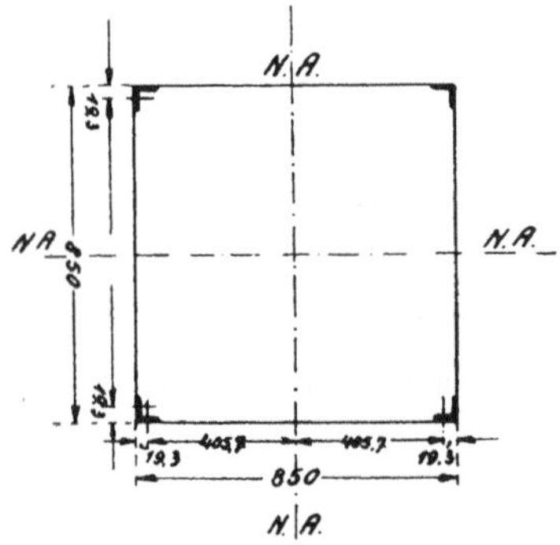

Fig. 46.

hieraus entsteht an der Einspannstelle eine Zug- bzw. Druckkraft von

$$k_z = \frac{P_z}{f_g'} = \frac{12355}{9{,}83} = \underline{1260 \text{ kg/qcm}},$$

$$k_d = \frac{P_d}{f_g} = \frac{12790}{11} = \underline{1165 \text{ kg/qcm}}.$$

Zur Beurteilung der für die Berechnung der Knicksicherheit zu verwendenden Formeln werden folgende Werte ermittelt:

$$i = \sqrt{\frac{J\xi}{F}} = \sqrt{\frac{41{,}3}{11}} = 1{,}937$$

$$\lambda = \frac{l}{i} = \frac{130}{1{,}937} = 67{,}2$$

worin $l = 130$ cm die freie Knicklänge (Feldlänge $= 140$ cm) bedeutet.

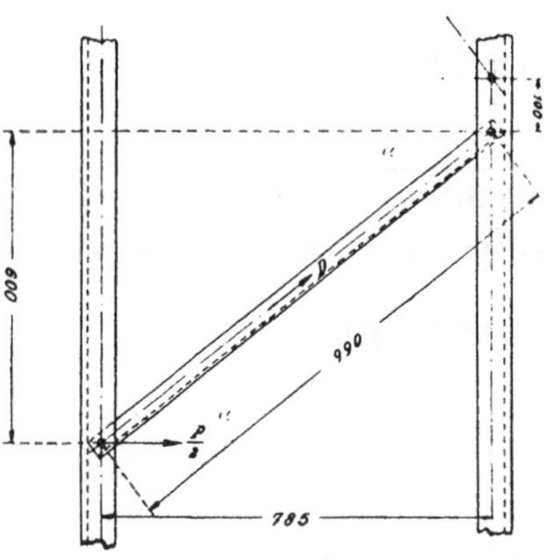

Fig. 47.

Da $\lambda < 105$ ist nach Tetmayer die Knickspannung

$$k = 3100 - 11{,}41 \cdot 67{,}2 = 2333 \text{ kg/qcm}$$

und die Knicksicherheit

$$s_k = \frac{2333}{1165} = 2 \text{ fach}.$$

II. Diagonalen.

Da die Gurtungen nahezu parallel miteinander verlaufen, so wird die größte Zug- bzw. Druckkraft in einer Diagonale (Fig. 47)

$$D = \frac{1}{2} \cdot \frac{1700}{\cos \alpha}; \quad \cos \alpha = \frac{78,5}{\sqrt{78,5^2 + 60^2}},$$

$$D = \frac{1}{2} \cdot 1700 \frac{\sqrt{78,5^2 + 60^2}}{78,5} = 1085 \text{ kg}.$$

Es ist dann die Beanspruchung

$$k_d = \frac{D}{f_d} = \frac{1085}{3,08} = \underline{352 \text{ kg/qcm.}}$$

$$k_z = \frac{D}{f_d'} = \frac{1085}{2,56} = \underline{425 \text{ kg/qcm.}}$$

Die Knicksicherheit ergibt sich mit

$$i = \sqrt{\frac{J\,\xi}{F}} = \sqrt{\frac{1,86}{3,08}} = 0,777$$

$$\lambda = \frac{l}{i} = \frac{99}{0,777} = 128 > 105$$

somit nach der Eulerschen Formel zu

$$s_k = \frac{\pi^2 \cdot 1,86 \cdot 2150000}{1085 \cdot 99^2} = \underline{3,77 \text{ fach.}}$$

III. Nieten.

Die auf die Nietung wirkende Scherkraft ist D und somit die Beanspruchung

$$s_s = \frac{1085}{1,33} = \underline{815 \text{ kg/qcm}}$$

Der Lochleibungsdruck

$$s_e = \frac{1085}{1,3 \cdot 0,4} = \underline{2090 \text{ kg/qcm.}}$$

IV. Durchbiegung

bei Bruch sämtlicher Leitungen in einem Felde. Der Schwerpunktsabstand der Gurtungen an der Einspannstelle betrug 40,57 cm, am Mastkopf ergibt sich der Schwerpunktsabstand zu

$$\frac{e_k}{2} + \xi = \frac{25}{2} + 1,93 = 10,57 \text{ cm},$$

somit der mittlere Schwerpunktsabstand

$$e_m = \frac{40,57 + 10,57}{2} = 25,57 \text{ cm},$$

hiermit wird das mittlere Trägheitsmoment

$$J_m = 4\,(J\xi + f_g \cdot e_m^2) = 4\,(41{,}3 + 11 \cdot 25{,}57^2) = 28950 \text{ cm}^4$$

und die Durchbiegung

$$f = \frac{P \cdot l^3}{E \cdot J \cdot 3} = \frac{1700 \cdot 1200^3}{28950 \cdot 2150000 \cdot 3} = \sim \underline{16 \text{ cm.}}$$

Zahlenbeispiel 27.

Für den im Beispiel 26 berechneten Abspannmast werden die in Fig. 48 skizzierten Querträger vorgesehen. Die beiden U-Eisen N.P. 10

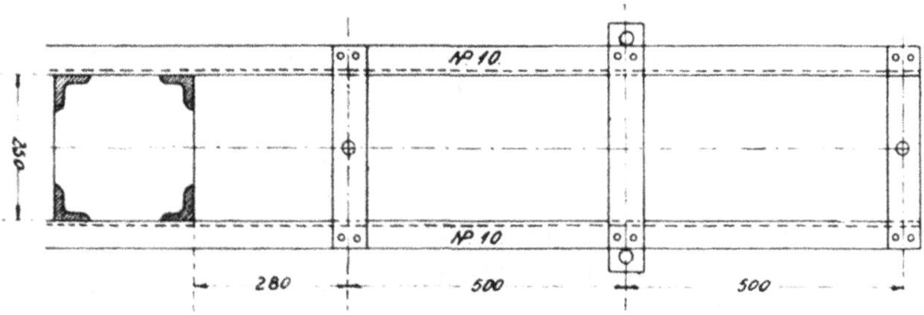

Fig. 48.

sind durch Flacheisen 60 · 10 mm miteinander verbunden. Die einseitige Zugkraft P beträgt 560 kg, welche Beanspruchung erhalten die U-Eisen?

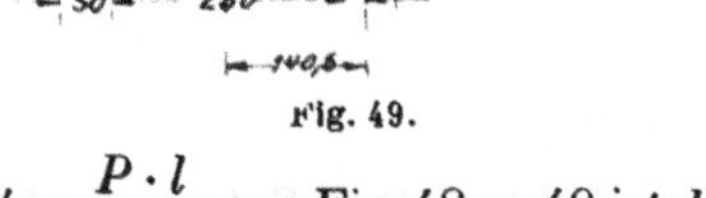

Fig. 49.

U-Eisen N.P. 10 mit einem Querschnitt $f = 13{,}5$ qcm hat ein Trägheitsmoment $J_y = 29{,}3$ cm^4, einen Schwerpunktsabstand $\xi = 1{,}55$ cm, sowie ein Widerstandsmoment $W_x = 41{,}1$ cm^3.

Die Zugkraft P erzeugt in den beiden U-Eisen eine Zug- bzw. Druckbeanspruchung von

$$P' = \frac{P \cdot l}{e}\text{; aus Fig. 48 u. 49 ist } l = 78 \text{ cm und } e = 28{,}1 \text{ cm, } P' = \frac{560 \cdot 78}{28{,}1}.$$

Die U-Eisen werden außerdem noch durch ein Drehmoment beansprucht, welches die an der Isolatorstütze mit einem Hebelarm von 25 cm angreifende Kraft P hervorruft. Dieses Moment erzeugt in den U-Eisen ein Biegungsmoment mit dem Hebelarm $l = 78$ cm, welches ausgedrückt ist durch

$$M_b = \frac{M_d \cdot l}{e} = \frac{560 \cdot 25 \cdot 78}{28{,}1},$$

somit ist die Gesamtbeanspruchung eines U-Eisens

$$k_b = \frac{P'}{f} + \frac{M_b}{W_x} = \frac{560 \cdot 78}{28{,}1 \cdot 13{,}5} + \frac{560 \cdot 25 \cdot 78}{28{,}1 \cdot 41{,}1} = \underline{1055 \text{ kg/qcm.}}$$

Zahlenbeispiel 28.

Die Kraft $P = 560$ kg des vorigen Beispiels greift an einem Isolator an, dessen Stütze in Fig. 50 dargestellt ist; welchen Beanspruchungen ist das Material ausgesetzt?

Die Stütze wird im Querschnitt $y—y$ auf Biegung beansprucht, somit

$$k_b = \frac{M}{W} = \frac{P \cdot l \cdot 32}{\pi \cdot d^3} =$$

$$k_b = \frac{560 \cdot 9{,}5 \cdot 32}{3{,}14 \cdot 4{,}5^3} = \underline{585 \text{ kg/qcm.}}$$

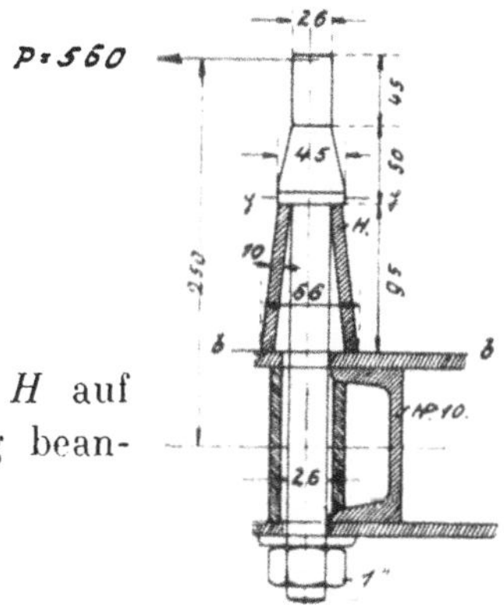

Fig. 50.

Im Querschnitt $b—b$ wird die Hülse H auf Druck und der Bolzen der Stütze auf Zug beansprucht.

Die Druckkraft in $b—b$ ergibt sich aus

$$H = \frac{P \cdot [l — (5 + 1)]}{\text{Schwerpunktsabstand}}.$$

Der Schwerpunktsabstand e von der Mittelachse der Stütze ist

$$e = \frac{4}{3\pi} \frac{R^3 — r^3}{R^2 — r^2} = \frac{4}{3 \cdot 3{,}14} \cdot \frac{3{,}3^3 — 2{,}3^3}{3{,}3^2 — 2{,}3^2} = \underline{1{,}8 \text{ cm.}}$$

$$H = \frac{560 \cdot 19}{1{,}8} = 5900 \text{ kg.}$$

Die Druckbeanspruchung der Hülse wird

$$k_d = \frac{H}{F_H}; \quad F = \frac{1}{2}\pi(3{,}3^2 — 2{,}3^2) = 8{,}79 \text{ qcm.}$$

$$k_d = \frac{5900}{8{,}79} = \underline{672 \text{ kg/qcm.}}$$

Die Zugbeanspruchung im Bolzen der Stütze ist

$$k_z' = \frac{H}{F_b} = \frac{5900}{5{,}3} = \underline{1115 \text{ kg/qcm.}}$$

Das Bolzengewinde ist 1″, dessen Kerndurchmesser 21,33 mm ist, die Beanspruchung dieses Querschnittes ist

$$k_z = \frac{5900}{3{,}56} = \underline{1670 \text{ kg/qcm.}}$$

Diese Beanspruchung wäre für einen Bolzen aus Flußeisen zu hoch, er muß entweder aus Stahl hergestellt oder die Dimensionen müssen entsprechend geändert werden.

Zahlenbeispiel 29.

Die Materialbeanspruchungen der in Fig. 51 gezeichneten Isolatorstütze sollen gesucht werden, wenn die die Stütze beanspruchende Kraft $P = 110$ kg beträgt.

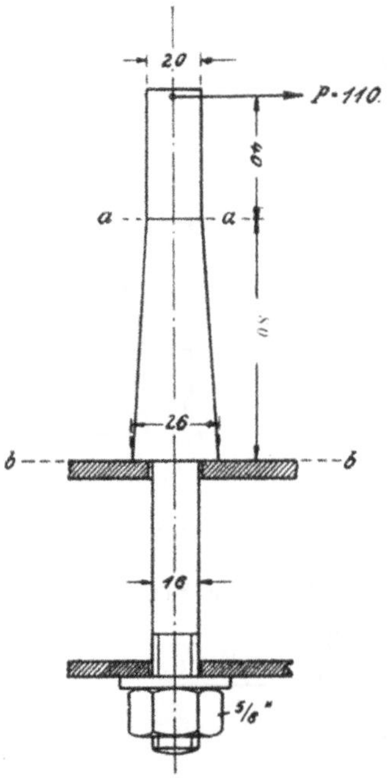

Fig. 51.

Biegungsbeanspruchung in a—a:

$$M = 110 \cdot 4 = 440 \text{ kg/cm}$$

$$k_b = \frac{M}{W} = \frac{440 \cdot 32}{\pi \cdot 2^3} = \underline{560 \text{ kg/qcm.}}$$

Druckkraft in b—b:

$$H = \frac{110 \cdot 12}{e} = \frac{110 \cdot 12}{0{,}68} = \underline{1940 \text{ kg.}}$$

$$e = \frac{4}{3 \cdot 3{,}14} \, \frac{1{,}3^3 - 0{,}8^3}{1{,}3^2 - 0{,}8^2} = 0{,}68 \text{ cm.}$$

Die Druckbeanspruchung der Stütze in b—b ist:

$$k_d = \frac{H}{F} = \frac{1940}{1{,}65} = \underline{1175 \text{ kg/qcm.}}$$

$$F = \frac{1}{2}\pi(1{,}3^2 - 0{,}8^2) = 1{,}65 \text{ qcm.}$$

Zugbeanspruchung im Kerndurchmesser des $^5/_8$″-Bolzens mit einem Querschnitt von

$$\frac{1{,}3^2 \pi}{4} = 1{,}33 \text{ qcm.}$$

$$k_z = \frac{1940}{1{,}33} = \underline{1455 \text{ kg/qcm.}}$$

Zahlenbeispiel 30.

Gebogene Isolatorstützen aus Vierkanteisen können nach Fig. 52 oder nach Fig. 53 ausgeführt werden. Das Widerstandsmoment des Querschnittes Fig. 52 ist $0{,}1178\, h^3$, dasjenige der Fig. 53 ist $\frac{h^3}{6}$. Es soll untersucht werden, welche maximale, horizontal angreifende Kraft die Stützen bei einer Beanspruchung von 1500 kg/qcm aufnehmen können.

Die Stütze wird durch das Moment Pl auf Biegung beansprucht. Es ist somit für Fig. 52

$$P = \frac{k_b W}{l} = \frac{1500 \cdot 2^3 \cdot 0{,}1178}{17} = \underline{\underline{83\ \mathrm{kg.}}}$$

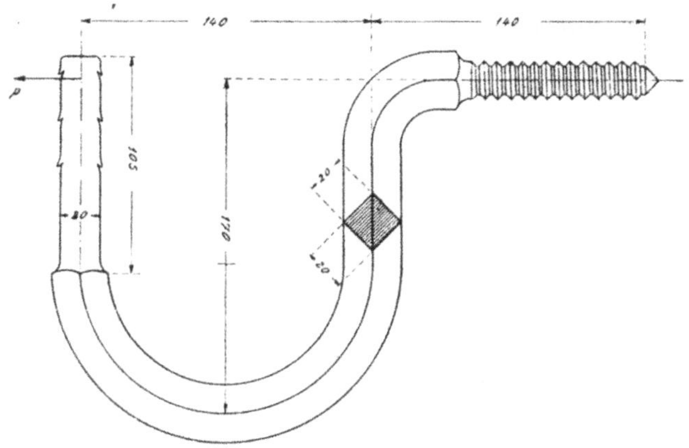

Fig. 52.

Für Fig. 53 wird

$$P = \frac{k_b W}{l} = \frac{1500 \cdot 2^3}{17 \cdot 6} = \underline{\underline{118\ \mathrm{kg.}}}$$

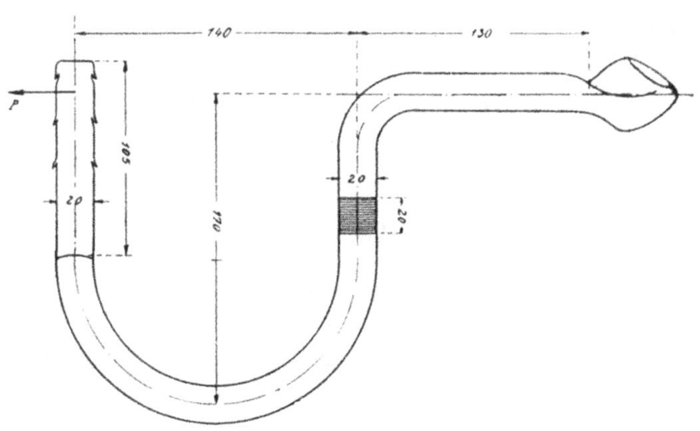

Fig. 53.

Die Ausführung nach Fig. 53 bedeutet somit bei der angenommenen Zugrichtung eine beträchtliche Materialersparnis.

Zahlenbeispiel 31.

Berechnung eines Querträgers in der Ausführung nach Fig. 54.

[-Eisen N.P. 10; Querschnitt 13,5 qcm,
Trägheitsmoment $J_x = 205{,}5\ \text{cm}^4$,
Trägheitsmoment $J_y = 29{,}3\ \text{cm}^4$,
Schwerpunktsabstand $\xi = 1{,}55$ cm.

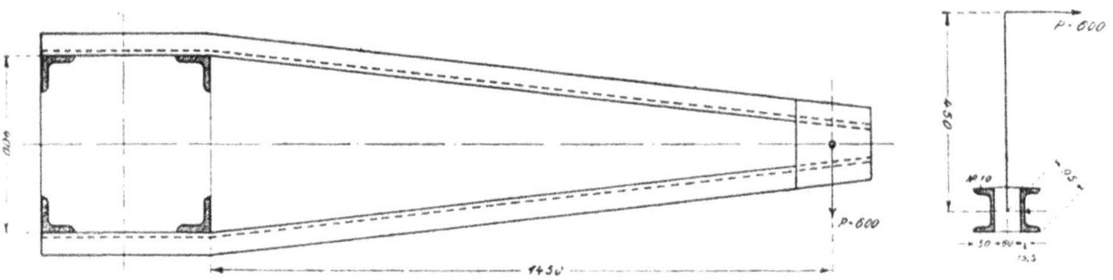

Fig. 54.

Die Kraft $P = 600$ kg sucht am Hebelarm 45 cm das System zu verdrehen,

$$M_p = W_p \cdot k_d.$$

Das polare Widerstandsmoment W_p ist gleich dem polaren Trägheitsmoment J_p, dividiert durch den Abstand des am weitesten vom Schwerpunkte S entfernt liegenden Punktes. Dieser Abstand ist im vorliegenden Falle 9,5 cm.

Das polare Trägheitsmoment eines symmetrischen Querschnittes setzt sich zusammen aus der Summe zweier äquatorialer Trägheitsmomente, bezogen auf zwei rechtwinkelig zueinander stehender Schwerpunktachsen. Es ist somit

$$J_x = 2 \cdot 205{,}5 \qquad = 411\ \text{cm}^4$$
$$J_y = 2\,(29{,}3 + 13{,}5 \cdot 4{,}55^2) = \underline{617\ \text{»}}$$
$$1028\ \text{cm}^4$$

$$W_p = \frac{1028}{9{,}5} = 108{,}2\ \text{cm}^3,$$

$$k_d = \frac{600 \cdot 45}{108{,}2} = \underline{249\ \text{kg/qcm.}}$$

Sicherheit gegen Knickbeanspruchung: Die Kraft P in einem [-Eisen ist

$$P = \frac{600 \cdot 145}{40} = 2180\ \text{kg.}$$

Knicksicherheit =

$$i = \sqrt{\frac{29{,}3}{13{,}5}} = 1{,}47 \qquad \lambda = \frac{145}{1{,}47} = 98{,}5 < 105,$$

somit nach Tetmayer

$$k_k = 3100 - 11{,}41 \cdot 98{,}5 = 1970 \text{ kg}$$

$$s_t = \frac{1970}{249} = \underline{7{,}9 \text{fach.}}$$

Die Stütze für diesen Querträger kann nach Fig. 55 ausgeführt werden.

Die Stütze hat über der Aufsatzfläche ein Sechskant, das zum Festhalten der Stütze beim Anziehen der Mutter dient. Kleinere Stützen können der billigeren Ausführung wegen zwei parallele Ansatzflächen erhalten.

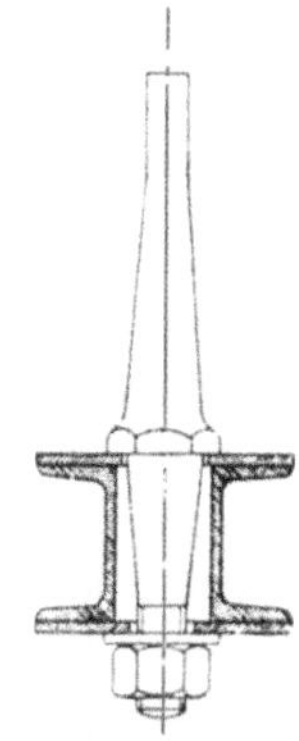

Fig. 55.

5. Standfestigkeit der Leitungsgestänge.

Die Normalien für Freileitungen des Verbandes Deutscher Elektrotechniker besagen, daß »Leitungsgestänge ihrer Länge und der Bodengattung entsprechend tief einzugraben, gut zu verrammen und in weichem Boden gegebenenfalls besonders zu sichern sind«. Allgemein gültige Regeln sind nicht gegeben, die Befestigung im Boden soll von Fall zu Fall entschieden werden.

Die Gründungsmethode hängt im wesentlichen von der Art der Maste und der gewählten Spannweite ab. Holzmaste können mit Rücksicht auf die geringe zulässige Spannweite bei gerader Linienführung und gutem Boden in den meisten Fällen ohne weitere Maßnahme im Boden befestigt werden. In lockerem oder läufigem Boden (Fließsand) und für Winkelmaste auch in gutem Boden sind besondere Konstruktionen zu schaffen, um die Standfestigkeit auch bei ungünstigster Beanspruchung zu sichern. Eisenmaste, die entweder als Abspannmaste durch starken Leitungszug oder als Tragmaste durch Winddruck beansprucht sind, werden häufig Betonfundamente erhalten, die in einfacher Weise die gewünschte Standfestigkeit sichern und die Mastfüße dauernd gegen Rosten schützen.

Die zulässige Druckbeanspruchung und Kantenpressung richtet sich nach der Beschaffenheit des Bodens. Für Felsboden kann die zulässige Belastung 7—15 kg/qcm betragen, sicherer Baugrund (steiniges Erdreich, Kies und grobkörniger Sand, trockene Lagen von feinkörnigem Sand, Lehm und Ton) darf mit 4—6 kg/qcm beansprucht werden. Geringere Beanspruchung ist bei unsicherem Baugrund (nasser Lehm, Ton und Sand) zu wählen. Nur geringe Tragfähigkeit besitzt

Triebsand, schwimmender Morast, Letten, Torf und aufgeschütteter Boden, für welche die obere Belastungsgrenze sehr niedrig (1 kg/qcm) gezogen ist.

Die Größenverhältnisse des Fundamentkörpers werden durch die auf sie einwirkenden Kräfte, die zulässige Bodenbeanspruchung und die gewünschte Standsicherheit bestimmt. Die letztere wird dem für die gesamte Leitungsanlage gewählten Sicherheitsgrad entsprechend festzulegen sein. Die Fundamente der als Tragmaste ausgebildeten Gestängekonstruktionen können nach anderer Überlegung bemessen werden. Diese Maste sind, um die Kosten der Leitungsanlage möglichst niedrig zu halten, nur senkrecht zur Leitungsrichtung so stabil, daß sie den auf die Leitungen wirkenden Winddruck aufnehmen können. Für diese Beanspruchung wird auch das Fundament bemessen. In Richtung der Leitungslinie besitzen sie nicht das erforderliche Widerstandsmoment, um bei einseitig gerissenen Drähten den Leitungszug aufzunehmen. Sind die Maste als U-Eisengittermaste ausgebildet, so sind sie genügend elastisch, um durch die Durchbiegung in Richtung des Leitungszuges die Spannung des Leiters und dadurch ihre Beanspruchung selbst so weit zu vermindern, daß sie nicht beschädigt werden. Für große Leitungsquerschnitte und große Spannweiten bieten elastische Tragkonstruktionen im allgemeinen keinen Vorteil. Die Verwendung von Zwischenmasten, die den einseitigen Leitungszug aufnehmen können, würde zu hohe Kosten verursachen, man begnügt sich deshalb damit, auch diese Zwischenmaste nur für die Beanspruchung durch Winddruck zu dimensionieren. Reißen die Leitungen auf einer Seite, dann wird der einseitige Leitungszug die Maste unzulässig belasten und beschädigen. Sofern nun die Befestigung im Boden in der Richtung des Leitungszuges so gewählt ist, daß die Leitungen sich durch Schrägstellen der Maste entspannen können, wird die unzulässige Materialbeanspruchung der Maste beseitigt. Die Abweichung aus der Vertikalen ist gering, so daß ein Umfallen des Gestänges nicht zu befürchten ist. Die Arbeiten und Unkosten zum Aufrichten der schräg gezogenen Maste sind jedenfalls geringer als das Auswechseln oder Geraderichten verbogener Eisenmaste.

Symmetrische Bodenpressung.

Das Gewicht des Fundamentes, des Mastes mit Armaturen, des halben Drahtgewichtes (einschließlich Zusatzlast) der angrenzenden Leitungsfelder addieren sich zu einer in der Vertikalachse des Mastes und Fundamentes wirkenden Kraft, welche in der Bodenfuge eine symmetrische Druckspannung hervorruft. Bezeichnet

σ = die Druckspannung,
ΣG = die Summe aller Vertikalkräfte,
F = die Fundamentalfläche,

so ist

$$\sigma_s = \frac{\Sigma G}{F} \quad \ldots\ldots\ldots\ldots \quad 56)$$

Unsymmetrische Bodenpressung.

Wirkt eine Kraft Q (Fig. 56) außerhalb der Mitte auf eine Bodenfläche mit der Breite b und der Länge 1 cm, so wird dieselbe eine unsymmetrische Bodenpressung hervorrufen. Die Beanspruchung einer Hälfte wird um so größer sein, je weiter Q von der Mitte entfernt ist.

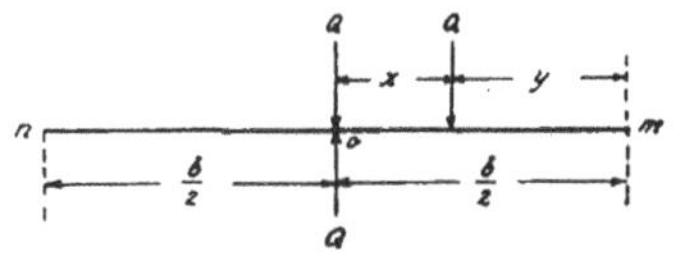

Fig. 56.

Bringt man in der Mitte O zwei zu Q parallele und gleich große, aber entgegengesetzt gerichtete, sich also gegenseitig aufhebende Kräfte an, dann wird an dem Belastungszustand nichts geändert. Die in O nach unten wirkende Kraft Q erzeugt eine über die ganze Querschnittsfläche gleichmäßig verteilte Bodenpressung σ_1, die anderen beiden Kräfte bilden ein Kräftepaar mit dem Momente $Q\,x$, welches eine Biegungsspannung σ_2 erzeugt. Im gewählten Beispiel wird bei m eine Druckspannung $+\sigma_m$, bei n eine Zugspannung $-\sigma_n$ entstehen. Man erhält nun folgende Beziehungen:

$$\sigma_1 = \frac{Q}{F} = \frac{Q}{1 \cdot b},$$

$$Q\,x = \sigma_2 \cdot W,$$

für das Rechteck $1 \cdot b$ ist

$$W = \frac{1 \cdot b^2}{6},$$

$$\sigma_2 = \frac{6\,Q\,x}{1 \cdot b^2}.$$

In den Punkten m oder n ergeben sich somit folgende Bodenpressungen

$$\sigma_m = \frac{Q}{b}\left(1 + \frac{6\,x}{b}\right),$$

$$\sigma_n = \frac{Q}{b}\left(1 - \frac{6\,x}{b}\right).$$

Für $\sigma_n = O$ erhält man

$$O = \frac{Q}{b}\left(1 - \frac{6\,x}{b}\right); \qquad x = \frac{b}{6} \quad \ldots\ldots \quad 57)$$

Für diesen Fall wird

$$\sigma_m = \frac{2Q}{b} \quad \ldots\ldots\ldots\ldots \quad 58)$$

Für $x > \frac{b}{6}$ wird σ_n negativ, für $x < \frac{b}{6}$ positiv. Da in n die Spannung O herrscht und $y = \frac{2}{6} b = \frac{1}{3} b$, so ist $b = m\,n = 3\,y$, hiermit wird

$$\sigma_m = \frac{2Q}{3\,y} \quad \ldots\ldots\ldots\ldots \quad 59)$$

Ist die gedrückte Fläche von rechteckiger Form mit der Seitenlänge b, dann wird

$$\sigma_m = \frac{2Q}{3\,y\,b} \quad \ldots\ldots\ldots\ldots \quad 60)$$

Seitlicher Erddruck (aktiver und passiver Erddruck).

Eine auf eine wagrechte Ebene geschüttete Erdmasse wird einen Kegel bilden, dessen Seiten mit der Wagrechten einen von der Erdart abhängigen Winkel φ, den Böschungswinkel, bilden (Fig. 57).

Fig. 57.

Wird dieser Kegel an einer Stelle unter einem größerem als dem natürlichen Böschungswinkel φ entsprechenden Winkel angeschnitten, so kann die Erdmasse an dieser Stelle nicht im Gleichgewicht bleiben, sie muß gestützt werden. Den auf den Stützpunkt wirkenden Druck bezeichnet man als aktiven (tätigen) Erddruck.

Der passive (ruhende) Erddruck entsteht, wenn eine Stützmauer durch Einwirkung äußerer Kräfte gegen die dahinter liegende Erdfüllung gepreßt wird, wenn z. B. das Fundament eines Leitungsträgers gegen den es umgebenden Erdkörper ausweichen will. Der passive Erddruck ist bedeutend größer als der aktive Erddruck.

Bei festgestampftem oder gewachsenem Boden ist der Winkel, bei welchem die Erdmasse noch nicht zum Gleiten kommt, wesentlich größer als bei losem Boden. Durch besondere Umstände, Hochsteigen des Grundwassers usw. kann aber der Zusammenhang stark herabgesetzt werden oder ganz verschwinden. Die Richtung des Erddruckes hängt von der Gestalt und Neigung der Wandflächen und der Größe der Reibung zwischen Wand und Erdmasse ab. Der Sicherheit halber soll stets mit loser Erde und keiner Reibung zwischen Fundament und Erdkörper, also Erddruck senkrecht zur Wandfläche, gerechnet werden.

Für diese Voraussetzungen und den durch Fig. 58 dargestellten einfachen Fall: Rückenfläche der Stützmauer senkrecht, Bodenfläche wagrecht, besteht für den aktiven Erddruck die Beziehung

$$E_a = \frac{1}{2} \gamma h^2 \operatorname{tg}^2 \left(45^0 - \frac{\varphi}{2}\right) \quad . \quad . \quad 61)$$

Der passive Erddruck weicht von der Normalen zur Rückenfläche des drückenden Körpers um den Winkel φ nach unten ab, somit ist

$$E_p = \frac{1}{2} \gamma h^2 \operatorname{tg}^2 \left(45^0 + \frac{\varphi}{2}\right) \quad . \quad . \quad 62)$$

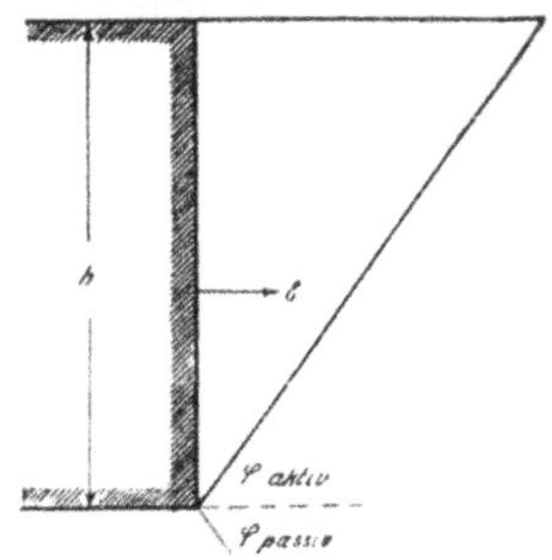

Fig. 58.

Der spezifische Erddruck ist

$$E = \sigma \cdot 1 \cdot \frac{h}{2},$$

hiermit

$$\sigma_{\text{aktiv}} = \gamma \cdot h \cdot \operatorname{tg}^2 \left(45^0 - \frac{\varphi}{2}\right) \quad . \quad . \quad . \quad . \quad . \quad . \quad 63)$$

$$\sigma_{\text{passiv}} = \gamma \cdot h \cdot \operatorname{tg}^2 \left(45^0 + \frac{\varphi}{2}\right) \quad . \quad . \quad . \quad . \quad . \quad . \quad 64)$$

In diesen Gleichungen bedeutet:

E = Erddruck in kg auf ein Wandstück von 1 cm Länge,
γ = Gewicht der Hinterfüllungserde in kg/ccm,
h = Höhe der Erdschicht in cm,
φ = natürlicher Böschungswinkel.

In folgender Tabelle sind Mittelwerte des Böschungswinkels φ verschiedener Erdarten und deren Gewicht in cbm angegeben.

Tab. 27.

Erdart	Natürlicher Böschungswinkel φ	Gewicht kg/cbm	$\operatorname{tg}^2\left(45^0 - \frac{\varphi}{2}\right)$	$\operatorname{tg}^2\left(45^0 + \frac{\varphi}{2}\right)$
Trockener Lehmboden . . .	43°	1500	0,189	4,972
Nasser Lehmboden	25°	2000	0,406	2,465
Trockene Tonerde	45°	1600	0,171	5,808
Nasse Tonerde	25°	2000	0,406	2,465
Nasser Kies	30°	1850	0,333	2,992
Gerölle feucht	40°	1700	0,217	4,579

Einfluß der Einspannung im Erdreich.[1])

Wird ein im Erdreich eingespannter Stab durch ein Biegungsmoment beansprucht, dann entstehen im Erdreich Spannungen, welche durch die in Fig. 59 dargestellte Spannungsfläche dargestellt erscheinen. Soll Gleichgewicht herrschen, dann muß erstens die Summe aller Spannungen gleich Null und zweitens die Drehmomente der inneren Spannungen gleich sein dem angreifenden Moment. Die erste Bedingung läßt sich auch schreiben

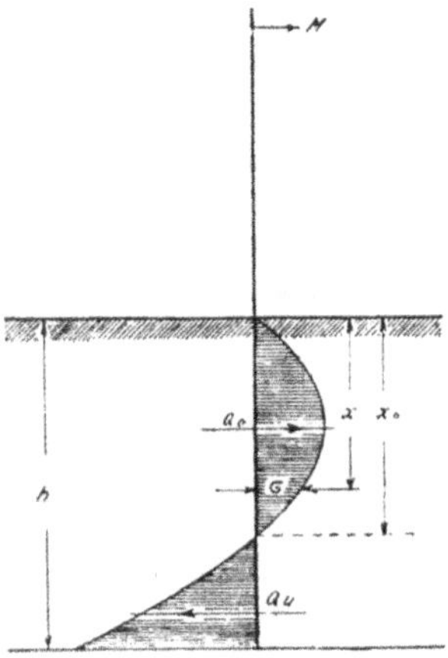

Fig. 59.

$$Q_0 = Q_u$$

oder

$$\int_0^h \sigma \, d x = 0 \quad . \quad . \quad . \quad . \quad . \quad \text{I)}$$

Da der Widerstand des Materials gegen die Zusammendrückung infolge der entstandenen Druckspannungen mit der Tiefe und proportional zu derselben wächst, so ergibt sich ohne weiteres das Verhältnis des Dehnungskoeffizienten β_1 und β_2 für die Tiefen x_1 und x_2

$$\beta_1 : \beta_2 = x_2 : x_1 \quad . \quad . \quad . \quad . \quad . \quad . \quad . \quad . \quad . \quad \text{II)}$$

und die Dehnung Δ selbst

für x_1 . . . . $\Delta_1 = \beta_1 \sigma_1$

und

für x_2 . . . . $\Delta_2 = \beta_2 \sigma_2$,

daraus

$$\Delta_1 : \Delta_2 = \beta_1 \sigma_1 : \beta_2 \sigma_2 \quad . \quad . \quad . \quad . \quad . \quad . \quad . \quad . \quad \text{III)}$$

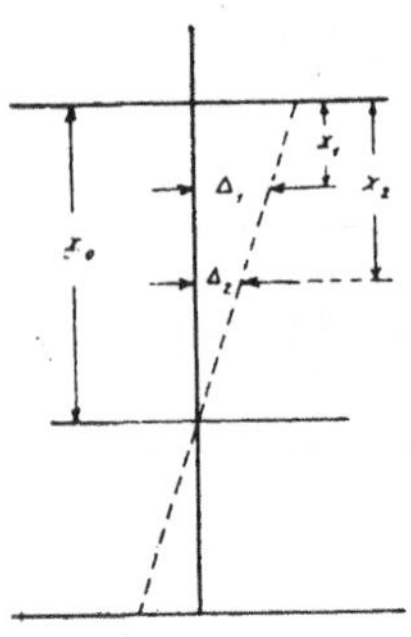

Fig. 60.

Wenn nun der Stab als vollständig starr angesehen wird, dann folgt nach Fig. 60

$$\Delta_1 : \Delta_2 = (x_0 - x_1) : (x_0 - x_2) \quad . \quad . \quad \text{IV)}$$

Aus Gleichung III und II erhält man

$$\beta_1 \sigma_1 : \beta_2 \sigma_2 = x_2 \sigma_1 : x_1 \sigma_2 .$$

Die Vereinigung der Proportionen gibt

$$\frac{x_0 - x_1}{x_0 - x_2} = \frac{x_2 \sigma_1}{x_1 \sigma_2} \quad . \quad . \quad . \quad . \quad . \quad . \quad \text{V)}$$

[1]) Ullmann, Beton und Eisen 1909, S. 18.

In der erhaltenen Gleichung substituiert man für

	σ_1	σ,
daher	x_1	x
und	σ_2	σ_b,
daher	x_2	h,

worauf sich die Gleichung ändert in

$$\frac{x_0 - x}{x_0 - h} = \frac{h \cdot \sigma}{\sigma_b \cdot x}$$

oder

$$\sigma = \frac{\sigma_b}{(x_0 - h)\, h} (x_0 - x)\, x \quad . \; . \; . \; . \; . \; . \; . \quad \text{VI)}$$

Den Wert von σ in Gleichung I eingesetzt, ergibt

$$\frac{\sigma_b}{(x_0 - h)\, h} \int_0^h (x_0 x - x^2)\, d\, x = 0 = \frac{\sigma_b}{(x_0 - h)\, h} \left(\frac{x_0 h^2}{2} - \frac{h^3}{3}\right)$$

und hieraus

$$x_0 = \frac{2}{3} h \quad . \; . \; . \; . \quad \text{VII)} \quad . \; . \; . \; . \quad 65)$$

Substituiert man nun den Wert für x_0 in die Gleichung VI, dann wird

$$\sigma = \frac{\sigma_b}{h^2} (2\, h - 3\, x)\, x \quad . \quad \text{VI a)}$$

Dies ist die Gleichung einer quadratischen Parabel, deren Scheitel in σ_{max} mit der Abszisse x_1 liegt (Fig. 61).

Es wird also

$$\frac{d\sigma}{dx} = 0$$

oder

$$k\, (2\, h - 6\, x) = 0,$$

woraus dann

$$x_1 = \frac{1}{3}\; h \quad . \; . \quad \text{VIII)}$$

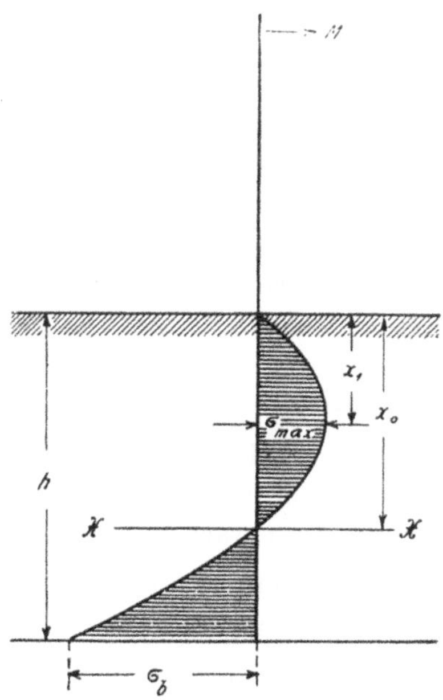

Fig. 61.

Das entstehende Moment der Spannungsfläche M_i, welches gleich sein muß dem äußeren Moment M, wird dargestellt durch die Summe

$$\int_0^{-\frac{2}{3}h} \sigma x \cdot dx + \int_0^{+\frac{1}{3}h} \sigma x \cdot dx.$$

Die auf die $x\,x$-Achse bezogene Gleichung VI a lautet

$$\sigma = \frac{\sigma_b}{h^2}(2h + 3x)\,x,$$

daher

$$M_i = \frac{\sigma_b}{h^2}\left[\int_{-\frac{2}{3}h}^{0}(2h + 3x)\,x^2\,dx + \int_{+\frac{1}{3}h}^{0}(2h + 3x)\,x^2\,dx\right] = \frac{\sigma_b h^2}{12} \quad . \quad \text{IX)}$$

Da $M_i = \frac{M}{b}$ (b ist die konstant gedachte Breite des Stabes), so ist

$$\sigma_b = \frac{12\,M}{b\,h^2} \quad . \; . \; . \; . \; . \; . \; . \; . \; . \; . \quad 66)$$

Nach den Normalien für Freileitungen des V. D. E. gilt bei der Anlage von Mastfundamenten die erforderliche Standsicherheit der Gestänge im allgemeinen als nachgewiesen, wenn die Kantenpressung an der Fundamentsohle ohne Berücksichtigung des seitlichen Erddruckes bei dem größten vorkommenden Umsturzmoment das für den Baugrund zulässige Maß (normal 2,5 kg/qcm) nicht überschreitet, mit der Maßgabe, daß das Gewicht des auflastenden Erdreiches bis zu einem Böschungswinkel von 30° gegen die Vertikale berücksichtigt werden kann. Bei der Berechnung des Fundamentes ist das Gewicht des Betons mit 2000 kg/cbm und das Gewicht des auflastenden Erdreiches mit 1600 kg/cbm einzusetzen.

Zahlenbeispiel 32.

Der in Beispiel 26 berechnete Abspannmast soll durch ein prismatisches Betonfundament im Boden befestigt werden. Welche Fundamentmaße sind zu wählen, wenn:

a) die Einspannung durch das Erdreich berücksichtigt wird,

b) die Berechnung nach den Freileitungsnormalien erfolgt?

Die Bodenpressung soll in beiden Fällen 2,5 kg/qcm nicht überschreiten.

a) Berücksichtigung der Einspannung durch das Erdreich.

Gewicht des Mastes . . . . $G_M = 820$ kg

Gewicht der Leitungen mit Zusatzlast . . $G_z = 170$ »

Maximale, am Mast horizontal und lotrecht zu einer Fundamentseite, angreifende Zugkraft . . . . $P = 1700$ »

Angriffshöhe der Kraft P über Erde . . . . $L = 12$ m.

Die Fundamentmaße werden zu 2,0 · 2,0 · 2,0 m angenommen, das Gewicht beträgt unter Zugrundelegung eines spez. Gewichtes des Betons von 2

$$2 \cdot 2 \cdot 2 \cdot 2000 = 16000 \text{ kg}.$$

Durch das Gesamtgewicht von Mast, Leitungen und Fundament wird eine symmetrische Bodenpressung erzeugt, die nach Gleichung 55 beträgt

$$\sigma_s = \frac{170 + 820 + 16000}{200 \cdot 200} = \underline{0,42 \text{ kg/qcm.}}$$

Nach Gleichung 57 wird für

$$\sigma_n = 0, \qquad x = \frac{b}{6} = \frac{200}{6},$$

somit unter Zugrundelegung des Diagramms Fig. 62 das von der Grundfläche aufgenommene Moment

$$M = 200 \cdot 200 \cdot \frac{200}{6} \cdot \frac{2,08}{2} = 1390000 \text{ kg/cm}.$$

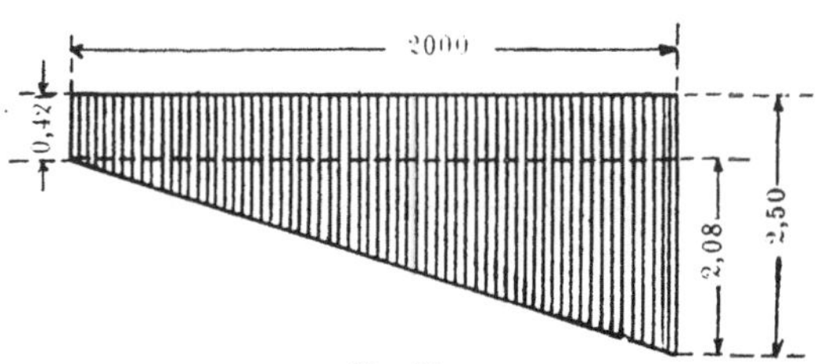

Fig. 62.

Das am Fundamentkörper angreifende Moment beträgt

$$M_F = 1700\left(1200 + \frac{2}{3}\,200\right) = 2270000 \text{ kg/cm}.$$

Das verbleibende, durch Erdreicheinspannung aufzunehmende Moment ist somit noch

$$M_E = 2270000 - 1390000 = 880000 \text{ kg/cm}.$$

Diesem entspricht nach Gleichung 65 eine Einspannungspressung

$$\sigma_b = \frac{12\,M}{b\,h^2} = \frac{12 \cdot 880000}{200 \cdot 200^2} = \underline{1{,}32 \text{ kg/qcm.}}$$

Der entgegenwirkende passive Erddruck ermittelt sich nach Gleichung 63

$$\sigma_p = \gamma\, h \operatorname{tg}^2\left(45^0 + \frac{\varphi}{2}\right);$$

mit $\gamma = 1600$ kg/cbm und $\operatorname{tg}^2\left(45^0 + \frac{\varphi}{2}\right) = 4{,}4$ für feuchtes Gerölle ergibt sich

$$\sigma_p = \frac{1600 \cdot 200}{100 \cdot 100 \cdot 100} \cdot 4{,}4 = \underline{1{,}41 \text{ kg/qcm.}}$$

Die Einspannungspressung überschreitet somit nicht die zulässige Bodenpressung, die angenommenen Fundamentabmessungen sind richtig.

b) Nach den Vorschriften der Verbandsnormalien:

Die Fundamentgröße wird bei derselben Tiefe, wie unter a) angenommen, zu 2,15 · 2,15 · 2,0 m gewählt.

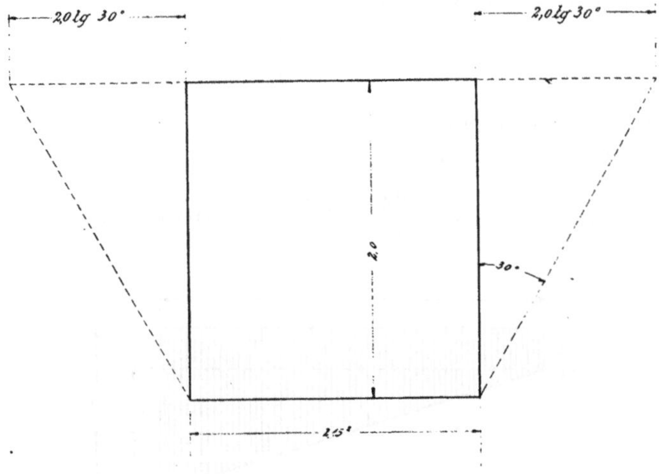

Fig. 63.

Das Gewicht beträgt somit

$$2{,}15^2 \cdot 2 \cdot 2000 = 9{,}24 \cdot 2000 = 18480 \text{ kg}$$

Gewicht der Erde unter einem Böschungswinkel von 30^0 gegen die Vertikale.

Das Erdreich bildet mit dem eingeschlossenen Fundament eine abgestumpfte Pyramide (Fig. 63), deren Inhalt ist:

$$\left(\frac{\text{obere Erdfläche} + \text{untere Erdfläche}}{2}\right)^2 \cdot \text{Höhe.}$$

Für den vorliegenden Fall demnach

$$\left(\frac{2{,}15 + 2 \cdot \operatorname{tg} 30^0 + 2 \operatorname{tg} 30^0 + 2{,}15}{2}\right)^2 \cdot 2 = 21{,}78 \text{ cbm}.$$

Das Gewicht der Erde demnach

(21,78 — 9,24) 1600 =	20100 kg
Fundamentgewicht	18480 „
Gewicht des Mastes und der Leitungen	990 „
Gesamtgewicht	39570 kg.

Das Moment an der Fundamentsohle beträgt

$$M_F = 1700 \cdot 1400 = 2380000 \text{ kgcm}.$$

Dieses Moment muß gleich sein dem Moment der inneren Kräfte

$$2380000 = 39570 \cdot x$$

$$x = 60 \text{ cm}$$

$$J = \frac{b}{2} - x = \frac{215}{2} - 60 = 47{,}5 \text{ cm},$$

somit die Bodenpressung nach Gleichung 59

$$\sigma_m = \frac{2 \cdot 39570}{2 \cdot 47{,}5 \cdot 215} = \sim \underline{2{,}5 \text{ kg/qcm}}.$$

Der Unterschied des Inhaltes der bei den Berechnungsarten unter a) und b) erforderlichen Fundamentblöcke beträgt 1,24 cbm. Wenn dieser auch noch recht bedeutend ist, so nähert sich die Berechnungsart nach den neuen Bestimmungen der Freileitungsnormalien doch wesentlich mehr den bestehenden Verhältnissen, als dies nach der alten Rechnungsmethode der Fall war. Die Verwendung solcher prismatischer Fundamentblöcke kann sich aber nur dann vertreten lassen, wenn die Eingrabtiefe wesentlich größer angenommen wird, wie im vorhergehenden. Eine weitere Berechnung soll für eine Fundamenttiefe von 2,7 m durchgeführt werden. Für den Fall a) wird, wenn das Fundament zu 1,55 · 1,55 · 2,7 m gewählt wird, das Gewicht

$$1{,}55 \cdot 1{,}55 \cdot 2{,}7 \cdot 2000 = 12950 \text{ kg}$$

$$\sigma_s = \frac{990 + 12950}{155 \cdot 155} = 0{,}58 \text{ kg/qcm}$$

$$M = 155 \cdot 155 \cdot \frac{155}{6} \cdot \frac{1{,}92}{2} = 605000 \text{ kgcm}$$

$$M_F = 1700 \left(1200 + \frac{2}{3} \cdot 270\right) = 2350000 \text{ kgcm}$$

$$M_E = 2\,350\,000 - 605\,000 = 1\,745\,000 \text{ kgcm}$$

$$\sigma_b = \frac{12 \cdot 1\,745\,000}{155 \cdot 270^2} = \underline{1{,}85 \text{ kg/qcm}}$$

$$\sigma_p = \frac{1600 \cdot 270}{100 \cdot 100 \cdot 100} \cdot 4{,}4 = \underline{1{,}9 \text{ kg/qcm.}}$$

Fall b), Fundamenttiefe wie vorstehend 2,7 m, Seitenmaße wie unter b) 2,15 · 2,15

Fundamentgewicht = 2,15 · 2,15 · 2,7 = 12,45 · 2000 = 24 900 kg

$$\text{Erdgewicht} = \left(\frac{(2{,}15 + 2{,}7 \cdot \text{tg}\,30^0 + + 2{,}7\,\text{tg}\,30^0 + 2{,}15)^2}{2} \cdot 2{,}7 - 12{,}45 \right) \cdot 1600 = 39\,440 \text{ »}$$

Gewicht von Mast und Leitungen . . . . 990 »

Gesamtgewicht 65 330 kg

$$M_F = 1700 \cdot 1470 = 2\,499\,000 \text{ kgcm}$$

$$y = \frac{215}{2} - \frac{2\,499\,000}{65\,330} = 69{,}3 \text{ cm}$$

$$\sigma_m = \frac{2 \cdot 65\,330}{3 \cdot 69{,}3 \cdot 215} = \underline{2{,}92 \text{ kg/qcm}}$$

Trotzdem die Seitenmaße des Fundamentes mit geringer Tiefe der vorstehenden Berechnung zugrunde gelegt wurden, ist die errechnete Bodenpressung unzulässig groß. Die Verwendung der Formel der Freileitungsnormalien ergibt bei größeren Eingrabtiefen vollkommen unwirtschaftliche Fundamente.

Nach Fröhlich[1]), der auf Grund von Versuchen empirische Formeln für die Berechnung von Mastfundamenten aufgestellt hat, wäre für die Verhältnisse des vorstehenden Beispiels eine Eingrabtiefe von 2,8 m erforderlich, woraus sich die Seitenlänge des quadratischen Prismas zu 1,4 m ergibt. Mit diesen Maßen errechnen sich die folgenden Zahlen:

Fundamentgewicht = 1,4 · 1,4 · 2,8 · 2000 = 10 976 kg

$$\sigma_m = \frac{990 + 10\,976}{140 \cdot 140} = 0{,}61 \text{ kg/qcm}$$

$$M = 140 \cdot 140 \cdot \frac{140}{6} \cdot \frac{1{,}89}{2} = 432\,600 \text{ kgcm}$$

$$M_F = 1700 \left(1200 + \frac{2}{3}\,280\right) = 2\,358\,000 \text{ kgcm}$$

$$M_E = 2\,358\,000 - 432\,600 = 1\,925\,400 \text{ kgcm}$$

$$\sigma_b = \frac{12 \cdot 1\,925\,400}{140 \cdot 280^2} = 2{,}1 \text{ kg/qcm}$$

$$\sigma_p = \frac{1600 \cdot 280}{100^3} \cdot 4{,}4 = \underline{1{,}97 \text{ kg/qcm.}}$$

[1]) Beitrag zur Berechnung von Mastfundamenten von Dr.-Ing. H. Fröhlich.

Die Einspannungspressung übersteigt etwas den entgegenwirkenden passiven Erddruck, die Breitenmaße wären von 140 auf 143 cm zu erhöhen.

Die Annahme prismatischer Fundamentkörper gibt auch bei größter Eingrabtiefe die schwersten Fundamente. Leichter werden diese, wenn der Fuß des Fundamentes gegenüber der Oberfläche verbreitert und das Fundament als abgestumpfte Pyramide ausgebildet wird. Die leichtesten Fundamente werden bei gleicher Standsicherheit mit abgestuften Fundamentblöcken erzielt. Zur Erläuterung seien noch einige Beispiele durchgerechnet.

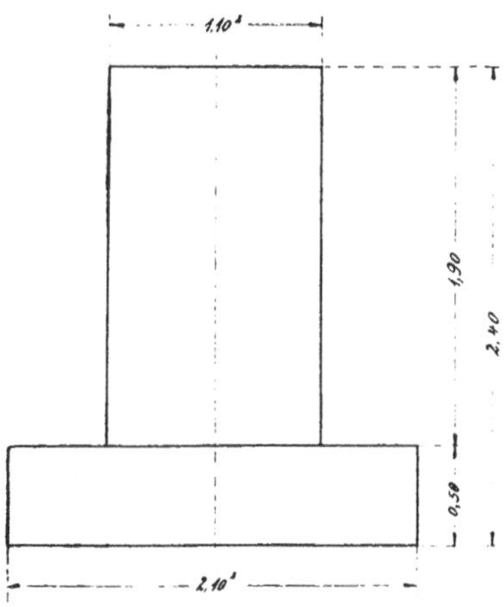

Fig. 64.

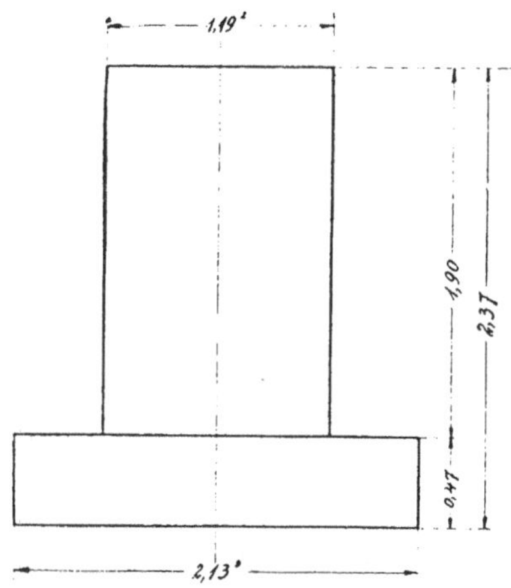

Fig. 65.

Bei einer Fundamenttiefe von 2,4 m soll das Fundament des in Beispiel 22 berechneten Abspannmastes nach Fig. 64 ausgeführt werden. Hiermit berechnet sich:

Fundamentgewicht $= (1,1^2 \cdot 1,9 + 2,1^2 \cdot 0,5)\, 2000 = 9000$ kg

Gewicht von Mast und Leitungen $=$ 990 »

9990 kg

$$\sigma_s = \frac{9990}{210^2} = 0,226 \text{ kg/qcm}$$

$$M_F = 1700\left(1200 + \frac{2}{3}\, 240\right) = 2\,320\,000 \text{ kgcm}$$

$$M = 210 \cdot 210 \cdot \frac{210}{6} \cdot \frac{2,24}{2} = 1\,720\,000 \text{ kgcm}$$

$$M_E = 2\,320\,000 - 1\,720\,000 = 600\,000 \text{ kgcm}$$

$$\sigma_b = \frac{12 \cdot 600\,000}{210 \cdot 240^2} = \underline{0,596 \text{ kg/qcm}}$$

$$\sigma_p = \frac{1600 \cdot 240}{100^3} = \underline{1,69 \text{ kg/qcm.}}$$

Wählt man nach Fröhlich die Eingrabtiefe zu 2,37 m, so ist das Fundament nach Fig. 65 auszuführen.

Fundamentgewicht $= (1{,}19^2 \cdot 1{,}9 + 2{,}13^2 \cdot 0{,}47)\,2000 = 9\,620$ kg
Gewicht von Mast und Leitungen $=$ 990 »
10 610 kg.

$$\sigma_s = \frac{10\,610}{213^2} = 0{,}244 \text{ kg/qcm}$$

$$M_F = 1700\left(1200 + \frac{2}{3} \cdot 237\right) = 2\,310\,000 \text{ kg/cm}$$

$$M = 213 \cdot 213 \cdot \frac{213}{6} \cdot \frac{2{,}256}{2} = 1\,810\,000 \text{ kg/cm}$$

$$M_E = 2\,310\,000 - 1\,810\,000 = 500\,000 \text{ kg/cm}$$

$$\sigma_b = \frac{12 \cdot 500\,000}{213 \cdot 237^2} = \underline{0{,}502 \text{ kg}}$$

$$\sigma_p = \frac{1600 \cdot 240}{100^3} \cdot 4{,}4 = \underline{1{,}69 \text{ kg/qcm.}}$$

Werden die in vorstehender Berechnung angenommenen Fundamentmaße der Berechnungsformel der Freileitungsnormalien zugrunde gelegt, so ergeben sich folgende Werte:

Fundamentgewicht $=$ 9 000 kg

Erdgewicht $= \left(\frac{(4{,}86 + 210)^2}{2} \cdot 2{,}4 - 4{,}5\right) 1600 = 39\,520$ »

Gewicht des Mastes und der Leitungen $=$ 990 »
49 510 kg.

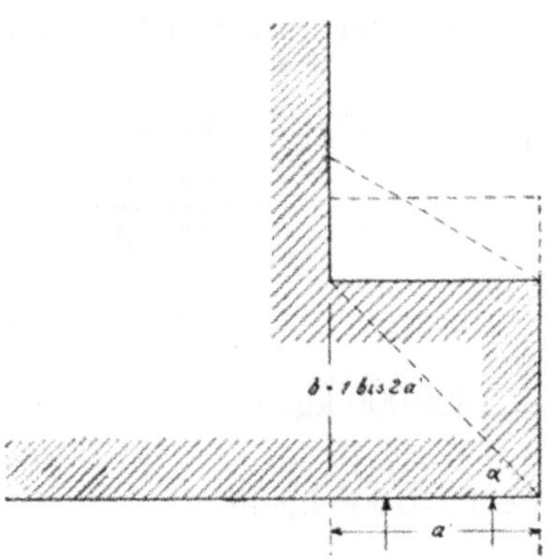

Fig. 66.

Moment der Fundamentsohle

$$\boldsymbol{M_F = 1700 \cdot 1440 = 2\,450\,000 \text{ kgcm}}$$

$$y = 105 - \frac{2\,450\,000}{49\,510} = 49{,}8 \text{ cm}$$

$$\sigma_m = \frac{2 \cdot 49\,510}{3 \cdot 49{,}8 \cdot 210} = 3{,}18 \text{ kg/qcm.}$$

Die Bodenpressung ist unzulässig hoch, die Fundamentmaße wären entsprechend zu vergrößern.

Bei Dimensionierung der abgesetzten Fundamente ist zu beachten, daß der Erddruck der Fläche *a* den Querschnitt *b* (Fig. 66) auf Biegung beansprucht. Die auftretende Zugspannung soll 4 kg/qcm nicht überschreiten. Für Bodenpressungen von 3—5 kg/qcm wähle man deshalb

$\frac{a}{b} = \frac{1}{1}$ ($\alpha = 45^0$) bzw. $\frac{3}{4}$, bei höheren Erddrücken bis $\frac{3}{6}$, oder verwende als Fundamentform eine abgestumpfte, regelmäßige Pyramide (Fig. 67). Die Ausführung dieses Fundamentes ist infolge der schräg auszuführenden Einschalung etwas schwieriger, ein besonderer Nachteil der schrägen Seiten ist der, daß der Beton in den Ecken nicht genügend festgestampft werden kann, wenn nicht die Einschalung allmählich mit der festgestampften Betonschicht hochgeführt wird. Auch das Gewicht dieses Fundamentkörpers ist für gleiche Verhältnisse größer als eines abgestuften Fundamentes, so daß sich die Verwendung auf Ausnahmefälle beschränken wird.

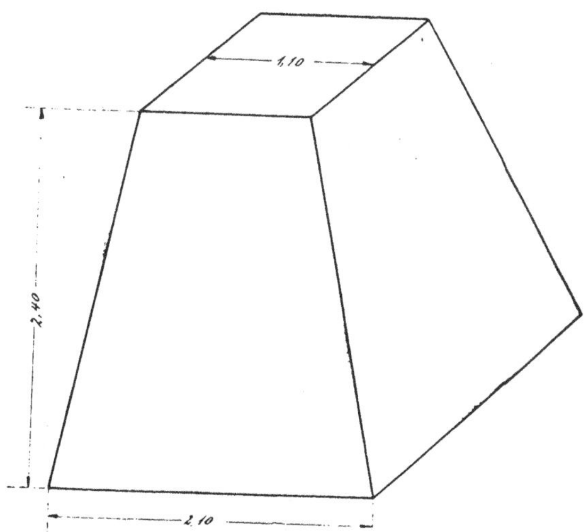

Fig. 67.

Die Eingrabtiefe sei wie für das abgestufte Fundament 2,4 m, die Pyramidenflächen $1{,}1^2$ und $2{,}1^2$ (Fig. 67)

$$\text{Fundamentgewicht} = \left(\frac{2{,}1 + 1{,}1}{2}\right)^2 \cdot 2{,}4 \cdot 2000 = 12\,288 \text{ kg}$$

$$\text{Mast und Leitungen} = \underline{\quad 990 \text{ »}}$$

$$13\,278 \text{ kg}$$

$$\sigma_s = \frac{13\,278}{210^2} = 0{,}3 \text{ kg/qcm}$$

$$M_F = 1700\left(1200 + \frac{2}{3} \cdot 240\right) = 2\,320\,000 \text{ kgcm}$$

$$M = 210 \cdot 210 \cdot \frac{210}{6} \cdot \frac{2{,}2}{2} = 1\,700\,000 \text{ kgcm}$$

$$M_E = 2320000 - 1700000 = 620000 \text{ kgcm}$$

$$\sigma_b = \frac{12 \cdot 620000}{210 \cdot 240^2} = \underline{0{,}616 \text{ kg/qcm}}$$

$$\sigma_p = \frac{1600 \cdot 240}{100^3} \cdot 4{,}4 = \underline{1{,}69 \text{ kg/qcm.}}$$

Bei denselben Druckverhältnissen beträgt das Gewicht des abgestuften Fundamentes 9000 kg gegen 12288 kg für die abgestumpfte Pyramide.

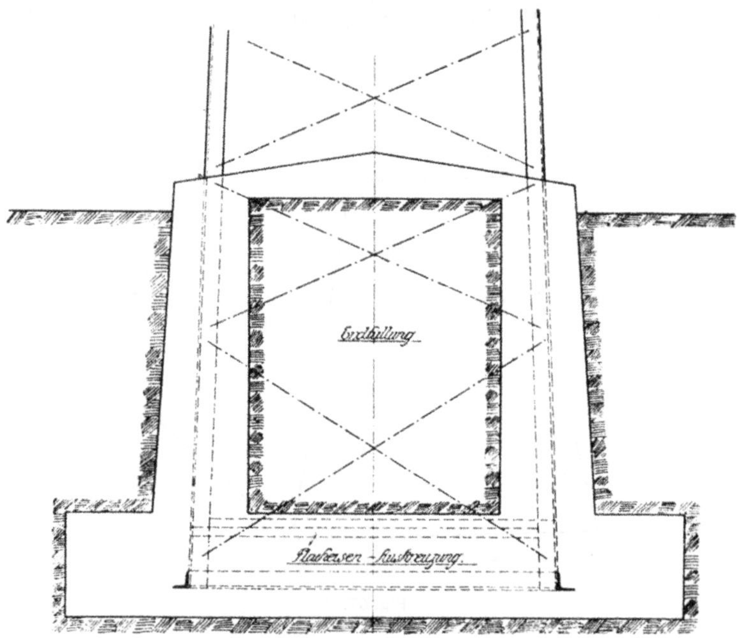

Fig. 68.

Bei der Berechnung sehr großer Fundamente kann eine bedeutende Ersparnis erzielt werden, indem man das Innere des Fundamentkörpers hohl ausführt (Fig. 68) und den Hohlraum mit der ausgeworfenen Erde ausfüllt und diese gut feststampft. Der Abschluß erfolgt durch eine genügend starke Betondecke.

Zahlenbeispiel 33.

Für einen Holzmast soll die Eingrabtiefe berechnet werden.

In $l = 7{,}0$ m Höhe über Erde greift die Kraft $P = 256$ kg an, der Mastdurchmesser an der Einspannstelle betrage 29 cm, unter Erde soll der Durchmesser mit 30 cm und die wirksame Druckfläche mit $0{,}7\,D = 0{,}7 \cdot 30$ in Rechnung gestellt werden. Die Bodenpressung darf ca. 3 kg/qcm betragen.

Nach Gleichung 65 ist

$$\sigma = \frac{12\,M}{b\,h^2}.$$

Die Eingrabtiefe h wird zu 2 m gewählt, es ist dann mit

$$x_0 = \frac{2}{3}\,h \text{ und } M = P\left(1 + \frac{2}{3}\,h\right),$$

$$\sigma = \frac{12 \cdot 256\left(700 + \frac{2}{3} \cdot 200\right)}{0{,}7 \cdot 30 \cdot 200^2} = \underline{3{,}01 \text{ kg/qcm.}}$$

Zahlenbeispiel 34.

Der Tragmast einer Weitspannleitung soll ohne Betonfundament im Boden befestigt werden. Um die erforderliche Standfestigkeit zu erreichen, wird der Fuß nach der Skizze Fig. 69 ausgebildet. Die am Mast in 13 m Höhe über Erde angreifende gesamte Zugkraft beträgt 700 kg.

Wenn diese Zugkraft nicht imstande ist, das Plattenfundament aus dem Boden herauszuheben oder in Verbindung mit dem Eigengewicht des Mastes in den Boden einzudrücken, ist die Standsicherheit des Fundamentfuß es gewährleistet. Dementsprechend muß die Fußplatte so groß gewählt werden, daß dadurch und durch das Gewicht der übergelagerten Erde diese Bedingungen erfüllt werden. Nach Fröhlich[1]) ist unter der Annahme, daß die mittlere Hälfte der Platte nicht trägt, daß somit auf jeder Seite eine Tragfläche von $\frac{200}{4} = 50$ cm verbleibt (woraus der Hebelarm des Erdgewichtes $= \frac{3}{4} \cdot 200$ wird) und daß das auflastende Erdreich bis zu einem Winkel von $\alpha = 17^0$ ($\operatorname{tg} \alpha = 0{,}3$) berücksichtigt wird, das wirksame Erdgewicht für den vorliegenden Fall

$$G_Z = 1600 \cdot 2\,[0{,}5 \cdot 1{,}3 + (0{,}5 + 1{,}3)\,0{,}3 \cdot 2 + 0{,}12 \cdot 2^2] = 7072 \text{ kg}.$$

Das Moment an der Fundamentsohle $700 \cdot 1500$ muß sein

$$< (7072 + 820)\,\frac{3}{4} \cdot 200$$

$$1\,050\,000 \leq 1\,183\,800.$$

[1]) Fröhlich »Beitrag zur Berechnung von Mastfundamenten«.

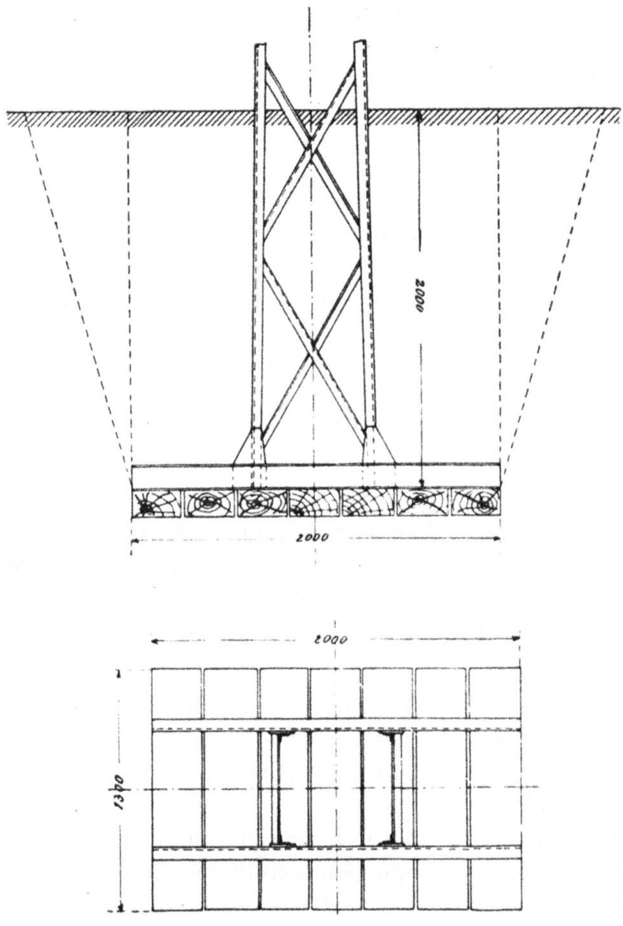

Fig. 69.

Die auf das Erdreich wirkende Druckkraft ergibt sich zu

$$G_d = \frac{1\,050\,000 \cdot 4}{200 \cdot 3} = 7000 \text{ kg}$$

und hiermit die Erdpressung für die Plattenfläche $50 \cdot 130$ cm

$$\sigma = \frac{7000 + 820}{50 \cdot 130} = 1{,}2 \text{ kg/qcm}.$$

6. Beanspruchung des Fundamentkörpers durch den Leitungsträger.

Die im Fundamentkörper auftretenden Beanspruchungen sind durch das Diagramm der Fig. 70 dargestellt. Die Beanspruchungen σ_e am Anfang und Ende der Einspannstelle sind gleich und entgegengesetzt, der Phasenwechsel erfolgt in der Mitte der Einspannstelle. Die durch die beiden Dreiecke dargestellten verteilten Kräfte lassen sich durch ein an den Schwerpunkten der Dreiecke angreifendes Kräftepaar Q mit dem Hebelarm $\frac{2}{3}h'$ ersetzen, welche dem auf den Mast einwirkenden Moment das Gleichgewicht halten.

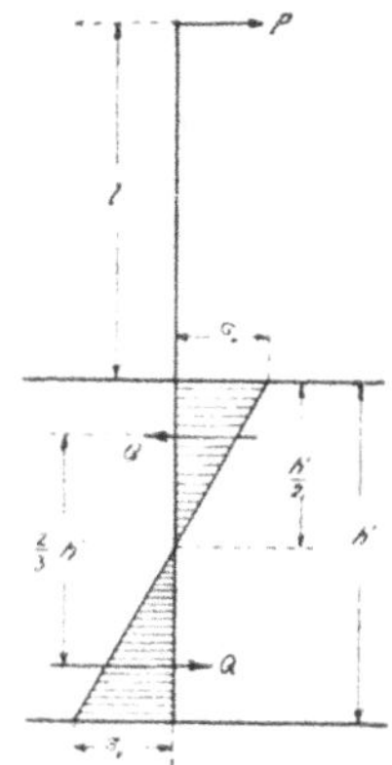

Fig. 70.

Es ist somit

$$M = \frac{2}{3} h' Q$$

mit

$$Q = \frac{1}{2} \sigma_e \frac{h'}{2}$$

ist

$$M = \frac{\sigma_e h'^2}{6}, \qquad \sigma_e = \frac{6M}{h'^2}.$$

Ist b die Breite der drückenden Fläche mit der Länge h', dann ist

$$\sigma_e = \frac{6M}{b h'^2} \quad . \quad . \quad . \quad . \quad . \quad 67)$$

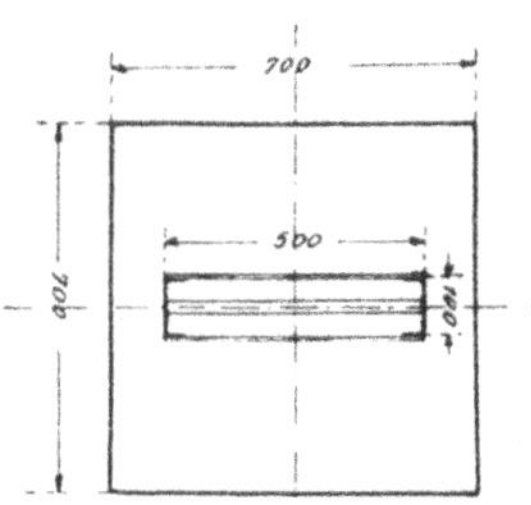

Fig. 71.

Zahlenbeispiel 35.

Der in Beispiel 25 berechnete Tragmast soll, wie in Fig. 71 skizziert, in ein Betonfundament eingesetzt werden. Wie hoch ist die auf den Beton ausgeübte größte Kantenpressung?

Das angreifende Moment ist

$$M = P\left(l + \frac{h'}{2}\right) = 420\left(1200 + \frac{200}{2}\right) = 546\,000 \text{ kgcm},$$

$$\sigma_e = \frac{6M}{b h'^2} = \frac{6 \cdot 546\,000}{10 \cdot 200^2} = \underline{8{,}19 \text{ kg/qcm.}}$$

Diese Kantenpressung ist weit unter der für Beton selbst geringerer Mischung zulässigen Druckbeanspruchung. Für den Fundamentkörper solcher Maste genügt eine magere Betonmischung, etwa 1 : 5 : 10, die eine Druckfestigkeit von 120 kg/qcm besitzt.

Es soll weiter untersucht werden, welche Beanspruchung der ohne Fundament in den Boden gesetzte Eisenmast unter denselben Verhältnissen auf das Erdreich ausübt.

Die Grundfläche des durch ein Bodenblech abgeschlossenen Mastfußes ist 680 · 180 mm, das Gewicht des Mastes 450 kg und das Gewicht der Leitungen mit Zusatzlast 400 kg, die symmetrische Bodenpressung ist somit nach Gleichung 55

$$\sigma = \frac{450 + 400}{68 \cdot 18} = \underline{\text{rd. } 0{,}7 \text{ kg/qcm.}}$$

Wird eine Bodenpressung von 5 kg zugelassen, dann ist das Moment des Erddruckes

$$M_E = 68 \cdot 18 \cdot \frac{5 - 0{,}7}{2} \cdot \frac{68}{6} = 29\,825 \text{ kgcm.}$$

Das am Fundament in $\frac{2}{3}$ der Eingrabtiefe angreifende Moment ist

$$M = 420\left(1200 + \frac{2}{3}\, 200\right) = 559\,440 \text{ kgcm.}$$

Das verbleibende durch Einspannung aufzunehmende Moment beträgt somit noch

$$M_r = 559\,440 - 29\,825 = 529\,615 \text{ kgcm.}$$

Die Randpressung ermittelt sich demnach zu

$$\sigma = \frac{12\, M_r}{b\, h^2} = \frac{12 \cdot 529\,615}{10 \cdot 200^2} = \underline{15{,}8 \text{ kg/qcm.}}$$

Der entgegenwirkende passive Erddruck beträgt

$$\sigma_p = \gamma h \operatorname{tg}^2\left(45^0 + \frac{\varphi}{2}\right),$$

mit $\operatorname{tg}^2\left(45^0 + \frac{\varphi}{2}\right) = 4{,}56$ und $\gamma = 0{,}0017$ für trockene Erde ist

$$\sigma_p = 0{,}0017 \cdot 200 \cdot 4{,}56 = 1{,}55 \text{ kg/qcm.}$$

Der Mast ist somit ohne Vergrößerung des Mastfußes nicht standsicher. Die drückende Fläche kann durch Vorsetzen kräftiger Eisenbleche, Träger oder alter Eisenbahnschwellen vergrößert werden.

Zahlenbeispiel 36.

Die Betonrandpressung eines Abspannmastes, der in 12 m Höhe über Erde durch eine Zugkraft von 1900 kg beansprucht wird, soll nachgewiesen werden. Die Betonmischung ist 1 : 4 : 8 vorgeschrieben, mit einer Druckfestigkeit von 140 kg/qcm. Die zulässige Beanspruchung darf den fünften Teil der Druckfestigkeit = 28 kg/qcm nicht überschreiten.

Die Abmessungen des Mastfußes sind in Fig. 72 eingeschrieben. Die Druckfläche wird durch die vier Gurtungswinkeleisen 65 · 65 mm gebildet, die anderen Konstruktionsglieder sollen nicht in Rechnung gezogen werden.

Das am Mastfuß angreifende Moment ist

$$M = P\left(l + \frac{h'}{2}\right) = 1900\left(1200 + \frac{190}{2}\right) =$$

$$= 2\,460\,500 \text{ kgcm},$$

$$\sigma_e = \frac{6\,M}{b\,h'^2} = \frac{6 \cdot 2\,460\,500}{4 \cdot 65 \cdot 190^2} = \underline{15{,}75 \text{ kg/qcm.}}$$

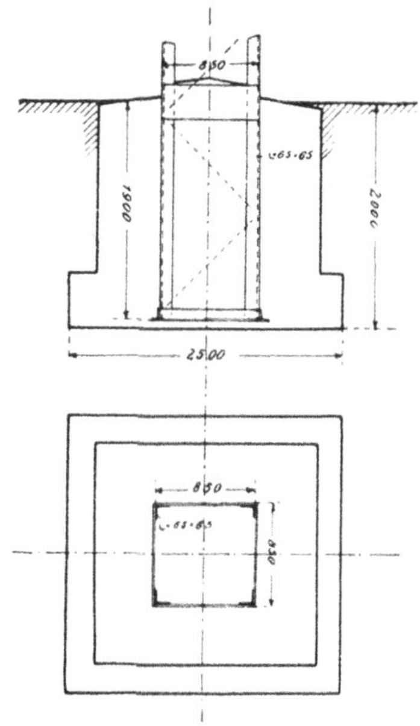

Fig. 72.

Der in den von den vier Gurtungseisen gebildeten Hohlraum eingefüllte Beton muß gut eingestampft werden, wenn es zulässig sein soll, die innere Fläche der hinteren Winkeleisen als Druckfläche in Rechnung zu setzen. Da die Handhabung der Werkzeuge innerhalb des Mastes schwieriger ist, wird hiergegen oft verstoßen.

7. Befestigung der Leitungsgestänge im Boden.

Die Befestigung der Maste mit dem aus dem gegrabenen Mastloch ausgeworfenen Erdmaterial ist die einfachste und billigste Methode. Die Erde wird in Schichthöhen von 15—20 cm eingefüllt und mit einer ca. 10 kg schweren Stampfe schichtweise festgestampft. Gewachsener Boden ist widerstandsfähiger. Der Mast soll deshalb möglichst so gestellt werden, daß er an einer Seite der Grube anliegt. Größere Festigkeit wird erzielt, wenn man zur Befestigung $^1/_5$ bis $^1/_4$ cbm Bruchsteine mitverwendet, die in zwei Lagen (Fig. 73) um den Mast angeordnet werden. Die Eingrabtiefe eines Holzmastes kann durchschnittlich zu $^1/_5$ der freien Länge (über Erde) angenommen werden, an Böschungen stehende Maste werden entsprechend tiefer gesetzt, im felsigen Boden genügt geringere Tiefe (bis $^1/_7$ der freien Länge).

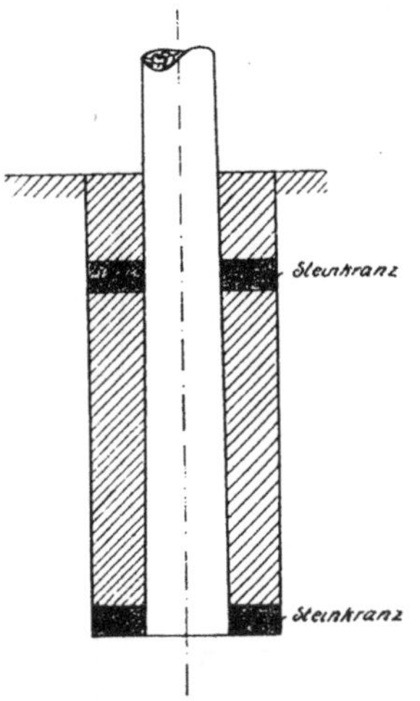

Fig. 73.

Die Befestigung einer Strebe im Erdboden kann nach Fig. 74 oder Fig. 75 erfolgen. Die Strebe stützt sich in ersterem Falle gegen einen Stein oder Eichenholzunterlage, deren Grundflächen bei einer Stärke von 10—12 cm zu etwa 25 · 30 cm zu bemessen sind. Die Eingrabtiefe soll 1,1—1,2 m betragen. Mit geringerer Tiefe kommt man aus, wenn die Befestigung nach Fig. 75 gewählt wird. Hier wird der Druck der Strebe von einem horizontal liegenden, mit Ausschnitt versehenen Holzblock aufgenommen, der durch einen eingetriebenen vierkantigen Pfahl von 80—100 cm Länge gegen Verschieben gesichert ist. Strebe und Unterlage werden durch Dübel miteinander

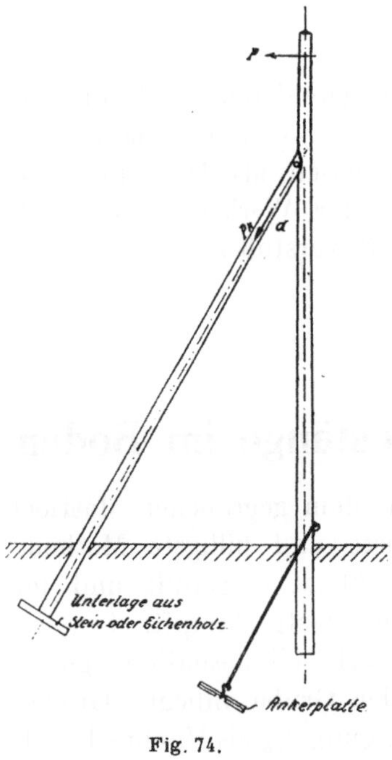

Fig. 74.

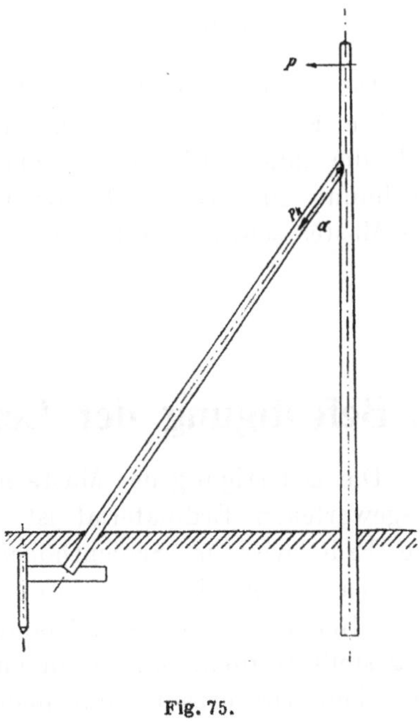

Fig. 75.

verbunden. Der Winkel (α), den die Strebe mit dem Mast bildet, soll nicht keiner als 25° und nicht größer als 50° sein. Bei kleinerem Winkel wird die Druckkraft in der Strebe zu groß, ist der Winkel größer als 50°, dann wird die Strebe zu lang. Kann die Strebe mit Rücksicht

Ankerplatte oder Stein

Fig. 76.

Fig. 77.

auf die Geländeverhältnisse nur unter spitzem Winkel angebracht werden, ist der Boden schlecht oder steht der Mast im Grundwasser, dann ist es notwendig, besonders wenn der Angriffspunkt der Strebe tief liegt, den Mast noch besonders zu verankern (Fig. 74). Ein Drahtanker wird etwas über Bodenhöhe angebracht und durch einen eingegrabenen Stein oder eine eiserne Ankerplatte gehalten.

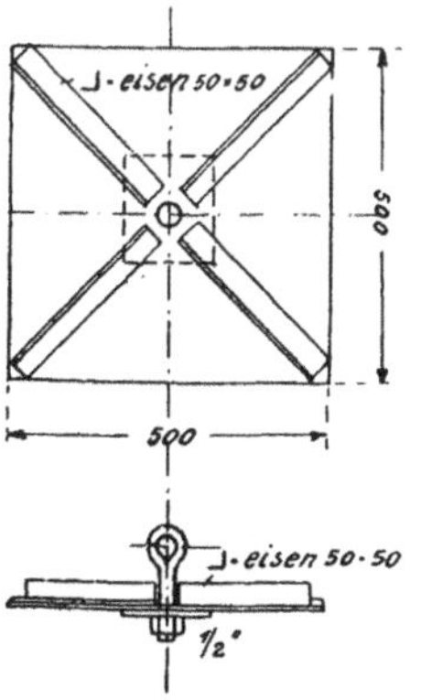

Fig. 78.

Die Befestigung von Drahtankern im Erdboden kann wie bei der Verstrebung durch Pfähle (Fig. 76) oder durch Ankerplatten (Fig. 77) erfolgen. Auf ein Blech (Fig. 78) von etwa 0,5 cm Stärke und 40 · 40 cm Größe werden in den Diagonalen Winkeleisen aufgenietet. In der Mitte ist eine Öse, in welche das Seil oder der Rundeisenanker eingehängt wird. Die Ankerplatte wird 1,2—1,4 m eingegraben.

Bei geringeren Zugbeanspruchungen genügt die Befestigung des Ankers an einem in den Boden getriebenen Pfahl (Fig. 76), der 1,00 bis 1,20 m lang und 15 cm stark, so schräg in den Boden getrieben wird, daß er mit dem Anker einen Winkel von 90° bildet. Die Lage des Ankerdrahtes wird durch eine Einkerbung am Pfahl gesichert.

Anker dürfen nicht an Bäumen befestigt werden, da die durch Windstöße hervorgerufene Bewegung auf den Mast übertragen wird und die Leitungen sich dadurch berühren können.

Nach § 22g der Errichtungsvorschriften des V. D. E. müssen

Fig. 79.

Fig. 80.

Fig. 81.

Ankerdrähte geerdet oder über Reichhöhe mit zuverlässigen Abspannisolatoren versehen werden. Derartige Isolatoren sind durch die Fig. 79 u. 80 dargestellt. Sie werden marktgängig für zulässige Zugkräfte bis 1000 kg hergestellt. Als Isoliermaterial kommt Eisengummi in Betracht, das um einen Stahlkern gepreßt wird. Die Isolatoren können auch so ausgebildet werden, daß das eine Ende in die Gewindeschraube eines Spannschlosses ausläuft. Für größere Zugkräfte zeigt Fig. 81 eine zweckmäßige Konstruktion. Ein Rillenisolator wird so zwischen zwei Bügel eingespannt, daß das Porzellan nur auf Druck beansprucht ist. Die Bruchbelastung kann bis zu 6000 kg betragen.

Doppelmaste in A-Form (Fig. 82) werden 1,7—2,0 m in den Boden eingelassen und die Mastfüße durch Querriegel aus Halbhölzern oder alten Eisen-

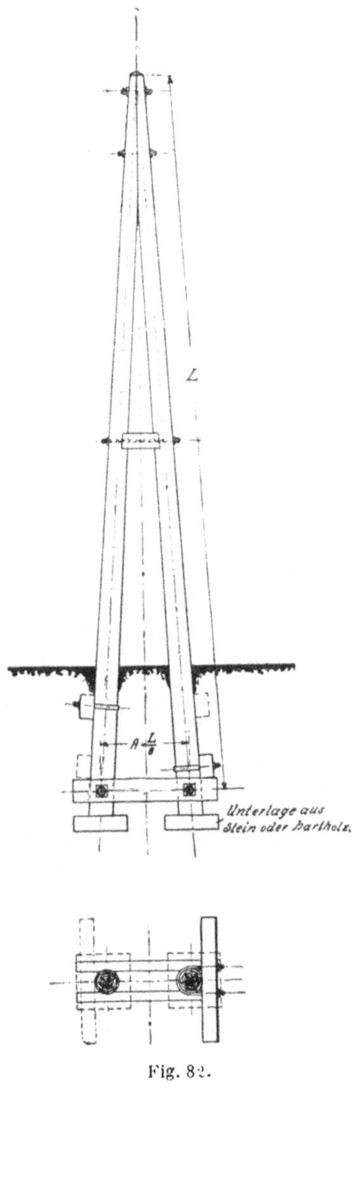

Fig. 82.

bahnschwellen versteift. Zur Vergrößerung der druckaufnehmenden Fläche senkrecht zur Leitungsrichtung werden den Holzmasten Querschwellen vorgelagert. Ausgegrabene oder billig zu beschaffende Steine beschweren die Mastfüße. Die Fußenden der Maste stützen sich auf flache Steine oder Bohlenabschnitte, um die Bodenpressung in zulässigen Grenzen zu halten. In ähnlicher Weise werden Doppelmaste in H-Form im Boden befestigt.

Man vermeide, Holzmaste oder Gestänge aus Holz einzubetonieren. Das im Wechsel von Feuchtigkeit und Trockenheit arbeitende Holz wird zwischen Mast und Fundament Risse schaffen, in welche Wasser eindringt, das bei Frost gefriert und das Fundament sprengen kann.

Die Fundamentierung von Eisenmasten ist von der Bodenbeschaffenheit, den Zugverhältnissen und den Anforderungen, die an die Standsicherheit gestellt werden, abhängig. Im Schwimmsand, moorigem Boden, in Gegenden, wo mit hochsteigendem Grundwasser, Überschwemmungen zu rechnen ist, werden die Kosten für Betonfundamente nicht zu umgehen sein. Abspannmaste, Winkelmaste, Leitungstürme werden in allen Fällen gut ausgeführte Betongründungen erhalten.

Eisenkonstruktionen, die ohne Betonumhüllung in den Boden eingelassen werden, sind mit einem heißen Teeranstrich zu versehen, der das Eisen längere Zeit vor Oxydation schützt. Bessere Ergebnisse werden mit einem Rostschutzanstrich erzielt, der aus einer Lösung von Steinkohlenpech in schwerem Steinkohlenteeröl besteht.

Leitungsträger, die durch Betonfundamente im Boden verankert sind, haben entweder durchgehende Erdfüße oder werden mit Fundamentschrauben auf die im Boden fertiggestellten Fundamente aufgeschraubt (Fig. 129 u. 130). Die letztere Befestigungsmethode wird, weil nicht unwesentlich teuerer, nur dann angewandt, wenn es nötig ist, die Fundamente vor Anlieferung der Maste fertigzustellen, wenn die Leitungsträger drei- oder vierfüßige Doppelmaste (Fig. 83) oder Fachwerkkonstruktionen (Fig. 131 u. 132) sind oder wenn hohe und schwere Leitungsmaste in Betracht kommen, deren Montage durch diese Befestigung wesentlich vereinfacht und verbilligt wird. Die Form und Größe des Fundamentkörpers richtet sich nach der Beschaffenheit des Baugrundes und der gewünschten Sicherheit bei gegebenen Zug- und Druckverhältnissen. Häufiger vorkommende Formen wurden in den Zahlenbeispielen dieses Abschnittes behandelt und berechnet. Für alle Ausführungen ist zu beachten, daß die Fundamentbasis in frostfreier Tiefe (mindestens 1 m) liegt.

Der Abschluß des Betonfundamentes, die Fundamentkappe, soll so angelegt werden, daß an keiner Stelle Wasser sich ansammeln und stehenbleiben kann. Der Anschluß der Kappe an die Profileisen muß deshalb nach Fig. 84 erfolgen.

Fig. 83.

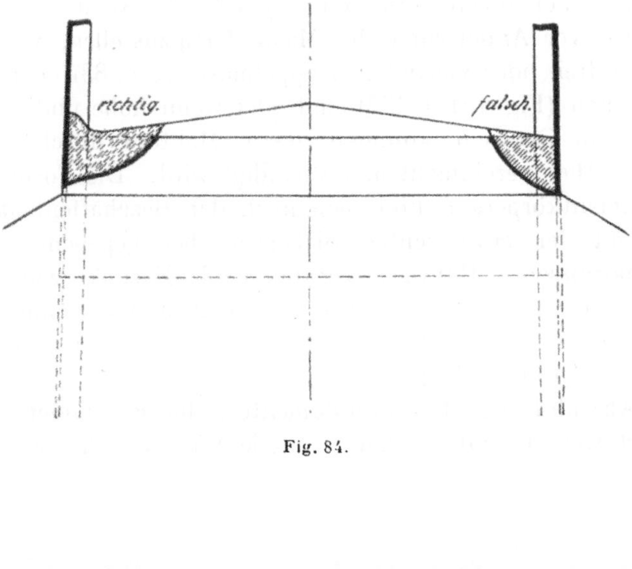

Fig. 84.

Die Erlaubnis zum Aufstellen eines Mastes auf fremdem Eigentum ist in vielen Fällen nur schwer zu erhalten. Der Grundbesitzer wird die Genehmigung eher geben, wenn die Abmessungen des Mastes und seines Fundamentes möglichst gering sind. Es kann deshalb zweckmäßig sein, die Fundamente nicht bis zur Erdoberfläche hochzuführen, sondern so anzulegen, daß der Ackerboden bis zum Mast beackert und bestellt

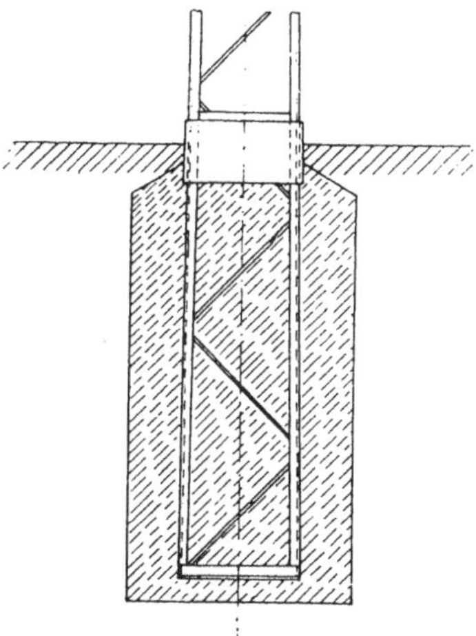

Fig. 85.

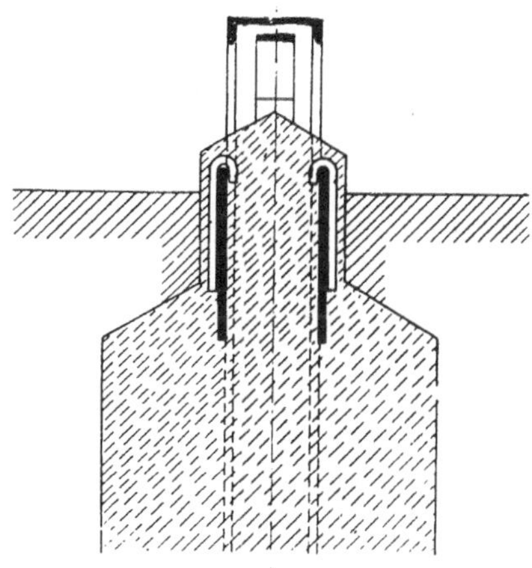

Fig. 86.

werden kann (Fig. 85). Der über dem Fundamentkörper noch im Boden befindliche Teil der Mastfüße wird durch einen dünnen Eisenbeton mantel oder ein verstärktes um den Mast angeordnetes Fußblech geschützt.

Die Armierung des Eisenbetonmantels (Fig. 86) kann entweder aus einem engmaschigen Drahtnetz oder aus Rundeisenstäbchen bestehen, die, u-förmig gebogen, an dem Fußblech eingehängt werden.

Die Bestrebungen, die teueren Betonfundamente durch eine andere Befestigungsart des Mastes im Boden zu ersetzen, führten zu den verschiedensten Formen der Mastfüße. Zwei Befestigungsmethoden sind zu unterscheiden. Die Vergrößerung der Oberfläche des Mastfußes zur Aufnahme des äußeren Momentes durch Einspannung im Erdreich und die Vergrößerung der Basis des Mastfußes, um nach Art der Betonfundamentierung die Standfestigkeit durch das Gewicht der über der Grundfläche lagernden Erde zu erzielen. Die erste Methode bringt nur geringe Ersparnisse, weil der normale Mastfuß den Reaktionen der seitlichen Erddrücke nicht gewachsen ist und deshalb wesentlich verstärkt werden muß, weil außerdem die Vergrößerung der seitlichen Mastfußflächen versteifte Bleche oder kräftige Wellbleche erfordert. Bei gering

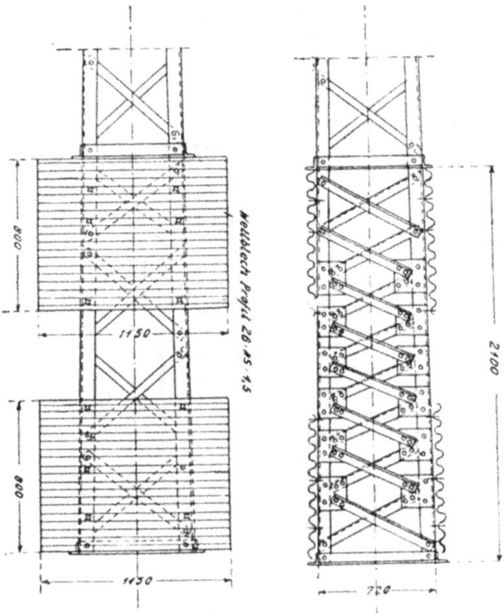

Fig. 87.

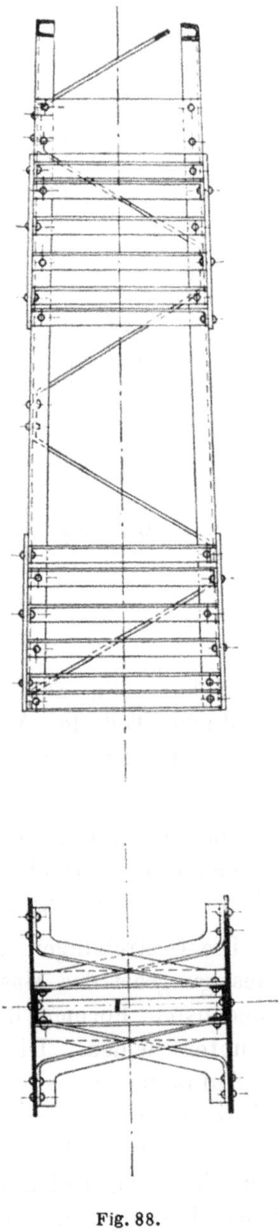

Fig. 88.

beanspruchten Masten kann die durch die Bleche gebildete Druckfläche durch eine entsprechende Lage alter Eisenbahnschwellen ersetzt werden. Die oberen Schwellen werden erst befestigt, nachdem der Boden bis zur oberen Schwellenlage gut gestampft ist. Ausführungen mit seitlich angeordneten Wellblechen oder versteiften Blechen, deren Versteifung gleichzeitig zur Verstärkung des Mastfußes dient, zeigen die Fig. 87 u. 88. Die Vergrößerung der Basis des Mastfußes wird durch die Fig. 89 u. 90 dargestellt. An Stelle der Holzschwellen oder Zoreseisen können Z-Eisen treten, die so befestigt sind, daß fertig angelieferte Eisenbetonplatten zwischengeschoben werden können (Fig. 91).

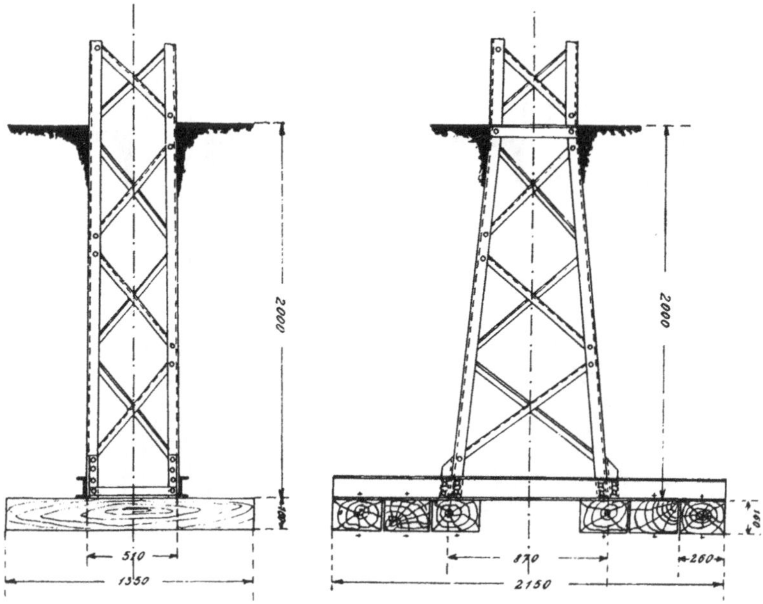
2000
160
510
1350
2000
160
870
260
2150

Fig. 89.

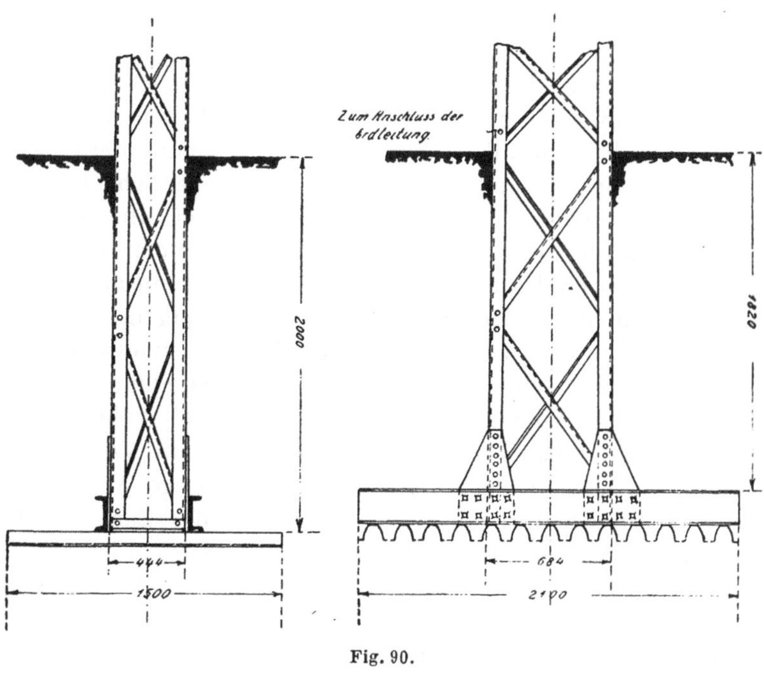
Zum Anschluss der Erdleitung
2000
444
1500
1820
684
2100

Fig. 90.

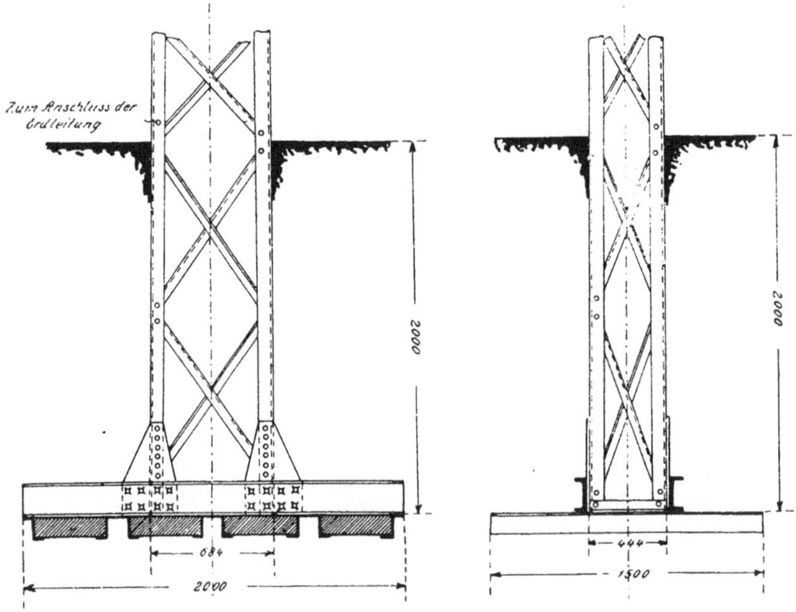

Fig. 91.

8. Beton- und Zementarbeiten für Fundamente.

Zu Betonarbeiten soll nur bester, frischer Zement verwendet werden, der je nach dem Verwendungszwecke schnell oder langsam bindend sein muß. Der erstere wird nur bei Arbeiten unter Wasserandrang verwendet, für alle anderen Arbeiten kommt der letztere in Betracht. Als langsam bindend wird ein Zement bezeichnet, der nicht früher als eine Stunde nach dem Anmachen anfängt, abzubinden. Die eigentliche Erhärtung des Zementes beginnt nach dem Abbinden; sie geht bei langsam bindendem Zement schneller voran als bei schnellbindendem, auch die Festigkeit erreicht bei ersterem in kürzerer Zeit eine höhere Stufe als bei letzterem. Es ist deshalb keineswegs erforderlich, für Konstruktionen, die bald nach der Erstellung beansprucht werden sollen, schnellbindenden Zement zu benutzen. Während Zementarbeiten erhärten, müssen sie vor Sonnenschein und Wind geschützt werden, die dem Zement das zur Erhärtung notwendige Wasser zu rasch entziehen. In der Kälte dauert das Abbinden des Zementes länger, und der Erhärtungsprozeß geht langsamer vorwärts. Eine genügende Festigkeit, die zur Beanspruchung notwendig ist, wird deshalb später erreicht als bei warmer Temperatur. Sind Zementarbeiten bei Frostwetter auszuführen, so muß man darauf bedacht sein, zum Anmachen des Mörtels und Betons möglichst wenig Wasser zu benutzen, die Mischung aber gut durchzuarbeiten. Bei kaltem Wetter kann Zement durch Anmachen mit warmem Wasser rascher zum Abbinden gebracht werden.

Der Zement wird mit Sand zu Zementmörtel, mit Sand, Steinstücken und Kies zu Beton verarbeitet. Nach dem Verwendungszweck werden die verschiedenen Materialien gemischt, mit gewünschter höherer Festigkeit muß der Zementzusatz erhöht werden.

Die Auswahl der Zusatzmaterialien ist mit Sorgfalt vorzunehmen, ihre Beschaffenheit ist von besonderem Einfluß auf die Güte des Betons. Der verwendete Sand (Quarzsand) muß scharf, nicht zu feinkörnig, besonders aber rein sein. Enthält er lehmige, tonige, humusartige Bestandteile, so muß er vor der Verwendung gut gewaschen werden. Unreiner Sand verringert die Festigkeit des Betons, kann diese überhaupt in Frage stellen. Der Kies darf ebenfalls keine fremden Bestandteile enthalten, Steine müssen eventuell gewaschen werden. Das zum Anmachen dienende Wasser muß rein und schlammfrei sein. Poröse, wasseraufnehmende Steine (Backsteine, Sandsteine usw.) sind vor Verwendung mit Wasser zu tränken, weiche oder gar mürbe Steine dürfen zu Betonzwecken nicht benutzt werden, ihre Festigkeit würde gegen die Zementmörtel- oder Betonmischung zurückstehen.

Zement wird mit 1 bis 4 Teilen Sand zu Zementmörtel gemischt. Zum Glattstrich von Fundamenten genügt die Mischung 1 : 3 bis 1 : 4.

Die Zubereitung des Zementmörtels erfolgt in der Weise, daß man über den abgemessenen Sand das zur bestimmten Mischung notwendige Zementquantum schüttet und die Materialien nun so lange durcharbeitet, bis eine gleichfarbige Masse entsteht. Nachdem darf erst unter fortwährendem Durcharbeiten Wasser zugesetzt werden.

In nachstehender Tabelle sind für die in Betracht kommenden Mischungsverhältnisse die erforderlichen Materialien zusammengestellt:

Tab. 28.

Mischungsverhältnis		1 cbm Mörtel erfordert			
Zement	Sand	Zement kg	Sack à 50 kg	Sand cbm	Wasser cbm
1	1	933	18,66	0,67	0,353
1	2	622	12,44	0,89	0,325
1	3	467	9,34	1,00	0,315
1	4	368	7,36	1,05	0,310

Beton besteht aus einem Gemenge von Zement und Kies oder Sand und Steinstücken. Diese Materialien werden entsprechend der verlangten Festigkeit in einem bestimmten Verhältnis gemischt. Kies, der möglichst alle Korngrößen von 5—70 mm Durchmesser enthalten soll, ist das sparsamste Zusatzmaterial, weil die Lagerung die geringsten Hohlräume bildet, die mit Zementmörtel ausgefüllt werden müssen. Versuche haben ergeben, daß solcher Kies etwa 35% Hohlräume enthält und daß der dichteste Beton mit höchstmöglichster Festigkeit erzielt wird, wenn die doppelte Menge Kies wie Sand verwendet wird.

Ist man wegen Mangel an Kies gezwungen, Steinschlag (Straßenschotter) zu nehmen, so ist, weil dieser etwa 50% Hohlräume bildet, zur Bildung eines dichten Betons mehr Zementmörtel nötig, es empfiehlt sich daher, bei Verwendung von Steinschlag diesen nicht in der Gleichmäßigkeit des Straßenschotters, sondern in verschiedenen Korngrößen bis zu 50 mm zu benutzen. Sehr oft kann ein natürliches Gemisch von Kies und Sand (Kiessand) vorteilhaft beschafft werden, dessen Kiesgehalt durch Absieben eines nicht zu kleinen Quantums mittels eines Siebes von 5—7 mm Maschenweite bestimmt wird. Entsprechend dem gewünschten Mischungsverhältnis wird, wenn nötig, Kies oder Sand zugesetzt. Es sei besonders darauf hingewiesen, daß Beton ohne Sand, nur aus Kies oder Steinen und Zement bestehend, weit geringere Festigkeit besitzt als mit Sandzusatz hergestellter dichter Beton.

Zur Zubereitung des Betons wird der Sand auf einer Bretter- oder Eisenblechlage ausgebreitet, Zement möglichst gleichmäßig darüber geschüttet und trocken innig vermischt. Nachdem wird so viel Wasser unter fortwährendem Durcharbeiten zugegeben, daß die Masse »erdfeucht« wird. Dann erst wird der möglichst vorher gemischte Kies oder Schotter zugesetzt und durch mehrmaliges Umschaufeln gut gemischt. Zu den Mischungen sind genaue Kastenmaße zu verwenden.

Besonderer Wert ist auf das Einstampfen des Betons zu legen. Nur gut gestampfter Beton erreicht die gewünschte Dichte und die dadurch bedingte hohe Festigkeit. Das Stampfen des in Schichten von 15—20 cm eingefüllten Betons muß so lange und kräftig fortgesetzt werden, bis an der Oberfläche der Schicht Wasser hervortritt.

Es läßt sich manchmal nicht vermeiden, auf eine bereits abgebundene Betonschicht eine neue Schicht aufzubringen. Die ältere Schicht muß dann feucht gemacht und mit einer ganz dünnen Schicht von reinem Zement übergossen werden, die Verbindung der beiden Schichten wird dann einwandfrei geschehen.

Die verschiedenen Mischungsverhältnisse bei Verwendung von Kies oder Steinschlag und die dazu notwendigen Materialmengen gibt nachstehende Tabelle.

Tab. 29. **Für Kies und Steinschlag verschiedener Korngröße** (ca. 35% Hohlräume).

Mischungsverhältnis			Festigkeit nach etwa 30 Tagen kg pro qcm	1 cbm Stampfbeton*) erfordert			
Zement	Sand	Kies		Zement**) kg	Sand cbm	Kies cbm	Sack à 50 kg
1	2	4	205	310	0,45	0,90	6,2
1	3	6	165	200	0,45	0,90	4,0
1	4	8	140	150	0,45	0,90	3,0
1	5	10	120	125	0,45	0,90	2,5
1	6	12	95	95	0,45	0,90	1,9

Tab. 30. **Für groben Steinschlag gleicher Korngröße** mit ca. 50% Hohlräumen.

Mischungsverhältnis			Festigkeit nach etwa 30 Tagen kg pro qcm	1 cbm Stampfbeton*) erfordert			
Zement	Sand	Steinschlag		Zement**) kg	Sack à 50 kg	Sand cbm	Steinschlag cbm
1	2	3	180	400	8,0	0,60	0,90
1	3	4,5	140	280	5,6	0,60	0,90
1	4	6	120	220	4,4	0,60	0,90
1	5	7,5	95	200	4,0	0,60	0,90
1	6	9	80	140	2,8	0,60	0,90

*) Festgestampften, nicht lose eingefüllten Beton.
**) Spez. Gewicht des Zementes 1,4.

Muß unter Wasser betoniert werden, dann müssen die Maßteile von Sand und Kies gleich sein, es ist aber zu beachten, daß die Festigkeit des nur eingeschütteten Betons trotzdem geringer ist als des Stampfbetons bei doppelter Kiesmenge, weil sich Mörtel und Kies ohne Stampfarbeit nicht so dicht lagern können.

In bewegtem oder drängendem Wasser dürfen Betonierungen nicht vorgenommen werden, weil infolge der Bewegung der Zement sich ungleichmäßig verteilen kann und keine Abbindung erfolgt. Man wird dafür zu sorgen haben, daß das Wasser abgeleitet wird oder zur Ruhe kommt.

Es soll nicht mehr Beton angemacht werden, als gerade gebraucht wird. Ehe der Boden trocken ist, wird die Oberfläche des Fundamentkörpers durch einen Glattstrich verputzt.

Bei Frost bis zu —3° C sind Betonarbeiten noch zulässig. Es ist aber schnellste Verarbeitung des mit wenig Wasser angemachten Betons zu beachten. Die fertige Arbeit muß ebenso wie zum Schutze gegen das zu rasche Austrocknen bei großer Hitze abgedeckt werden.

Die Betonarbeiten sind sehr sorgfältig zu überwachen, weil durch Unkenntnis oder mit Absicht viel schlechte Arbeit geliefert wird. Die Materialien Zement, Sand, Kies und reines Wasser müssen in der Regel weit transportiert werden, es ist deshalb leicht zu verstehen, daß der Drang, zu sparen, und die Bequemlichkeit der Arbeiter oft dazu führt, die vorgeschriebenen Mischungsverhältnisse mit den vorgeschriebenen Materialien nicht einzuhalten, mit geringwertigem Material, sogar mit dem eben ausgegrabenen Grund zu arbeiten. Fälle dieser Art sind zu Dutzenden konstatiert worden, auch solche, wo an Stelle von Kies oder Steinschlag ausgegrabene, nicht zerschlagene und nicht gereinigte große Steine in die Betongrube geworfen wurden oder wo der Beton ohne ein Tröpfchen Wasser in die Grube gefüllt und die Anfeuchtung durch Übergießen des fertigen Betonklotzes vorgetäuscht wurde. Das Einstampfen des Betons wird oft aus Bequemlichkeit oder Ersparnisrücksichten unterlassen. Es ist klar, daß zum Ausfüllen eines Raumes um so mehr Betonmischung benötigt wird, je fester er gestampft wird. Besonders gerne wird am teueren Zement gespart, weil hier die Kontrolle nach vorgenommener Mischung nicht leicht ist. Die Verteilung des Tagesquantums an den Arbeitsstellen und häufige Kontrolle seitens des Auftraggebers wird solche Unregelmäßigkeiten nicht aufkommen lassen. Die Fälle, daß nur der äußere und obere Teil eines Mastfundamentes aus Beton besteht oder daß nur eine Betondecke von 20—30 cm Dicke vorhanden ist, der ganze übrige Teil des Fundamentes aus schweren Steinen, Erde und Aushubmaterial besteht, sind ebenso häufig wie die Fälle, in welchen die vorgeschriebenen Maße des tiefergelegenen Fundamentkörpers nicht eingehalten wurden.

---

9. Ausführung der Tragkonstruktionen.

a) Holzmaste. Die gebräuchlichste Holzart ist die Kiefer, zuweilen werden auch Fichten, Lärchen und Tannen verwendet. Die Stangen sollen wirkliche Stammenden von geradem, gesundem Wuchs sein, dürfen keine Ast- und Spaltlöcher haben, nicht schwammig oder kronrissig sein. Besonders drehwüchsige (spiralförmige Längsdrehung) Maste sind bei der Abnahme zurückzuweisen, weil sie sich beim Austrocknen noch weiter verdrehen und die Leitungen verwerfen und unzulässig beanspruchen. Abweichungen von den vorgeschriebenen Durchmessern bis zu 1 cm sind als zulässig zu betrachten, wenn für die Gesamtzahl der abzunehmenden Maste als Durchschnitt die vorgeschriebene Stärke vorhanden ist. Bei nicht ganz runden Masten soll der kleinste Durchmesser gemessen werden. Für die Längenabmessung ist eine Toleranz von ± 1% zulässig.

Das Zopfende wird, um das Wasser besser ablaufen zu lassen, gewöhnlich kegelförmig zugeschnitten und mit heißem Teer- oder Asphaltanstrich versehen. Dieser Schutz des Mastkopfes genügt vollkommen, es ist nicht erforderlich, besondere Abdeckungen zu verwenden.

Zur Erleichterung der Beaufsichtigung der Leitungsanlage und der Führung der Statistik sollen die Holzmaste in mittlerer Augenhöhe, etwa 1,5 m vom Erdboden, einen eingebrannten Nachweis über Länge und Zopfstärke, Jahr der Aufstellung und den Lieferanten erhalten.

Die Lebensdauer der Holzmaste wird durch Imprägnierung erhöht. Die bekanntesten Konservierungsverfahren sind das Tränken mit Kupfervitriol, mit Zinkchlorid und Kreosotöl (karbolsäurehaltigem Teeröl) sowie das Kyanisieren mit Quecksilberchlorid (Sublimat). Nach der Statistik des Deutschen Reichspostamtes, die sich auf die Jahre 1852 bis 1909 bezieht und 6559662 beobachtete Stangen umfaßt, entfielen

83 % auf die Zubereitung mit Kupfervitriol,
0,2% » » » » Zinkchlorid,
4,4% » » » » Teeröl,
0,1% » » » » verschiedenen anderen Mitteln,
11,9% » » » » Quecksilbersublimat,
0,4% nicht mit einem Konservierungsmittel behandelt.

Nach der eben erwähnten Statistik des Reichspostamtes beträgt die durchschnittliche Lebensdauer der mit Kupfervitriol behandelten Maste 11,7 Jahre, der kyanisierten Maste nach den Veröffentlichungen der bayerischen Telegraphenverwaltung 17,5 Jahre. Die Lebensdauer der mit Teeröl getränkten Stangen ist durch genauere statistische Unterlagen nicht einwandfrei zu ermitteln. Nach den Erfahrungen, die mit der Ölimprägnierung bei Eisenbahnschwellen gemacht wurden, wird die Lebensdauer diejenige der kyanisierten Maste etwas überschreiten. Stellt man diesen Zahlen die Lebensdauer eines nicht imprägnierten Mastes gegenüber, die nur 7—8 Jahre beträgt, und berücksichtigt, daß die Imprägnierungskosten nur 12—15% des Holzmastpreises betragen, so ist der Wert einer guten Konservierung zweifelsfrei festgestellt. Die überwiegende Verwendung der Kupfervitriol-Imprägnierung hat ihren Grund einesteils darin, daß diese Methode die erste war und die lange Jahre fast ausschließlich von der Reichspostverwaltung verwendet wurde, dann aber auch darin, daß das bessere Konservierungsverfahren, die Kyanisierung, langes Austrocknen der Maste und damit große Lagervorräte zur Bedingung setzt und deshalb nur von großen Werken angewandt werden kann. In den letzten Jahren hat die Verwendung kyanisierter Maste stark zugenommen. Die Zunahme betrug von Ende 1903 bis Ende 1909 6,5% aller von der Reichspostverwaltung beschafften Stangen. Auch die mit Teeröl behandelten Maste haben im gleichen Zeitraum eine Zunahme von 1,4% zu verzeichnen.

Die antiseptische Wirksamkeit des Kupfervitriols ist verhältnismäßig gering. Versuche haben ergeben, daß mit 2½% Kupfervitriollösung getränkte Holzstücke schon nach zwei Monaten nicht mehr pilzfrei waren, während Holzstücke, die eine Stunde lang mit 1% Sublimatlauge getränkt waren, nach sechs Monaten noch keine Spur von Pilzen aufwiesen.

Die Kupfersalze des Kupfervitriols besitzen nicht die Fähigkeit, mit den Bestandteilen des Holzkörpers unlösliche oder schwerlösliche Verbindungen einzugehen. Das Imprägnierungsmittel ist daher der Gefahr der Auslaugung aus dem Holze sehr ausgesetzt. Von besonderem Nachteil ist dies in kalkhaltigem Boden, wo die Kohlensäure des Wassers oder des darin befindlichen doppeltkohlensauren Kalkes das Verderben fördert.

Tränkung mit Kupfervitriol. Das Verfahren ist 1841 von Boucherie angegeben worden. Eine 1,5% Kupfervitriollösung wird durch den eigenen hydrostatischen Druck (10—12 m) durch den Stamm getrieben, indem die Zuleitung an der Hirnfläche des Wurzelendes erfolgt. Die Kupferlösung verdrängt den Zellsaft, der am anderen Ende des Stammes abfließt. Die Durchtränkung wird so lange fortgesetzt, bis statt des Saftes die blaue Imprägnierungsflüssigkeit erscheint.

Da die Tränkungsflüssigkeit den Holzsaft noch möglichst dünnflüssig und in unverändertem Zustande antreffen muß, darf nur ganz frisch gefälltes Holz zur Tränkung gelangen, und zwar dürfen im Frühjahr, wo der Zellsaft am dünnflüssigsten ist, nicht mehr als zehn Tage und im Sommer, wo die Hitze das Gerinnen des ohnehin schon zähen Saftes befördert, höchstens acht Tage zwischen Fällung der Stämme und deren Imprägnierung verstreichen. Die Dauer der Imprägnierung eines 10 m langen Mastes beträgt 12—14 Tage.

Tränkung mit Kreosotöl. Die gut lufttrockenen oder auch gedörrten Maste werden in einem Kessel eine Stunde lang einem Vakuum ausgesetzt, worauf das vorgewärmte Kreosotöl unter einem Druck von

6—8 Atmosphären eingepreßt wird. Dadurch werden die Zellen vollständig mit Öl gefüllt, der Verbrauch und die Kosten sind deshalb ziemlich bedeutend. Nach dem Rüpingschen Verfahren wird das die Zelle füllende Öl wieder ausgetrieben, so daß nur die Zellenwandungen mit einer Teerölschicht bedeckt bleiben, indem der Druck in den Imprägnierungskesseln auf 15 Atmosphären erhöht und nach genügender Durchtränkung das Öl aus den Kesseln abgelassen wird. Die im Holze befindliche Druckluft treibt nun das überflüssige Teeröl aus den Zellen aus.

Aufnahme von Quecksilbersublimat. Die stark fäulniswidrige Eigenschaft des Quecksilberchlorides gestattet es, Holzmaste durch einfaches Einlegen in eine $^2/_3$% Lösung, in hölzernen Kasten ohne Eisenteile, zu imprägnieren. Die Kyanisierung (1832 von Kyan angegeben) beträgt 8—10 Tage. Es darf nur gut ausgetrocknetes Holz, an dem sich die Rißbildung infolge des Trockenprozesses bereits vollzogen hat, zur Imprägnierung verwendet werden.

Der gefährliche Querschnitt für die mechanische Beanspruchung ist die Einspannstelle, wo der Mast das Erdreich durchdringt, dem Wechsel von Trockenheit und Feuchtigkeit am meisten ausgesetzt ist und deshalb am schnellsten Schaden leidet. Von jeher ging das Bestreben dahin, diese Stelle besonders zu schützen. Neben teueren, mehr oder weniger unzweckmäßigen Methoden hat sich der Stockschutz (Fig. 92) der Firma Gebrüder Himmelsbach, Freiburg, und das Verfahren von Wingenfeld bewährt. Das letztere besteht darin, heiße Asphalt-Teermischungen auf die gefährdete Stelle aufzutragen. Die Mischung wird in mehreren Lagen aufgestrichen und durch flachgängig um den Mast gewickelte Jutebänder festgehalten. Die Herstellung am Verwendungsort kostet etwa eine Mark. Das Verfahren eignet sich besonders für Maste bestehender Leitungsanlagen. Die umgebende Erde wird auf 40—50 cm

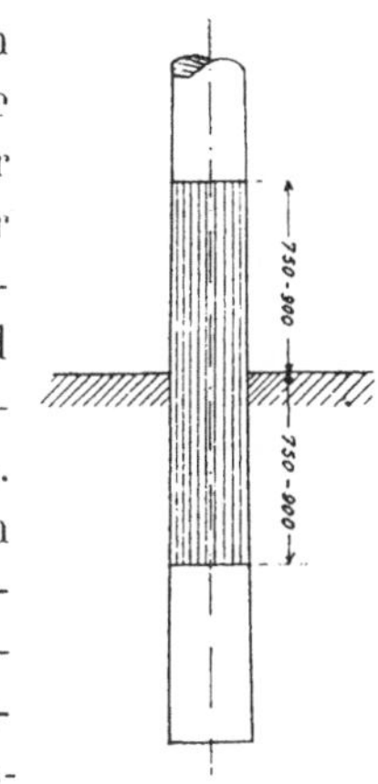

Fig. 92.

Tab. 31.

Mastlänge . . .	8	9	10	11	12	13	14	15	16	17	18	19	20–25 m
Schutzhöhe . . .	1,50	1,50	1,50	1,50	1,50	1,50	1,50	1,80	1,80	1,80	1,80	1,80	1,80 m
Einbautiefe . . .	1,50	1,50	1,50	1,60	1,70	1,90	2,00	2,10	2,30	2,40	2,50	2,70	2,80 m
Freier Schaft . .	0,75	0,75	0,75	0,85	0,95	1,15	1,25	1,30	1,40	1,50	1,60	1,80	1,90 m
Preis[1])	1,60	1,80	2,00	2,20	2,40	2,60	2,80	3,00	3,20	3,40	3,60	3,80	4,00 M.

[1]) Friedenspreis.

ausgehoben und, nachdem die Maste einige Tage zum Austrocknen gestanden haben, der Schutz angebracht. Himmelsbach verwendet zu seinem »Stockschutz« ein patentiertes Konservierungsmittel, das als Mantel die Übergangszone umgibt. Die Firma liefert Holzmaste mit Stockschutzverfahren nach Tabelle 30:

Tab. 32. **Preise[1]) imprägnierter Holzmaste**
nach Kyan (Quecksilbersublimat) und Rüping (Teeröl).

Länge (m)	8			9				10	
Zopfstärke cm	13/15	14/16	15/17	14/16	15/17	16/18	17/19	15/17	16/18
Kyan	8,90	9,90	10,65	12,0	13,30	15,00	16,40	15,05	16,60
Rüping	9,10	10,10	10,90	12,25	13,60	15,30	16,75	15,40	17,00

Länge (m)	10		11				12		
Zopfstärke cm	17/19	18/20	15/17	16/18	17/19	18/20	16/18	17/19	18/20
Kyan	19,10	20,80	18,30	19,55	22,40	24,90	22,80	25,00	27,70
Rüping	19,60	21,25	18,70	20,00	22,85	25,45	23,30	25,60	28,25

Länge (m)	12	13					14	
Zopfstärke cm	19/21	15/17	16/18	17/19	18/20	19/21	20/22	16/18	17/19
Kyan	30,00	24,70	25,85	29,50	32,55	35,20	38,00	29,10	32,30
Rüping	30,65	25,20	26,35	30,00	33,20	35,90	38,70	29,70	32,90

Länge (m)	14			15					
Zopfstärke cm	18/20	19/21	20/22	16/18	17/19	18/20	19/21	20/22	21/23
Kyan	36,45	38,00	41,70	34,00	37,60	40,60	44,00	48,00	51,60
Rüping	37,20	38,75	42,50	34,65	38,30	41,40	44,80	49,00	52,60

[1]) Friedenspreise.

b) Holzgestänge. Die Festigkeit eines einzelnen Holzmastes genügt nicht mehr den hohen Beanspruchungen, die bei größeren Spannweiten durch Winddruck zu erwarten sind. Durch Zusammensetzung zweier Maste entstehen die Gestänge in A-Form (Fig. 93) und in H-Form (Fig. 94). Die letztere wird in der Starkstromtechnik seltener verwendet, während die gefälligeren A-Maste häufig für Spannweiten bis zu 150 m benutzt werden.

Die Festigkeit eines A-Mastes senkrecht zur Leitungsrichtung ist die 5—6fache eines einzelnen Mastes gleicher Stärke, wenn die Mastfüße etwa $\frac{1}{8}$ der Mastlänge gespreizt werden und die Zopfenden und Mastfüße so verbunden sind, daß eine Verschiebung ausgeschlossen

Fig. 93.

ist. Zu empfehlen ist noch, zur Erhöhung der Festigkeit in $\frac{1}{3}$ bis $\frac{1}{2}$ der Masthöhe eine Querverbindung anzubringen. Die Hölzer für diese Verbindung sowie die Querriegel für die Mastfüße müssen der Rundung der Maste entsprechend ausgekehlt werden. Der Zusammenbau mit dem Mast erfolgt durch $^5/_8''$ bis $^3/_4''$-Schrauben. Die Mastzöpfe werden nach der Neigung der Stangen abgeschrägt und mit zwei Schrauben verbunden, oder es kann in die Scheitelfuge ein Weißbuchenklotz eingepaßt und durch Schrauben mit den Zopfenden verspannt werden.

Fig. 94.

Die Auflagefläche von Kopf und Mutter der Bolzenschrauben wird durch kräftige Unterlagscheiben vergrößert. Das Verhältnis der Mastlänge zur Spreizweite der Maste 1:8 ist ein Kompromiß zwischen guter Materialausnützung und der Inanspruchnahme des Grundes zur Aufstellung. Durch Vergrößerung der Spreizweite kann die Festigkeit, wie aus Formel 49 und 50 ersichtlich, erhöht werden.

Die Verwendung von Holzgestängen als Winkel- oder Abspann maste oder die Zusammensetzung von A-Masten für große Spannweiten ist nicht zweckmäßig. Diese Konstruktionen sind unschön und bieten geringe Kostenminderung gegenüber Eisenmasten, die nicht nur wesentlich sicherer, sondern auch niedrigere Unterhaltungskosten verursachen.

c) Stützen und Traversen. Die Form der Stützen und Traversen ist durch ihre Bestimmung, die Leitungsdrähte in genügendem gegenseitigem Abstande und Entfernung von den Konstruktionsteilen der Unterstützungspunkte zu halten, und durch die Kräfte, die an ihnen angreifen, bestimmt.

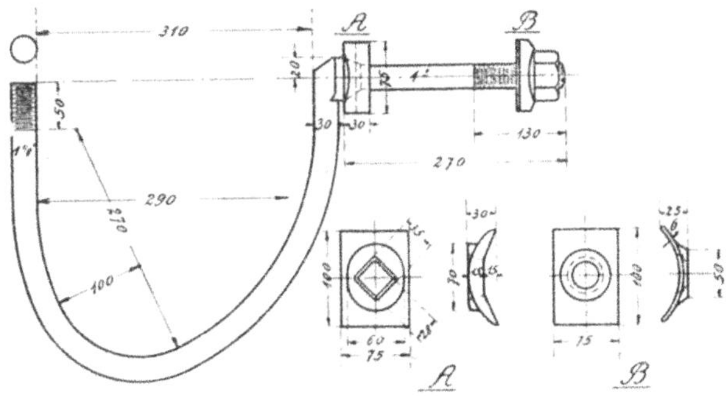

Fig. 95.

Die einfachste Ausführung ist die Hakenstütze (Fig. 52), die, mit Holzgewinde versehen, direkt in die Holzmaste eingeschraubt werden kann. Der Isolator ist so aufzusetzen, daß der Leitungsdraht in gleicher Höhe mit der Gewindeschraube liegt, damit der Leiter die Stütze nicht verdrehen kann. Zur Befestigung im Mauerwerk wird an Stelle des Holzgewindes eine Steindolle (Fig. 53) gewählt. Hakenstützen können für Spannungen bis 20000 Volt verwendet werden. (Fig. 95.) Bei höheren Spannungen ist der erforderliche Abstand des Isolatorenrandes von der genügend festen Stütze nur durch besonders starken Eisenquerschnitt zu erreichen; es empfiehlt sich deshalb die Verwendung gerader Stützen mit entsprechenden Querarmen oder besser von Hängeisolatoren. Die von den Siemens-Schuckertwerken ausgebildete lyraförmige Konstruktion (Fig. 96) bietet eine Ersparnis dadurch, daß die Holzmaste um 40—50 cm kürzer gewählt werden können, wie für Hakenstützen.

Ausführungen, die heute nur noch seltener verwendet werden, zeigen die Fig. 97. Wenn die Eisenteile geerdet sind, ist darauf zu achten, daß nur große Isolatoren mit hohen Stützen benützt werden, weil diese Konstruktionen den Vögeln noch sehr günstige Sitzgelegenheit bieten.

Die Befestigung einer Isolatorstütze auf einem Holzmast kann nach Fig. 98 erfolgen. Die Konstruktion besteht aus zwei Flacheisen, die

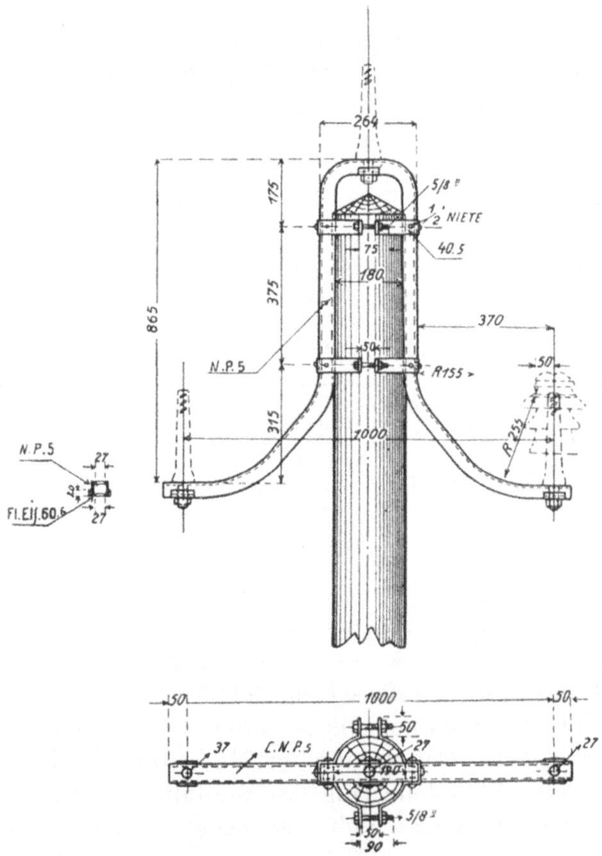

Fig. 96.

sich in der Entfernung eines zwischengeschoberen Distanzrohres kreuzen. Die Befestigung am Mast kann mit Holzschrauben, mit durchgehenden Bolzen oder mit umgelegten Schellen geschehen.

Für kleine Zugkräfte können als gerade Isolatorstützen Anschweißenden dienen, die im Handel in verschiedener Länge und Stärke zu haben sind. Der Stützendurchmesser soll 2—3 mm kleiner sein wie der Kerndurchmesser des Isolatorgewindes. Genügt der zylindrische Schaft des Anschweißendes nicht der Zugbeanspruchung, dann werden konische Stützen (Fig. 51 und 55) verwendet. Für große Isolatoren und hohe

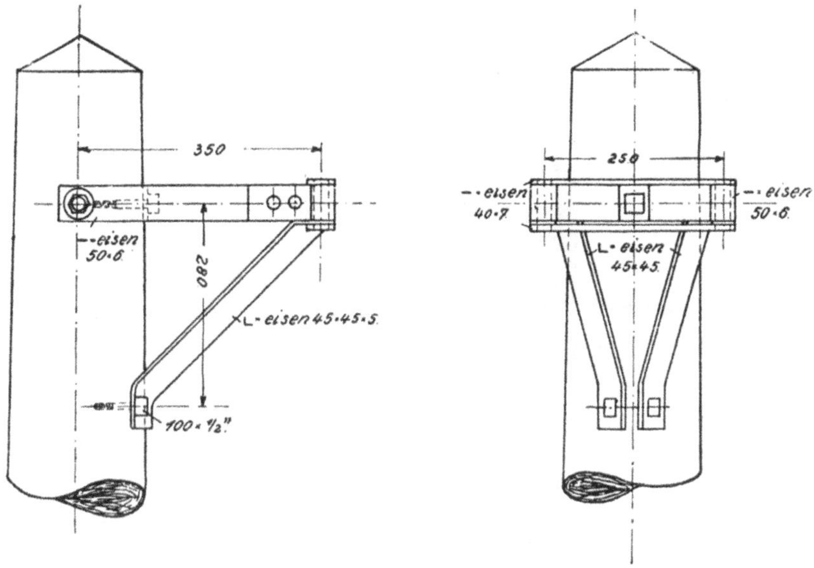

Fig. 97.

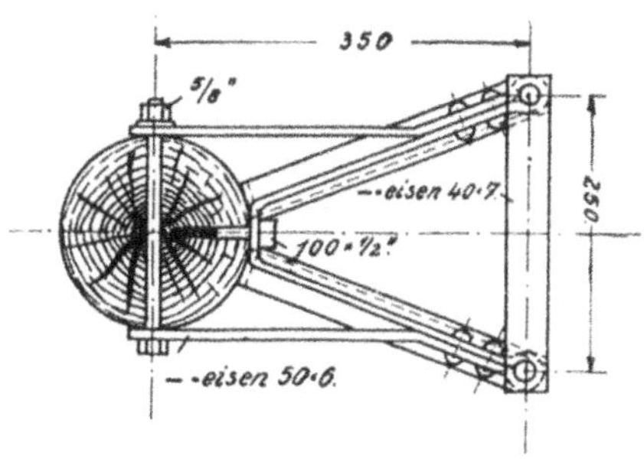

Zugkräfte zeigt Fig. 50 eine zweckmäßige Ausführung. Die Isolatorenstütze sitzt auf einem gußeisernen Mantel, der auf Druck beansprucht wird. Die kurze Stütze über dem Mantel nimmt das Biegemoment auf, die verlängerte Stütze innerhalb des

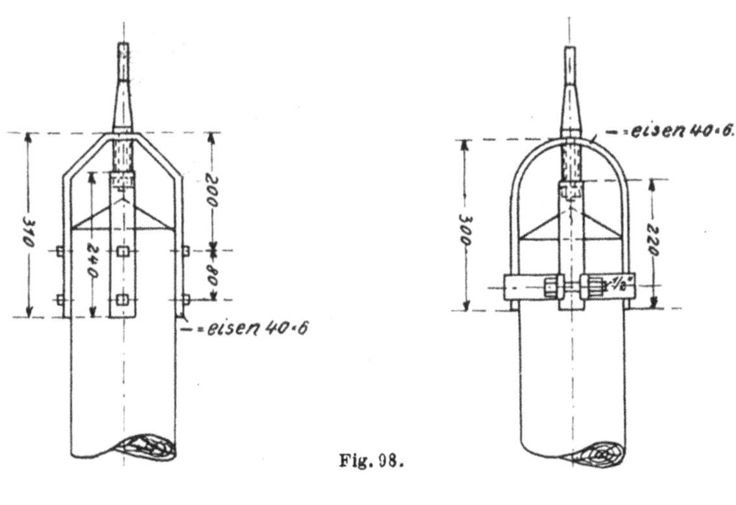

Fig. 98.

Mantels wird nur auf Zug beansprucht, mit geringen Abmessungen können bedeutende Zugkräfte aufgenommen werden. Um Randentladungen zu vermeiden, ist die Hülse auch aus Porzellan gemacht worden.

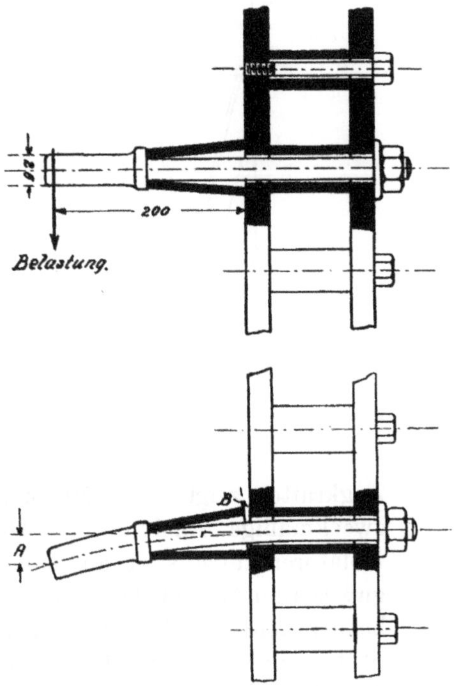

Fig. 99.

Um die Festigkeit derartiger Stützen zu ermitteln, wurden Belastungsversuche angestellt. Die Art der Einspannung zeigt Fig. 99. Die Belastung wurde im Abstande von 200 mm, entsprechend dem Angriffspunkte des Leitungszuges am Isolator, angesetzt. Es wurden die Abbiegung *A* des oberen Stützenteiles und die Abbiegung *B* des gußeisernen Mantels von seiner Unterlage beobachtet und folgende Werte erhalten:

Belastung	*A*	*B*
800	1,8 mm	0 mm
1000	3,5 „	0 „
1200	5,4 „	0 „
1400	7,9 „	1,5 „
1600	14,0 „	3,0 „
1700	25,0 „	6,0 „

Wie aus diesen Werten ersichtlich, beginnt die Durchbiegung *A* sehr rasch. Den gemessenen Durchbiegungen 1,8, 3,5 und 5,4 mm entsprechen rechnerische Materialbeanspruchungen von 1950 kg, 3780 kg und 5850 kg/qcm. Die Durchbiegung des Bolzens innerhalb der Hülse beginnt erst, wenn der gußeiserne Mantel mit 1400 kg Belastung anfängt, sich abzubiegen.

Isolatorenstützen werden in neuester Zeit nur aus bestem Flußeisen oder Stahl hergestellt. In Amerika sehr häufig, auch in einigen europäischen Anlagen, wurden Stützen aus mit Paraffin getränktem Eichenholz verwendet. Die Erfahrung hat aber gelehrt, daß die Stützen durch Entladungen angekohlt und bald zerstört werden.

Traversen werden meist aus U-Eisen ausgeführt oder aus Flacheisen zusammengesetzt. Vorteile bieten U-Eisen mit breitem Flansch nicht nur wegen des höheren Widerstandsmomentes, sondern weil der breite Flansch eine gute Befestigung der Stütze erlaubt. Verschiedene Ausführungen zeigen die Fig. 100—103.

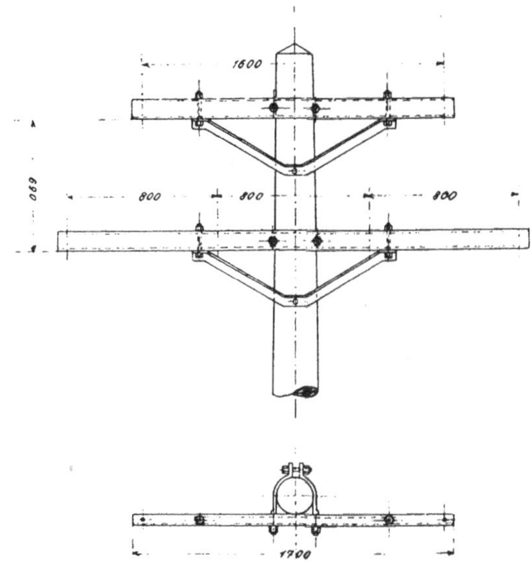

Fig. 100.

Bei allen diesen Konstruktionen ist ebenso wie bei Fig. 104 grundsätzlich darauf zu achten, den Vögeln im Umkreis der Isolatoren keine Sitzgelegenheit zu bieten. Besonders bei Verwendung der Hakenstütze ist für den Vogel nur die Möglichkeit, sich auf Isolator oder Leitung niederzulassen. Sind die Stützen an Holzmasten montiert, so verhindert auch schon die durch den Holzmast gegebene Isolation die Einleitung von Erdschlüssen. Diese Stützen gestatten deshalb die Verwendung kleinster Isolatoren und bei gleichen Isolatoren ist die elektrische Sicheiheit größer als bei Eisenkonstruktionen.

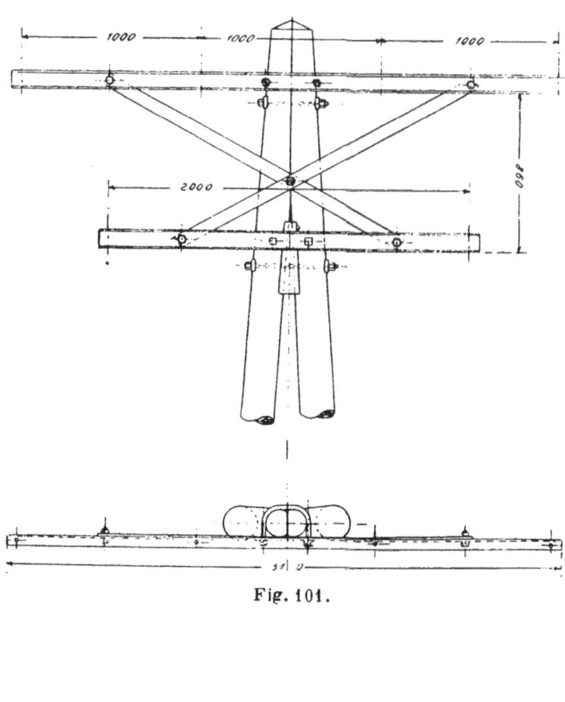

Fig. 101.

An Holzmasten werden die Traversen durch Zugbänder (Fig. 105) befestigt, die auch so ausgebildet werden können, daß sie für verschiedene Mastdurchmesser verwendbar sind. (Fig. 100.) Die Schelle wird dann zweiteilig ausgeführt, die Traverse erhält längliche Schlitze. Hat die Traverse schwere Leitungen zu tragen, dann empfiehlt es sich, das U-Eisen der Mastrundung entsprechend zu bearbeiten und durch

Meißelhiebe zu verzahnen. Weitausladende Querarme werden nach Fig. 100 und 101 versteift. Für Hochspannungsleitungen werden diese Konstruktionen seltener verwendet. Im Ortsnetzbau sind sie zur Auflegung einer größeren Anzahl von Leitungen geläufiger.

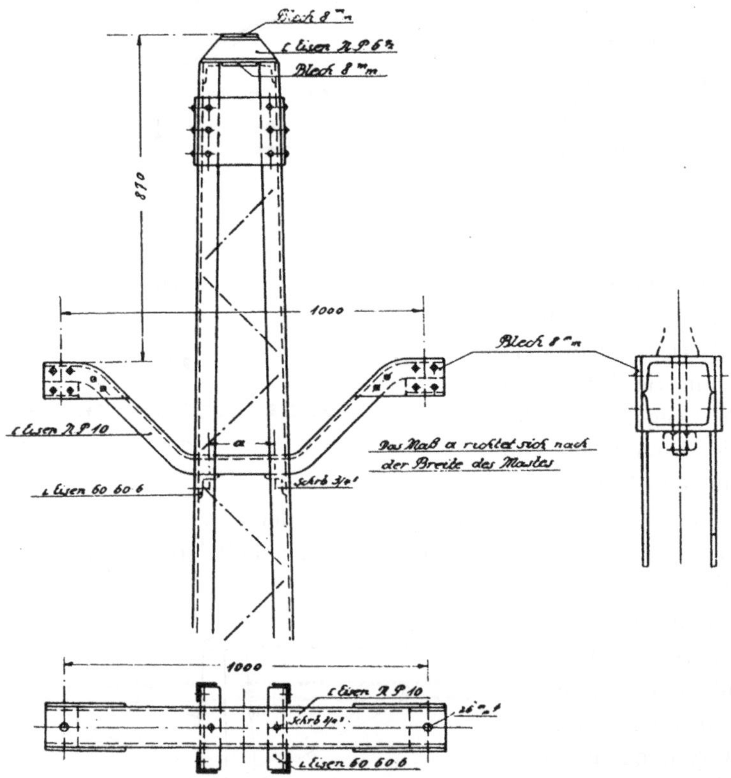

Fig. 102.

d) Mastfüße. Der beste Schutz wird nicht verhüten können, daß die Maste an der Einspannstelle schneller zugrunde gehen als an dem über der Erde liegenden Teil. Es lag deshalb nahe, nur für den oberen Mastteil Holz zu verwenden und den unteren Teil aus dauerhafteren Materialien herzustellen. So entstanden die Mastfüße, die aus armiertem Beton mit Eisenschienen zum Festhalten des Mastes, meistens jedoch ganz aus Eisen in den verschiedensten Ausführungen häufig verwendet werden.

Die längere Lebensdauer und geringeren Kosten der oberen Mastsäule (20 bis 22 Jahre für kyanisierte Maste) kompensieren zum Teil die nicht unbeträchtlichen Ausgaben für die Beschaffung und Unterhaltung der Eisenteile der Mastfüße.

Mastfuß aus Eisenbeton (Fig. 106). Die beiden U-Eisen zum

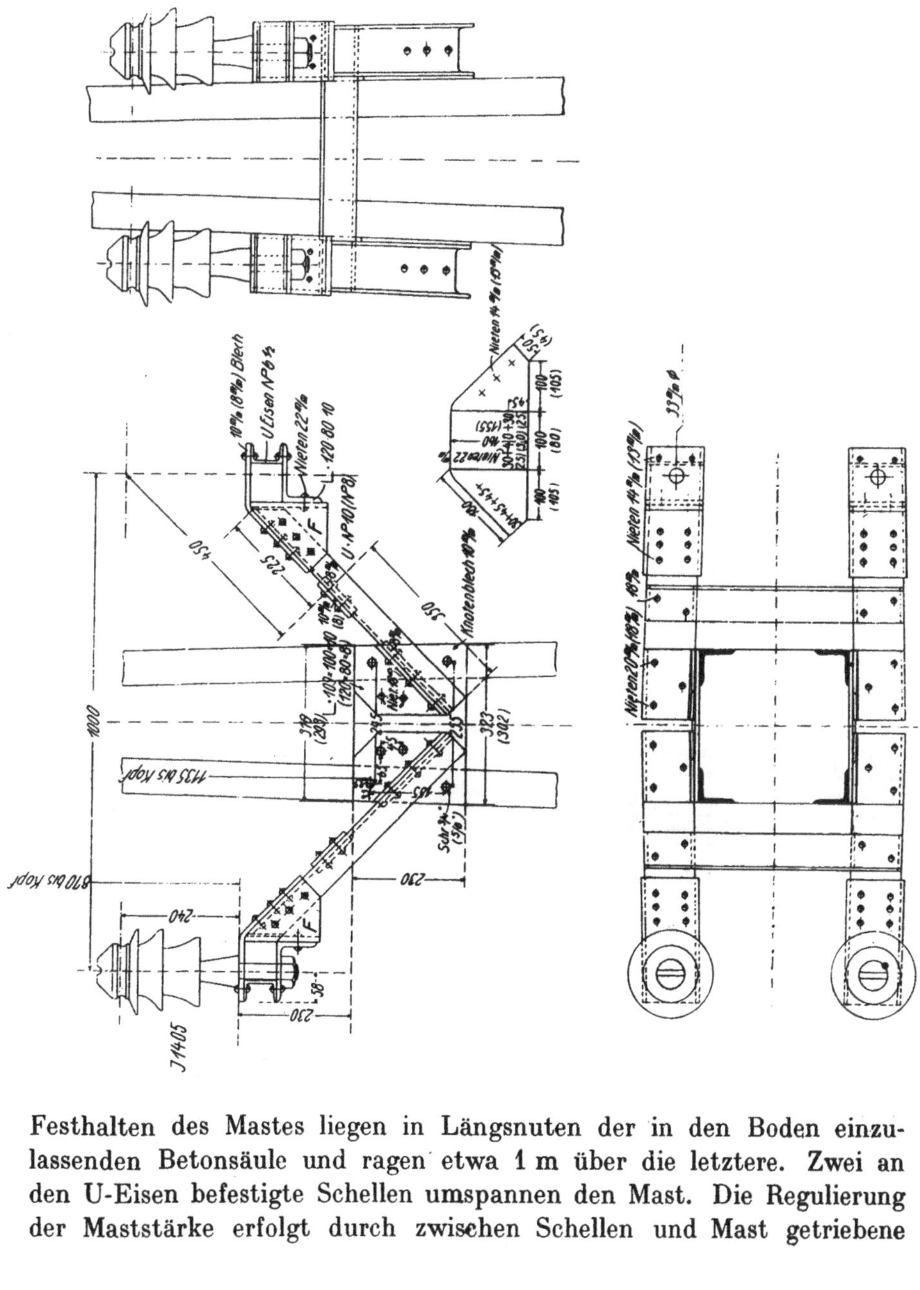

Fig. 103.

Festhalten des Mastes liegen in Längsnuten der in den Boden einzulassenden Betonsäule und ragen etwa 1 m über die letztere. Zwei an den U-Eisen befestigte Schellen umspannen den Mast. Die Regulierung der Maststärke erfolgt durch zwischen Schellen und Mast getriebene

Keile. Damit der Holzmast nicht mit dem Boden in Berührung kommt, befindet sich auf der Betonsäule ein kleiner Ansatz, auf welchem der Mast aufsitzt.

Fig. 104.

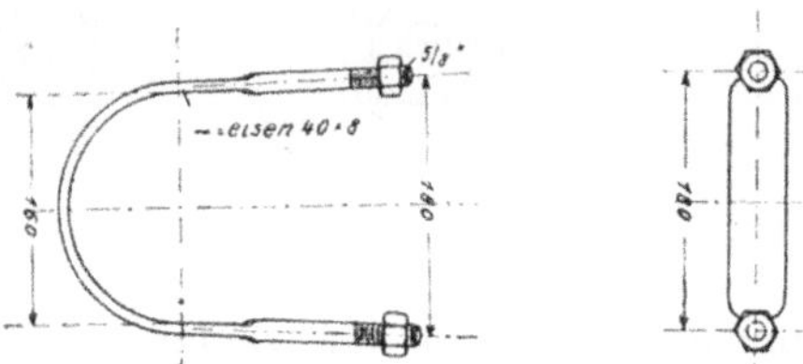

Fig. 105.

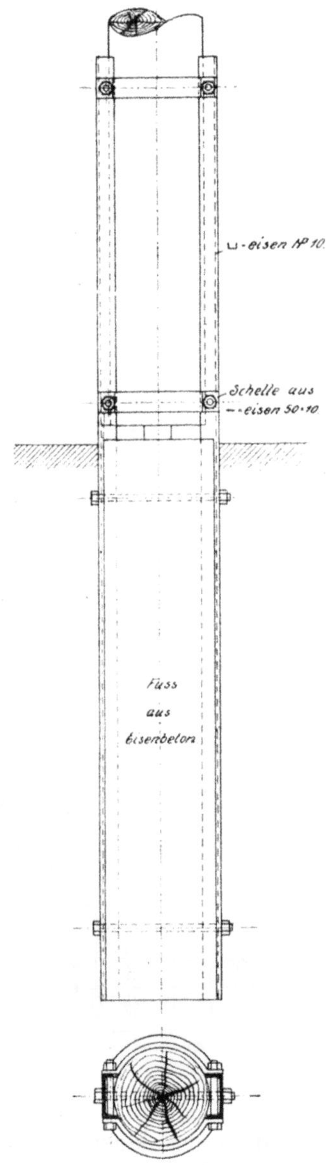

Fig. 106.

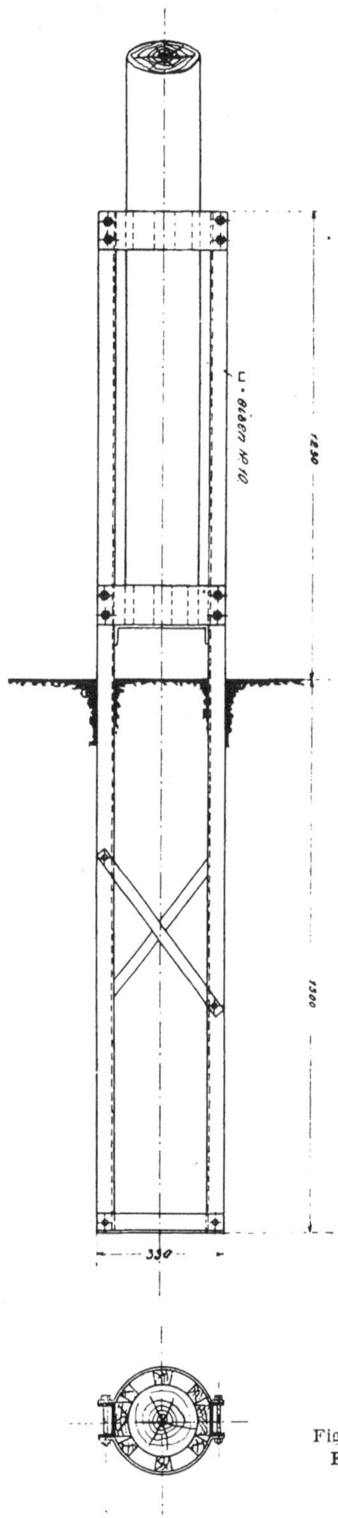

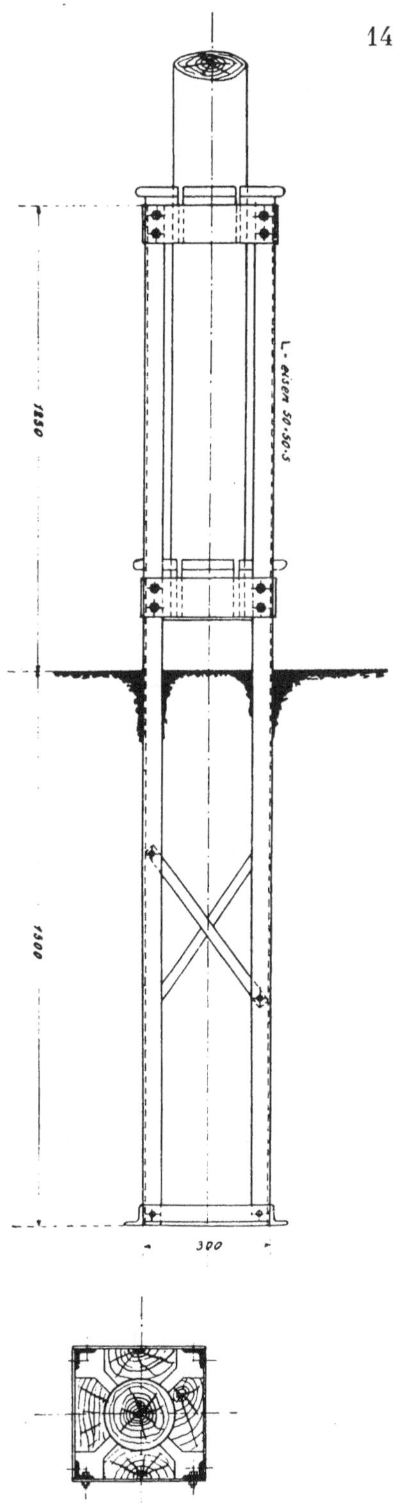

Fig. 107 und
Fig. 108.

Die Weserhütte Bad Oeynhausen fabriziert ihre durch D. R. G. M. geschützten eisernen Mastfüße, die durch die Fig. 107 und 108 dargestellt sind. Der Mastfuß soll so weit in den Boden eingelassen werden, daß das Ende des Holzmastes, das durch eine Querverbindung gestützt wird, 10—12 cm über Erde sitzt. Der U-Eisentyp wird in geraden

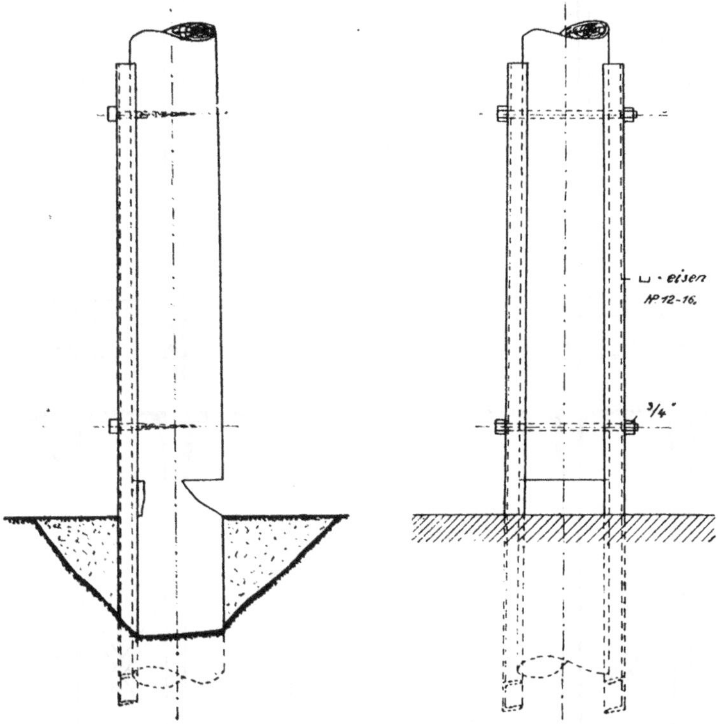

Fig. 109.

Strecken verwendet, für Winkelpunkte und stärker beanspruchte Maste kommt die Konstruktion aus Winkeleisen in Betracht. Die letztere Ausführung wird zweckmäßig immer einbetoniert, in lockerem Boden empfiehlt sich dies auch für den U-Eisentyp. Die nicht geringen Ausgaben für Betonfundamente verteuern dann aber die Mastfüße derart, daß fast immer die Verwendung von durchgehenden Holzmasten geringere Jahresausgaben verursacht.

Angefaulte Maste können durch Anschuhen (Fig. 109) noch lange Zeit gebrauchsfähig bleiben. Der Mast wird etwa 50 cm aufgegraben, auf der einen Seite ein U-Eisen direkt neben dem stehenbleibenden Maststumpf in den Boden geschlagen und dieses mit dem Mast provisorisch verbunden. Nachdem der Mast durch Streben abgestützt ist, wird er auf einer Seite bis zur Hälfte eingeschnitten und dann dem ersten gegenüber das zweite U-Eisen in den Boden getrieben. Beide Eisen werden mit Schellen oder Schrauben verbunden und dann der noch stehengebliebene Teil des Mastes abgeschnitten.

d) Eisenmaste werden für Anlagen höchster Spannungen und für die Übertragung großer Energiemengen ausschließlich verwendet, da hier die größeren Kosten gegen die Forderungen hoher Betriebssicherheit und möglichster Dauerhaftigkeit zurücktreten. Die Ausführungsformen sind entsprechend den Anforderungen und dem Zwecke sehr mannigfaltig. Besonders hervorzuheben sind:

1. einfache Rohrmaste,
2. zusammengesetzte Rohrmaste,
3. Gittermaste,
4. Fachwerkmaste oder Leitungstürme.

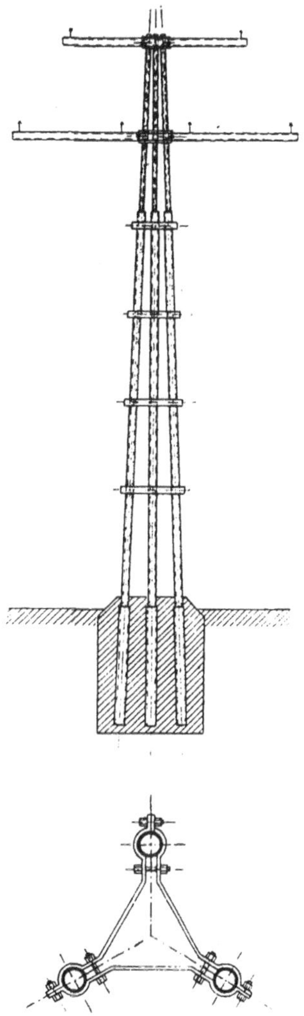

Fig. 110.

Einfache Rohrmaste und zusammengesetzte Rohrmaste (Fig. 110) werden seltener verwendet. Man findet sie wegen des gefälligen Aussehens in Leitungsanlagen größerer Gemeinden und kleinerer Städte, für Fernleitungsanlagen ist die Beschaffung zu teuer.

Die Rohre werden bis zu 8 m Länge aus Flußeisen mit einer Festigkeit von 3800/4000 kg/qcm oder aus Martinsstahl mit einer Festigkeit von 5500—6000 kg/qcm geliefert, aus letzterem Material bestehen die Mannesmannrohrmaste. Die Preise schwanken zwischen M. 35—60 pro 100 kg (Friedenspreis).

Schwächere Rohre werden in einem Stück nach oben verjüngt, in 2—3 Absätzen gewalzt, stärkere Rohre durch heißes Aufziehen oder durch Schrumpfringe zusamengesetzt.

Die Tabelle 32 gibt die Maße und Zugbeanspruchung einiger gebräuchlicher Masttypen (Fig. 111 I, II und III).

Zusammengesetzte Rohrmaste haben den Vorteil, daß sie sich an Ort und Stelle zusammenbauen lassen. Die Transport- und Montagekosten sind deshalb niedriger als bei Gittermasten, die Anschaffungs-

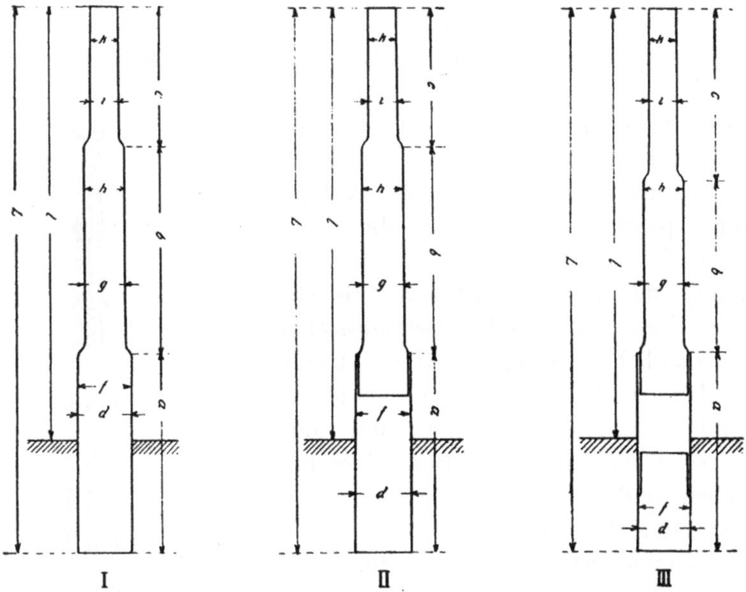

Fig. 111.

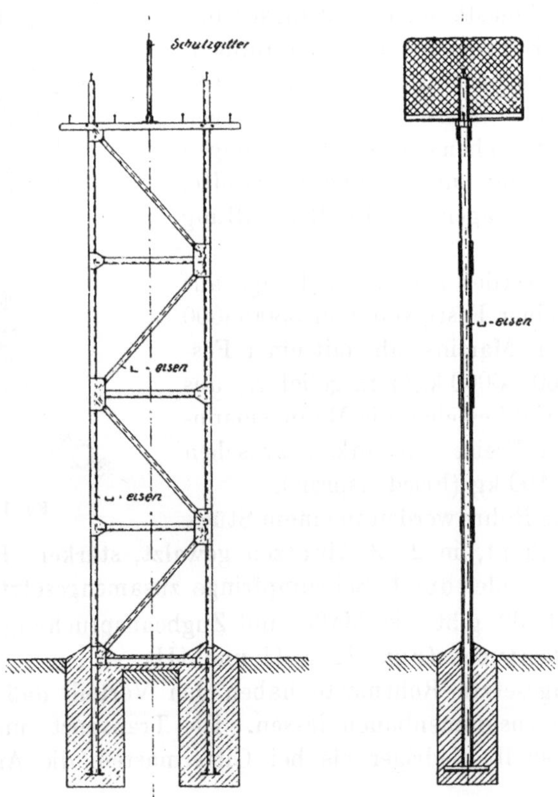

Fig. 112.

Tabelle 33.

Mannesmann - Stahlrohrmaste.

Ausführung nach Figur	L	l	a	b	c	d	f	g	h	i	k	Zulässige horizontale Beanspruchung	Durchbiegung	Materialbeanspruchung im unteren Schuß	mittl. Schuß	oberen Schuß	Mastgewicht
	mm	mm	mm	mm	mm	mm	mm	mm	mm	mm	mm	kg	mm	kg/qcm	kg/qcm	kg/qcm	kg
I	8300	6900	5350	1750	1200	152	143	127	118	102	93	100	115	920	560	400	134
I	8300	6900	5350	1750	1200	178	169	146	137	114	105	150	110	1000	650	430	157
I	8300	6900	5350	1750	1200	191	181	159	149	127	117	200	106	1000	660	430	188
I	8600	7200	5650	1750	1200	191	181	159	149	127	117	250	140	1360	820	540	195
I	8600	7200	5650	1750	1200	203	192	159	149	127	117	300	134	1310	980	630	218
II	8800	7200	5850	1750	1200	229	219	191	181	152	142	400	130	1500	900	600	254
II	9000	7200	6050	1750	1200	229	217	191	181	152	142	500	140	1590	1120	730	293
II	9200	7200	6200	1800	1200	254	243	203	192	152	141	600	121	1660	1100	800	319
II	9200	7200	6200	1800	1200	279	267	229	218	178	167	700	108	1460	1000	670	375
II	9200	7200	6200	1800	1200	279	267	229	218	178	167	800	122	1670	1140	770	375
III	9200	7200	6200	1800	1200	279	266	229	217	178	166	1000	140	1950	1330	900	435

kosten aber wesentlich höher. Besonders hervorzuheben ist das leichte, gefällige Aussehen.

Gittermaste werden aus Profileisen (Flußeisen), gewöhnlich aus U- und L-Eisen, zusammengesetzt. In vielen Fällen ist durch den Verwendungszweck das Eisenprofil bestimmt. So eignen sich für elastische Tragmaste besonders U-Eisenkonstruktionen Fig. 112 und 129, während Abspannmaste und überhaupt Maste für hohe Zugbeanspruchungen aus Winkeleisen konstruiert werden. Die Diagonalen der Winkeleisengittermaste sollen so versetzt werden, daß von einem Knotenpunkte, wenn keine gekreuzten Diagonalen angeordnet sind, nur zwei Stäbe ausgehen (Fig. 113). Die Diagonalen liegen des besseren Aussehens wegen innen, obwohl die äußere Anordnung den Vorteil bietet, daß die Vernietung besser, sorgfältiger und leichter ausgeführt werden kann. Längere Maste, besonders solche für große Züge, können der Materialersparnis halber aus nach oben schwächer dimensionierten Schüssen und Diagonalen zusammengesetzt werden. Die günstigste Materialverteilung wird durch Rechnung ermittelt.

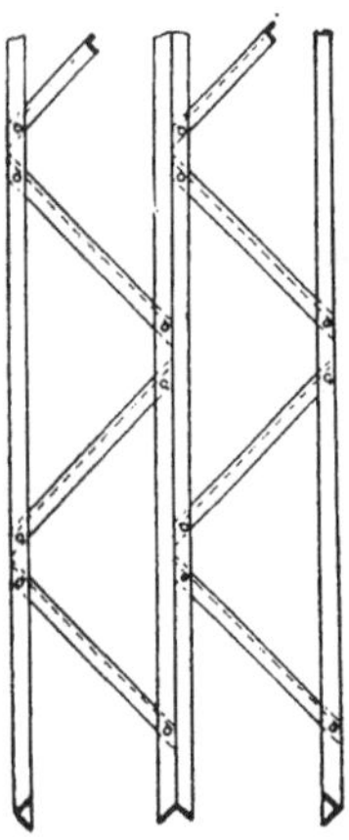

Fig. 113.

Nach den Normalien für Freileitungen des Verbandes Deutscher Elektrotechniker dürfen Eisenkonstruktionen bis 1500 kg/qcm beansprucht werden. Wird Thomasflußeisen mit einer Bruchfestigkeit von 4000 kg/qcm verwendet, so entspricht dies einer 2,5fachen Sicherheit, die der Konstruktion der Maste für Leitungsanlagen normaler Ausführung zugrunde zu legen ist. Die Durchbiegung bei dieser Sicherheit soll 2% der freien Länge nicht überschreiten. Dies setzt voraus, daß die Nietung und Bohrung gut ausgeführt ist, daß die Nieten die Löcher satt ausfüllen. Die Nietlöcher sollen nicht gestanzt, sondern gebohrt werden. Außer den Vorrichtungen für die Befestigung der Traversen sind Löcher zum Befestigen der War-

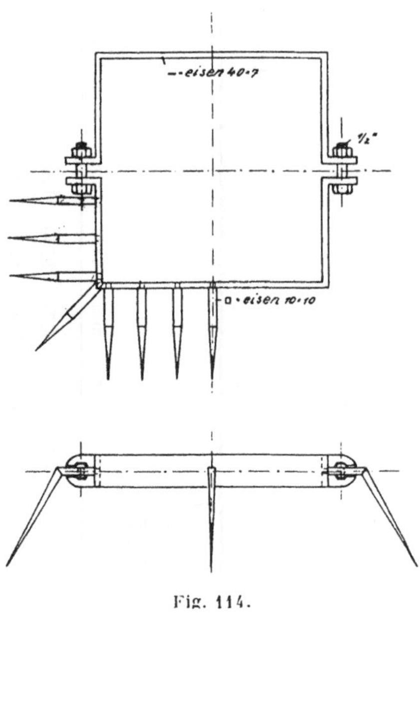

Fig. 114.

nungstafeln und der Erdleitung so vorzusehen, daß der Querschnitt nicht an stark beanspruchten Stellen geschwächt wird.

Unbefugtes Besteigen von Eisengittermasten wird durch Anbringung von Stachelkränzen (Fig. 114), in ca. 4 m Höhe, erschwert. Die Höhenlage der Kränze soll für alle Maste gleich sein, die Konstruktion muß deshalb die Veränderung der lichten Weite in geringen Grenzen gestatten.

Die bekannte Spezialfabrik Eisenwerk Weserhütte, Bad Oeynhausen i. Westf., fertigt Gittermaste aus U- und Winkeleisen nach Tabellen 33 und 34 an, in welchen bezeichnet:

L = die Gesamtlänge des Mastes in m,
l = die Länge über der Einspannstelle in m,
l_1 = die Länge unter der Einspannstelle in m,
b = die Breite am Mastkopf in mm,
B = die Breite an der Einspannstelle in mm,
f = die theoretische Durchbiegung in mm,
G = das angenäherte Gewicht in kg.

Die Maste sind für 4fache Sicherheit, entsprechend einer Beanspruchung von 1000 kg/qcm, berechnet. Für größere oder kleinere Sicherheit ist die angegebene höchste Zugbelastung proportional herab- oder heraufzusetzen.

Tabelle 34. **Flache Gittermaste aus U-Eisen.**

	200 kg Zug.							
l	5,0	6,0	7,0	8,0	9,0	10,0	11,0	12,0
l_1	1,2	1,3	1,4	1,5	1,6	1,5	1,6	1,6
L	6,2	7,3	8,4	9,5	10,6	11,5	12,6	13,6
b	96	96	96	98	120	120	120	130
B_0	200	221	242	276	368	395	423	460
f	52	78	108	119	94	95	104	130
G	137	160	185	210	235	320	360	385

	400 kg Zug.							
l	5,0	6,0	7,0	8,0	9,0	10,0	11,0	12,0
l_1	1,6	1,7	1,8	2,0	1,8	2,0	2,0	2,0
L	6,6	7,7	8,8	10,0	10,8	12,0	13,0	14,0
b	117	117	117	117	120	120	122	130
B_0	289	323	358	392	429	463	500	542
f	45	78	108	119	119	124	122	139
G	160	185	212	240	305	350	470	500

Tabelle 34. Flache Gittermaste aus U-Eisen (Fortsetzung).

500 kg Zug.								
l	5,0	6,0	7,0	8,0	9,0	10,0	11,0	12,0
l_1	1,6	1,7	1,8	2,0	1,9	2,0	2,0	2,0
L	6,6	7,7	8,8	10,0	10,9	12,0	13,0	14,0
b	120	120	120	120	122	124	124	124
B_0	292	326	361	395	431	467	502	536
f	50	68	110	119	117	123	142	148
G	195	225	255	290	375	425	480	596

600 kg Zug.								
l	5,0	6,0	7,0	8,0	9,0	10,0	11,0	12,0
l_1	1,6	1,9	1,8	2,0	1,9	2,0	2,0	2,0
L	6,6	7,9	8,8	10,0	10,9	12,0	13,0	14,0
b	122	122	122	122	122	142	142	142
B_0	294	328	363	397	431	485	520	554
f	45	55	80	103	110	112	143	152
G	230	270	305	345	440	510	575	695

Tabelle 35. **Quadratische Gittermaste aus Winkeleisen.**

400 kg Zug.								
l	5,0	6,0	7,0	8,0	9,0	10,0	11,0	12,0
l_1	1,2	1,2	1,3	1,4	1,5	1,5	1,6	1,7
L	6,2	7,2	8,3	9,4	10,5	11,5	12,6	13,7
b	128	128	128	142	142	142	152	152
B_0	281	312	342	387	417	448	488	519
f	50	60	82	90	100	109	119	139
G	215	245	305	355	435	515	620	690

500 kg Zug.								
l	5,0	6,0	7,0	8,0	9,0	10,0	11,0	12,0
l_1	1,3	1,3	1,3	1,4	1,5	1,6	1,7	1,8
L	6,3	7,3	8,3	9,4	10,5	11,6	12,7	13,8
b	152	152	152	152	152	152	152	152
B_0	305	336	366	397	427	458	488	519
f	45	64	68	89	108	112	132	139
G	240	280	375	420	471	610	685	740

600 kg Zug.								
l	5,0	6,0	7,0	8,0	9,0	10,0	11,0	12,0
l_1	1,4	1,4	1,4	1,5	1,5	1,7	1,8	1,8
L	6,4	7,4	8,4	9,5	10,5	11,7	12,8	13,8
b	142	142	142	152	172	172	172	172
B_0	295	326	356	397	447	478	508	53,9
f	41	60	82	80	105	104	124	146
G	295	340	380	450	500	620	800	860

Tabelle 35. Quadratische Gittermaste aus Winkeleisen (Fortsetzung).

800 kg Zug.

l	5,0	6,0	7,0	8,0	9,0	10,0	11,0	12,0
l_1	1,5	1,5	1,5	1,6	1,7	1,8	2,0	2,0
L	6,5	7,5	8,5	9,6	10,7	11,8	13,0	14,0
b	142	142	152	172	172	172	172	172
B_0	295	326	366	417	447	478	508	539
f	44	52	75	88	113	106	152	141
G	345	400	450	555	620	725	910	1005

1000 kg Zug.

l	5,0	6,0	7,0	8,0	9,0	10,0	11,0	12,0
l_1	1,6	1,6	1,6	1,7	1,8	1,9	2,0	2,2
L	6,6	7,6	8,6	9,7	10,8	11,9	13,0	14,2
b	174	174	174	174	184	192	202	202
B_0	341	374	407	441	484	525	569	602
f	37	55	70	91	108	112	126	148
G	400	465	560	630	700	895	1065	1155

1200 kg Zug.

l	5,0	6,0	7,0	8,0	9,0	10,0	11,0	12,0
l_1	1,6	1,6	1,6	1,8	1,9	2,0	2,2	2,3
L	6,6	7,6	8,6	9,8	10,9	12,0	13,2	14,3
b	174	174	184	194	194	204	216	216
B_0	341	374	417	461	494	537	581	616
f	37	55	69	85	108	114	129	140
G	480	560	675	780	865	1050	1235	1490

1500 kg Zug.

l	5,0	6,0	7,0	8,0	9,0	10,0	11,0	12,0
l_1	1,7	1,7	1,7	1,9	2,0	2,0	2,4	2,5
L	6,7	7,7	8,7	9,9	11,0	12,0	13,4	14,5
b	206	206	219	236	236	236	247	247
B_0	401	440	489	547	586	625	675	714
f	32	45	60	73	81	94	106	121
G	540	625	720	815	1000	1 155	1360	1480

2000 kg Zug.

l	5,0	6,0	7,0	8,0	9,0	10,0	11,0	12,0
l_1	1,9	1,9	1,9	2,0	2,2	2,3	2,6	2,7
L	6,9	7,9	8,9	10,0	11,2	12,3	13,6	14,7
b	216	216	216	240	240	240	250	250
B_0	411	449	488	551	590	629	678	717
f	25	47	60	70	87	116	119	132
G	645	740	900	1025	1280	1430	1640	1935

Fig. 115.

Die Preise für solche Eisenkonstruktionen schwanken zwischen M. 22 bis M. 30 pro 100 kg (Friedenspreis), je nach dem Gewicht des einzelnen Mastes und der gleichzeitig anzufertigenden Stückzahl.

Für größere Spannweiten, Flußüberspannungen und Leitungen mit großen Querschnitten werden Fachwerkkonstruktionen und Leitungstürme (Fig. 115) gebaut.

Vielfach ist zur Verringerung des Durchhanges die Anordnung so getroffen worden, daß die Leitungen durch Zuggewichte dauernd mit einem Zuge beansprucht werden, der dem Maximalzug gleichkommt. Dieser ist bei den in Betracht kommenden Spannweiten bei — 5° C und Zusatzlast zu erwarten, bei diesem Zustande tritt aber auch der maximale Durchhang auf, wenn die aus Hartkupfer bestehende Leitung mit 16 kg/qmm gespannt wird. Der Zweck, den Durchhang zu verringern, würde also nur dann erreicht, wenn die Beanspruchung unter 16 kg/qmm gewählt würde, größere Spannweiten verbieten natürlich diese Maßnahme.

Wenn Spannvorrichtungen angewandt werden, dann muß die Anordnung so getroffen sein, daß Gewicht, Seile und Rollen zugänglich sind, daß diese Teile nicht unter Spannung stehen, und daß sie während des Betriebes kontrolliert und bedient werden können. Die Zwischenschaltung von Abspannhängeisolatoren, mit einer Festigkeit von 6500 kg, zwischen Leiter und Zugseil (Fig. 116) ermöglicht, diese Bedingungen zu erfüllen.

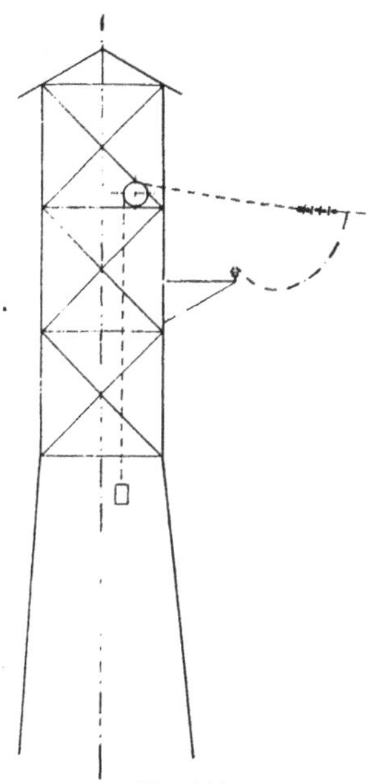

Fig. 116.

Die Eisenkonstruktionen werden am Herstellungsorte, soweit sie in Beton eingelassen werden, mit Zementmilch gestrichen, an den anderen Teilen mit einem einmaligen Anstrich von Rostschutzfarbe oder Mennige versehen. Eisenteile müssen in Zeiträumen von 2 bis 3 Jahren nachgestrichen werden; da diese Arbeit nicht unter Spannung geschehen kann, muß die Leitung so lange spannungslos gemacht werden, bis die Mastköpfe gestrichen sind. Um diese Außerbetriebsetzung zu vermeiden, geht man vielfach dazu über, den Kopf der Maste bis etwa 1 m unter die unterste Traverse zu verzinken. Der untere Mastteil kann mit entsprechender Vorsicht während des Betriebes gestrichen werden.

Beispiele ausgeführter Anlagen.

Die nachstehend beschriebenen Konstruktionen sind vom Eisenwerk Weserhütte, Schuster & Krutmeyer, Bad-Oeynhausen, ausgeführt worden.

Durch Fig. 117 ist ein Turm von 63,4 m Höhe bis Unterkante Bekrönung und 66,9 m Gesamthöhe dargestellt, welchen die Siemens-Schuckertwerke Berlin zum Überführen der Hochspannungsleitungen der Überlandzentrale Lübeck über die Trave bei Herrenwyck benutzten. Diesen Turm zeigt Fig. 115 auch im Lichtbilde. Er hat außer dem Winddruck zwei rechtwinkelig zueinander gerichtete Spitzenzüge von 7500 und 1600 kg auszuhalten. Das Gewicht beträgt einschließlich Verankerung rd. 19000 kg. Die Montage erfolgte mitten im Winter bei den heftigsten Stürmen ohne Gerüst von unten herauf. Der Turm ist zur bequemen Revision der Isolatoren und Leitungen mit einfachen Leitern

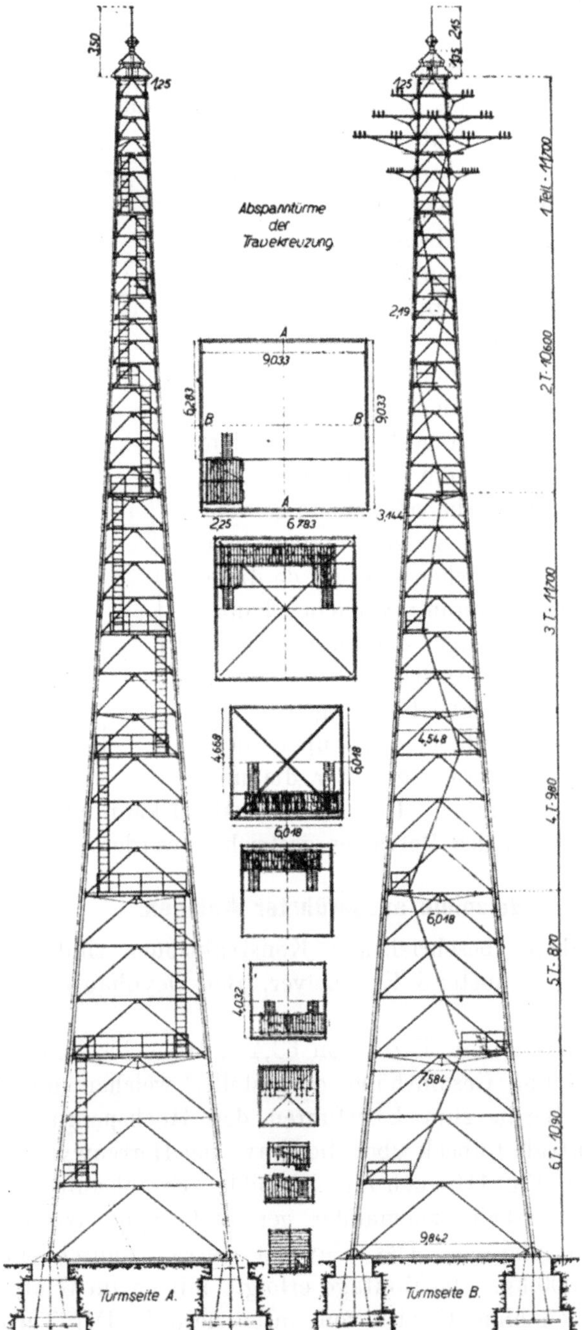

Fig. 117.

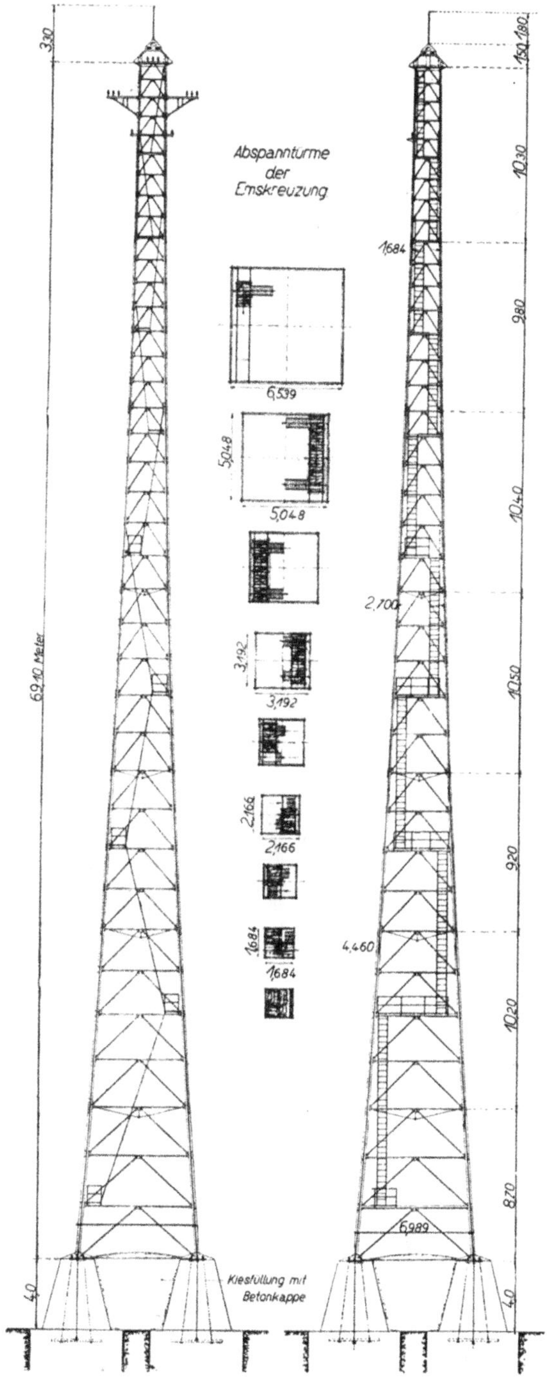
Abspanntürme
der
Emskreuzung
330
69,10 Meter
4,0
150
180
10,30
1,684
9,80
10,40
2,700
10,50
9,20
4,460
10,20
8,70
6,989
6,539
5,048
5,048
3,192
3,192
2,166
2,166
1,684
1,684
Kiesfüllung mit
Betonkappe

Fig. 118.

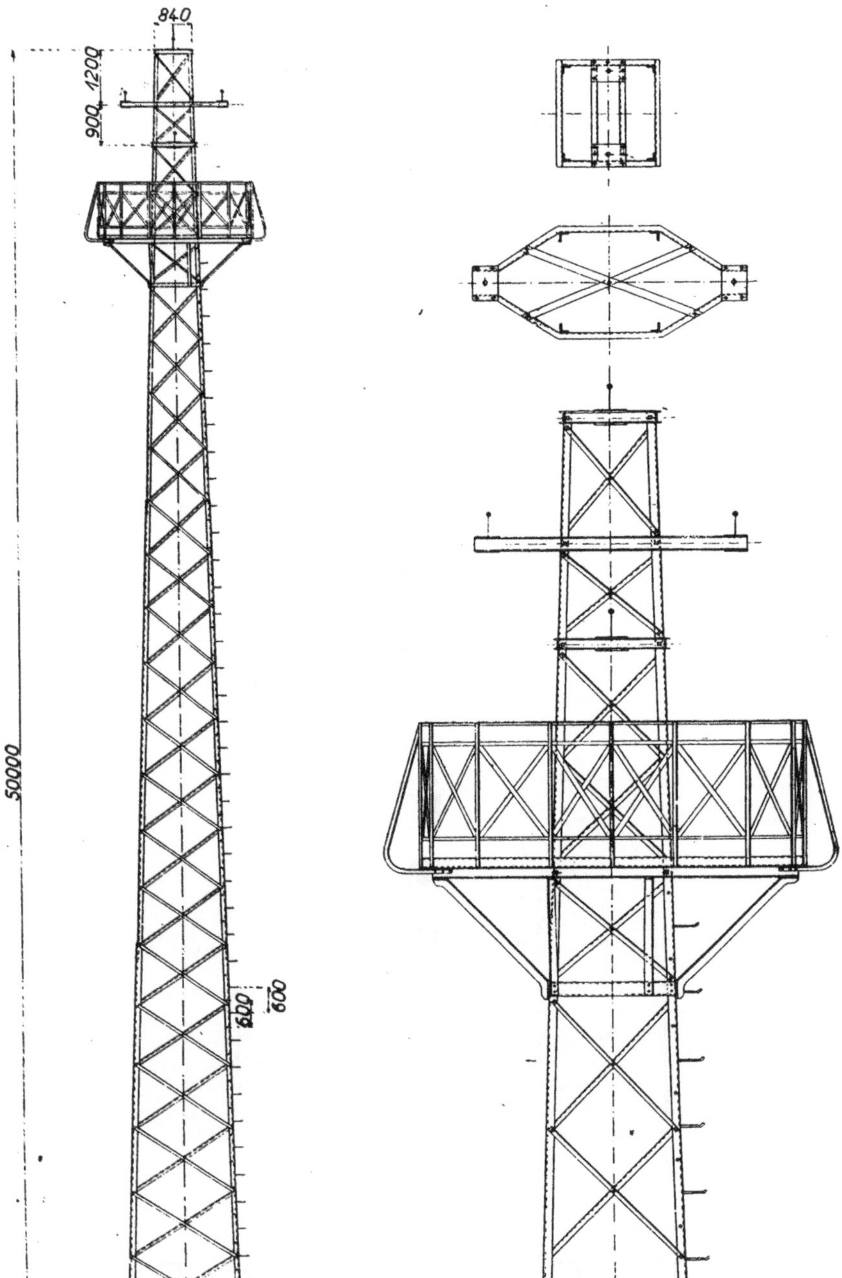

Fig. 119.

versehen, welche von Zeit zu Zeit durch Zwangspodeste unterbrochen sind, um einer Ermüdung des die Türme besteigenden Personals vorzubeugen.

Eine ähnliche Ausführung zeigt Fig. 118, auf welcher ein Turm für die Überspannung der Ems dargestellt ist und der ebenfalls für die Siemens-Schuckertwerke geliefert wurde. Die Gesamtlänge beträgt 72,4 m. Die Fundamente sind wegen des häufig eintretenden Hochwassers und Eisganges 4 m aus dem Boden herausgezogen worden, die Turmspitze liegt also 76,4 m über Erde. Der zwischen den vier Fundamenten liegende Zwischenraum wurde mit Kies ausgefüllt und mit einer Betonkappe geschlossen, damit die Einklemmung von Eisblöcken auf alle Fälle vermieden wird.

Der durch Fig. 119 dargestellte Mast wurde mit einer runden Bühne versehen, um Isolator und Leitungen revidieren zu können und um

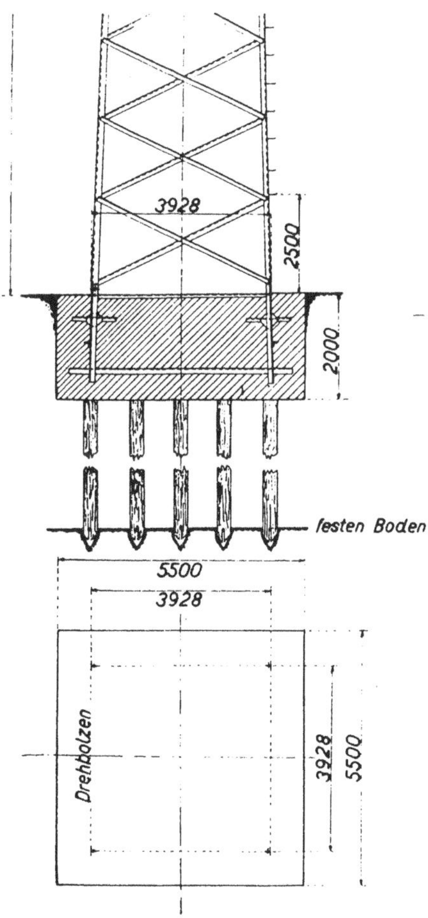

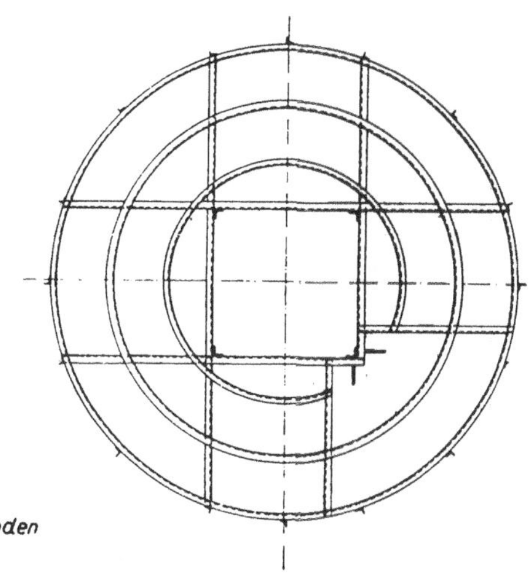

Fuß zu Fig. 119.

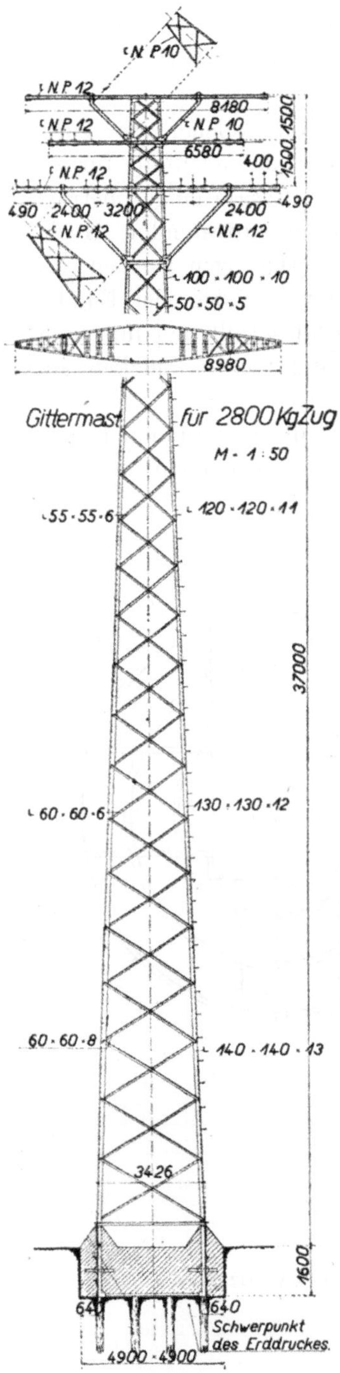

Fig. 120.

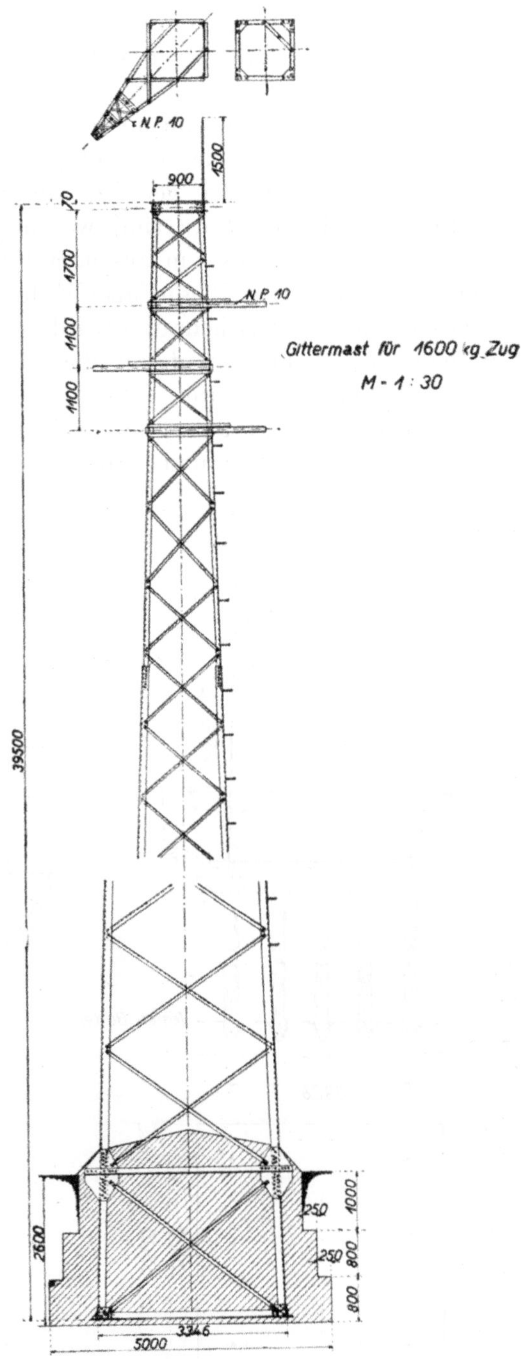

Fig. 121.

Fig. 122.

Fig. 123.

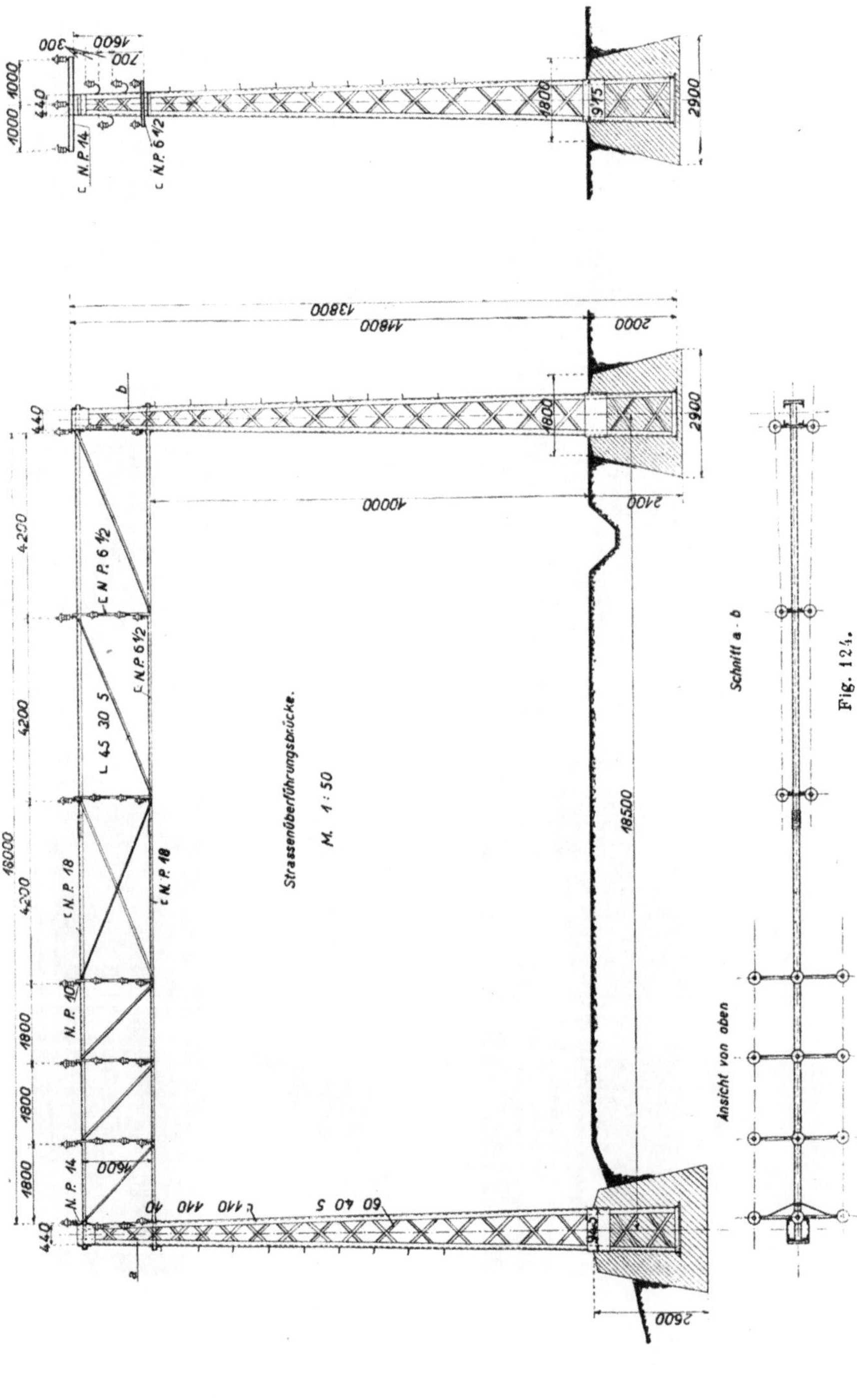
Strassenüberführungsbrücke.
M. 1 : 50
Schnitt a - b
Ansicht von oben

Fig. 124.

einen sicheren Stand für die Arbeiter zu erhalten. Die Besteigbarkeit wurde durch einfache, versetzt angeordnete Steigeisen erreicht.

Ähnliche Konstruktionen, Fig. 120 u. Fig. 121, wurden für die Allgemeine Elektrizitäts-Gesellschaft, Berlin, geliefert. Der eine Mast war für die Überspannung der Oder bei Schiffsmühle bestimmt. Der nicht genügend tragfähige Boden wurde, wie in der Figur angedeutet, durch Einrammen von Pfählen befestigt. Die anderen Maste sind mit Gelenkfuß versehen, um welchen der, am Boden liegend, vollständig

Fig. 125.

zusammengebaute Turm hochgeschwenkt wurde. Die Aufstellung des durch Fig. 120 dargestellten Mastes zeigen die Lichtbilder Fig. 122 und 123.

Die Figur 124 veranschaulicht die Überführung einer Hochspannungsleitung über eine Straße mit Postleitungen, mittels eines Gitterträgers. Die Leiter werden in kurzen Spannweiten mit sehr geringer mechanischer Spannung überführt, der Zug der Außenfelder wird von den Pfeilern aufgenommen. Eine ähnliche Ausführung für die Überquerung einer Eisenbahn zeigt das Lichtbild, Fig. 125. Hier laden die Normalen des Untergurtes soweit aus, daß beim Erneuern des Anstriches oder zur Vornahme von Reparaturen Bohlen aufgelegt werden können.

Eine weitere Bahnkreuzung zeigt die Fig. 126. Hier sind die Maste mit einer Arbeitsbühne versehen, die einzelnen Stromkreise werden durch Gitter voneinander getrennt.

Für die Bahnkreuzung einer Hochspannungslinie des Elektrizitätswerkes Ölsnitz mittels des Ullbrichtschen Netzleiters wurden die Doppelmaste der Fig. 127 ausgeführt. Eine weitere Ausführung von Doppelmasten veranschaulicht die Fig. 128.

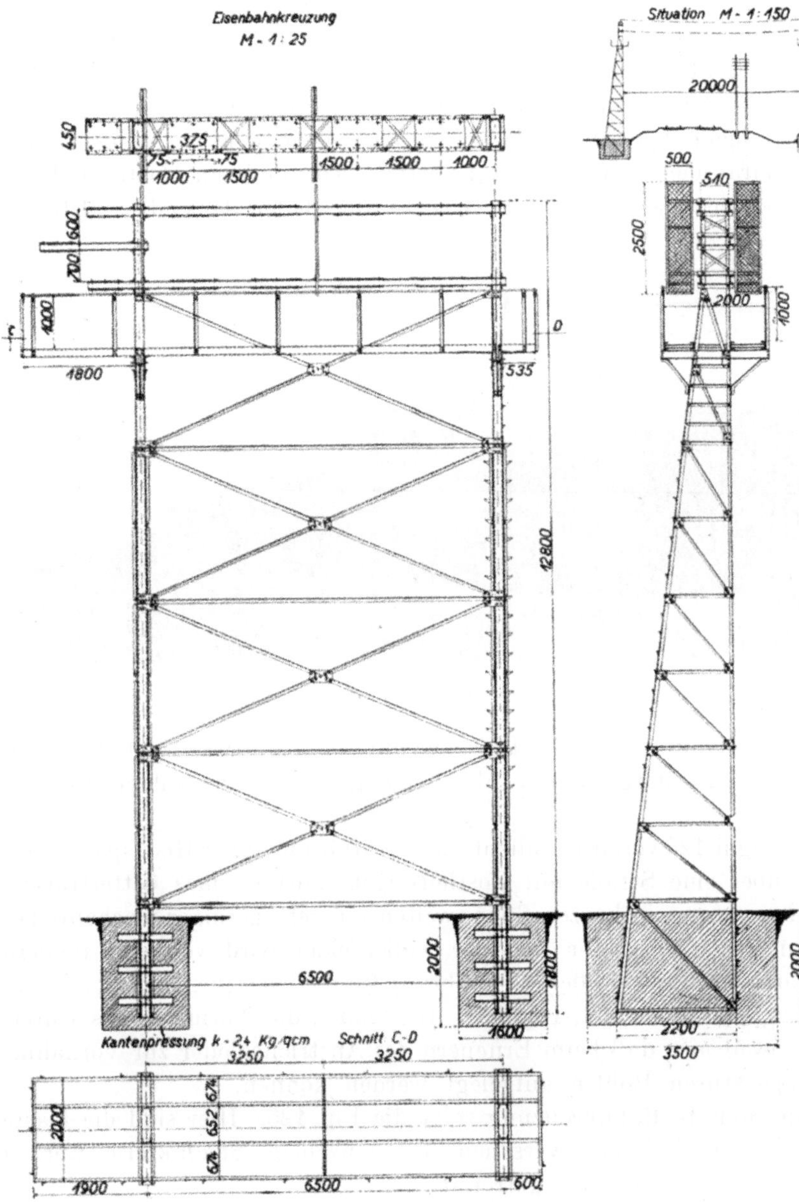
Eisenbahnkreuzung
M - 1 : 25
Situation M - 1 : 150
20000
Kantenpressung k - 2,4 Kg/qcm
Schnitt C-D
12800
6500
3250
3250
1900
6500
600
1800
535
2000
1600
2200
3500

Fig. 126.

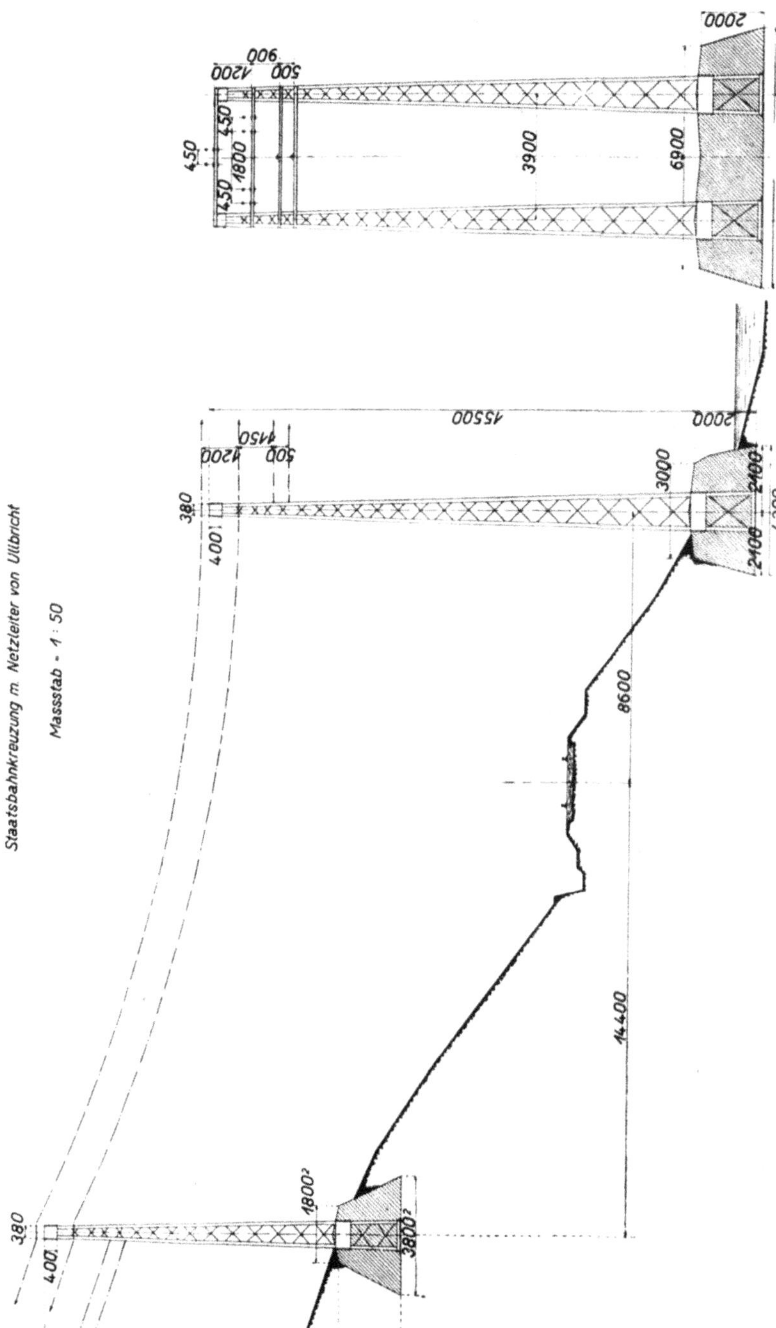
Staatsbahnkreuzung m. Netzleiter von Ullbricht
Massstab - 1 : 50

Fig. 127.

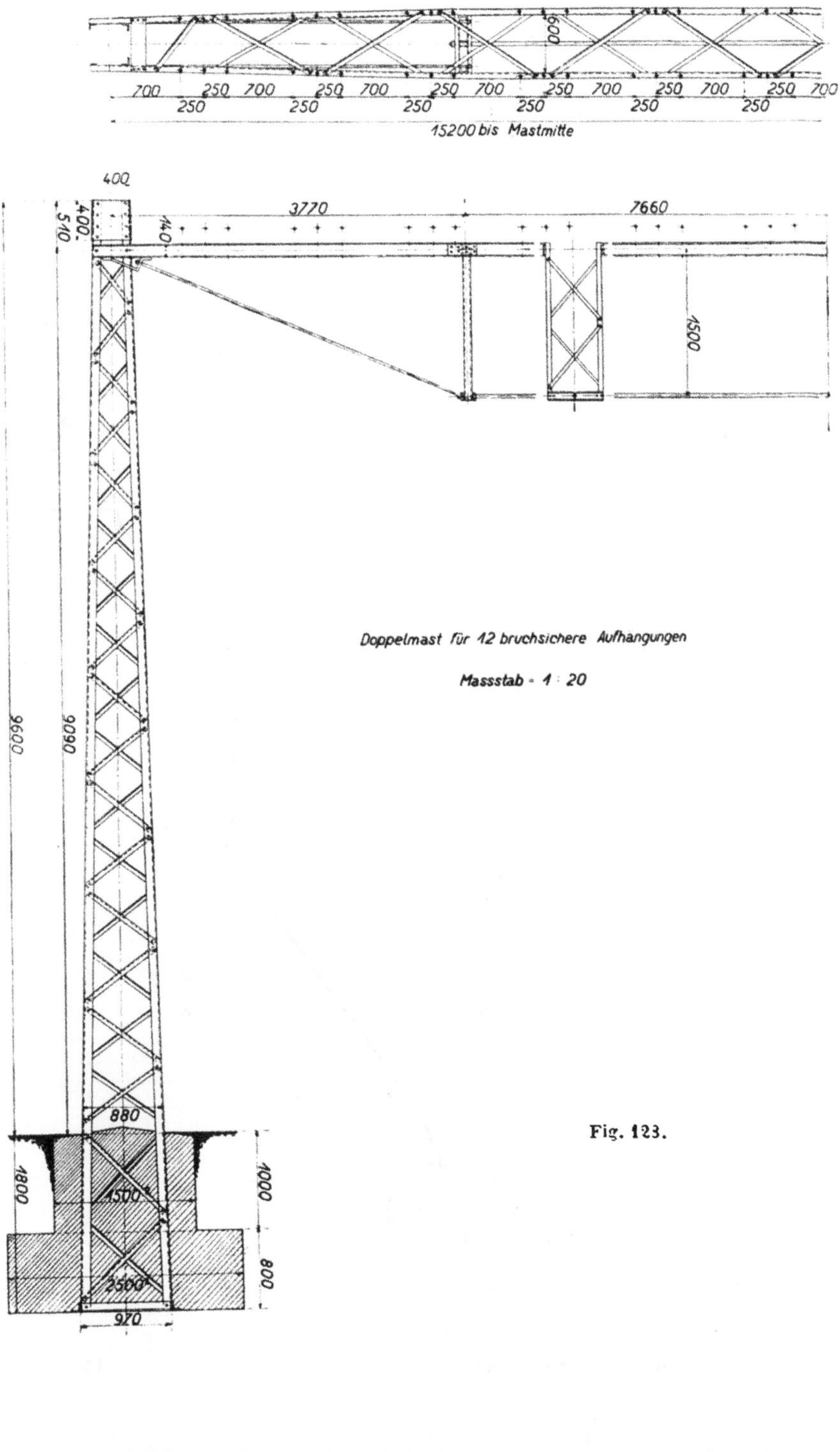

700
250
700
250
700
250
700
250
700
250
700
250
700
900
15200 bis Mastmitte
400
400
510
140
3770
7660
1500
Doppelmast für 12 bruchsichere Aufhängungen
Massstab = 1 : 20
9600
9090
880
1800
1000
1500
800
2500
970

Fig. 123.

Die Befestigung von Masten mittels Ankerschrauben auf den Fundamenten wird durch die Fig. 129 u. Fig. 130 dargestellt. Die Trennung der beiden Stromkreise im Bereiche der Maste erfolgt auch hier durch besondere Gitter, um eine zufällige Berührung der spannungführenden Leitungen des an dem ausgeschalteten Stromkreise Arbeitenden zu verhindern. Am Kopfe dieser Maste sind Rundeisenbügel angeordnet, auf welchen sich größere Vögel niederlassen können.

Die Fig. 131 u. Fig. 132 veranschaulichen Mast- und Querträgerkonstruktionen für Hängeisolatoren. Die großen Abmessungen der Basis der Maste lassen die Verwendung nur da zweckmäßig erscheinen, wo minderwertiges Ackerland oder unbebauter Boden in Betracht kommt.

---

10. Freileitungsisolatoren.

Die Isolatoren werden mit verschwindenden Ausnahmen aus Hartporzellan angefertigt, dessen Hauptbestandteil Porzellanerde (Kaolin) ist, welcher in geringeren Mengen Quarz und Feldspat beigemengt ist. Die Glasur besteht aus einem Gemisch von Porzellanerde und Kieselverbindungen. Die frische Bruchfläche eines Porzellanisolators muß einen speckigen Glanz zeigen und darf nicht porös sein. Neben Porzellan hat früher das Glas in Frankreich, und für Niederspannung besonders in Amerika, Verbreitung gefunden, seine Sprödigkeit und geringe Wetterfestigkeit haben es für

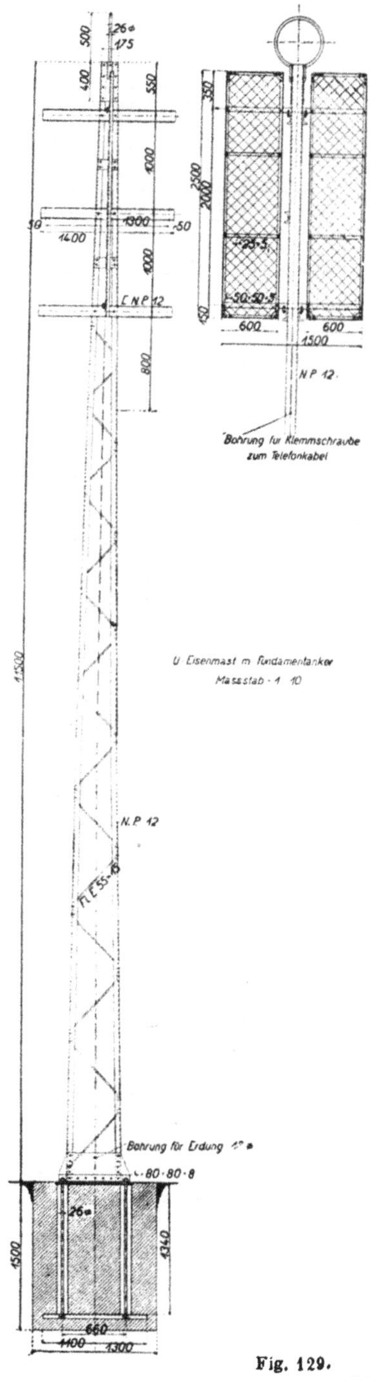

Fig. 129.

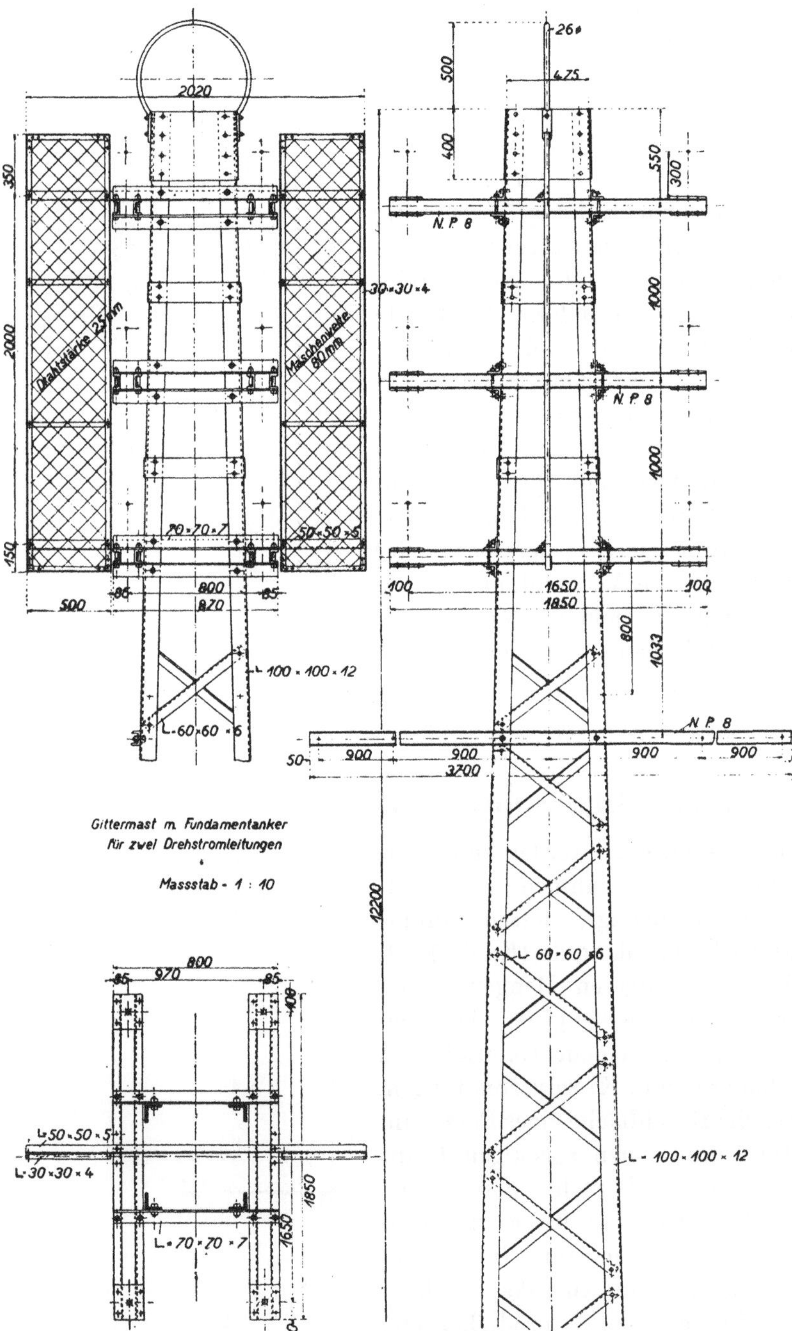
Gittermast m. Fundamentanker
für zwei Drehstromleitungen
Massstab - 1 : 10
Drahtstärke 2,5 mm
Maschenweite 80 mm
N. P. 8
L 100 × 100 × 12
L 60 × 60 × 6
L 70 × 70 × 7
L 50 × 50 × 5
L 30 × 30 × 4
2020
3700
12200

Fig. 130.

Freileitungszwecke fast ganz verdrängt. Die hohe Durchschlagfestigkeit des Glases in Vereinigung mit der besseren Wetterbeständigkeit des Porzellans wurden zur Konstruktion eines Isolators benutzt, dessen äußerer Teil aus Porzellan, der innere aus Glas hergestellt war. Die Verwendung beschränkte sich jedoch mehr oder weniger auf Versuche, so daß der Porzellanisolator nahezu ohne Konkurrenz den Markt beherrscht.

Die erste Bedingung[1]), die ein Isolator zu erfüllen hat, ist die einer möglichst hohen Durchschlagsfestigkeit. Diese wird aber mit Rücksicht auf die für die mechanischen Beanspruchungen des Isolators er-

[1]) Nach Weicker, Helios 1910, Nr. 3 und 4.

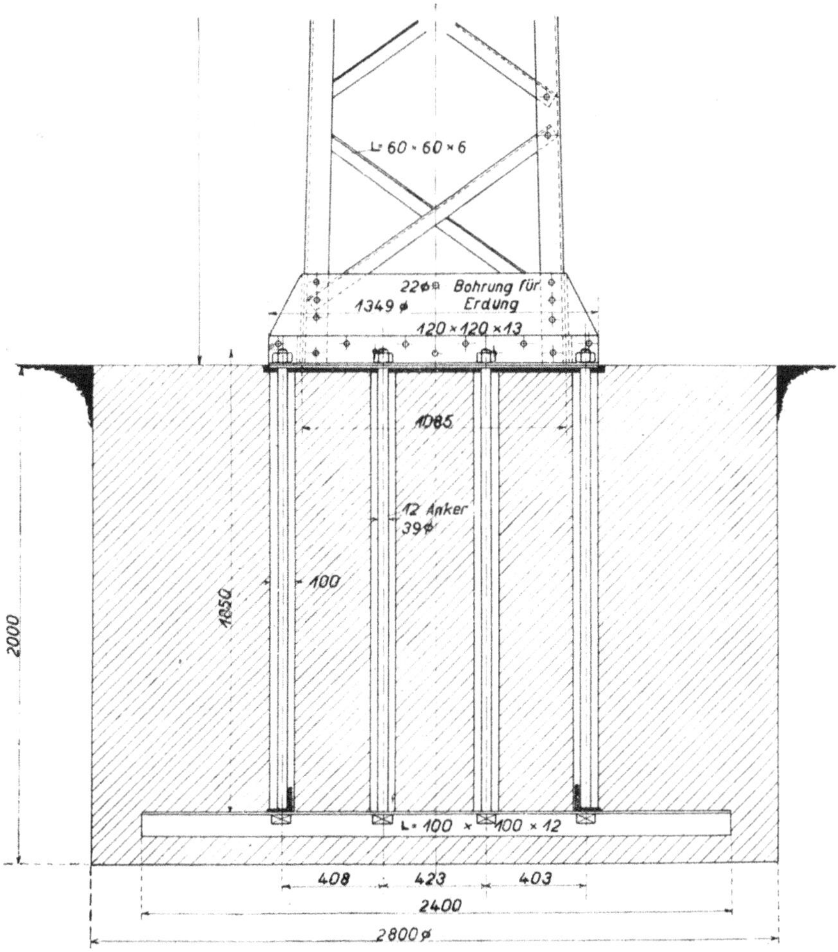

Fuß zu Fig. 130.

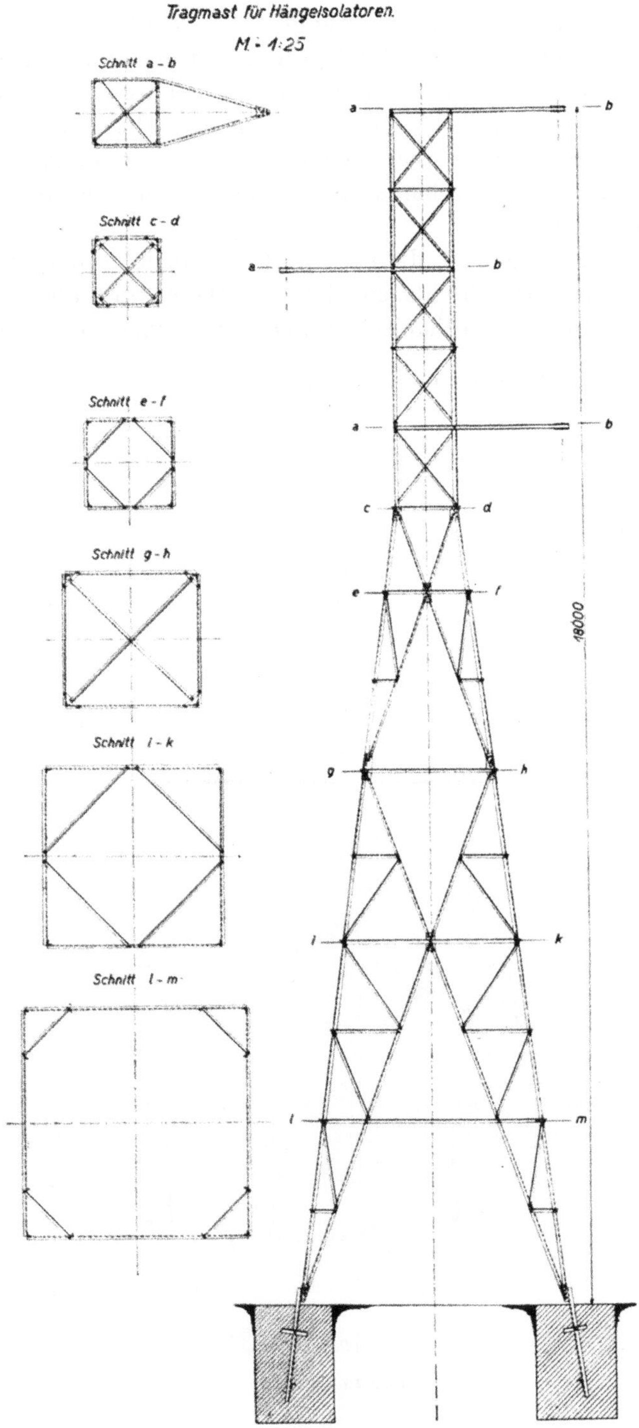
Tragmast für Hängeisolatoren.
M. 1:25
Schnitt a - b
Schnitt c - d
Schnitt e - f
Schnitt g - h
Schnitt i - k
Schnitt l - m
18000

Fig. 131

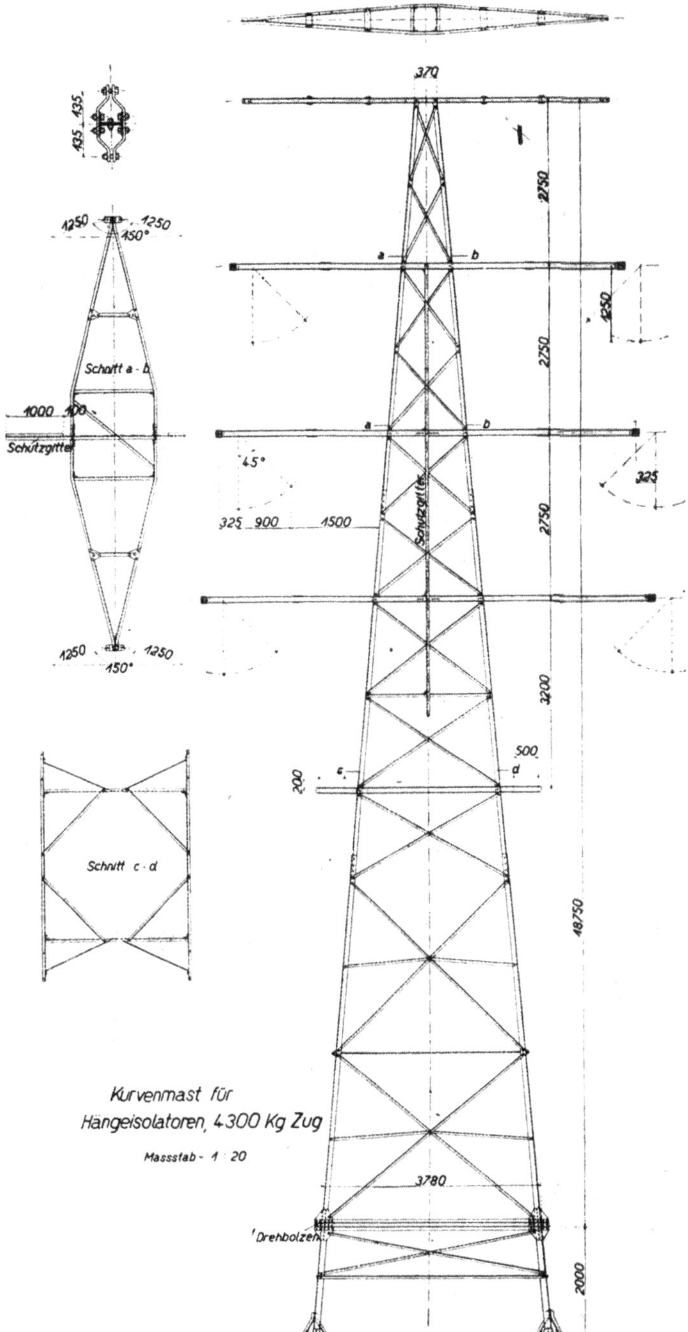
Schnitt a - b
1000
Schutzgitter
Schnitt c - d
Kurvenmast für
Hängeisolatoren, 4300 Kg Zug
Massstab - 1 : 20
Drehbolzen
3780
48750
2750
3200
2000
325
900
1500
500
200
370
45°
150°
1250

Fig. 132.

forderlichen Wandstärken sehr leicht erreicht. Es ist einleuchtend, daß die infolge eines Isolatorendurchschlages auftretenden Betriebsstörungen durchweg ernsterer Natur sein werden als die durch Randentladungen hervorgerufenen, die meistens nur ein Auslösen der automatischen Schalter zur Folge haben werden. Die Forderung, die Durchschlagsfestigkeit in erste Linie zu stellen, ist deshalb gerechtfertigt. Die zweite Bedingung, der Hochspannungsisolatoren zu genügen haben, ist eine hohe Überschlagsspannung des nassen, mit Nebel beschlagenen Isolators, der auch bei außergewöhnlichen Spannungserhöhungen (innere Überspannungen, atmosphärische Einflüsse, Erdung eines Drahtes des Leitungssystemes, wodurch der Isolator die volle Betriebsspannung erhält) noch genügende Sicherheit gegen Randentladungen bieten muß.

Für alle Isolatoren wird eine große Oberflächenisolation gefordert, die die Verluste möglichst beschränkt und Störungen anderer Anlagen, namentlich des Schwachstromes, verhindert. Durch entsprechende Größe des Isolators kann dieser Bedingung genügt werden, wodurch im allgemeinen auch dem Rechnung getragen ist, daß der Isolator bei leichter Beschädigung noch so lange genügend isolieren muß, bis eine Auswechslung erfolgen kann.

Die Bestimmung des Isolators, nicht nur den elektrischen Leiter zu tragen, sondern auch dessen Zugspannung aufzunehmen, führt zu mechanischer Beanspruchung in vertikaler und horizontaler Richtung. Die axiale durch Eigengewicht und Zusatzlast des Leiters hervorgerufene Druckbeanspruchung ist gering gegenüber der durch die Spannung des Leiters hervorgerufenen seitlichen Zugkraft. Der Isolator muß diesen Beanspruchungen mindestens mit der für den Leiter und Tragkonstruktion gewünschten Sicherheit genügen, die auch bei schärfsten Temperaturänderungen vorhanden sein muß.

Fig. 133.

Oftmals wird übrigens der Bruch eines Isolators nicht unmittelbar durch die am Kopfe angreifende Belastung herbeigeführt, sondern indirekt durch die Stütze. In den meisten Fällen wird nämlich nicht der Kopf des Isolators abgerissen, sondern die Stütze durchgebogen werden. Dann aber drückt diese in der aus Fig. 133 ersichtlichen Weise auf das untere Ende des Gewindeloches und kann so leicht die vorstehenden Porzellanteile absprengen. Aus diesem Grunde empfiehlt sich schon die Verwendung einer möglichst kräftigen Stütze, auf welcher der Isolator sicher befestigt ist.

Am meisten haben erfahrungsgemäß Isolatoren, besonders in industriereichen Gegenden, unter der Verunreinigung durch Rauch und Ruß, an Meeresküsten auch bisweilen durch Salzniederschläge zu leiden. Ist, wie es meist der Fall sein wird, eine regelmäßige Reinigung der Isolatoren ausgeschlossen, so muß bei der Formgebung bereits darauf Rücksicht genommen werden, daß der Regen selbst eine wenigstens teilweise Reinigung der Isolatorfläche besorgt.

Weiter muß die Oberfläche des Isolators gegenüber den in der Luft befindlichen Säuren vollkommen unempfindlich sein. Daß dies beispielsweise bei Glas nicht vollkommen zutrifft, war bereits oben angedeutet worden. Doch auch gegenüber den Entladungen selbst und ihren Begleiterscheinungen muß der Isolator durchaus widerstandsfähig sein. So wird beispielsweise Hartgummi erfahrungsgemäß durch Ozon langsam zersetzt und auch bei Ambroin-Isolatoren macht sich eine besondere Porzellankappe auf dem Kopfe des Isolators zum Schutze gegen die Glimmentladungen nötig. Glas hinwiederum hält infolge seiner Sprödigkeit selbst einem vorübergehend sich bildenden Lichtbogen nicht stand.

Für die Montage ist es von Wichtigkeit, daß der Isolator seiner ganzen Form nach nicht zu zerbrechlich ist. Mantelräder, die beim Transport leicht ausstoßen, allzu flache Dächer, auf denen der Leitungsdraht beim Spannen oder bei starkem Durchhang aufliegen könnte, sind zu vermeiden. Vor allem aber muß der Isolator auch gegenüber herabfallenden Ästen, Steinwürfen u. dgl., denen eine Leitungsanlage erfahrungsgemäß auch nach der Inbetriebnahme leider noch vielfach ausgesetzt ist, eine gewisse Sicherheit bieten.

Alles dies bedingt einen kräftigen Bau des Isolators. Auf der anderen Seite geht mit Rücksicht auf den Preis, die Fracht- und Montagekosten das Bestreben dahin, den Isolator so leicht wie möglich zu halten. Besonders nötig ist dies für sehr große Isolatoren, wie sie für die höchsten Betriebsspannungen erforderlich werden. Und doch hat die Unmöglichkeit, Isolatoren von sehr großen Abmessungen genügend leicht zu bauen, hauptsächlich mit dazu geführt, die später noch zu besprechenden Hängeisolatoren einzuführen.

Schließlich sei noch darauf hingewiesen, daß möglichst offene Isolatoren angewendet werden sollten, in den schmalen dunklen Teilen der zylindrischen Glocken setzen sich Insekten fest und füllen durch ihre Gespinste und Absonderungen oft den ganzen Raum aus.

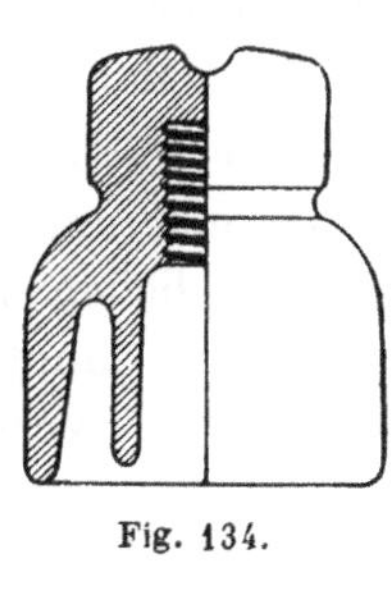

Fig. 134.

Die ersten Starkstromisolatoren sind aus den Schwachstromisolatoren hervorgegangen, deren erster Doppelglockentyp, der in seiner Grundform in unserem Reichsmodell noch enthalten ist, von Chauvin (1858) eingeführt wurde. (Fig. 134.) Für Niederspannungsanlagen wird diese Form noch sehr häufig und für Hochspannung bis 3000 Volt nicht selten angewendet. Einen besonders zweckmäßigen Isolatorentyp für Niederspannung zeigt Fig. 135, der, wie das Reichs-

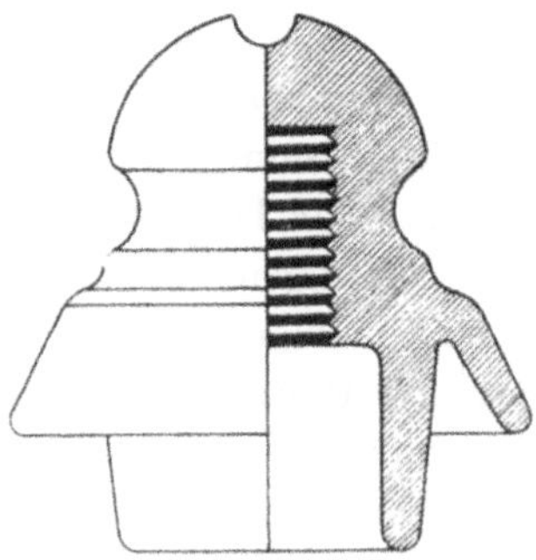

Fig. 135.

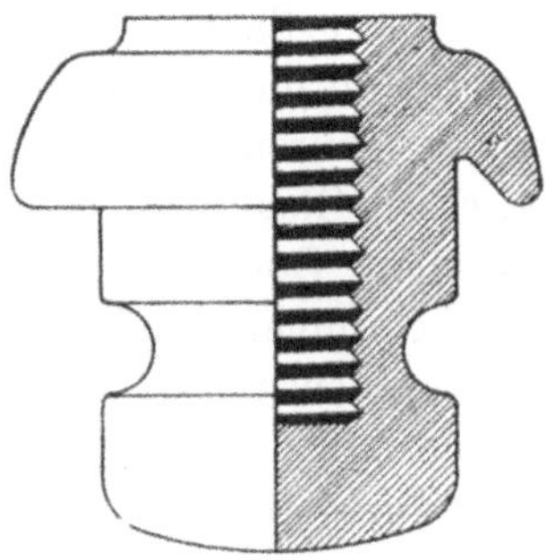

Fig. 136.

modell, ebenfalls in drei Größen ausgeführt wird. In Fig. 136 ist dieser Typ als Hängeisolator dargestellt.

Für Spannungen über 3000 Volt wurde aus dem Doppelglocken-Isolator der Dreimantelglockenisolator geschaffen, der vor 10—15 Jahren für Spannungen bis etwa 6000 Volt sehr beliebt war. Diese Form genügte zwar in mechanischer Hinsicht allen Anforderungen, sie bot aber gegen Randentladungen nur geringen Schutz, weil der Abstand zwischen dem Rande der äußeren Glocke und der Stütze sehr gering ist. Durch Erweiterung der Glocke nach außen, durch Hinzufügung eines oberhalb des zylindrischen Mantels angeordneten Schirmes suchte man die Leistungsfähigkeit der Dreimantelglocke zu erhöhen. Die Grenze war aber bald erreicht, weil mit der Erhöhung der Betriebsspannung die Abmessungen und das Gewicht des Isolators unangemessen stiegen. Mit der Vergrößerung der Abmessungen wuchsen auch die Schwierigkeiten der Herstellung, Blasen und Risse und damit Durchschläge waren die unvermeidliche Folge.

Eine grundlegende Änderung in der Formgebung der Isolatoren brachte erst das Jahr 1897, als in Deutschland die Deltaglocke durch die Porzellanfabrik Hermsdorf, S.-A.[1]) eingeführt wurde.

Die Sicherheit gegen Randentladungen ist bei der Deltaglocke in besonderem Maße vorhanden. Fig. 137 stellt den Isolator in seiner ursprünglichen Form dar, in der er rasch eine außerordentliche Verbreitung erlangte. Fig. 137—141 zeigen, in welcher Weise auf Grund zahlreicher Versuche im Laboratorium der Porzellanfabrik Herms-

[1]) Weicker, Helios 1910.

dorf, S.-A. die Glocke bis zu ihrer heutigen Form weiter entwickelt wurde. Es geschah dies hauptsächlich in der Richtung, die nutzbare Schlagweite bei gleichem Isolatorgewicht weiter zu erhöhen und dadurch den Isolator noch leistungsfähiger zu gestalten. Tabelle 35 enthält die gebräuchlichsten Delta-Isolatoren mit der für praktische Zwecke

Fig. 137.

Fig. 138.

Fig. 139.

Fig. 140.

Fig. 141.

maximalen Betriebsspannung. Der Typ mit weiterem Stützenloch ist für Abspann- und Winkelpunkte bestimmt, an welchen die Stütze zur Aufnahme des Zuges besonders kräftig ausgebildet sein muß. Durch geeignete Formgebung der Stütze kann auch für hohe Beanspruchungen der normale Isolator genügen.

Fig. 142.

In Fig. 142 ist ein Isolator der Fabrik Ph. Rosenthal & Co., Selb, dargestellt, bei dem der mittlere Mantel durch mehrere kürzere Mäntel oder Rippen ersetzt ist. Eine andere Form zeigt der von derselben Firma hergestellte Kammerisolator (Fig. 143). In der Tabelle 36 sind die für Hochspannungsleitungen in Betracht kommenden Typen zusammengestellt.

Fig. 143.

Bereits oben bei der Besprechung der ersten Formen der Dreimantelglocken war erwähnt, daß allzugroße Anhäufung des Materials leicht Risse usw. veranlassen könne. Diesem Übelstand kann zwar durch entsprechende Massenverteilung entgegengewirkt werden, aber doch nur bis zu einem gewissen Grade. Oberhalb gewisser Betriebsspannungen, etwa von 20000 Volt ab, macht sich dagegen die zweiteilige Ausführung des Isolators unbedingt notwendig, da nur so die geringe Scherbenstärke jedes einzelnen Teiles hinreichend fehlerfrei hergestellt und gebrannt werden kann. Die einzelnen Teile des Isolators können dabei entweder zusammengebrannt, d. h. bereits im Ofen vereinigt werden, oder sie können nach erfolgtem Brande auf geeignete Weise zusammengekittet werden. Bei dreiteiligen Isolatoren wird manchmal auch eine Vereingung beider Verfahren bevorzugt.

Alle bisher dargestellten Isolatorenformen haben, so sehr sie auch in Einzelheiten der Form voneinander abweichen, je nachdem, ob der eine oder andere Gesichtspunkt mehr berücksichtigt wird, doch das eine gemeinsam: Die außerordentliche Gewichtssteigerung mit der zunehmenden Betriebsspannung. Der Isolator J 1384, der z. B. für 15000 Volt verwendbar ist, wiegt 1,7 kg, während J 1396 für 56000 Volt bereits 13 kg wiegt. Der dreimal höheren Spannung entspricht ein nahezu achtmal höheres Gewicht. Die Unmöglichkeit, der Forderung eines geringen Gewichtes und Handlichkeit bei der Montage auch bei den höchsten Spannungen (z. B. oberhalb von 60000—70000 Volt) noch gerecht zu werden, drängt mit Notwendigkeit zu einer Konstruktion, bei der geringes Gewicht mit hoher Leistungsfähigkeit verbunden ist.

So entstanden, wohl ursprünglich aus den lange vorher bekannten Abspannisolatoren hervorgegangen, die sogenannten Hängeisolatoren. Das Bezeichnende bei dieser Isolatorform ist, daß der Leitungsdraht sich unten, der Stützpunkt oben befindet, sowie daß damit gleichzeitig eine Unterteilung des bei hohen Spannungen überaus schweren, teueren und verhältnismäßig wenig leistungsfähigen Stützisolators in

Tabelle 36.

Stütz-Isolatoren für Hochspannung der Porzellanfabrik Hermsdorf.

Betriebsspannung in Volt	Typ J mit engem Stützenloch	Nettogewicht kg	Typ J mit weitem Stützenloch	Nettogewicht kg	Höhe der Leitungen über Traverse
8000	1381	0,65	—	—	175
10000	1382	0,91	—	—	175
12000	1383	1,3	1402	1,3	200
15000	1384	1,7	1403	1,9	225
20000	1385	2,3	1404	2,4	250
24000	1386	2,8	1405	3,0	275
27000	1387	3,4	1406	3,7	300
30000	1388	4,4	1407	4,5	325
33000	1389	5,0	1408	5,4	350
37000	1390	5,4	1409	6,3	375
40000	1391	6,5	1410	7,4	400
43000	1392	7,4	1411	8,6	425
48000	1393	8,9	1412	10,0	450
50000	1394	10,0	1413	11,0	475
52000	1395	12,0	1414	13,5	500
56000	1396	13,0	1415	14,6	525

Tabelle 37:

Stütz-Isolatoren für Hochspannung der Porzellanfabrik Ph. Rosenthal & Co.

Betriebs-spannung in Volt	Rillenisolator		Kammerisolator		Prüfspannung des ganzen Isolators bzw. der Einzelteile
	Nr.	Gewicht kg	Nr.	Gewicht kg	
4 000	901	0,30	1001	0,33	25 000
5 000	902	0,38	1002	0,42	32 000
8 000	903	0,64	1003	0,62	40 000
10 000	904	0,87	1004	0,90	45 000
12 000	905	1,35	1005	1,43	56 000
15 000	906	1,76	1006	2,00	66 000
20 000	907	2,22	1007	2,50	80 000
25 000	908	3,17	1008	3,52	85 000
30 000	909	3,80	1009	4,33	45 000 und 45 000
32 000	910	4,40	1010	5,17	50 000 und 50 000
37 000	911	5,73	1011	6,25	50 000 und 50 000
40 000			1012	7,65	55 000 und 55 000
45 000			1013	9,30	60 000 und 60 000

eine Reihe hintereinandergeschalteter, beliebig zu vermehrender Einzelglieder verbunden ist.

Infolge des durch die günstigere Flächenverteilung bedingten höheren Oberflächenwiderstandes sind die Verluste durch Oberflächenleitung bei Hängeisolatoren oft weniger als halb so groß als bei Stützisolatoren für die gleiche Spannung.

Auch die Durchschlagsfestigkeit einer Gruppe von Hängeisolatoren ist mindestens ebenso groß wie bei einem mehrteiligen Stützisolator und kann durch weitgehende Unterteilung in eine größere Anzahl hintereinandergeschalteter Einzelglieder leicht beliebig gesteigert werden. Vor allem aber ist der Schutz gegen Randentladungen bedeutend größer als bei einem Stützisolator, da bei letzterem oberhalb einer gewissen Spannungsgrenze infolge von Gleitfunkenbildung verhältnismäßig frühzeitig Entladungserscheinungen einsetzen.

Von grundsätzlicher, allgemeiner Bedeutung ist die Vielseitigkeit des Hänge-Isolator-Systems zunächst insofern, als die Zahl der Isolatortypen, von denen bei Stützisolatoren für jede Betriebsspannung eine oder mehrere Größen gebraucht werden, auf ein Mindestmaß herabgesetzt werden kann. Es genügt die Festsetzung einiger weniger Normaltypen, die für jede vorkommende Spannung gliederweise zusammengestellt werden.

Da die Einzelglieder nur verhältnismäßig klein sind, so bietet ihre Fabrikation im allgemeinen keinerlei besondere Schwierigkeiten. Dies ist im Interesse einer größeren Einheitlichkeit gegenüber der außerordentlichen Mannigfaltigkeit der verschiedensten Formen, die gerade auf dem Isolatorengebiet sonst besonders störend zu empfinden war, sehr erwünscht. Was für Vorteile aus einer derartigen Normalisierung in bezug auf Lagerhaltung, kürzeste Lieferzeit, einheitliche Herstellung usw. erwachsen, braucht nicht besonders ausgeführt zu werden.

Auch die leichte Möglichkeit, die Spannung einer bestehenden Anlage je nach Bedarf mit wachsender Belastung zu erhöhen, ohne dabei die Isolatoren auswechseln zu müssen, ist ein Vorzug der Glieder-Hänge-Isolatoren. Bei Stütz-Isolatoren müßten in einem solchen Falle von vornherein übermäßig große und damit unwirtschaftliche Isolatoren (was jedoch nach dem Vorhergesagten auch nur bis zu einer gewissen Spannungsgrenze möglich ist) eingebaut werden. Dagegen kann bei Hänge-Isolatoren, sofern nur die erforderlichen Abstände vorgesehen sind, durch Zuschalten eines oder mehrerer Einzelglieder ohne weiteres die der höheren Spannung entsprechende Isolation erreicht werden.

Doch auch ohne Erhöhung der Spannung kann an besonders gefährdeten Stellen der Fernleitung (z. B. in der Nähe des Meeres, in Industrie- oder Sumpfgegenden usw.) die leichte nachträgliche Verstärkung der Isolation zur Erhöhung der Betriebssicherheit oft außerordentlich erwünscht sein. Überhaupt ist die leichte Montage der meisten Arten von Hänge-Isolatoren ein nicht zu unterschätzender Vorteil gegenüber den viel schwerer zu handhabenden Stütz-Isolatoren.

Auch die leichte Auswechselbarkeit etwa beschädigter Glieder ist eine weitere Annehmlichkeit der Hänge-Isolatoren. Während bei Stütz-Isolatoren bei Beschädigung irgendeines Teiles notgedrungen der ganze Isolator abmontiert und ausgewechselt werden muß, genügt bei Hänge-Isolatoren der Ersatz lediglich des schadhaften Stückes.

Bei der ganzen Form und Anordnung des Hänge-Isolators besteht überdies die Wahrscheinlichkeit, daß selbst bei schweren Verletzungen (z. B. durch Steinwürfe u. dgl.) nur einzelne Teile der ganzen Isolatorkette getroffen werden, und daß die übrigen Glieder für den störungsfreien Weiterbetrieb der Anlage noch genügen.

Die Ausführungsformen des Hänge-Isolators selbst können so mannigfaltig sein, wie bei den Stütz-Isolatoren. Man findet, genau wie dort, neben möglichst einfach gehaltenen, unter Umständen nur aus einem einzigen flachen oder gerippten Dach bestehenden Formen alle möglichen ein- und mehrteiligen anderen Anordnungen verschieden geformter Teile.

Hier sei nur der eine grundsätzliche Unterschied in bezug auf die Konstruktion hervorgehoben: Der Isolator wird entweder von dem die Verbindung der einzelnen Isolatorglieder herstellenden Eisenteilen kettengliedartig umschlossen (Fig. 144) oder die Eisenteile greifen, nur durch das Porzellan getrennt, zylindrisch ineinander, nicht durcheinander (Fig. 145). Im ersteren Falle wird der Isolator hauptsächlich auf Druck beansprucht, wobei es wesentlich ist, daß auch nach erfolgtem Bruch sich die Eisenteile noch umschlingen. Ein Herabfallen der Leitung ist also, genügende Haltbarkeit der Drahtseile vorausgesetzt, ausgeschlossen. Im zweiten Falle kann zwar durch entsprechende Formgebung des Isolators auch eine Beanspruchung auf Druck oder wenigstens Abscherung bis zu einem hohen Grade erreicht werden; indessen bleibt bei Bruch des Isolators bezüglich des Herabfallens der Leitung eine gewisse Gefahr. Allerdings kommt dies bei der hohen Bruchfestigkeit derartiger Isolatoren praktisch kaum in Betracht, zumal anderseits diese Isolatoren in elektrischer Hinsicht eine Reihe bemerkenswerter Vorzüge vor den mit kreuzweiser Durchbohrung versehenen Isolatoren aufweisen.

Fig. 144.

Fig. 145.

Von Ketten-Isolatoren ist die bekannteste und wenigstens in Amerika verbreitetste die von Hewlett angegebene und in Fig. 146 dargestellte. Für Abspannzwecke, d. h. also für horizontale Lage, werden die Isolatoren etwas anders, nämlich nach beiden Seiten genau symmetrisch, gemäß Fig. 147, ausgeführt.

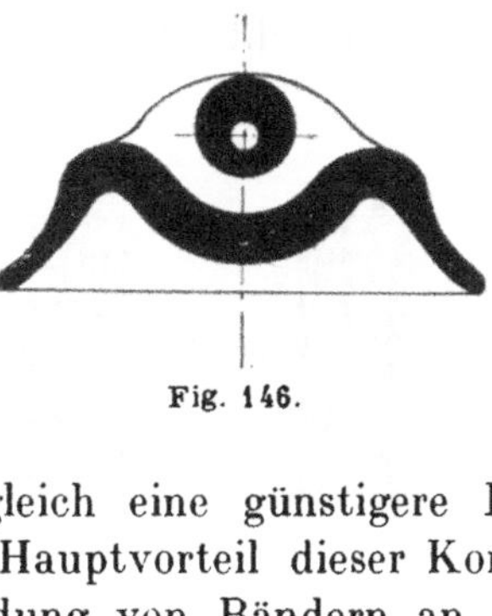

Fig. 146.

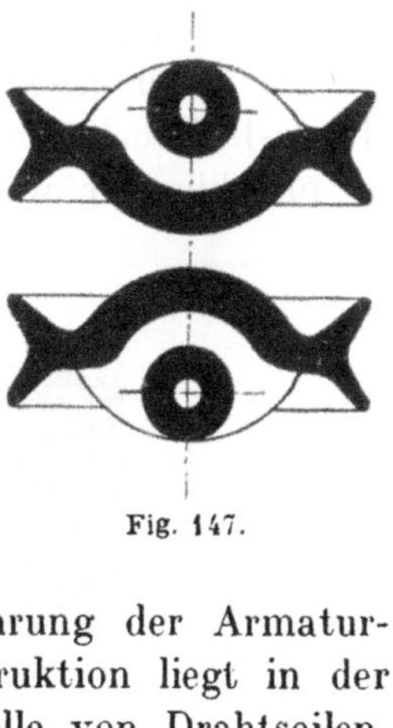

Fig. 147.

Neuerdings werden die Kanäle der Ketten-Isolatoren vielfach nicht rund, sondern viereckig ausgeführt und außerdem nach oben zu stark verrundet, wodurch zugleich eine günstigere Führung der Armaturteile erzielt wird. Der Hauptvorteil dieser Konstruktion liegt in der Möglichkeit der Verwendung von Bändern an Stelle von Drahtseilen,

Bänder lassen sich weit bequemer als Seile durch Schrauben u. dgl. vereinigen, während bei Seilen meist besondere Schlösser notwendig werden, wenn man es nicht vorzieht, dünne Seile vielfach durch die zu verwendenden Isolatoren hindurchzuziehen und durch die dadurch gebildete Reibung ein besonderes Schloß entbehrlich zu machen.

Fig. 148.

Fig. 149.

Fig. 148 zeigt einen Hängeisolatoren-Deltatyp der Porzellanfabrik Hermsdorf, S.-A., der bereits in verschiedenen Kraftwerken verwendet worden ist. Die Größe des Isolators ist so gewählt, daß das erste Glied mit 20000 Volt, jedes folgende Glied mit 15000 Volt beansprucht werden kann. Für 100000 bis 110000 Volt sind demnach 7 Einzelglieder in Reihe zu schalten.

Ein Hänge-Isolatortyp der Porzellanfabrik Rosenthal veranschaulicht Fig. 149. Den Abspanntyp derselben Firma, der bei der 110000 Volt Kaftübertragung der Lauchhammerhütte Verwendung gefunden hat, zeigt Fig. 150. In Fig. 151 ist ein Abspannmast mit Rosenthal-Isolatoren dargestellt.

In mechanischer Hinsicht bieten die Hänge-Isolatoren im allgemeinen, wenigstens in geraden Strecken, wo sie ohnehin nur wenig beansprucht werden, ohne weiteres die nötige

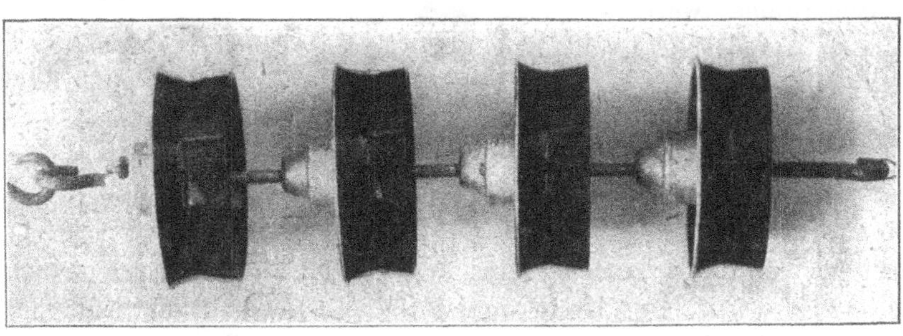

Fig. 150.

Festigkeit. Etwas anderes ist es in Winkelpunkten. Der Umstand, daß hier die Isolatoren unter der seitlichen Belastung sich schief stellen würden, macht besondere Abspannkonstruktionen erforderlich, bei denen die Isolatoren oft großen mechanischen Beanspruchungen unterworfen sind. Zur Erhöhung der mechanischen Festigkeit werden Abspann-Isolatoren mit um etwa 15 mm höherem Kopf ausgeführt. Die Bruchbelastung steigt dann bis 6300 kg. Einen Abspann-Isolator für große Zugbeanspruchung (7500 kg) zeigt Fig. 152.

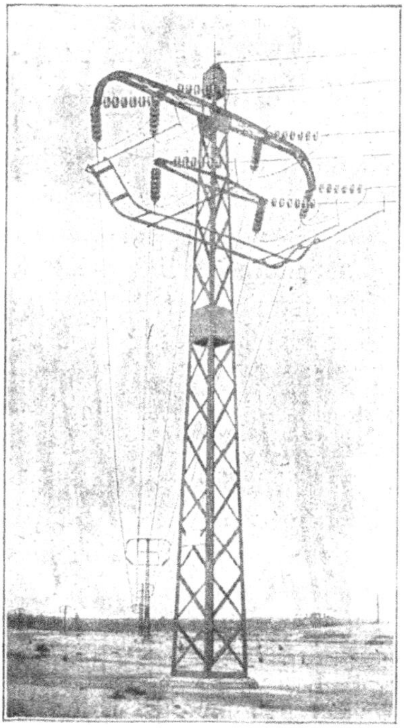

Fig. 151.

Die Verwendung von Hänge-Isolatoren erhöht die mechanische Sicherheit der Leitungsanlage. Die bewegliche Aufhängung der Isolatoren an Tragmasten und Winkelpunkten gestattet den Drähten Zugausgleichungen, die Leitungen werden an ihren Befestigungsstellen nur gering beansprucht, weil die Isolatorenkette mit den Leitungen schwingt. Die Tragmaste werden bei einseitigem Leitungsbruch entlastet, denn die Isolatorenkette stellt sich schräg und vergrößert dadurch die Leitungslänge, wodurch die Zugbeanspruchung vermindert wird.

Die mechanische und elektrische Sicherheit gegen Blitzschäden ist infolge der weit ausladenden Traversen und geerdeten Gestänge, die sich durch die Art der Aufhängung über den Isolatoren befinden, ohne weitere Kosten erhöht, ein Vorteil, der die Kosten für das höhere Leitungsgestänge mindestens aufwiegt.

Ein anderes Mittel, die Isolatoren gegen die Einwirkungen von Blitzschlägen und vor Überschlägen zur Stütze zu schützen, bietet der Schutzring der Porzellanfabrik Hentschel & Müller (Fig. 153—155). Dieser metallische Schutzring soll die Entladungen

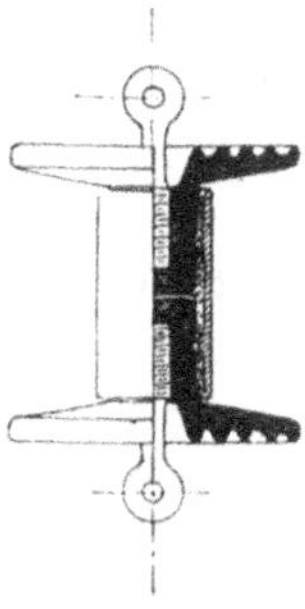

Fig. 152.

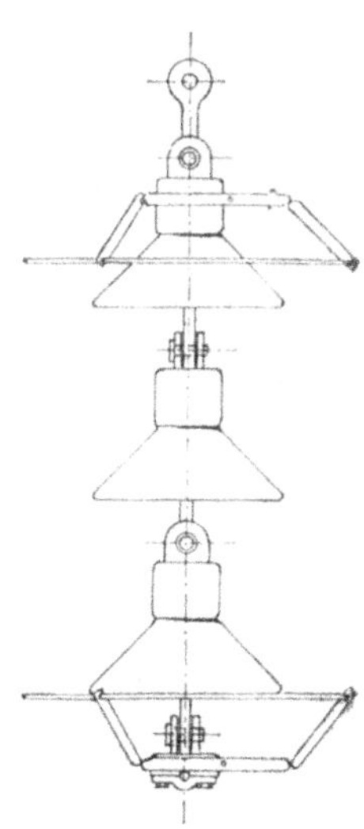

Fig. 153.

von dem auf dem Kopfe des Isolators befestigten Leitungsdraht bzw. der Kabelklemme bei Hänge-Isolatoren direkt nach dem unteren Metallschutzring überführen, ohne die Isolatorenmäntel, höchstens mit Ausnahme des oberen, zu berühren. Findet eine Entladung zunächst längs der Isolatormäntel statt, so soll der Lichtbogen bei seiner bekannten Neigung sich nach außen zu erweitern, von dort nach dem Schutzring überspringen. Dieses Schutzmittel setzt allerdings die Überschlagsspannung im trokkenen Zustand herab, bei Regen ist die Überschlagsspannung jedoch nicht verändert, der Isolationswert bleibt derselbe. Die Niagara, Lockport and Ontario Power Co. hat auf einer Fernleitung ausgedehnte Versuche mit diesem Schutzring in der Weise gemacht, daß von einer 600 km langen Freileitung die Hälfte der Linie mit Isolatorschutzringen ausgerüstet wurde. Das Ergebnis war, daß von den geschützten Isolatoren nur ein einziger vollständig zerstört und 13 zwar beschädigt, aber noch betriebsfähig waren. Die entsprechenden Zahlen der Linie mit ungeschützten Isolatoren waren 54 und 36 Isolatoren. Bemerkenswert ist, daß von den auf der Mastspitze montierten Isolatoren viermal so viel durchschlugen als von den Isolatoren der Querarme.

Fig. 154.

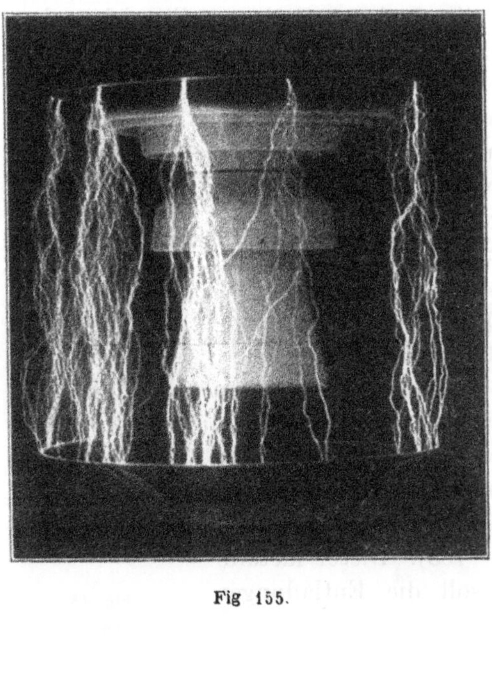

Fig 155.

Der Schutzring kann als Drahtgeflecht oder aus Bandeisen hergestellt werden. Ist er aus engmaschigem Drahtgeflecht oder verzinktem, gelochtem Blech hergestellt, so schützt er den Isolator bis zu gewissem Grade vor Steinwürfen und Schüssen der Sonntagsjäger.

Die Fig. 154 zeigt einen Delta-Isolator mit unterem Schutzring, aus welcher deutlich zu ersehen ist, wie der Lichtbogen vom oberen Isolatordach bzw. Leitungsdraht überspringt, ohne die Innenmäntel des Isolators zu berühren.

Fig. 156.

Die Fig. 155 veranschaulicht die Wirkungsweise der Schutzringe, wenn der Isolator mit einem oberen und unteren Ringe versehen wird. Die Luftstrecke zwischen den beiden Ringen wird überschlagen, ohne die Mäntel zu berühren. In Fig. 156 ist zum Vergleich der überschlagende Lichtbogen desselben Isolatortyps ohne Schutzring dargestellt.

In der Praxis wird die Verwendung dieser Schutzringe nur für ganz besondere Ausnahmefälle zweckmäßig sein. Der Ring bietet Vögeln sehr gute Sitzgelegenheit, die die Einleitung von Überschlägen veranlassen können.

---

11. Befestigung der Isolatoren auf den Stützen.

Die Befestigung der Isolatoren auf den Stützen ist in mannigfachster Art vorgenommen worden. Die verschiedensten Kitte sind auf den Markt gekommen, die aber teils ihrer chemischen Einflüsse auf die Stützen, teils ihres vom Porzellan verschiedenen Ausdehnungskoeffizienten nicht zu empfehlen sind. Die beste Befestigung ist das Aufziehen mit Hanf, der mit Leinöl oder Mennige getränkt wird. Die richtige Montage erfordert aber Übung, Sachkenntnis und Zuverlässigkeit, und es ist deshalb unzweckmäßig, das Aufziehen der Isolatoren von ungeübten Taglöhnern als Ausfüllarbeit vornehmen zu lassen. Die größte Sicherheit für gute Ausführung bieten die in den Porzellanfabriken montierten Isolatoren. Die Kosten werden allerdings etwas höher weil höhere Fracht- und Verpackungskosten in Betracht kommen. Die Porzellanfabrik Hermsdorf hat bei vielen Isolatordefekten feststellen können, daß deren Ursache nur die Verwendung ungeeigneten Materials oder fehlerhafte Arbeit beim Aufziehen der Isolatoren war; sie hat deshalb die nachstehende Anweisung herausgegeben:

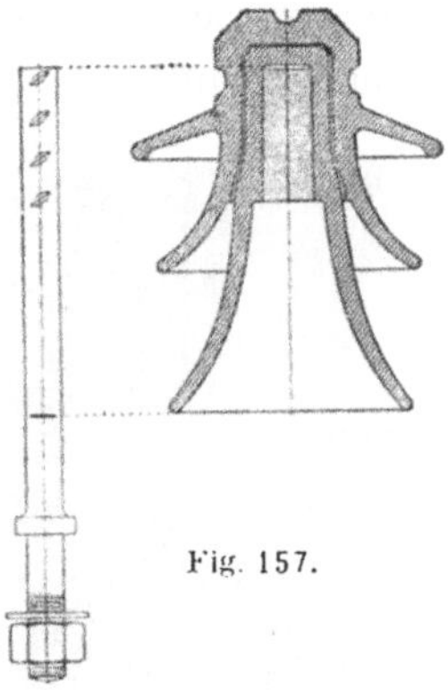

Fig. 157.

Zunächst ist durch Einführung der Stütze in das Gewindeloch die Tiefe bis zum untersten Glockenrand an der Stütze durch einen Strich zu kennzeichnen (Fig. 157).

Hierauf wird die Stütze im Schraubstock befestigt (Fig. 158) und mit einer Menge langsträhnigen, gut durchgehechelten Hanfes umwickelt, wobei auch die Endfläche der Stütze mit Hanf bedeckt sein soll. Der entstehende Pfropfen muß den ungefähren Durchmesser des Stützenloches und eine diesem angepaßte Länge haben. Sodann ist der Hanfpropfen mit der Hand oder einer geeigneten Hilfsvorrichtung zu glätten und mit Leinöl oder Menninge zu überstreichen.

Vor dem Einführen der behanften Stütze wird zweckmäßig auf den Boden eine passende Filz-, Leder- oder Asbestscheibe gelegt, die

Fig. 158.

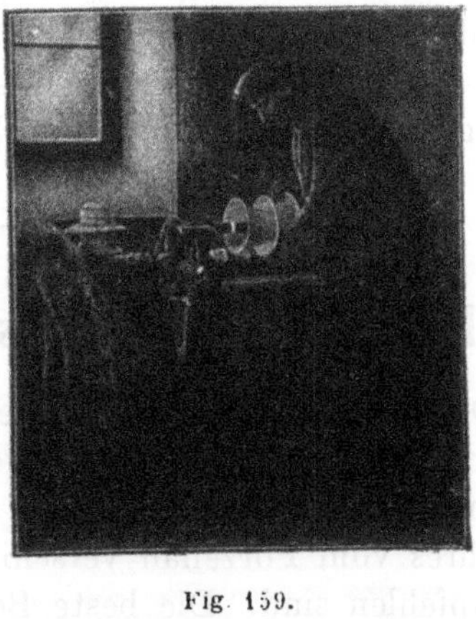

Fig. 159.

als elastisches Polster zwischen Stütze und Boden des Gewindeloches wirken soll. Hierauf wird die Stütze eingedreht (Fig. 159).

Bei den letzten Umdrehungen ist die angebrachte Marke zu beachten, um ein allzu tiefes Eindrehen der Stütze und damit ein Absprengen des Isolatorkopfes zu verhüten. Um alle doch etwa hierdurch entstehenden Spannungen zu vermeiden, empfiehlt es sich, nach erfolgtem Aufdrehen die Stütze wieder etwas zurückzuschrauben. Einen vorschriftsmäßig eingedrehten Isolator zeigt Fig. 160 im Querschnitt.

Um ein rascheres, aber dabei gleichmäßigeres Aufdrehen zu erzielen, wurden besondere Aufdrehmaschinen konstruiert, deren Verwendung im nachstehenden an Hand der Fig. 161 und 162 kurz beschrieben ist.

Die in Fig. 161 dargestellte Vorrichtung dient zum Aufpressen des Hanfpolsters auf die Stütze und zum Glätten desselben. Die mit Hanf umwickelte Stütze wird unter gleichzeitiger Drehung mittels eines Hebels fest in den deutlich ersichtlichen rinnenförmigen Ansatz gepreßt. Die Drehung der Stütze erfolgt entweder direkt mit der Hand bei gebogenen Stützen oder mittels einer Rohrzange oder besonderen Drehvorrichtung bei geraden Stützen.

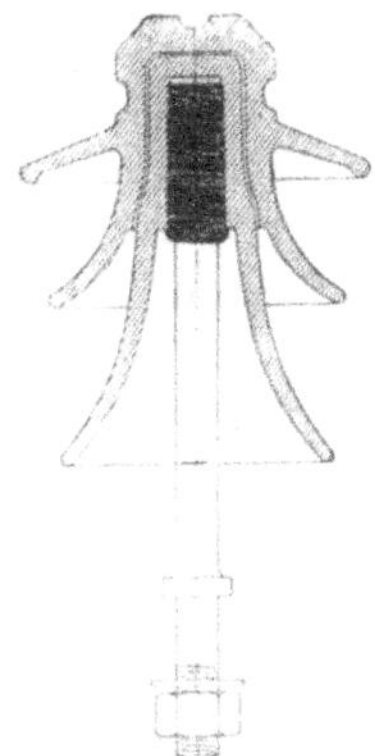

Fig. 160.

Die auf diese Weise mit Hanf umwickelte Stütze wird nun in einen Schraubstock gespannt und dann der Isolator unter Berücksichtigung der oben gegebenen Anweisungen mittels der Aufdrehvorrichtung nach Fig. 162 aufgeschraubt.

Dieses Werkzeug, welches nach Art eines Bremsbandes ausgebildet ist, ermöglicht ein besonders sicheres Fassen des Isolatorkopfes und mit Hilfe des Hebels ein leichtes Aufdrehen, was besonders bei großen Isolatortypen nicht zu unterschätzen ist.

Die Werkzeuge sind der Porzellanfabrik Hermsdorf geschützt.

Das Aufdrehen großer Hochspannungsisolatoren auf die Stützen nach dem eben beschriebenen Verfahren ist immerhin umständlich und sehr von der Gewissenhaftigkeit des Arbeiters abhängig. In Amerika will man sehr gute Erfahrungen mit dem Ausfüllen des Hohlraumes

Fig. 161.

Fig. 162.

zwischen Stütze und Isolator mit Zement gemacht haben. Wenn auch bei bestem Zement, dessen Fabrikation sorgfältig überwacht wird, kein Treiben zu befürchten ist, so ist es doch zweckmäßig, zwischen Stütze und Isolator ein elastisches Polster zwischenzuschalten, das Volumenveränderungen des Zementes ausgleichen kann. Man erreicht dies durch Aufziehen einer dünnen Filzröhre auf die Stütze. Die Porzellanfabrik Hermsdorf hat auf Veranlassung des Verfassers mit Isolatoren, die auf diese Weise befestigt wurden, Versuche gemacht, die gezeigt haben, daß auch nach langer Zeit bei schroffsten Temperaturänderungen keine nachteiligen Wirkungen auftreten.

Häufig begegnet man der Anschauung, ein besonderer Vorteil der Befestigung mit Hanf biete der Umstand, daß ein schadhafter Isolator auszuwechseln sei, ohne die Stütze zu entfernen. Vor dieser Methode sei besonders gewarnt, weil es nahezu ausgeschlossen ist, daß Isolatoren unter den bei Reparaturarbeiten vorliegenden Verhältnissen (Witterung, wenig Zeit und schlechte Arbeitsbedingungen am Gestänge) richtig aufgezogen werden können. Es ist immer zu empfehlen, den fertig montierten Isolator mitzunehmen und Isolator mit Stütze auszuwechseln. Es muß deshalb darauf geachtet werden, daß alle runden Isolatorenstützen geeignete Ansetzflächen erhalten, um einen Schraubenschlüssel zum Gegenhalten leicht ansetzen zu können.

Der Zusammenbau von Hänge-Isolatoren, die mit Bolzen und Kappe zusammengehängt sind, kann so durchgebildet werden, daß die treibende Kraft des zum Befestigen von Bolzen und Kappe verwendeten Portlandzementkittes den Isolator nicht beschädigen kann. Wie aus Fig. 145 ersichtlich, greift die Tempergußkappe so über den Isolatorkopf, daß der einzementierte Bolzenteil innerhalb der Kappe sitzt und diese die etwa durch Treiben des Zementes auftretenden Druckkräfte aufnehmen kann.

12. Befestigung des Leiters an den Isolatoren.

Der Leitungsdraht kann bei Stützisolatoren entweder in der Hals- oder Kopfrille gelagert werden. In Krümmungen und Winkelpunkten wird der Leiter so in die Halsrille gelegt, daß er durch den ausgeübten Zug gegen den Isolator gepreßt wird, dieser somit innerhalb des vom Leiter gebildeten Winkels liegt.

Verläuft der Leitungsdraht in gerader Richtung am Isolator, so ist in manchen Fällen die Lagerung in der Kopfrille des Isolators der seitlichen Befestigung vorzuziehen. Das Gewicht der Leitungen und der auf diese wirkende Winddruck sowie die Differenzzugkräfte in der Leitungsrichtung beanspruchen den Seitenbund, der deshalb sehr sorgfältig ausgeführt werden muß. Unangenehme Betriebsstörungen durch heruntergefallene Leitungen sind öfters die Folge der ungenügenden Festigkeit der Seitenbunde gewesen. Wird der Draht in die Kopfrille gelegt, dann ist der Kopfbund von der Beanspruchung durch Leitungsgewicht und Winddruck auf die Leitungen befreit, er hat nur den Zugkräften in der Richtung der Leitung standzuhalten. Das Leitungsgewicht wird direkt vom Isolator aufgenommen, die Rille sichert die Drahtlage gegen die Windbeanspruchungen. Durch geeignete Formgebung der Kopfrille könnte übrigens eine beliebige Sicherheit gegen das »Herunterwehen« erreicht werden. Die Kopflagerung hat allerdings den Nachteil, daß der Leiter durch die schaukelnde Bewegung an den Kanten der Kopfrille angegriffen wird. Dieser Nachteil ist aber in einfachster Weise dadurch zu beheben, daß um den Leitungsdraht eine geschlitzte Rohrhülse gelegt wird, deren Schlitz gegen den Isolator liegt (Fig. 167), oder ein dünnes Blechband spiralförmig um den Leiter gewickelt wird.

Die Befestigung des Leiters auf dem Isolatorkopf ist notwendig, um die Bewegung in der Längsrichtung zu verhindern, die durch Scheuern sowohl den Leiter als auch den Isolator angreifen würde. Die Kräfte, welche den Leiter in der Längsrichtung zu verschieben suchen, können durch verschiedene Spannweiten (Temperaturveränderungen) der einzelnen Felder, durch ungleich verteilte Schnee- und Eislast, Vögel (Schwalben, Stare), durch ungleiche Windbelastung entstehen und sind oft recht bedeutend. Die Befestigung ist deshalb bei großen Drahtquerschnitten und Spannweiten durch Verwendung besonderer Kappen und Klemmen, die auf dem Kopf des Isolators befestigt werden, verbessert worden.

Fig. 163.

Bei Herstellung der Drahtbunde ist zu beachten, daß der Leitungsdraht durch den Zug des Bindedrahtes nicht eingeknickt wird. Die früher sehr häufig ausgeführten Zugbunde (Fig. 163) zum Befestigen und Nachspannen des Leiters, welche infolge der Einschnürung den Leiter beschädigen, werden jetzt nur noch selten gefunden. Leitungs- und Bindedrähte dürfen durch Zangen nicht beschädigt werden. Als Material für Bindedrähte kann für ge-

Fig. 164 a.

ringe Spannweite im Ortsnetzbau weicher Kupferdraht, sonst halbharter Kupferdraht Verwendung finden. Der Querschnitt soll bei Leitungen von 10 bis 25 qmm 4 bis 6 qmm, bei stärkeren Leitungen 6 bis 10 qmm betragen. Monnotmetall eignet sich sehr gut für Bindedrähte, der Querschnitt kann infolge der größeren Festigkeit etwas kleiner gewählt werden, wie eben angegeben.

Zum Binden von Aluminiumseilen wird ebensolcher Draht von 10 qmm benutzt, das weiche Metall muß an der Bundstelle mit einer Blechhülse oder einem spiralförmig umwickelten Band (10 × 1 mm)

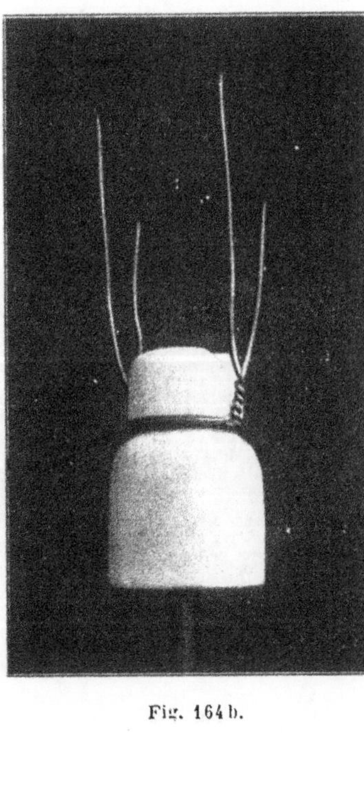

Fig. 164 b.

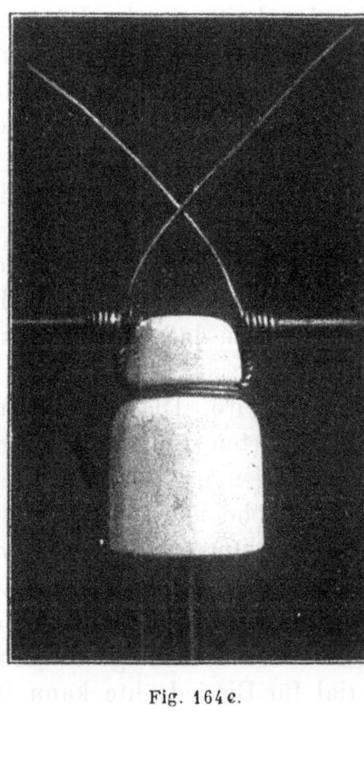

Fig. 164 c.

umgeben werden. Der Bund soll ohne Zangen nur mit der Hand ausgeführt werden.

Um der Vergeudung von Material vorzubeugen, empfiehlt es sich, die Bindedrähte in fertig geschnittenen Längen und abgezählt an die Monteure abzugeben. Die Länge, welche von dem verwendeten Isolatormodell abhängig ist, wird durch einen Probebund unter Beachtung der folgenden Ausführungen festgestellt.

Kopfbund: Zwei Bindedrähte werden von entgegengesetzter Seite so um den Isolatorhals gelegt, daß ihre beiden Enden ungleich

Fig. 164d.

Fig. 164e.

lang sind (Fig. 164a). Die beiden Enden jedes Bindedrahtes werden so weit zusammengedreht, daß die aufwärts gebogenen Raupen unterhalb der Kopfrille des Isolators endigen (Fig. 164b). Von den vier Drahtenden sind dann die beiden kürzeren je auf einer Seite des Isolators in vier bis fünf Windungen unter gleichzeitigem Anziehen um den Leiter zu legen (Fig. 164c). Jedes der beiden längeren Enden wird über den Kopf des Isolators und die bereits vorhandene Wickelstelle geführt und ebenfalls in vier bis fünf Windungen um den Draht geschlungen (Fig. 164d und e).

Seitenbund: Hierfür ist ein Draht erforderlich, der mit seiner Mitte um den Hals des Isolators geführt, ein Ende von oben nach unten das andere von unten nach oben um die Leitung gelegt und nach vorn zurückgeführt wird. Beide Enden werden dann nochmals um den Isolator und die Leitung geschlungen, wobei sie die erste Lage des Drahtes kreuzen, die übrigbleibenden Enden werden dann beiderseitig in sechs bis acht Windungen fest um den Leiter gewickelt (Fig. 165).

Eine andere Art der Ausführung von Kopfbunden zeigt die Fig. 166, die bei der 60 000 Volt-Leitung der Ontario Power and Co. verwendet wurde. Die langen Wickelstellen sollten besonders zur Verstärkung

Fig. 165.

Fig. 166.

des Leiters (Aluminium) dienen, um das Abschmelzen infolge etwa entstehender Lichtbögen zu erschweren. Eine ähnliche Anordnung veranschaulicht Fig. 167, bei welcher die Wickelstellen durch Klemmen ersetzt und der Leitungsdraht durch ein übergeschobenes Rohrstück noch besonders geschützt ist.

Fig. 167.

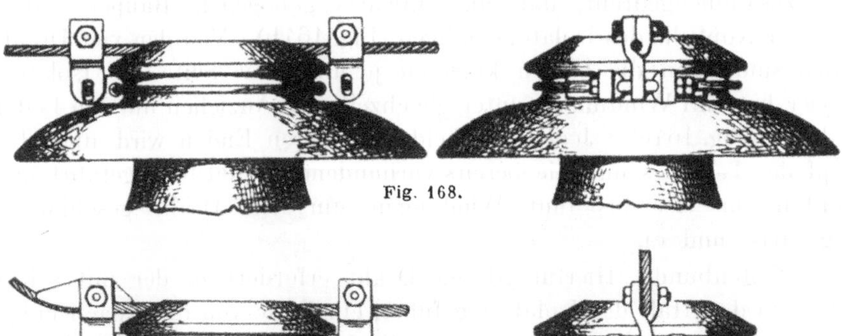

Fig. 168.

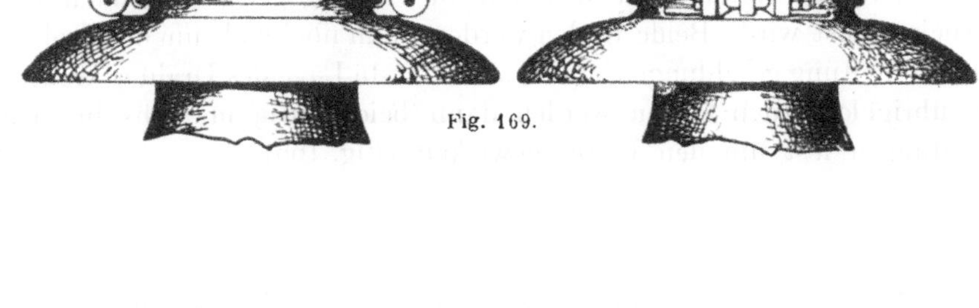

Fig. 169.

Fig. 168 stellt eine Klemme dar, die, wie Fig. 169 zeigt, für die Fälle verwendet werden kann, in welchen die Leitung infolge größerer Höhen-

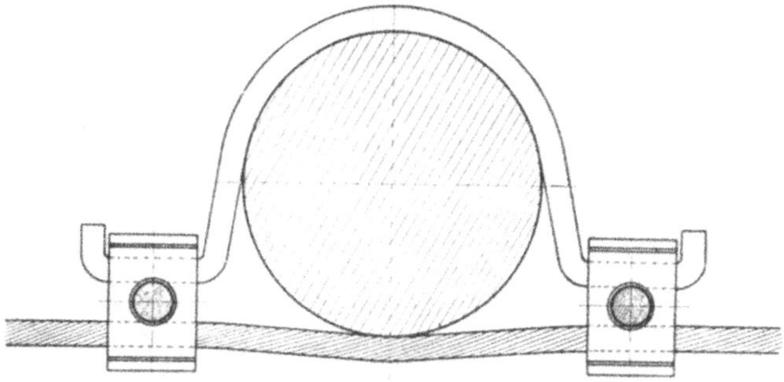

Fig. 170.

unterschiede in ziemlich schräger Lage zum Isolator führt.

Drahtreste, die sich durch die Herstellung der Bunde und Verbindungsstellen ergeben, sind sorgfältig zu sammeln. Sie bilden eine Gefahr für die Tiere dadurch, daß sie unter das Futter geraten oder ihnen die Füße verletzen. Längere Drahtreste werden gerne in die Leitungen geschleudert und sind dann die Ursache von Betriebsstörungen.

Eine zweckmäßige Befestigung des Aluminiumleiters am Isolator ist der von Direktor Henney angegebene Bügelbund (Fig. 170), wenn darauf geachtet wird, daß Bügel und Klemmen so gewählt werden, daß der Leiter keine Einschürung erleidet. Einen ähnlichen Bund empfiehlt das Heddernheimer Kupferwerk, dessen

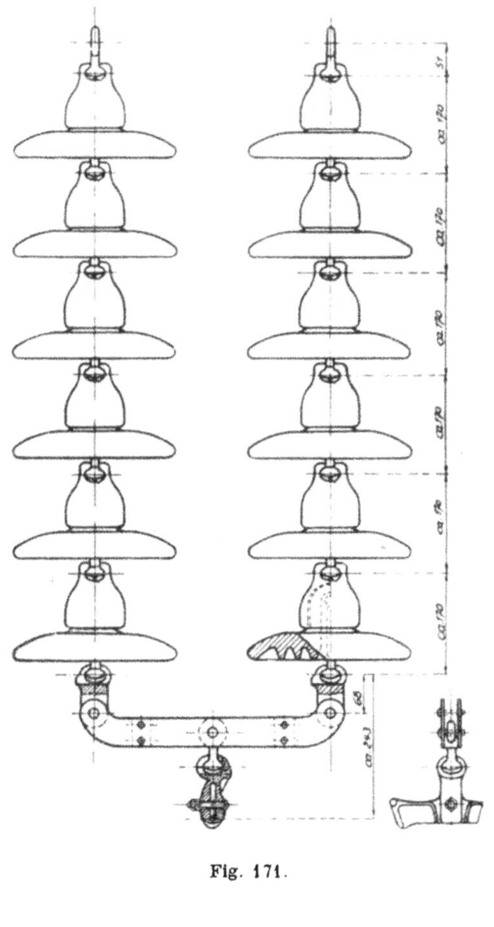

Fig. 171.

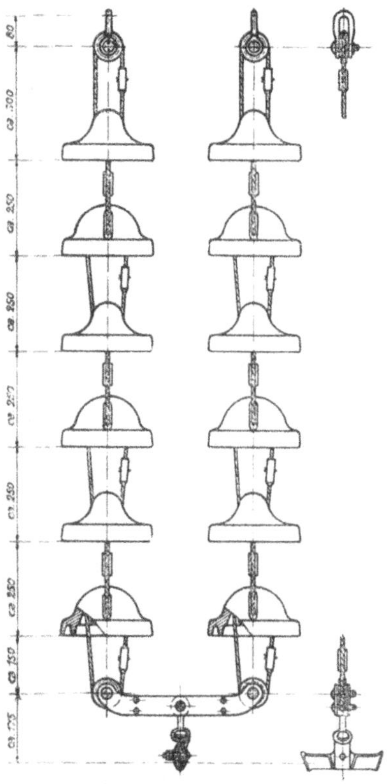

Fig 172.

Bügel aus ovalem Aluminiumdraht besteht. Die Enden des Bügels werden durch Umwicklung mit Aluminiumdraht fest mit dem Leitungsseil verbunden. Auch hier ist zu beachten, daß der Bügel für den zu verwendenden Isolator hergestellt wird, so daß keine Einschnürungen entstehen.

Die Fig. 171—179 zeigen Konstruktionen für die Aufhängung und Abspannung von Leitungen, wenn Hängeisolatoren Verwendung finden.

Zur Vermeidung von Glimmerscheinungen sind die stromführenden Teile an den Kanten und Vorsprüngen stark abgerundet.

Die Fig. 171 und 172 zeigen zusammengestellte Doppelhängeketten für Hewlett und Kappenisolatoren. Für Abspannzwecke kommen Zusammenstellungen nach Fig. 173 und 174 in Betracht.

Die bei den zusammengestellten Ketten verwendete Hängeklemme ist

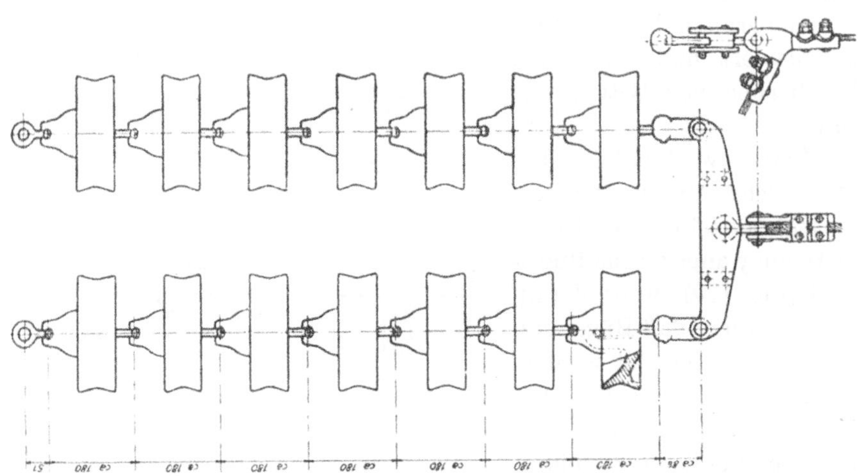

Fig. 173.

in Fig. 175 dargestellt. Es sei hier besonders auf die Sicherung des Klöpels (Fig. 176) in der Klöppelpfanne hingewiesen, die eine sehr verein-

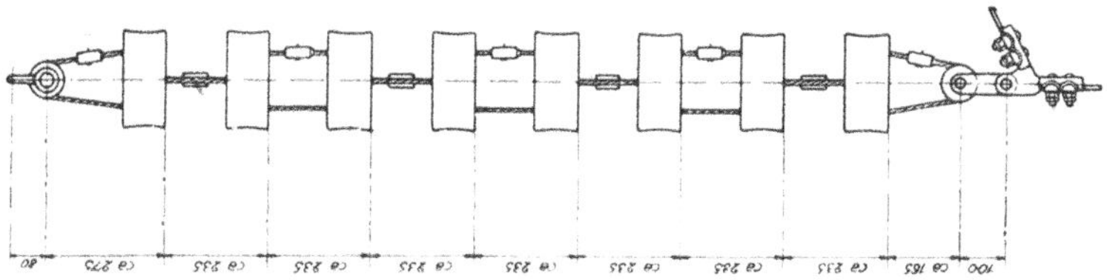

Fig. 174.

fachte Montage und Demontage gestattet und Glimmerscheinungen vermeidet, wie die vorstehenden Spitzen eines gewöhnlichen Splintes sie zeigen können. Hoffmann in Kötzschenbroda fabriziert eine Spezialtype von Hängeklemmen, bei welcher die Spitzen der hörnerartigen Fortsätze über den größten Durchmesser des Isolators um 20—25 mm hinausragen, doch aber zwischen diesen Fortsätzen und der Unterkante des Isolators ein Abstand von mindestens 100 mm verbleibt. Hierdurch wird erreicht, daß ein durch Überschläge entstehender Lichtbogen nicht unter dem Isolator hochsteigt und diesen zum Schmelzen bringen kann, daß der Lichtbogen sich zwischen Hängeklemmenspitze und Isolatorenrand bildet und dort gefahrlos verlöscht.

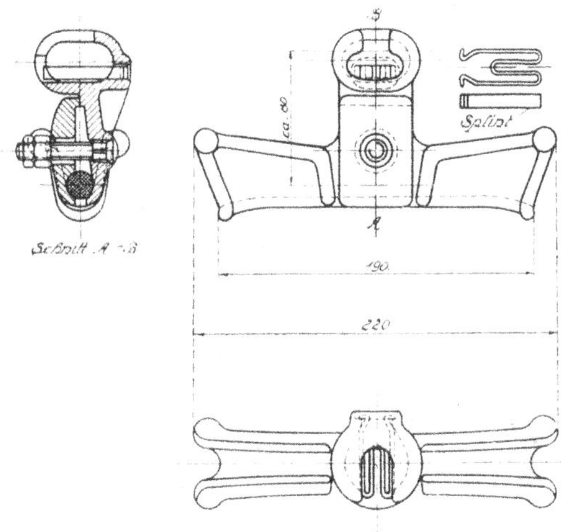

Fig. 175.

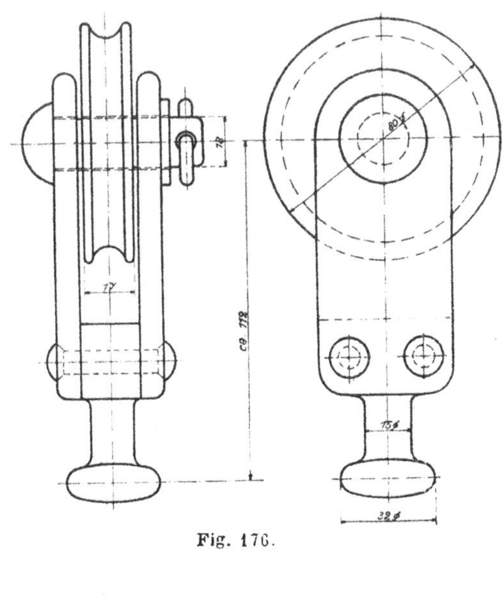

Fig. 176.

Abspannklemmen zeigt Fig. 177. Durch 4 Druckstücke wird das Leitungsseil in entsprechende Ausbuchtungen gepreßt. Damit das Seil nicht beschädigt werden kann, sind die Abmessungen

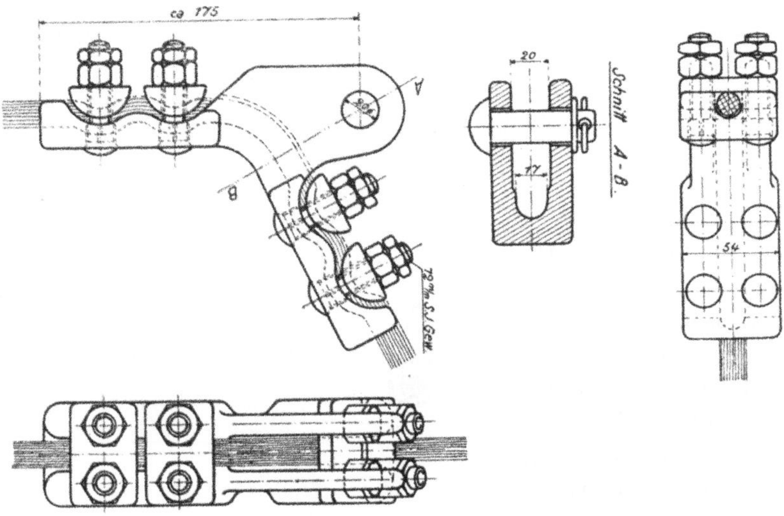

Fig. 177.

so gewählt, daß das Seil mit einem Schutzband von 1 mm Stärke umwickelt werden kann. Wenn die für einen bestimmten Querschnitt erforderlichen Klemmen benützt werden, dann halten die Abspannklemmen das Seil mit einer Festigkeit bis zu 50 kg/qmm fest.

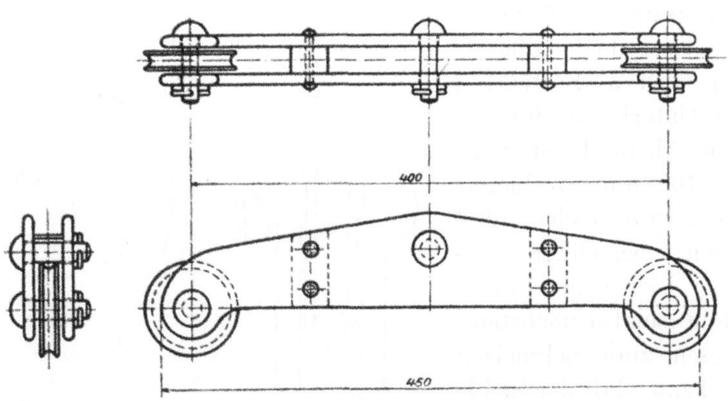

Fig. 178.

In Fig. 178 ist ein Distanzstück für Doppelabspannketten dargestellt, das für eine Bruchbelastung von 8000 kg berechnet ist. Für Kappenisolatoren wird das Distanzstück ohne Rollen verwendet, wie dies aus Fig. 171 ersichtlich ist.

Zur Verbindung der Hewlettisolatoren untereinander dienen die in Fig. 179 dargestellten Seilschlingen, die an den Enden mit Kugeln versehen und durch einen Spezialverbinder zusammengehalten werden. Die Kanäle der Hewlett-Isolatoren müssen dann so groß gehalten sein, daß die Kugeln von 20 mm bequem durchgeführt werden können. Die Bruchfestigkeit der Seilschlinge beträgt bei 35 qmm ca. 3000 kg, bei 50 qmm ca. 4000 kg.

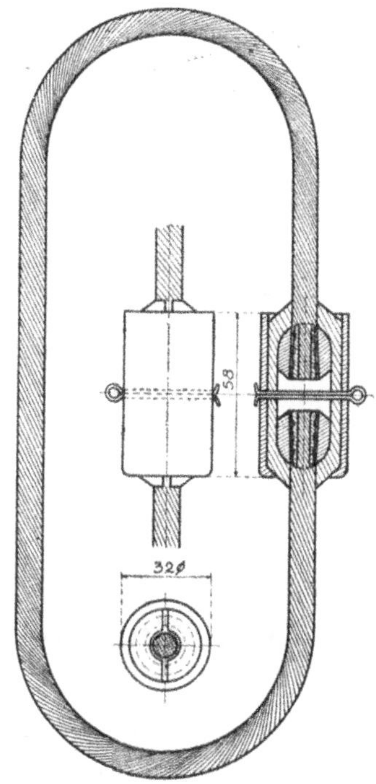

Fig. 179.

Zur Führung des Erdungsseiles dienen die Klemmen nach Fig. 180 und 181. Erstere ist für Abspann- und Eckmaste bestimmt und hält das Seil mit einer Festigkeit bis zu 4500 kg. Die an dieser Klemme angebrachten Fortsätze ermöglichen, daß das Seil in jedem beliebigen Winkel zu den Eckmasten geführt werden kann, ohne eine zu starke Knickung zu erhalten.

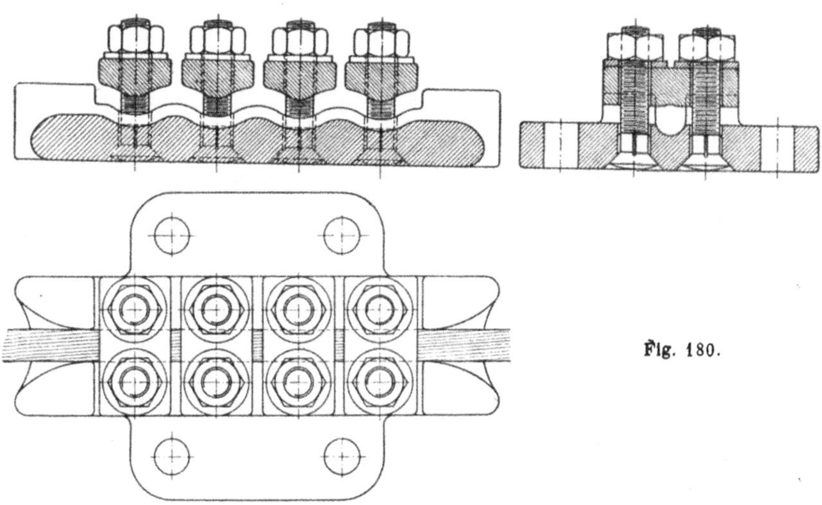
Fig. 180.

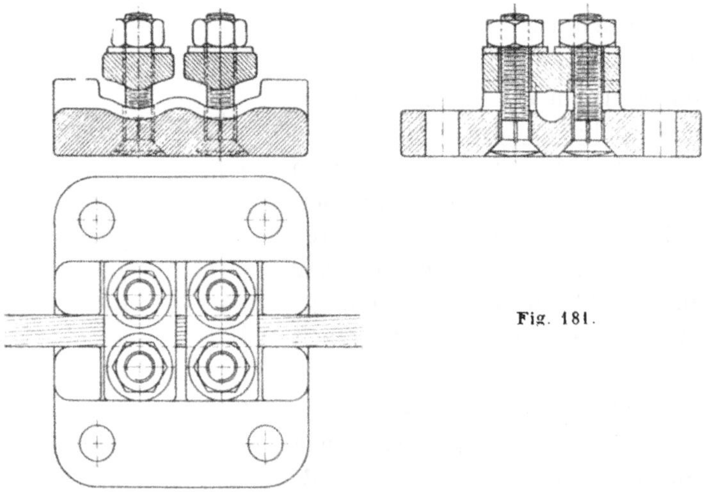

Fig. 181.

13. Verbindungs- und Abzweigstellen des Leiters.

Abzweigstellen müssen in allen Fällen, Verbindungen von Leitern dann von Zug entlastet sein, wenn die Verbindungsmethode die Festigkeit des Leiters herabsetzt. Die Festigkeit einer durch Zug beanspruchten Verbindungsstelle sollte die Festigkeit des Leiters erreichen, mindestens aber 2,5 fache Sicherheit bei der zugelassenen maximalen Beanspruchung des Leiters besitzen. Die Verbindung darf den Leiter nicht schwächen, in der Zugrichtung nicht verknicken und muß bei leichtem Gewicht und einfacher Bauart so beschaffen sein, daß Änderungen der Zugkräfte und Schwingungen des Leiters die Festigkeit nicht vermindern. Der elektrische Widerstand einer Verbindungsstelle soll dauernd nicht größer sein als derjenige eines gleichgroßen Leiterstückes.

Verbindungen durch Löten sind bei weichem Kupferdraht, an von Zug entlasteten Stellen auch bei Drähten aus Bronze, hart und halbhart gezogenem Kupfer zulässig. Das harte Material verliert durch die Erwärmung einen Teil (25—35%) seiner Festigkeit. Da weicher Kupferdraht für Freileitungen nicht mehr verwendet wird, kommen zur Herstellung von auf Zug beanspruchten Verbindungsstellen nur Methoden in Betracht, die ohne Lötung den oben gestellten Bedingungen möglichst nahekommen.

Massive Drähte bis 25 qmm können durch Würgehülsen (H. Arldsche Kupplung) (Fig. 182 und 183) verbunden werden. Zur Verbindung von

Litzenleitern werden diese Würgehülsen bei Querschnitten über 16 qmm sehr lang und teuer. Ausgedehntere Verwendung finden sie bei der Verbindung von Aluminiumseilen, für welche sie sich als sehr zweckmäßig

Fig. 182.

Fig. 183.

erwiesen haben. Die erforderliche Länge der Hülsen für Kupfer- und Aluminiumleiter kann der Tabelle 37, S. 194 entnommen werden.

Die Herstellung der Verbindung geschieht folgendermaßen: Die zu verbindenden Leiterenden werden, nachdem sie blank gemacht sind,

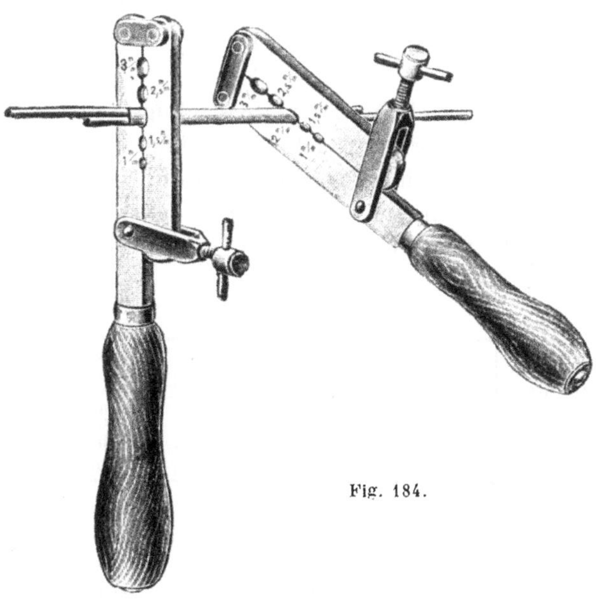

Fig. 184.

in eine dem Querschnitt entsprechende Hülse (Fig. 182) derart geschoben, daß ihre Enden mindestens einen Zentimenter aus dem Rohr heraustreten. Durch besondere Hebelklappen (Fig. 184) werden die Enden der Hülse gefaßt und schraubenförmig verdreht. Das richtige Maß der Verdrehung ist durch fünf bis sechs Umdrehungen erreicht. Zu beachten ist, daß die Klappen etwa 2 cm vor den Enden der Hülse anzusetzen sind, um ein Einreißen der Rohrenden zu vermeiden, daß bei Kabeln in der Richtung des Dralles gedreht wird und daß die zu verbindenden Leiter mindestens auf 25—30 m freiliegen müssen, damit der durch die Verdrehung entstehende Drall von einer genügenden Leiterlänge aufgenommen werden kann. Die fertige Verbindung ist in Fig. 183 dargestellt.

Tabelle 38.

Kupferquerschnitt	Länge in mm bei massivem Kupferdraht	Länge in mm bei Kupferlitzenleiter	Aluminium-Querschnitt	Länge in mm für Aluminiumseile
10	200	—	25	450
16	250	450	35	500
25	300	600	50	575
35	350	800	70	700
50	400	900	95	850
70	—	1000	120	1000
95	—	1100	150	1100
120	—	1200	185	1200
—	—	—	200	1250

Die starke Beanspruchung des Leiters infolge der Verdrehung macht sich bei der Festigkeitsprüfung sehr bemerkbar. Die Technische Versuchsanstalt in Dresden hat an einer Anzahl Verbindungen Versuche vorgenommen, deren Ergebnisse aus der Tabelle 38 ersichtlich sind. Die gekuppelten Leiter waren Hartkupferseile mit 40 kg/qmm Bruchfestigkeit.

Tabelle 39.

Nummer des Probestückes	Anzahl der Drähte im Seil	Anzahl der Drähte in der Seele	Durchmesser der Drähte mm	Gesamtquerschnitt des Seiles qmm	Gesamtbruchbelastung kg	Festigkeit der Verbindungen bezogen auf den Seilquerschnitt kg/qmm	Bemerkungen
25	7	1	2,13	24,94	918	36,8	Der Bruch trat im Seil unmittelbar am Verbinder ein.
35	19	7	1,53	34,93	972	27,8	Der Bruch trat im Seil unmittelbar am Verbinder ein.
50	19	7	1,84	50,52	1738	34,4	Der Bruch trat im Seil unmittelbar am Verbinder ein.
70	19	7	2,17	70,27	2185	31,1	Der Bruch trat im Seil unmittelbar am Verbinder ein.

Eine zweckmäßige Verbindung, die besonders für Einzeldrähte verwendet werden kann, ist der Hofmannsche Nietverbinder (Fig. 185).

Die Herstellung einer Nietverbindung ist einfach. Die zu verbindenden, blank gemachten Drähte werden, nachdem sie auch von anhaftendem Grat befreit sind, in die Hülse eingeschoben und sodann ein konischer Dorn (Fig. 186 u. 187) in die seitlichen Löcher des Nietverbinders eingeschlagen, wodurch die Drähte in die Ausbuchtungen getrieben werden.

Fig. 185.

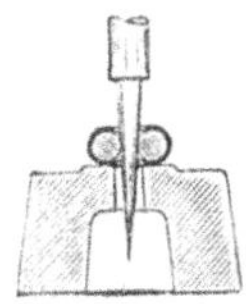

Fig. 186.

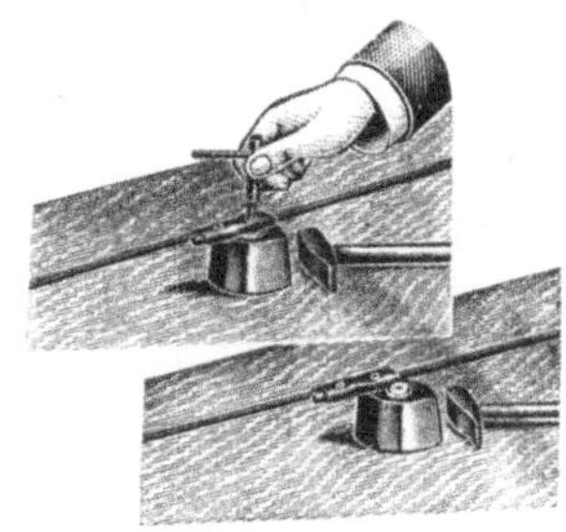

Fig. 187.

In die hierdurch entstandenen Zwischenräume werden Nieten eingeführt, die die Drähte in der ausgebogenen Lage erhalten und ihre Streckung verhindern. Bei der nun nachfolgenden Vernietung wird ein inniger, fester Kontakt erzielt, da sich die Nieten beim Hämmern stauchen und die Drähte an die Innenwand der Hülse angepreßt werden. Zu beachten ist, daß der Niet das Material der Hülse satt um die Drähte herumzieht, was dann der Fall ist, wenn die Vernietung durch vollständiges Plattschlagen des Nietes, nicht durch Ansetzen eines Kopfes erfolgt.

Der Erfinder dieser Verbindung, J. Hofmann, Kötzschenbroda, hat durch Versuche die für jeden Querschnitt erforderliche Weite des Nietverbinders festgestellt. Es darf deshalb für einen bestimmten Querschnitt nur der von der Fabrik bestimmte Verbinder verwendet werden. Es sei hierauf hingewiesen, weil es häufig vorgekommen ist, daß die Monteure die Drähte deshalb nicht in die genau passende Hülse einführen konnten, weil sich durch das Abschneiden an den Enden ein Grat bildet. Anstatt den Grat zu entfernen, wurden weitere Nietverbinder genommen, die selbstverständlich nur einen Bruchteil der gewünschten Sicherheit haben können.

Nach dem Prinzip der Nietverbinder führt Hofmann auch Drahtseilklemmen (Fig. 188) aus, die von der Postverwaltung für bruchsichere Überspannungen zugelassen sind. Hier werden die Nieten durch Schrauben ersetzt. Die Befestigung ist einfacher und auch von ungeübtem Personal leicht herzustellen.

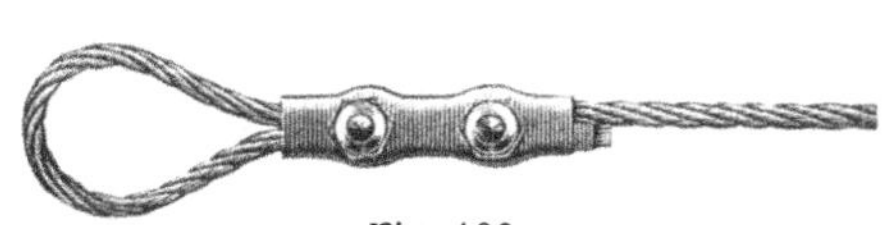

Fig. 188.

Das Material des Leiters, besonders der Seile, wird durch das Eintreiben des Dornes und die Vernietung im Querschnitt etwas geändert und geschwächt. Versuche haben gezeigt, daß Hartkupferseile von 35 qmm mit einer Bruchfestigkeit von 1400 kg in Nietverbindern bei ca. 1200 kg gerissen sind. Für mehrdrähtige Leiter ist der von der gleichen Fabrik auf den Markt gebrachte »Konusverbinder« (Fig. 189a u. b) vorzuziehen. Wie schon der Name sagt, erfolgt bei diesem Verbinder die

Fig. 189 a.

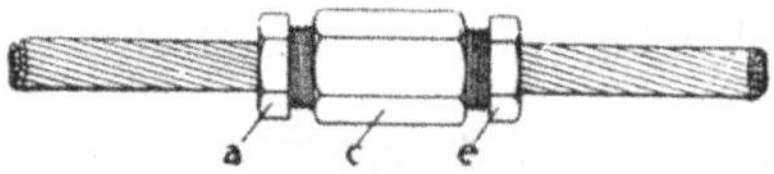

Fig. 189 b.

Festklemmung der Drähte des Seiles durch konische Klemmkegel. Die Einzelteile des Verbinders zeigt Fig. 190a, b u. c. Bei Herstellung der Verbindung werden zuerst die Muttern *a* und *e* über die Kabelenden

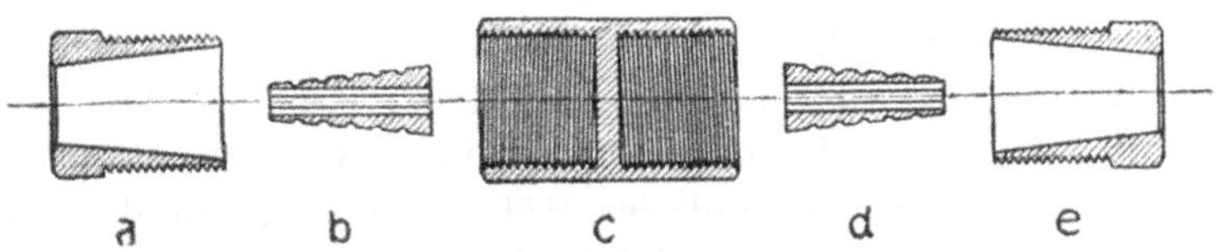

Fig. 190 a.

geschoben, dann mittels eines Schraubenziehers die äußere Drahtlage der Kabel auseinandergebogen und die Kegel *b* und *d* über den mittleren Draht gesteckt. Die Muttern *a* und *e* werden dann nach den Kabel-

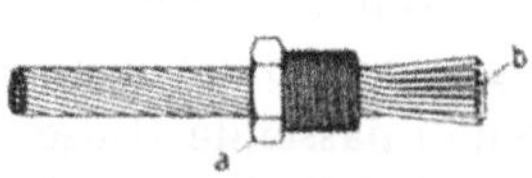

Fig. 190 b.

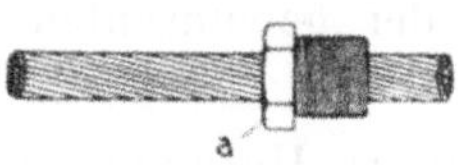

Fig. 190 c.

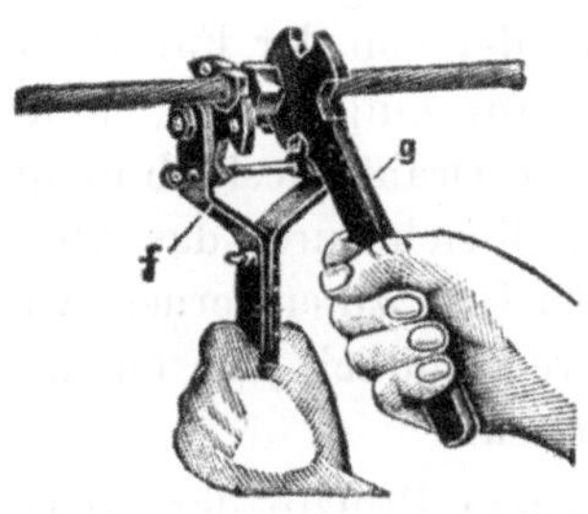

Fig. 191.

enden geschoben und mit der Hand soweit als möglich in die Verbindungsmuffe *c* eingedreht. Nächstdem werden mit einem Spezialschlüssel (Fig. 191) die Muttern *a* und *c* festgehalten, die Kabel können sich dadurch nicht drehen, dann die Mutter *c* mit einem normalen Schlüssel so lange gedreht, bis sie festsitzt.

Die Sächs. Mechanisch-Technische Versuchsanstalt, Dresden, hat mit Nietverbindern und Konusverbindern Versuche angestellt, welche die aus den Tabellen 39 u. 40 ersichtlichen Ergebnisse hatten:

Tabelle 40.

Nummer des Versuchs	Durchmesser des Hartkupferdrahtes mm	Querschnitt des Hartkupferdrahtes qmm	Anzahl der Nieten im Verbinder	Bruchbelastung total kg	Festigkeit der Verbindung, bezogen auf den Drahtquerschnitt kg/qmm	Bemerkungen
1	6,70	35,26	3	1334	37,8	Bruch trat im Draht unmittelbar am Schloß ein.
2	5,65	25,07	3	993	39,6	Bruch trat im Draht unmittelbar am Schloß ein.
3	4,52	16,05	2	689	39,8	Bruch trat im Draht unmittelbar am Schloß ein.
4	3,60	10,18	2	397	39,0	Bruch trat im Draht innerh. des Schlosses am ersten Niet ein.
5	2,77	6,03	2	222	36,8	

Tabelle 41.

Nummer des Versuchs	Durchmesser des Drahtes mm	Querschnitt des Drahtes qmm	Art des Probestückes	Festigkeiten bezogen auf den Querschnitt des Drahtes kg/qmm	Festigkeiten in Prozenten der Drahtfestigkeit %	Bemerkungen
1	5,65	25,07	Hartkupferdraht	42,3	100,0	Der Bruch trat am oberen Einspannkopf ein.
2	5,65	25,07	und Lötverbindung	26,7	63,1	Der Bruch erfolgte im Draht unmittelb. i. d. Lötverbindung.
3	5,65	25,07	mit Nietverbindung	39,8	94,1	Der Bruch trat im Draht unmittelbar am Schluß ein.

Von besonderem Interesse sind die Vergleichswerte der Tabelle 40, die durch gesonderte Prüfung eines vollen Hartkupferdrahtes, eines durch Lötverbindung gekuppelten Drahtes und einer Nietverbindung mit ebensolchem Draht gewonnen wurden.

Die Festigkeit der geprüften Niet- und Konusverbinder erreicht nahezu die Festigkeit der durch sie verbundenen Leitungsstücke. Doch ist zu beachten, daß die geprüften Verbindungen in sorgfältigster Weise durch gut eingeübte Arbeiter hergestellt wurden. Von dem nicht unter ständiger Aufsicht stehenden Freileitungspersonal wird man nicht in allen Fällen die Gewissenhaftigkeit und Sorgfalt erwarten können, welche zum Gelingen einer guten Verbindung notwendig ist. Man wird deshalb bestrebt sein, auf Zug beanspruchte Verbindungsstellen so wenig

Tabelle 42.

Nummer des Probestückes	Anzahl der Drähte im Seil	Anzahl der Drähte in der Seele	Durchmesser der Drähte mm	Gesamtseilquerschnitt qmm	Gesamtbruchbelastung kg	Festigkeit der Verbindungen, bezogen auf den Seilquerschnitt kg/qmm	Bemerkungen
25	7	1	2,13	24,9	998	40,1	Der Bruch trat im Drahtseil am unteren Einspannkopf ein.
					1016	40,8	Der Bruch trat durch Reißen am oberen Einspannkopf ein.
35	19	7	1,53	35	1326	37,9	Der Bruch trat am Drahtseil am oberen Einspannkopf ein.
					1354	38,7	Wie vorher.
50	19	7	1,84	50,6	1800	36	Bruch von sieben äußeren Drähten und darauf Herausgleiten aus dem Einspannkopf.
70	19	7	2,17	70,3	2648	37,7	Der Bruch trat am oberen Einspannkopf ein.

als möglich zu bekommen und das Ausmaß der Leitungen nach diesem Gesichtspunkt zu treffen.

Die Schlußbunde an Abspannmasten, Winkelpunkten können durch Wickelstellen, Klemmen oder Nietverbinder gesichert werden. Die erste und zweite Befestigungsart kommt kaum mehr in Betracht, weil ihre Anwendung zu teuer und nicht genügend sicher ist. Nietverbinder sind, sofern die Drahtbeanspruchung nicht sehr hoch liegt, auch für diesen Zweck ein geeignetes Befestigungsmittel. Eine zweckmäßige Konstruktion ist der Konusschlußbund (Fig. 192). Das Kabel wird, wie unter »Konusverbinder« erläutert, an dem Kopfstück des Schlußbundes befestigt und letzterer mit seiner Schleife über den Kopf des Isolators gehoben. Die Schleife besteht aus verzinktem Flußstahldrahtseil, welches sich infolge seiner Biegsamkeit dem Kopf des Isolators gut anschmiegt. Besondere Beachtung verdient die sich an dem Kopfstück des Schlußbundes befindende Schraube, welche zur elektrischen Verbindung des Leiters mit dem nächsten Leiter dient. Bei Wickelstellen, Nietverbindern ist für diesen Zweck eine besondere Verbindung zu schaffen.

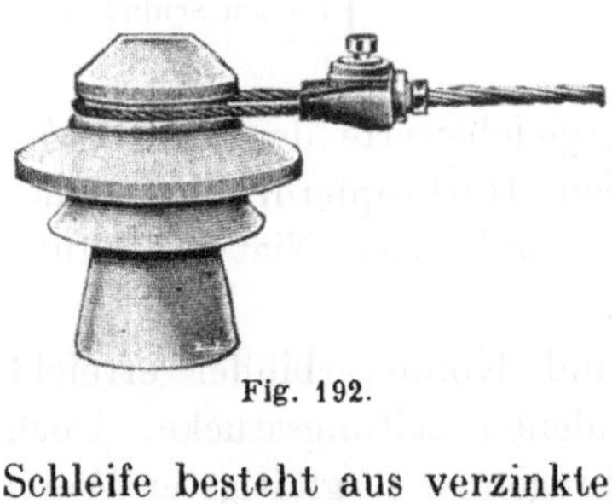

Fig. 192.

Die Befestigung des abzuspannenden Leiters kann auch in der Weise erfolgen, daß auf den Isolator eine Kappe aufgekittet wird, deren Oberteil, zu einer Klemme (Fig. 193) ausgebildet, zum Festklemmen des Drahtes dient.

Fig. 193.

Die Normalien für Freileitungen schreiben vor, daß Abzweigungen von Leitungen nur mittels Lötung, Verschraubung oder gleichwertiger Verbindung hergestellt werden dürfen. Lötstellen sind bei hartem Kupfer nicht zulässig, es können Abzweige auch nicht durch Wickelstellen oder Würgebunde ausgeführt werden, weil die vorhandene oder ohne Lötung sich besonders durch Feuchtigkeit wieder bildende Oxydschicht den Widerstand im Laufe der Zeit bedeutend erhöht.

Als Lötmaterial für Kupfer verwendet man ein Weichlot von 55 Teilen Zinn und 45 Teilen Blei, das bei etwa 200° C schmilzt. Ein noch leichtflüssigeres Lot erhält man durch Zusammenschmelzen von gleichen Teilen Zinn und Blei und Abgießen der halb erstarrten Masse (Sickerlot). Das Bestreben, den Lötprozeß möglichst zu vereinfachen, hat eine ganze Anzahl Lötmittel auf den Markt gebracht, die sehr leichtflüssig sind und welchen das Flußmittel zur Verhinderung der Oxydation beigemischt ist. Für Lötungen, die an Freileitungen vorzunehmen sind, ist die Verwendung solcher Lötmittel sehr zweckmäßig, weil durch sie eine bessere Garantie für zuverlässige Herstellung der Lötstelle geboten ist.

Das Desoxydationsmittel soll säurefrei sein, weil säurehaltige Mittel die Lötstellen und deren Umgebung zerfressen, wenn die Entfernung nach dem Lötvorgang nicht sorgfältig vorgenommen wird. Am häufigsten wird Kolophonium verwendet und Lötfett, das aus 1 kg Talg, 1 kg Baumöl, 500 g pulverisiertem Kolophonium und $\frac{1}{4}$ l Chlorammoniumlösung zusammengesetzt ist. Dieses Mittel ist vollständig säurefrei und für Lötverbindungen sehr geeignet.

Die Lötung von Aluminium bietet für die Praxis infolge der schnellen Oxydation der gereinigten Lötstellen und der leichten Zersetzung der zur Lötung zu benutzenden Legierungen große Schwierigkeiten. Die verschiedenen Ausführungsmöglichkeiten sollen deshalb übergangen werden. Die Leitungsverbindungen und Abzweigstellen werden durch die Arldsche Würgehülse oder durch Kupplungen, Klemmen hergestellt.

Die stark elektropositive Eigenschaft des Aluminiums,b die ei Hinzutritt von Feuchtigkeit elektrolytische Vorgänge einleitet, erschwert die Zusammenkupplung mit anderen metallischen Leitern.

Bei Abzweigungen (Fig. 194) von Aluminium auf z. B. Kupfer kann die Verbindung der Leiterenden durch Verspleißung erfolgen.

Die Kupfer- und Aluminiumenden werden durch Glas- oder Schmiergelpapier recht blank gemacht, verspleißt und möglichst fest zusammengedreht. Der Zutritt von Feuchtigkeit wird durch eine schützende Decke aus Parazit oder Zellon verhindert. Wird über die Verbindungsstelle dann noch eine Röhre geschoben, die mit Chatterton oder ähnlichem ausgegossen wird, dann wird die Stelle eine dauernd gute Verbindung darstellen. Bei genügend langen Enden kann auch die Arldsche Kupplung oder eine sonstige Klemme benutzt werden; Drähte können auch verwürgt werden. In allen Fällen ist eine Abdichtung, wie oben beschriebn, notwendig.

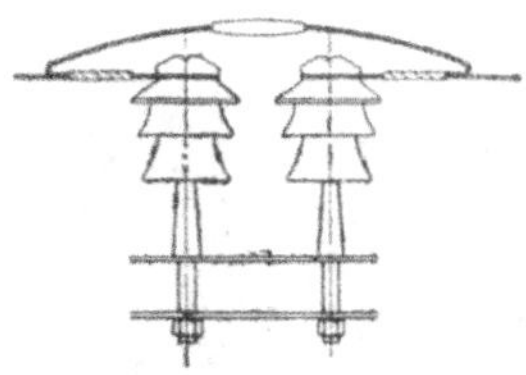

Fig. 194.

Eine gute Verbindung ermöglicht die Verwendung von Klemmen, die aus den beiden zu verbindenden Materialien zusammengesetzt sind

Fig. 195.

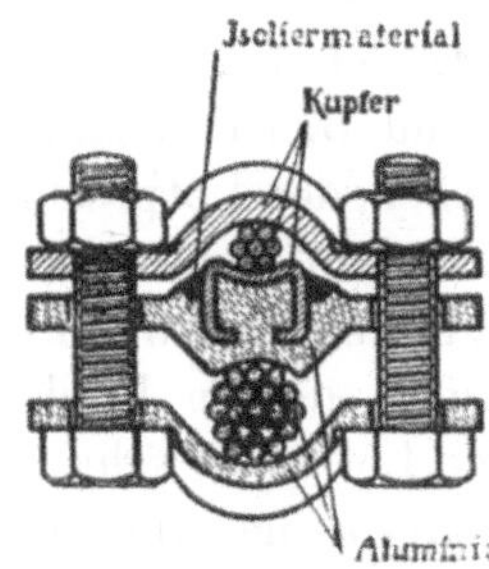

Fig. 196.

(Fig. 195 und 196). Hier berühren sich am Leiter nur gleichnamige Metalle, die Verbindung der beiden Metalle in der Klemme wird durch eine luft- und wasserdichte, isolierende Umpressung gegen atmosphärische Einflüsse, die elektrolytische Vorgänge einleiten können, vollkommen geschützt.

14. Anordnung der Leitungen.

Abstand von der Erde. Nach den Vorschriften des V. D. E. sollen ungeschützte Hochspannungsfreileitungen in der Regel mit ihrem tiefsten Punkte 6 m von der Erde, bei befahrenen Wegübergängen mindestens 7 m von der Fahrbahn entfernt sein. Diese Mindestabstände beziehen sich auf den tiefsten Punkt der Leitung, nicht auf vorhandene Schutzdrähte oder Schutznetze. Die Mindesthöhe für Niederspannungsleitungen ist zahlenmäßig nicht festgelegt, diese sollen einen angemessenen Abstand vom Erdboden oder einen geeigneten Schutz gegen

Berührung erhalten. Der Abstand wird mit Rücksicht auf hochbeladene Wagen mindestens 5 m betragen müssen, die Straßenbauverwaltungen schreiben gewöhnlich 6 m vor. Der geringste Leitungsabstand von Erde bzw. Straßenoberkante ergibt sich in fast allen Fällen durch die Vorschrift der Postverwaltung, nach welcher der senkrechte Abstand der unter Spannung stehenden Konstruktionen der Starkstromanlage von den Schwachstromleitungen mindestens 2 m betragen muß. Dieser Abstand muß auch noch vorhanden sein, wenn der Durchhang des Leiters bei + 40° C durch Schadhaftwerden von Konstruktionsteilen vergrößert oder wenn bei — 5° C und Zusatzlast sämtliche Leitungen in einem Nachbarfeld reißen, der Mast sich infolgedessen nach dem Kreuzungsfelde durchbiegt und dadurch der Durchhang vergrößert wird.

Gegenseitiger Abstand der Leiter. Der gegenseitige Abstand von Gleichstromleitern entgegengesetzter Polarität ist von den physikalischen Eigenschaften, von der Spannweite, dem Durchhange sowie der Anordnung der Drähte abhängig. Versetzt angeordnete Leiter können näher zusammengelegt werden wie horizontal nebeneinanderliegende Leitungen. Die durch Winddruck bewirkte Ablenkung des Leiters aus der Senkrechten ist bei gleichem Querschnitte abhängig vom spezifischen Leitergewichte und vom Durchhange. Bei gleicher Spannweite erfordern deshalb hochbeanspruchte und schwere Leitungen geringere Entfernung von Draht zu Draht wie mit mäßiger Zugbeanspruchung gespannte und spezifisch leichtere Leiter. Trotzdem im allgemeinen synchrones Schwingen der Leitungen beobachtet wurde, können Wirbelwinde und in Massen gleichzeitig von den Leitern auffliegende Vögel in Verbindung mit einem Windstoß die Leitungen bei zu geringem Abstande zum Zusammenschlagen bringen.

Während mit Rücksicht auf die elektrischen Verhältnisse dem Abstande von ungleichpoligen Gleichstromleitungen nur durch die mechanische Beanspruchung und die Kosten der Tragkonstruktionen eine obere Grenze gezogen ist, sind Wechselstromleitungen recht nahe zusammenzulegen, um die resultierende Induktion oder Induktanz kleinzuhalten. Die Grenze ist hier durch die Betriebssicherheit, bei höheren Spannungen durch die Strahlungsverluste und zusammen mit sehr langen Leitungen durch die Kapazität der Leitungsanlage festgelegt.

Bei Anlagen mit Spannungen bis etwa 50 000 Volt ist für das Maß des Leitungsabstandes nur die Betriebssicherheit (Zusammenschlagen der Leiter, Abreißen eines zufällig entstandenen Lichtbogens) bestimmend. Der kleinste wagrechte Leiterabstand soll bei Spannweiten von 30—40 m nicht unter 400 mm, der senkrechte Leiterabstand nicht unter 250 mm gewählt werden.

Tabelle 43.

Betriebs-spannung	Spannweite in m																
	50	70	90	100	110	120	130	140	150	160	170	180	190	200	300	400	500
	Drahtabstand[1]) in cm für Kupfer-[2]) und Eisenleitungen[2]).																
220	40	50	65	70	80	85	90	100	105	110	120	125	130	140	205	270	340
380	40	50	65	70	80	85	90	100	105	110	120	125	130	140	205	270	340
500	45	55	70	75	85	90	95	105	110	115	125	130	135	145	210	275	345
3 000	—	65	80	85	90	95	100	110	120	125	130	135	140	145	220	285	350
5 000	—	70	85	90	95	100	110	115	125	130	135	140	145	150	225	290	355
10 000	—	90	95	100	105	110	120	125	130	140	145	150	160	165	230	300	365
15 000	—	95	100	105	115	120	125	135	140	145	155	160	165	175	240	305	375
20 000	—	100	105	110	115	125	130	140	145	150	160	165	170	180	245	310	380
30 000	—	—	115	120	130	135	145	150	155	160	170	175	185	190	255	325	390
40 000	—	—	—	135	140	145	155	160	165	175	180	185	195	200	265	335	400
50 000	—	—	—	—	145	150	160	165	170	180	185	190	200	205	270	340	405
75 000	—	—	—	—	—	—	175	185	190	195	200	210	215	220	290	355	420
100 000	—	—	—	—	—	—	—	—	—	—	215	220	225	235	300	370	435

[1]) Bei Hänge-Isolatoren das 1,5fache. — [2]) Für Aluminiumleitungen das 1,25fache.

Unter Berücksichtigung dieser Zahlen kann der Leitungsabstand A wagrecht nebeneinanderliegender Drähte in Abhängigkeit von der Mastentfernung a und der Spannung E nach folgender Formel festgesetzt werden:

$$A = \frac{1}{150} a + 10 \sqrt{E} \quad \ldots \ldots \ldots \quad 68)$$[1]

Hierin ist a in cm und E in Kilovolt einzusetzen.

Häfner hat für Mastentfernungen von 45—50 m die Beziehung

$$A = 18 \cdot \sqrt{E} \quad \ldots \ldots \ldots \ldots \quad 69)$$

und Uppenborn die Formel

$$A = 40 \sqrt[4]{E} \quad \ldots \ldots \ldots \ldots \quad 70)$$

aufgestellt. Letztere ergibt für höhere Spannungen zu geringe Drahtabstände. Bei den Formeln 69 und 70 ist die Spannweite nicht berücksichtigt.

Für die empirische Formel 67 sind in Tabelle 42 eine Anzahl Werte für verschiedene Spannungen und Spannweiten zusammengestellt.

Für die Leitungsanlage der Kraftübertragung am Rjukanfos[2]) wurde die Entfernung zwischen den Leitern durch praktische Versuche bestimmt. Es wurde deswegen eine Probestrecke mit 214 m Spannweite an der ungünstigsten Stelle des Leitungsweges errichtet und drei Kupferseile von je 150 qmm parallel in einer Entfernung von 600 bzw. 800 mm derart aufgehängt und eingespannt, wie es später für die Ausführung vorgesehen war. Die Strecke wurde mit Meldevorrichtungen, die das jedesmalige Berühren der Leitungen angaben, versehen.

Diese Versuche, die von Anfang Februar bis Anfang Mai durchgeführt wurden, ergaben, daß die Seile bei 600 mm Entfernung bei jedem starken Wind, bei 800 mm Entfernung nur bei orkanartigem Sturm zusammenschlugen (einmal). Bei 1000 mm Entfernung, auf die die Seile nachher montiert wurden, trat ein Zusammenschlagen nicht ein. Die sonst allgemein gemachte Wahrnehmung, daß die Leitungen im großen und ganzen synchron schwingen, hat sich auch hier bestätigt. Der Ausschlag der Leitungen war bei starkem Wind häufig das Vielfache der Abstände zwischen den Seilen, ohne daß wahrgenommen werden konnte, daß dieser Abstand kleiner wurde. Das Zusammenschlagen der Leitungen wurde auch nie durch die großen Pendelbewegungen der Leitungen veranlaßt,

[1]) Für Kupfer und Eisen; bei Verwendung von Aluminium sind die Werte auf das 1,25 fache zu erhöhen. Für Hängeisolatoren das 1,5 fache.

[2]) Elektrische Kraftbetriebe und Bahnen 1912.

sondern durch lokale scharfe Windstöße und Wirbelwinde, die kurze Wellenbewegungen hervorrufen.

Gruppierung der Leiter. Sind mehrere parallel geschaltete Leitungen auf gemeinsamem Gestänge zu verlegen, so wird die Anordnung der gleichstromführenden Leitungen nur durch die Bedingungen möglichster Übersichtlichkeit (wenig Kreuzungen an den Verteilungs- und Speisepunkten, günstige Verhältnisse für abzweigende Leitungen und Hausanschlüsse) und günstiger Ausnutzung der Tragkonstruktionen (schwere Leitungen möglichst nach unten, geerdete Leitungen oben) bestimmt. Die Gruppierungen der Wechselstromleitungen hat noch die weitere Forderung zu erfüllen, die resultierende Induktion möglichst niedrig zu halten. Eine bestimmte Anzahl Leitungen kann in mannigfachster Art auf dem Gestänge angeordnet werden, doch gibt es immer eine Verteilung, bei welcher die Induktionswirkungen ein Minimum werden. Praktisch läßt sich die günstigste Anordnung nicht immer durchführen, weil die Zugänglichkeit der Leitungen, die Ausführung der Anschlüsse usw. meistens wichtiger ist wie die geringe Erhöhung des induktiven Widerstandes.

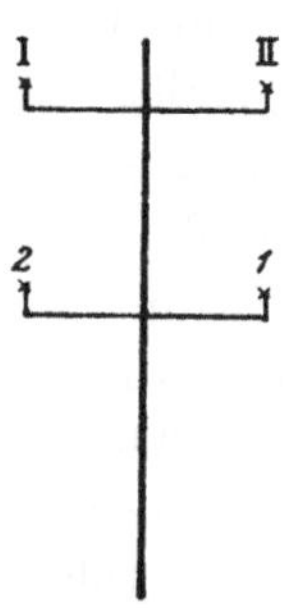

Fig. 197.

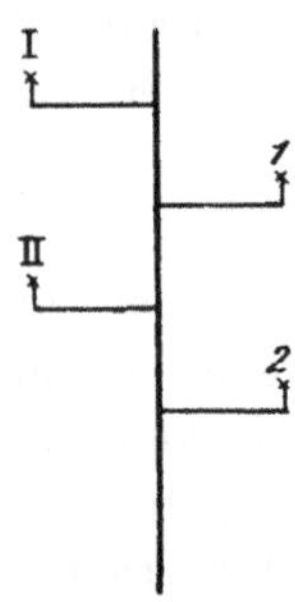

Fig. 198.

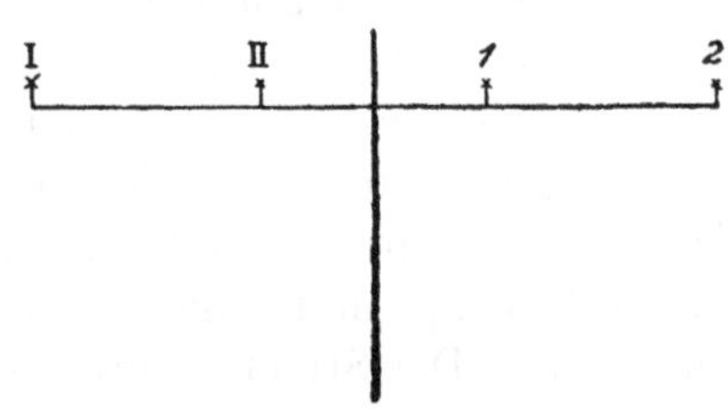

Fig. 199.

Einige Fälle von Leitungsgruppierungen seien im nachstehenden besprochen:

1. Zwei parallelgeschaltete Einphasenleitungen. Die Verteilung der Leiter nach Fig. 197 ist die günstigste. Es folgt dann die Anordnung Fig. 198, 199 u. 200.
2. Einzelne Drehstromleitung. Die Leiter sind so anzuordnen, daß sie die Ecken eines gleichseitigen Dreieckes bilden (Fig. 201 u. 202).
3. Zwei parallelgeschaltete Drehstromleitungen. Werden die sechs Leitungen in den Ecken eines gleichseitigen Sechseckes so angeordnet, daß die parallelgeschalteten Leitungsdrähte sich diametral gegenüberliegen (Fig. 203), so vermindert die gegenseitige Induktion der beiden Stromkreise die Selbstinduktion der einzelnen

Stromkreise und damit die resultierende Induktion. Annähernd dasselbe Resultat wird erreicht, wenn die Verteilung nach Fig. 204 gewählt wird, so daß die drei Leitungen in den Ecken von gleichschenkeligen Dreiecken liegen. Je mehr sich diese Dreiecke den gleichseitigen nähern, desto günstiger wird das Ergebnis.

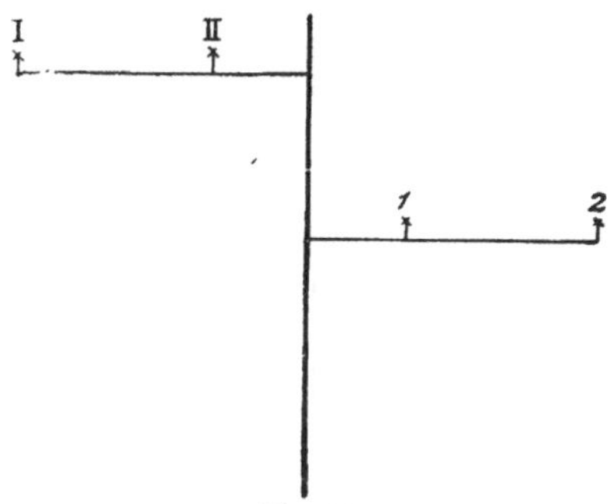

Fig. 200.

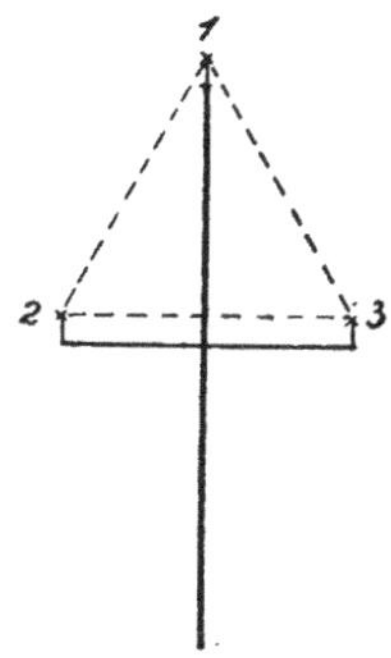

Fig. 201.

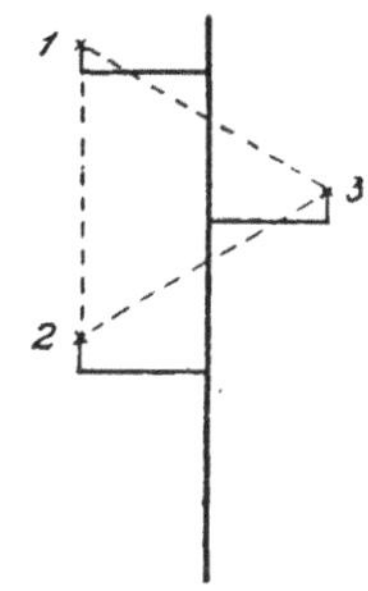

Fig. 202.

Die für Fernleitungen meistens angewandte Gruppierung zeigt Fig. 205 u. 206. Die letztere ist der ersteren in elektrischer Hinsicht gleichwertig, weil die gleichseitigen Dreiecke nur umgekehrt sind. Infolge

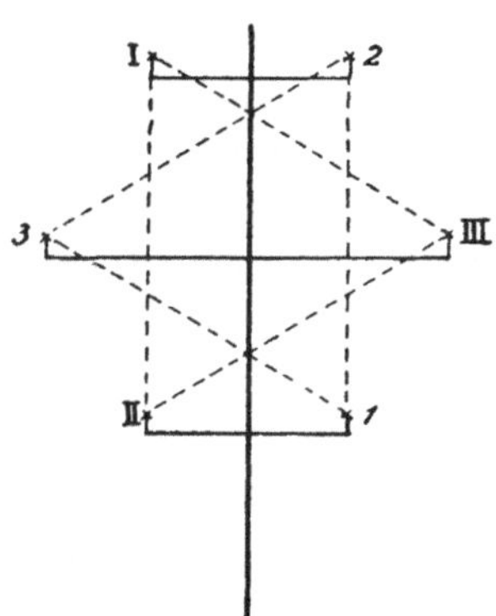

Fig. 203.

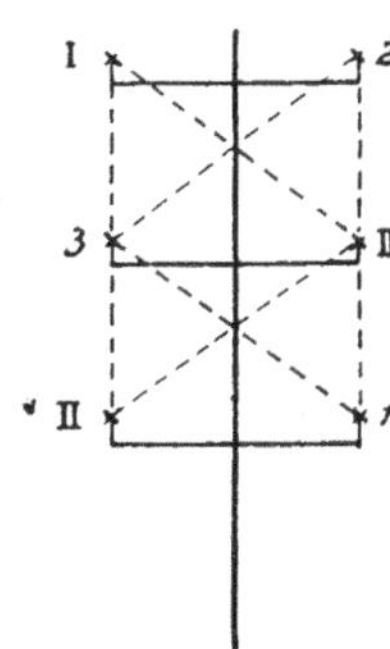

Fig. 204.

des verschieden großen Abstandes der Drähte der einen Leitung von den Drähten der anderen Leitung sind die induzierten Spannungen durch die Leitung I, II und III in den drei Phasen der anderen Leitung verschieden groß. Bei kleineren Stromstärken und nicht zu langen Leitungen kann aber die gegenseitige Induktion wegen ihrer geringen Größe im Verhältnis zum induktiven Spannungsabfall der Leitungen selbst vernachlässigt werden, wenn eine der Leitungen eine vollständige Verdrillung erhält.

Das eben Gesagte gilt auch für Gruppierungen nach Fig. 207 und 208, von welchen die erstere die günstigere ist. Hier besitzen aber auch

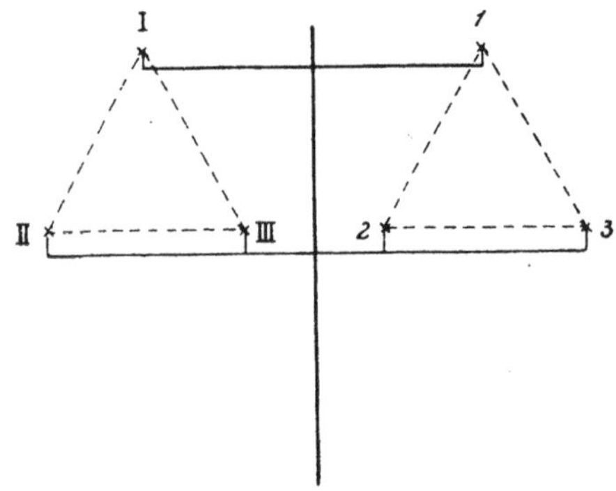

Fig. 205.

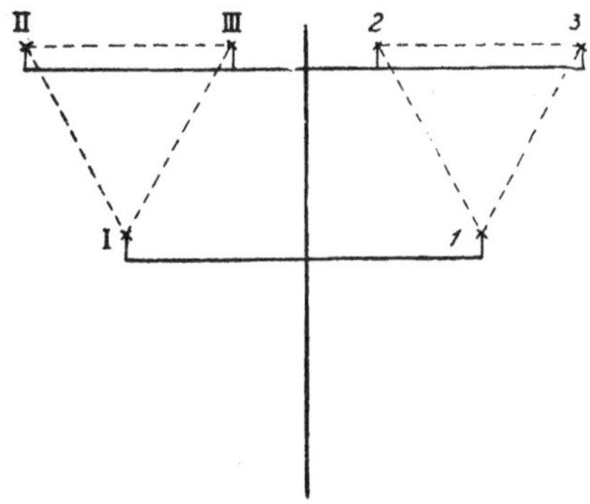

Fig. 206.

noch die einzelnen Phasen jeder Gruppe verhältnismäßig große Ungleichheiten.

Trotzdem bei Anordnung nach Fig. 203 u. 204 die Gesamtinduktanz ein Minimum wird, sind diese Gruppierungen für Freileitungen unzweckmäßig, weil infolge der Vermischung der Leitungen beide Seiten des Gestänges unter Spannung stehende Leitungen tragen, auch wenn

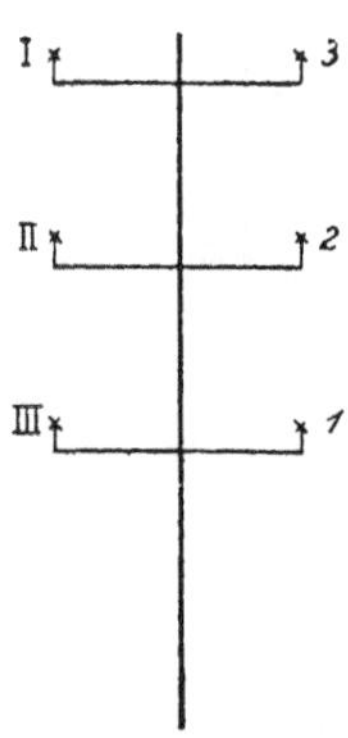

Fig. 207.

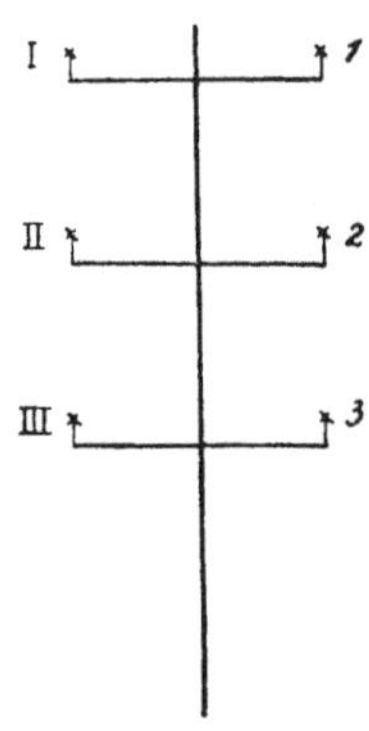

Fig. 208.

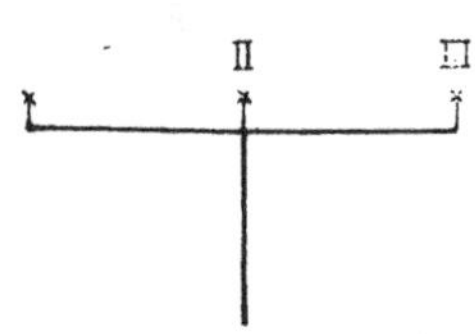

Fig. 209.

eine Gruppe abgeschaltet ist. Die Anordnung soll aber so getroffen sein, daß an einer Leitungsgruppe gefahrlos gearbeitet werden kann, wenn auch die andere im Betriebe ist.

Verdrillung der Leiter. Der Spannungsabfall einer Drehstromleitung ist dann ein Minimum und in allen Leitern gleich, wenn die Leitungen in den Eckpunkten eines gleichseitigen Dreieckes liegen (Fig. 201

u. 202). Sind die Leitungen in einer Ebene (Fig. 209) angeordnet, so ist der induktive Spannungsabfall in den äußeren Leitern größer. Um die dadurch entstehenden unsymmetrischen Spannungen am Endpunkte der Linie zu beseitigen, verdrillt man die Leitung an beliebigen Stellen zwischen Anfang- und Endpunkt einmal nach Fig. 210.

Fig. 210.

Werden am gleichen Gestänge unterhalb einer Hochspannungsleitung Betriebstelephonleitungen geführt, so sind diese Störungen durch elektromagnetische und elektrostatische Induktion ausgesetzt. welche bei der großen Empfindlichkeit der Telephone das Abhören der Gespräche sehr erschweren oder gar unmöglich machen können. Zur Beseitigung dieser Induktionswirkungen sind die Telephonleitungen in einem möglichst geringen gegenseitigen Abstand, aber möglichst großer Entfernung (nicht unter 1,2 m) von den Starkstromleitungen zu verlegen und zu verdrillen. Die Verdrillungspunkte müssen so eingeteilt werden, daß Abzweigstellen der Hochspannungsleitung mit diesen

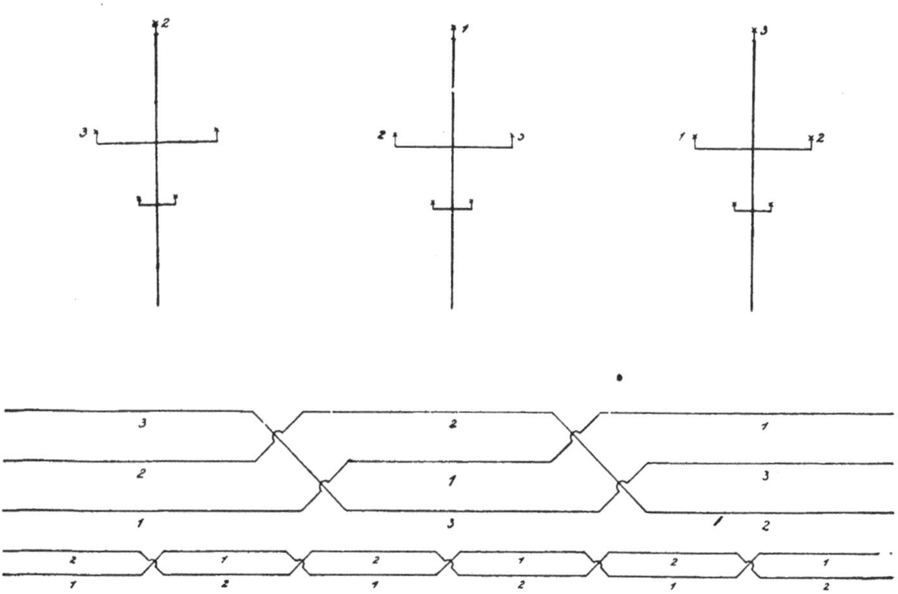

Fig. 211.

zusammenfallen, und daß in Abständen von 400—600 m sich Kreuzungsstellen befinden.

Zur weiteren Verbesserung der Sprechverständigkeit kann die Hochspannungsleitung ebenfalls verdrillt werden. Diese Maßnahme

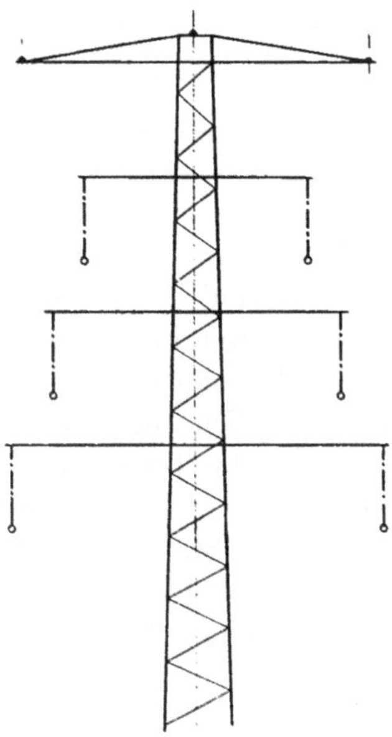

Fig. 212.

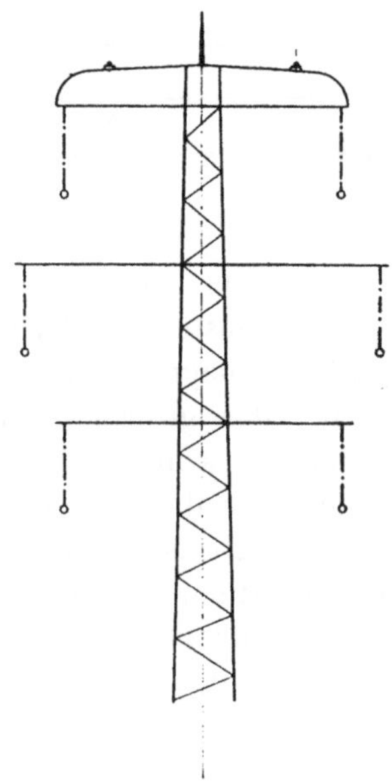

Fig. 213.

wird zur Bedingung, wenn parallel zu der Starkstromleitung in geringem Abstande Postleitungen verlaufen. Die einzelnen, gleiche Energie führenden Abschnitte werden in drei, bei sehr langen Abschnitten in sechs gleiche Teile geteilt und so verdrillt, daß jede Phase auf eine gleichlange Strecke eine bestimmte, z. B. die untere Lage einnimmt (Fig. 211).

Die Verdrillung wird zweckmäßig an Masten mit doppelten Isolatoren vorgenommen, bei Verlegung der Leitungen auf Holzmasten werden für die Kreuzungsfelder je zwei Maste vorgesehen, die 3—5 m Abstand besitzen. Die Verdrillung von Leitungen in Feldern größerer Spannweite kann infolge des geringen durch die Kreuzung der Drähte noch vorhandenen gegenseitigen Leiterabstandes zu Störungen durch Zusammenschlagen der Leitungen führen.

Leitungsanordnungen bei Verwendung von Hängeisolatoren zeigen die Fig. 212 bis 214. Neben großen Leiterabständen, die besonders bei Aluminiumleitungen notwendig sind und Kurzschluß bei Wirbelwinden und scharfen Windstößen vermeiden sollen, ist der senkrechte Leiterabstand sehr reichlich zu wählen. Versetzung der unteren Phase bei 3 Leitungen auf einem Mast (Fig. 214) oder bei 6 Leitungen eine gestaffelte Anordnung nach Fig. 212 dürfte die größtmöglichste Sicherheit gegen das Emporschnellen der Leitungen bieten, wenn sie plötzlich von ihrer Eislast befreit werden. Ist ungleichmäßige Eislast vorhanden, dann ist auch schon bei mäßigem Winde zu beobachten, daß die Leitungen ungleich schwingen. Mit Rücksicht auf die Montage des Leitungsseiles empfiehlt es sich, die Traversen so anzuordnen, daß die weitausladende oben, die für den geringsten Leitungsabstand zu unterst zu liegen kommt.

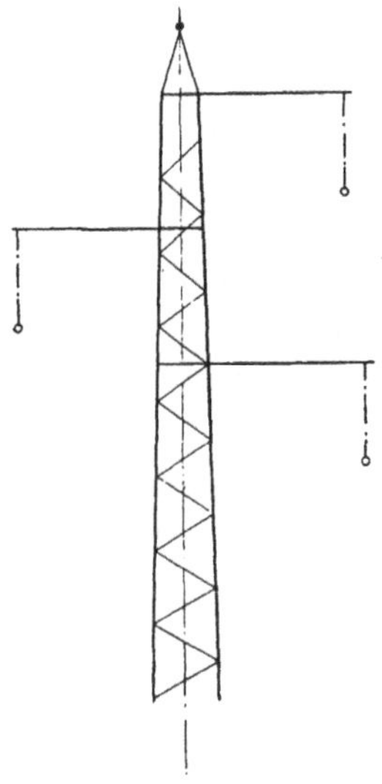

Fig. 214.

15. Erdung.

Die Erdung[1]) eines Gegenstandes bezweckt, ihn mit der Erde so in Verbindung zu bringen, daß er eine für unisoliert stehende Personen gefährliche Spannung nicht annehmen kann. Es ist zu unterscheiden zwischen Betriebserdung und Schutzerdung. Als betriebsmäßig geerdete Leitungen kommen hauptsächlich die Mittelleiter von Mehrleitersystemen und die neutralen Leiter von Mehrphasenanlagen in Betracht. Durch die Erdung wird die Spannung der Anlage gegen Erde bei Dreileiteranlagen auf die Hälfte, bei Drehstromanlagen auf den $\sqrt{3}$ = Teil der Gesamtspannung herabgesetzt, so daß Anlagen, die eine Betriebsspannung von $2 \times 250 = 500$ Volt oder $1{,}73 \times 250 = 435$ Volt besitzen, nach den Niederspannungsvorschriften des V. D. E. ausgeführt werden können.

Die Verlegung des geerdeten Leiters darf nicht weniger sorgfältig geschehen als die der anderen Leiter, durch Unterbrechung können in den Außenleitern gefährliche Spannungserhöhungen eintreten. Ein geerdeter Mittelleiter darf nicht streckenweise durch Erde selbst oder Gebäudeteile ersetzt werden, metallische Gebäudeteile können aber zur Verstärkung des ungeschwächten besonders zu verlegenden Leiters benutzt werden.

---

[1]) Siehe auch »Erläuterungen zu den Vorschriften für Errichtung und Betrieb von Starkstromanlagen« von Dr. A. L. Weber.

Die Schutzerdung ist dann anzuwenden, wenn die Gefahr besteht, daß nicht zur Stromleitung bestimmte Konstruktionsteile durch unbeabsichtigte Verbindung mit den stromführenden Teilen, durch überkriechende Ströme oder durch Induktion gefährliche Spannungen annehmen können.

Sie wirkt dadurch, daß dem Strom oder der Ladung, die auf den Konstruktionsteil übergegangen sind, ein gutleitender Weg zur Erde geboten wird; es wird mithin auch dann, wenn eine Person mit den geladenen Konstruktionsteilen in Berührung gekommen ist, nur ein kleiner Stromanteil seinen Weg durch den menschlichen Körper zur Erde nehmen, während der größere Teil den metallischen Weg vorzieht. Das Verhältnis, in welchem die Stromverteilung geschieht, ist bestimmt durch den jeweiligen Zustand der leitenden Erdverbindung. Ihr Widerstand soll deshalb dauernd möglichst niedrig sein.

Die wichtige Bestimmung der Schutzerdung, Beschädigungen von Personen zu verhüten, erfordert sorgfältigste Erstellung der Erdverbindungen, guten Schutz aller Teile gegen Einwirkungen mechanischer und chemischer Art. Der Querschnitt der Erdleitung und die Oberfläche der Erdplatte soll mit Rücksicht auf die zu erwartende Erdschlußstromstärke festgelegt werden. In Freileitungsanlagen empfiehlt es sich, den geringsten Kupferquerschnitt von Erdleitungen zu 25 qmm, den kleinsten Eisenquerschnitt zu 100 qmm zu bemessen, das Kupfer zu verzinnen und das Eisen zu verzinken. Erdleitungen sollen möglichst sichtbar und in der Erde als massive Leiter nicht als Seile verlegt werden. Gute metallische Verbindung der Anschlußstellen ist besonders zu beachten. An Eisenteile werden die Erdleitungen unter Zwischenlegung einer Bleischeibe festgeklemmt und die Klemmstelle mit einem feuchtigkeitdichten Überzug (Anstrich) versehen. An Stellen, an welchen zerstörende Einflüsse zu befürchten sind, werden die Leitungen durch dünne Tonröhren geführt und diese mit Asphalt ausgegossen. Die Erdleitung an Eisenmasten wird zweckmäßig im Innern der Maste verlegt und festgeklemmt. Ist eine Erdleitung infolge der Verlegung auf der Außenseite eines Mastes, eines Gebäudes gegen mechanische und bei der Einführung in den Erdboden gegen chemische Einflüsse zu schützen, so kann dies auch durch übergeschobene Eisenrohre geschehen, die voll auszugießen sind. Alle Erdleitungen sind möglichst gerade, ohne scharfe Ecken anzuordnen.

Eisenkonstruktionen, Rohrleitungen (Gas- und Wasserleitungen) können als Hilfselektroden an die Erdleitung angeschlossen werden. Die Anschlüsse sind neben anderer Verbindung sorgfältig zu verlöten.

Erdplatten sollten zu Erdungszwecken nur dann verwendet werden, wenn in nicht zu großer Tiefe dauernd feuchtes Erdreich angetroffen wird. Die verzinkten oder verbleiten Eisenplatten von mindestens 1,0 qm Oberfläche und 3 mm Dicke werden aufrechtstehend (nicht gerollt) in die Erde eingebettet. Der Anschluß der Erdleitung an die Platte ist in Fig. 215 dargestellt. Die Leitung wird durch Schlitze der Platte hindurchgezogen, in einer Schlinge um die Platte und zur Leitung wieder zurückgeführt. Der zwischen den Schlitzen liegende Leitungsteil wird mit der Platte verlötet. Bei Verwendung von Flacheisen oder Flachkupfer ist zweckmäßiger an der Erdplatte eine Fahne angenietet, mit der die Erdleitung verschraubt und verlötet wird. Die Erdleitung soll so in den Boden gelegt werden, daß das Feststampfen der Erde die Verbindungen an der Platte nicht beschädigt. Bessere Erdung wird erzielt, wenn an Stelle einer Erdplatte zwei oder mehrere kleinere Platten verwendet werden, die im Abstand von einigen Metern eingegraben werden, oder wenn die Platten durch Netze mit nicht zu dünnen Drähten oder sonstige großoberflächige Körper ersetzt werden. Das Einhängen von Erdplatten in offenes fließendes oder stehendes Wasser wird wegen der meistens geringen Leitfähigkeit des Wassers nicht die beste Erdung ergeben.

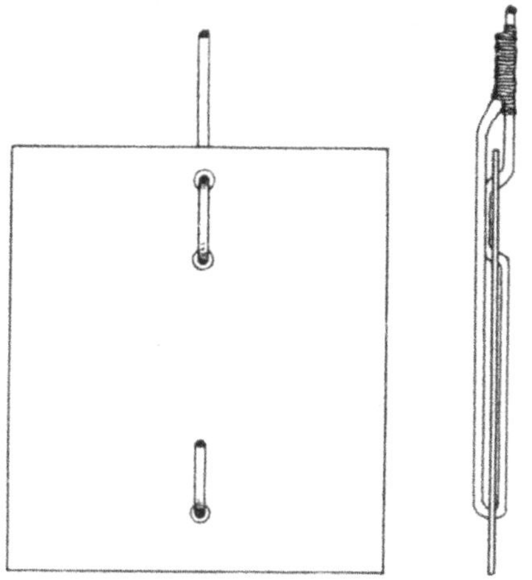

Fig. 215.

In steinigem, trockenem Erdreich kann der Übergangswiderstand der Erdplatten durch Einbetten in feingemahlenen Koks (150 bis 200 kg) vermindert werden.

Kann in der Tiefe von 2—3 m kein Grundwasser angetroffen werden, dann sind zweckmäßig Rohrelektroden zu verwenden, die aus Gasrohren von 2—2½″ Durchmesser und 2,5—3 m Länge bestehen und vorteilhaft mit einer Rammspitze versehen werden. An ihrem oberen Ende sitzen Schellen zum Anschluß der Erdleitung. Die Verbindungsstelle wird außerdem verlötet und mit heißem Teer gestrichen. Zur weiteren Erhöhung der Leitfähigkeit kann um den oberen Teil der Rohre und in die Rohre Salz geschüttet werden. Die Rohre sind in diesem Falle mit auf der ganzen Länge verteilten Bohrungen versehen. Die Rohre werden senkrecht in die Erde getrieben (Fig. 216). In trockenem Erdreich wird die Erdung durch Verwendung mehrerer Rohre verbessert.

Die beste Erdung einzelner Maste wird erzielt, wenn aus Bandeisen bestehende Elektroden strahlenförmig vom Mast ausgehend (Fig. 217) 50—80 cm tief in die Erde eingebettet werden. Die Länge der Ausläufer soll 6—10 m betragen. Durch Verbindung der Elektroden zu einem netzartigen Geflecht und Anschluß dieses an den Mast und das Fundament wird eine große Oberfläche erreicht und die den Mast umgebende Erde an allen Stellen auf das gleiche Potential gebracht, so daß die Berührung des Mastes in jedem Falle gefahrlos ist.

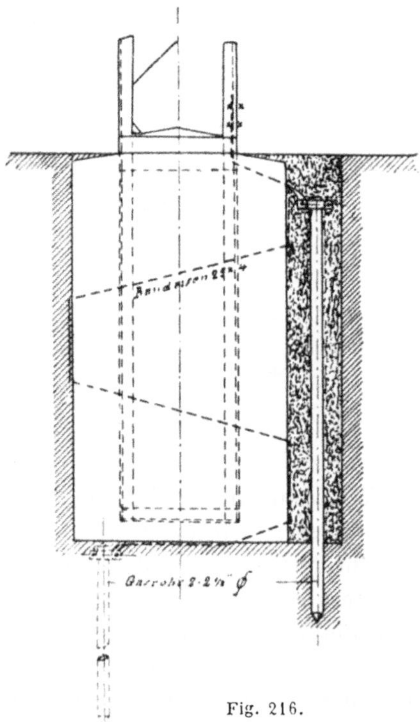

Fig. 216.

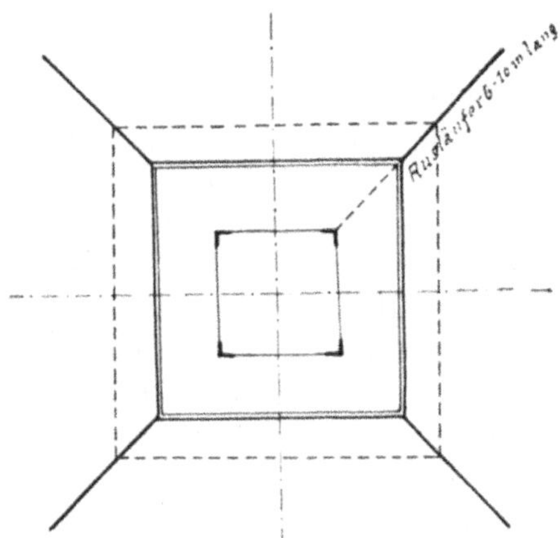

Fig. 217.

Schlechte Erdungen sind häufig die Ursache von Unglücksfällen gewesen. Liegen die Erdelektroden nicht im Grundwasser, dann kann der in das Erdreich fließende Strom die in der Nähe der zu klein bemessenen oder nicht richtig verlegten Erdelektrode befindliche Feuchtigkeit verdampfen, es entsteht unter Umständen zwischen Elektrode und Erdreich ein Lichtbogen, der durch Schmelzen der sandigen und tonigen Erdbestandteile einen guten Isolator schafft, so daß der Erdungsstrom sich andere Wege suchen muß. An der Erdoberfläche in der Nähe des Mastes entsteht dadurch ein großes Spannungsgefälle, das Berühren des Mastes und das Herantreten an diesen wird gefährlich. Die Verlegung eines durchgehenden Erdseiles in Hochspannungsanlagen ist das beste Mittel, um derartige Fälle auszuschalten. Das Seil wird in Abständen von 500—700 m nach einer der beschriebenen Methoden geerdet, so daß zur Übertragung des Erdschlußstromes eine größere Anzahl Verbindungen wirksam ist.

16. Postleitungs-, Bahn- und Straßenkreuzungen.

Starkstromleitungen, die über Schwachstromleitungen führen, Bahnlinien überschreiten oder verkehrsreiche Straßen und Wege überqueren

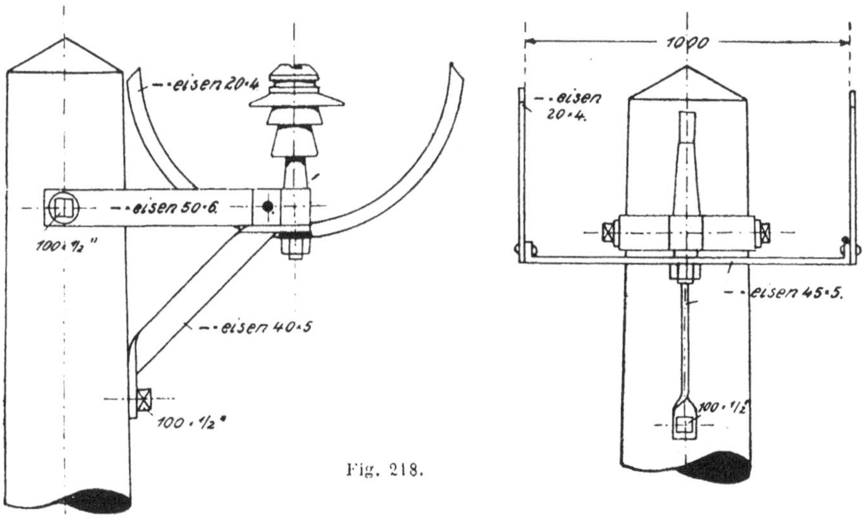

Fig. 218.

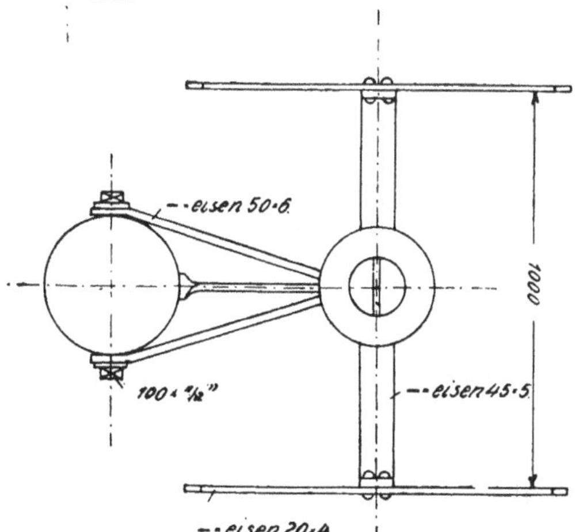

oder sich diesen nähern, müssen so ausgeführt werden, daß der Bruch eines spannungführenden Drahtes keine Gefahr zur Folge hat, oder die Starkstromanlage muß in allen ihren Teilen so dimensioniert sein, daß die Möglichkeit eines Drahtbruches, das Herabfallen einer Leitung oder das Umfallen des Leitungsgestänges ausgeschlossen erscheint. Die

Fig. 219.

Mittel und Maßnahmen zur Erfüllung dieser Bedingungen sind mannigfachster Art.

1. Erdungsbügel (Fig. 218 u. 219). Sie werden heute nur noch von einzelnen Behörden vorgeschrieben. Die Zeit ist nicht mehr fern, wo die Verwendung solcher Konstruktionen der Vergangenheit angehört. Die Sicherung gegen Unglücksfälle kann durch erhöhte Sicherheit der Leitungsanlage weitaus besser getroffen werden als durch Erdungsbügel, die eine Quelle von Betriebsstörungen bilden.

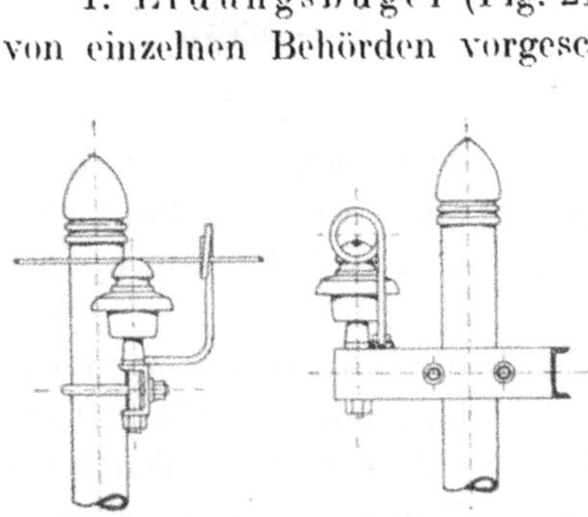

Fig. 220.

Die Anordnung muß so getroffen werden, daß herunterfallende Leitungsdrähte mit den Bügeln in Berührung kommen müssen und dadurch geerdet werden. Die zuverlässige Wirkung ist hauptsächlich von dem guten Zustande der Erdung des Bügels abhängig. Der Abstand des Leiters von dem Erdungsbügel soll möglichst klein sein, um die sichere Berührung zu gewährleisten, ehe das Leiterende den Boden oder höherliegende Gegenstände erreichen kann. Die Einhaltung eines Minimalabstandes ist durch den schwingenden Leiter, besonders aber durch rastende Vögel vorgeschrieben, es empfiehlt sich deshalb, bei Spannungen über 500 Volt den radialen Abstand nicht unter 400 mm zu wählen. Erdungsbügel werden aus Eisen hergestellt. Die Berührungsfläche soll kräftig verzinkt sein, wenn nicht der zur Erdung benutzte Kupferdraht über die Berührungsfläche des Bügels gezogen wird. Erdungsösen oder Kurzschlußringe (Fig. 220) können nur für Niederspannungsanlagen Verwendung finden, weil die Erdungs- und Kurzschlußgefahr durch ruhende Vögel noch größer ist als bei offenen Erdungsbügeln. Zur Herstellung der Ösen wird Hartkupfer von 5—6 mm Durchmesser das beste Material sein, um eine gute Verbindung des gefallenen Leiters mit der Öse zu sichern.

2. Sicherheitskupplungen sollen den elektrischen Leiter beim Reißen eines Drahtes selbsttätig von den spannungführenden Teilen abtrennen. Es sind zwei Ausführungen bekannt: die Gouldsche Kupplung (Fig. 221) und die Hessesche Kupplung. Die mit Haken versehenen Leitungsstücke werden in entsprechende Teile der am Isolator befestigten Kupplung eingehängt und durch die mechanische Spannung des Drahtes festgehalten. Läßt diese durch einen Bruch des Leitungsdrahtes nach, dann hängen sich die Leitungsstücke aus. Die Verwendung bedingt in vertikaler Richtung versetzt angeordnete Leiter und ist nicht unbedenklich. Der durch Bruch plötzlich entspannte Leiter kann emporschnellen und im Fallen an den noch intakten Leitungen hängen bleiben, so daß das herabhängende Ende gefährliche Spannung erhält. Die Fig. 222 zeigt eine mit Gouldschen Kupplungen ausgeführte Flußüberspannung.

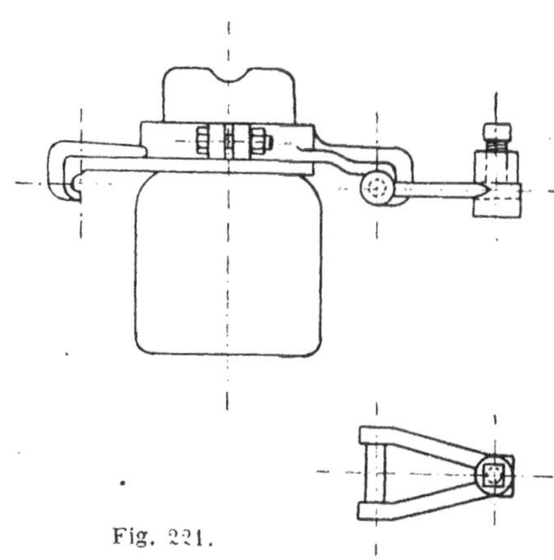

Fig. 221.

3. Schutznetze sind für den Leitungsbetrieb eine stete Störungsquelle. Ihr unschönes Aussehen machen sie dem Betriebsleiter nicht beliebter. Reichlich bemessene Schutznetze belasten ganz außerordentlich die Tragkonstruktionen, leichtgehaltene bieten den Schnee- und Eisbelastungen, den Angriffen der Verbrennungsgase der Lokomotiven und des Rostes geringen Widerstand. Große Maschenweite ist unzulässig, weil der gerissene Leiter leicht durchschlüpfen kann, kleine Maschen-

Fig. 222.

Fig. 223.

weite erleichtert die Schneelagerung und vergrößert die Windangriffsflächen. Beide Ausführungen haben gemeinsam die Nachteile, daß bei ungenügendem Abstand Netzdrähte und Leitungen durch heftigen Wind zusammenschlagen, daß fortgewehte Zweige und absichtlich aufgeworfene Gegenstände sehr leicht hängen bleiben, und daß ein herabfallender Leitungsdraht die dünnen Querdrähte des Schutznetzes infolge des zur Erde gehenden Stromes abschmelzen kann. Die Betriebssicherheit einer Leitungsanlage wird durch die Verwendung von Schutznetzen herabgesetzt, sie bieten auch keinen sicheren Schutz gegen die Gefahren gebrochener Leitungsdrähte und sollten deshalb nur da zugelassen werden, wo ein anderer Schutz nicht möglich ist. Dies ist der Fall, wenn Schwachstromleitungen über Starkstromleitungen geführt werden.

Die Schutznetze können ganz geschlossen, nach oben offen (Fig. 223) oder muldenförmig (Fig. 224 u. 225) ausgeführt werden. Die ganz geschlossene Art ist Bedingung, wenn Schwachstromleitungen über die Starkstromdrähte führen und gleichzeitig der Starkstromleiter gegen Herabfallen gesichert sein soll. Die häufigste Anwendung haben naturgemäß die oben offenen Schutznetze gefunden, deren Seitenteile etwa 20—30 cm über den obersten Leitungsdraht hochgezogen werden. Die

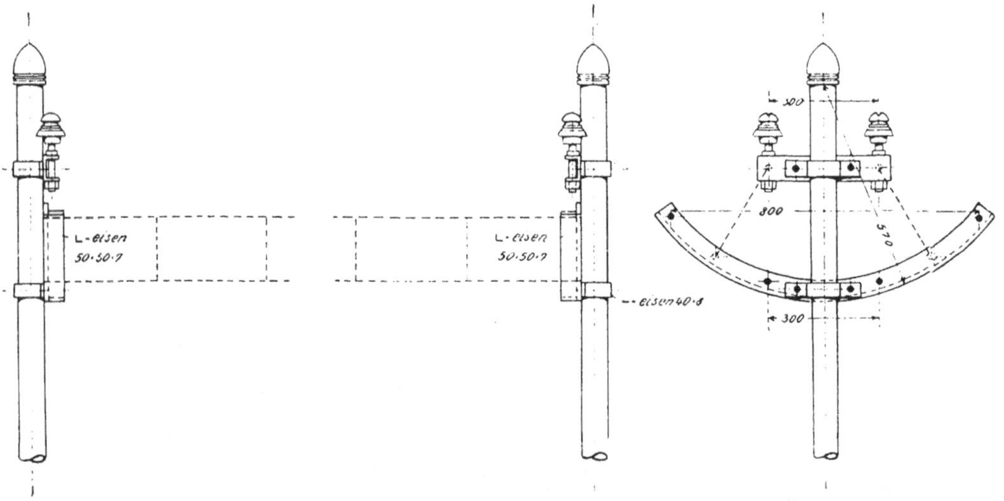

Fig. 224.

muldenförmige Ausführung bietet gegen herabfallende Drähte nur dann einigen Schutz, wenn die seitliche Ausladung mindestens die Hälfte der

Fig. 225.

Höhe des obersten Leitungsdrahtes über Netz ist. Ganz ungenügenden Schutz bietet die in Fig. 226 wiedergegebene Anordnung. Die Leitungen führen 50 000 Volt Drehstrom, die Spannweite der Straßenkreuzung beträgt ca. 40 m. Ein gebrochener Leitungsdraht wird wohl nur unter besonders günstigen Verhältnissen von dem Schutznetz aufgefangen werden. Bei der hohen Spannung besteht auch die Gefahr, daß die dünnen

Fig. 226.

Schutznetzdrähte von dem zur Erde gehenden Strome abgeschmolzen werden. Über den Starkstromdrähten angebrachte muldenförmige Schutznetze müssen, je nach der Richtung, in welcher die zu schützenden Schwachstromdrähte ziehen, mehr oder weniger engmaschig ausgeführt werden.

Kastenförmige Schutznetze sollen bei höchstens 40 m Spannweite mindestens 400 mm Abstand zwischen Leitungsdrähten und Schutznetzlängsdrähten besitzen. Der Abstand der unteren Drähte und der Querdrähte ist so zu bemessen, daß bei maximalem Durchhang noch ein Abstand von minstens 300 mm verbleibt. Die Längsdrähte sollen 4—5 mm verzinkte Stahldrähte sein, die Querdrähte aus 2—2,5 mm verzinktem Eisendraht, verbinden in Abständen von 80—100 cm die

Längsdrähte miteinander. Zum Einregulieren und Nachspannen der Längsdrähte werden diese auf einer Seite mit Spannschrauben in den Winkeleisenrahmen (Fig. 227) befestigt. Schutznetze müssen gut geerdet sein.

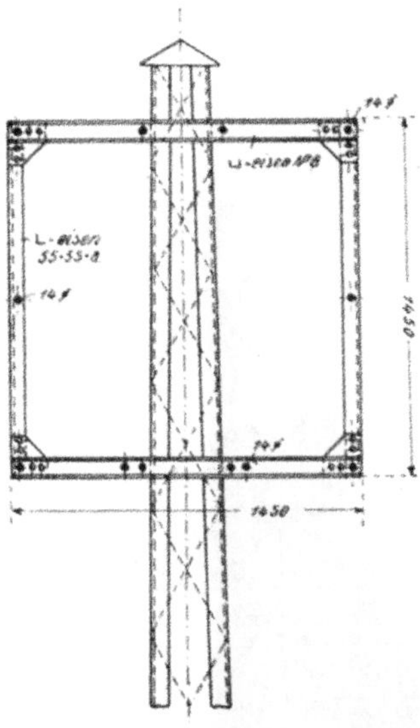

Fig. 227.

4. Bruchsichere Aufhängung. Nach den Normalien für Freileitungen des V. D. E. sind Schutznetze oder sonstige Schutzvorrichtungen dann entbehrlich, wenn die Leitungsanlage mit erhöhter Sicherheit gebaut wird. Dies besagt, daß die Leitungen nur mit der Hälfte der für andere Zwecke zulässigen Spannung beansprucht werden, daß die Maste besonders kräftig dimensioniert werden, und daß die Isolatoren und die Befestigung der Leitungen an diesen so ausgebildet sind, daß auch bei Bruch eines Isolators oder eines Drahtes dieser nicht herabfällt oder vor dem Herabfallen geerdet wird.

Diese Bedingungen werden von der durch die A. E. G. vorgeschlagenen bruchsicheren Aufhängung (Fig. 228 u. 229) in vollkommener Weise erfüllt. Der Leitungsdraht wird von drei Isolatoren gehalten. Bei Zerstörung eines Isolators wird die Leitung von den beiden anderen in nahezu

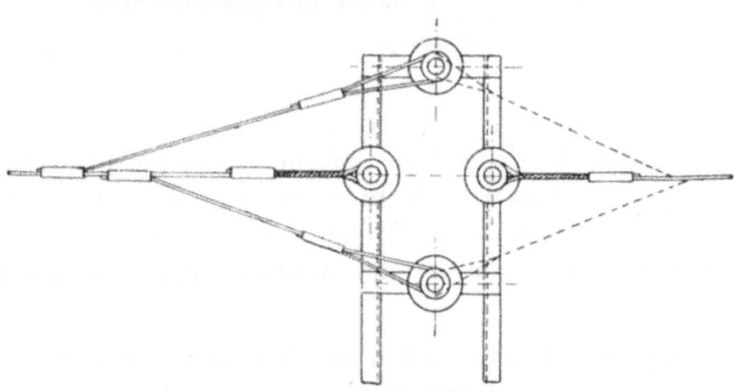

Fig. 228.

unveränderter Weise festgehalten. Zu beachten ist, daß die beiden Hilfsseile auch nach rückwärts verlängert werden. Überspannungswellen, die durch den Betrieb der Anlage selbst oder durch atmosphärische Einflüsse entstehen können, finden bei nichtgeschlossenen Leitern an den beiden äußeren Isolatoren Staupunkte und zerstören diese. Diese Beobachtung wurde bei einer großen Anzahl bruchsicherer Aufhängungen gemacht. Die Durchführung der Hilfsseile nach rückwärts hat dem Übel-

Fig. 229.

stand, der naturgemäß mit Betriebsstörungen verbunden war, dauernd abgeholfen.

Professor Dr. Ulbricht[1]) hat für die Sächsischen Staatsbahnen eine Ausführung vorgeschlagen, die in Fig. 230 dargestellt ist. Jede Leitung besteht aus zwei an besonderen Isolatoren befestigten Leitungsseilen, die durch im Zickzack angeordnete Querdrähte verbunden sind. Jede Leitung bildet ein schmales Netz, das, wagrecht aufgehängt, in Richtung der Bahnlinie kaum stärker wie ein Leitungsdraht erscheint. Ist ein Längsseil gebrochen, dann stellt sich das Netz schräg. Die Beschädigung wird dadurch schon von weitem sichtbar. Die Verbindung der

[1]) Elektrische Kraftbetriebe und Bahnen 1910, S. 503.

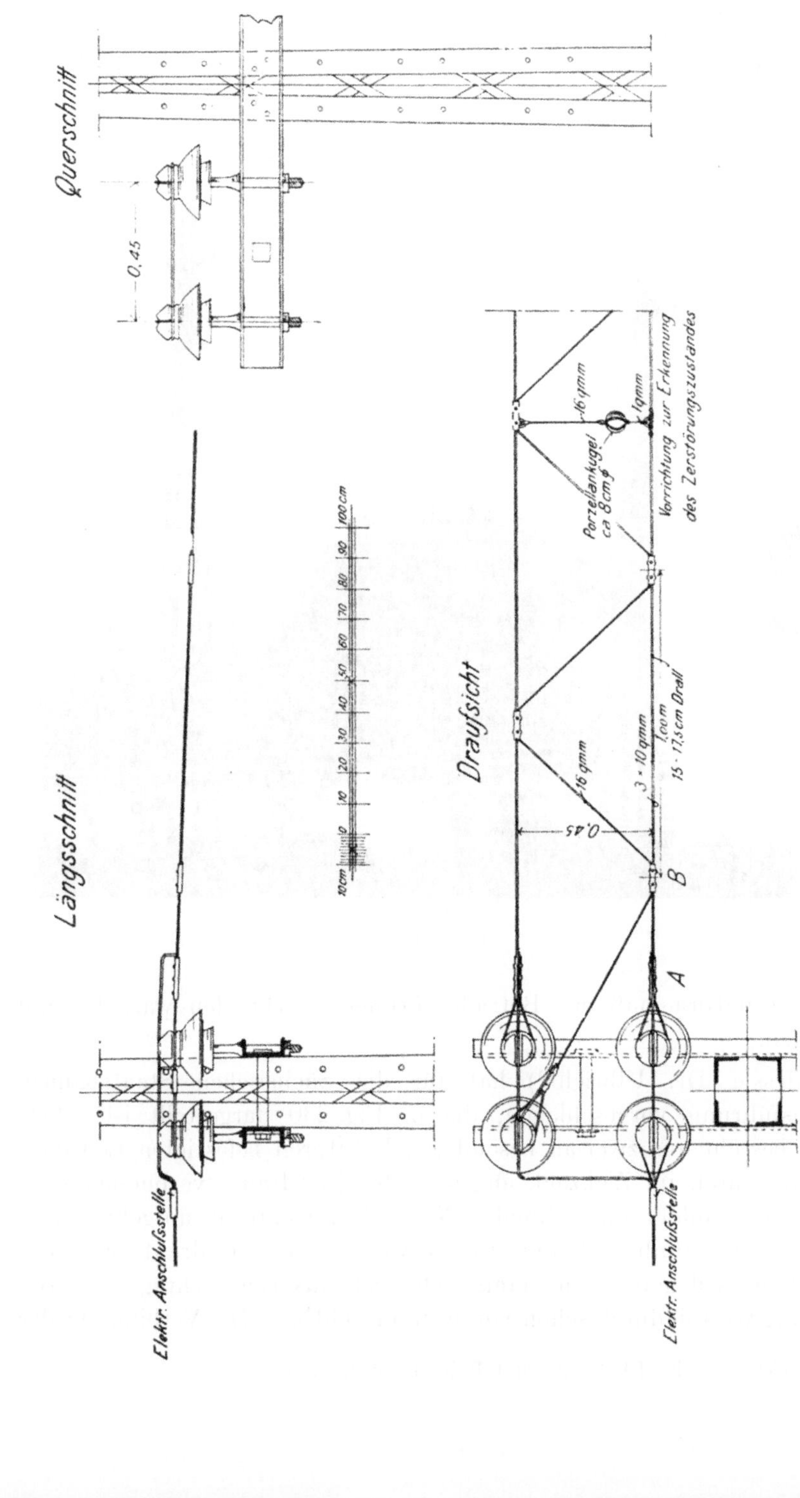
Querschnitt
0,45
Längsschnitt
Elektr. Anschlussstelle
Draufsicht
16 qmm
1qmm
Porzellankugel ca 8cm φ
Vorrichtung zur Erkennung des Zerstörungszustandes
3 × 10 qmm
1,00 m
15 · 17,5 cm Drall
0,45
A
B
Elektr. Anschlußsstelle
10 cm
100 cm

Fig. 230.

Querdrähte mit den Längsdrähten erfolgt durch Hofmannsche Nietverbinder.

Die Konstruktion ist nicht einfach und eignet sich nicht zur Zusammensetzung am Verwendungsort. Die Querverbindungen der Leitungsseile müssen sorgfältig ausgeführt werden, wenn die Längsseile durch die Nietverbinder nicht beschädigt werden sollen. In den Längs-

Fig. 231.

seilen können durch ungenaue Montage Zusatzspannungen entstehen, die die Sicherheit stark beeinträchtigen. Die Tragkonstruktionen werden infolge des hohen Eigengewichtes und der Zusatzlast sehr schwer und damit teuer. Die bruchsichere Aufhängung der A. E. G. ist wesentlich einfacher und durch ihre Einfachheit mindestens ebenso sicher wie dieser Netzleiter. Die Fig. 231 zeigt die photographische Wiedergabe einer bruchsicheren Überführung mit Netzleiter.

Die Ausführung der bruchsicheren Überführungen mit Stützisolatoren ist wegen der Zusammendrängung mehrerer Isolatoren an der Abspannungsstelle eine Quelle vieler Betriebsstörungen. Dieser Übelstand läßt sich vollständig beseitigen, wenn für die Abspannung Hängeab-

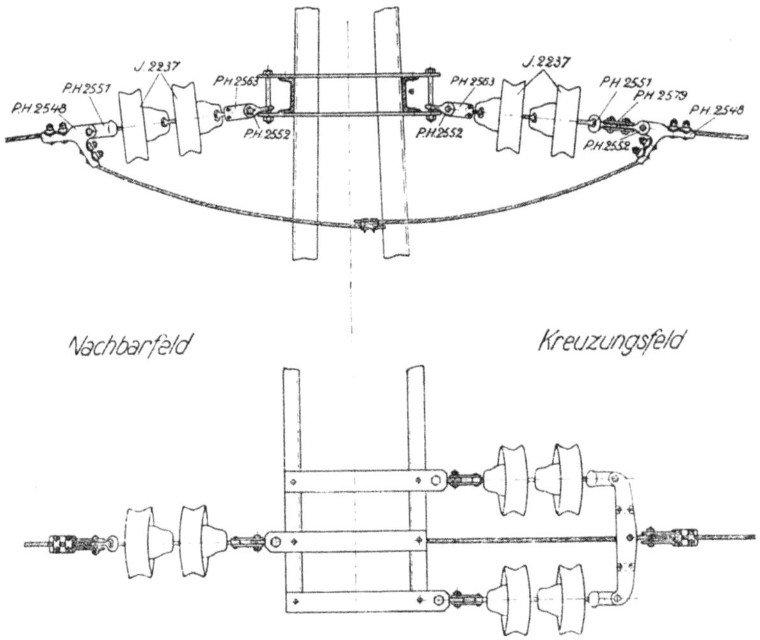

Fig. 232.

spannisolatoren (Fig. 232) verwendet werden, deren zulässige Beanspruchung auch wesentlich höher liegt wie diejenige der Stützisolatoren.

Wird die ganze Leitungslinie mit Hängeisolatoren ausgeführt, dann werden bei Kreuzungsstellen doppelte Isolatorenketten (Fig. 171 u. 172) verwendet, die unten durch ein Querstück verbunden sind, das in der Mitte als Klemme ausgebildet ist, und in welche der verstärkte Leiter so eingesetzt ist, daß er nicht herabfallen kann, wenn sich auch die gesicherten Schrauben lockern sollten.

5. Überführungsbrücken (Fig. 233) wurden früher von den Behörden gerne vorgeschrieben. Sie verhindern natürlich das Herabfallen der Leitungsdrähte, sind aber sehr kostpielig, so daß die Ausführung mancher Anlage an den hohen Kosten dieser Überführungsbrücken scheiterte. Heute werden diese Brücken nur in Ausnahmefällen vorgeschrieben und verwendet.

Schließlich sei noch die einfachste, in den Sicherheitsvorschriften niedergelegte Anordnung erwähnt, die besagt, daß keine weitere Schutzvorrichtung notwendig ist, wenn im Falle eines Drahtbruches die herabhängenden Enden mindestens 3 m vom Erdboden entfernt sind. Diese Schutzmaßnahme kann nur selten angewendet werden, weil die Spannweite sehr klein sein muß, wenn die Maste nicht anormal hoch werden sollen.

Für die Kreuzung der Post- und Bahnlinien sind von den entsprechenden Behörden besondere Vorschriften herausgegeben worden, die

Fig. 233.

zurzeit noch stark voneinander abweichen. Während z. B. die Post schon lange zugelassen hat, die Bemessung der Fundamente nach der von Fröhlich angegebenen Weise vorzunehmen, kann von der Bahnverwaltung dieses Zugeständnis nicht erreicht werden; infolgedessen werden unter gleichen Verhältnissen die Fundamente für Bahnkreuzungen meistens schwerer als für Postlinienkreuzungen.

Leitungsführung mit erhöhter Sicherheit. Starkstromfreileitungen, die sich Verkehrswegen, d. s. solchen, die sehr stark benutzt werden, so weit nähern, daß herabfallende Drähte Personen gefährden können, sollen mit erhöhter Sicherheit ausgeführt werden, alle Teile der Anlage müssen erhöhte Sicherheit besitzen. Diese Forderung ist erfüllt, wenn der maximale Leitungszug etwa auf die Hälfte herabgesetzt wird, die Mastabstände verringert und die einzelnen Glieder der Tragkonstruktion für 3,5—4 fache Sicherheit berechnet werden. Das Herabfallen des Leitungsdrahtes wird durch Sicherheitsbügel (Fig. 234) und Fangbügel (Fig. 235, 236, 237) verhindert. Die ersteren haben den Zweck, den Leitungsdraht zusammenzuhalten, wenn dieser durch einen Lichtbogen (Erdschluß durch Isolatorbruch etc.) zerstört oder seine Festigkeit durch Ausglühen soweit geschwächt ist, daß er der Zugbeanspruchung nicht mehr standhält und reißt. Fangbügel werden an Winkelpunkten auch bei Leitungsanlagen, die mit normaler Sicherheit ausgeführt sind, angebracht und dienen dem Zweck, die Leitung vor dem Herunterfallen zu bewahren, wenn ein Isolator zerstört wird. Zweckmäßiger und sicherer ist die Ausführung der Winkelmaste als Abspannmaste und Verwendung von doppelten

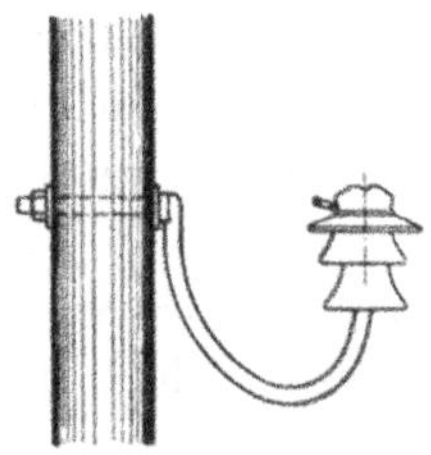

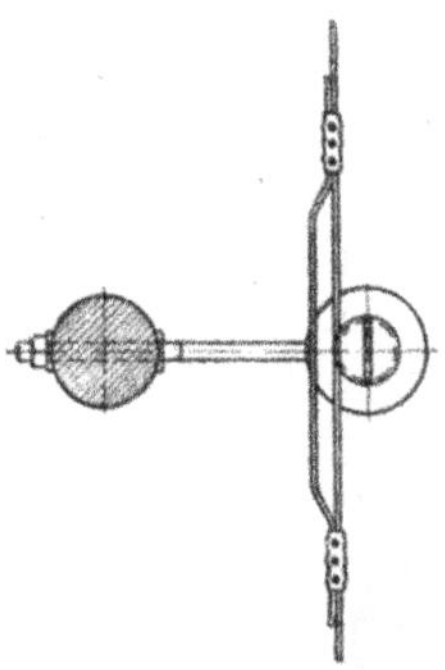

Fig. 234.

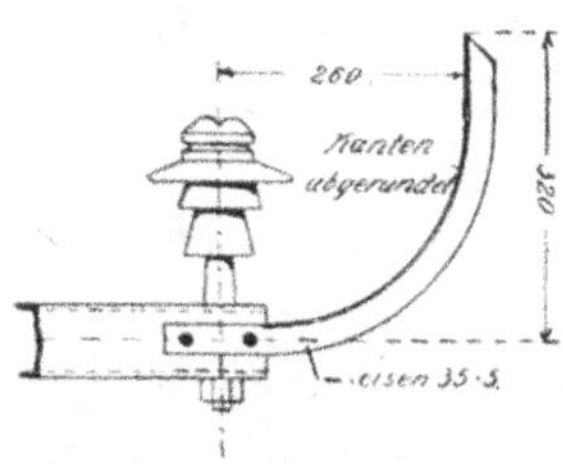

Fig. 235.

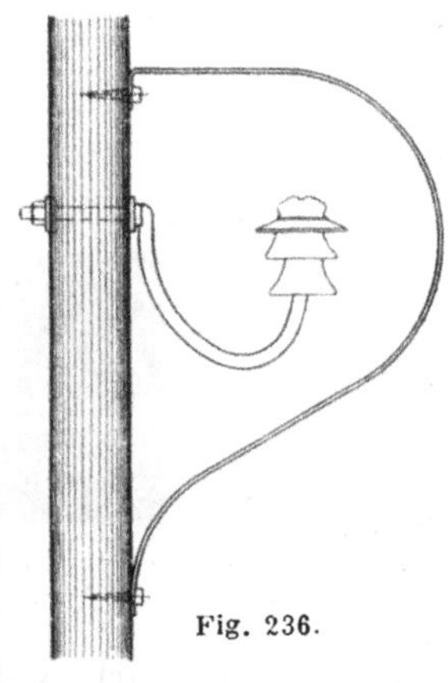

Fig. 236.

Isolatoren. Wie bei den Erdungsbügeln sind auch bei den Fangbügeln die Abmessungen so zu wählen, daß durch Vögel keine Erdverbindung der spannungführenden Teile hergestellt werden kann. Damit sich die Bügel nicht drehen und dadurch Erdschlüsse verursachen können, sind sie mit zwei Schrauben zu befestigen.

Mastschalter und Masttransformatorenstationen.

Der Betriebsleiter eines Überlandwerkes schätzt die Möglichkeit der Unterteilung seiner Leitungsanlage durch entsprechend eingerichtete Stationen und die Abtrennung von Abzweigungen durch Schalter sehr, weil sie ihm die Möglichkeit gibt, die Störungen sehr schnell zu finden und Reparaturen durch Außerbetriebsetzung kleinster Strecken vorzunehmen. Zu große Abschaltmöglichkeit in den Stationen verteuert natürlich die Leitungsanlage, man wird sich meistens auf die durch die Stromentnahme bedingte Gliederung der Schaltmöglichkeit beschränken. Abtrennungen, die durch Freileitungsschalter vorgesehen sind, könnten mit Rücksicht auf die Kosten in größerer Anzahl angewandt werden, doch sind auch hier Richtlinien gegeben, die durch die Betriebssicherheit und Bedienungsmöglichkeit vorgeschrieben sind. Der Aufbau des Freileitungsschalters gewährt Vögeln besonders gute Sitzgelegenheit, sind die Isolatorenstützen des Schalters und sein Aufbau nicht zur Leitungs-

Fig. 237.

abspannung vorgesehen, dann wird dieser Übelstand noch durch die für die Abspannung erforderlichen weiteren Isolatoren (Fig. 238) verschärft.

Freileitungsschalter sollen so gesetzt werden, daß sie bequem und dadurch schnell erreichbar sind. Stichleitungen sollen an der Abzweigstelle getrennt werden, es wäre bei möglichst kurzer Länge der Leitung die Führung dieser aber so zu wählen, daß der Schalter so nahe wie möglich an einen Verkehrsweg herankommt.

Der durch Fig. 239 dargestellte Freileitungsschalter ist für Abspannung konstruiert, auf einem Holzmast sitzend, ist er nicht geerdet, in das Gestänge werden deshalb Isolierkörper eingeschaltet und das Gestänge unterhalb dieser Isolierung geerdet. Wenn der Schalter auf einem Eisenmast montiert ist, dann müssen Schalter und Gestänge an die Erdleitung des Mastes angeschlossen werden.

Bei Frost sind die Schalter schwer zu bedienen, einzelne Konstruktionen versagen unter solchen Verhältnissen vollständig. Schalter mit

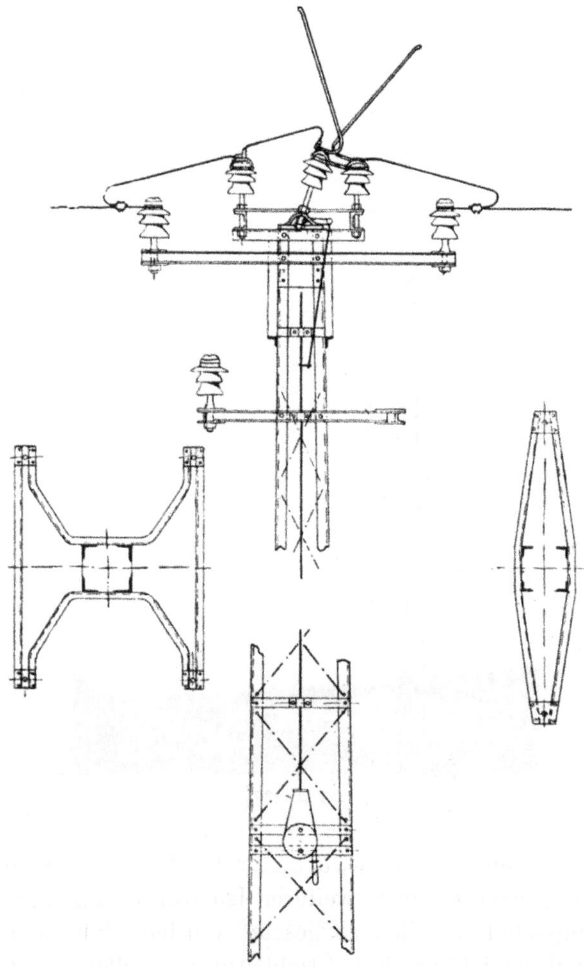

Fig. 238.

Schleif- oder Messerkontakten sind bei Beeisung schwieriger zu betätigen, als solche mit Rollen- oder Abwälzkontakten.

Transformatorenstationen werden als gemauerte Stationen oder, wenn bei Leistungen bis zu 30 kVA nur geringe Erstellungskosten in Betracht kommen dürfen, als Maststationen ausgeführt (Fig. 240 u. 241).

Der Mast soll nur in besonderen Fällen bestiegen werden, deshalb werden in neueren Anlagen Schalter und Sicherungen der Niederspannungsseite des Transformators sowie Zähler und die Sicherungen für die Verteilungsleitungen in einem Schaltkasten untergebracht, der im Mast-

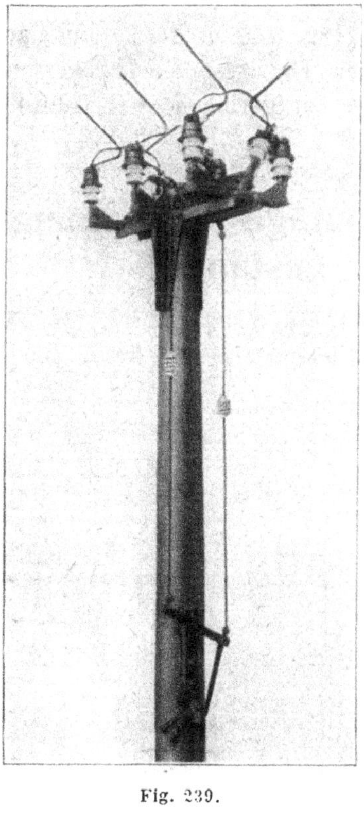

Fig. 239.

Fig. 240.

sockel montiert wird. Zum leichteren Besteigen des Mastes werden zwischen die Eckeisen des Mastes Rundeisensprossen angeordnet, die gegen unbefugte Benutzung durch einen Abschluß am Mastsockel gesichert werden. Das angebrachte Podest ist durch eine Falltür erreichbar und so hoch angebracht, daß mittels Isolierzange die Hochspannungssicherungen noch bedient werden können. Die Ausschaltung der Zuleitung wird durch einen Mastschalter, der an der Abzweigung der Stichleitung oder kurz vor der Station an einem Mast angebracht ist, vorgenommen.

Neuerdings werden die zu- und abgehenden Leitungen an Transformatorenstationen mit Hänge-Abspannisolatoren abgespannt, weil dadurch Konsole und besondere Traversen in Wegfall kommen, die gute

Ruhepunkte für Vögel bieten und, besonders bei gemauerten Stationen, nicht gut aussehen.

Zum Abfangen der Spannungswellen vor den Transformatoren sollten auch bei Masttransformatorenstationen Drosselspulen mit hoher Selbstinduktion verwendet werden. Die in vielen Anlagen und auch bei den Maststationen (Fig. 240 u. 241) eingebauten zylindrischen Drosselspulen (Locken) sind wegen ihrer zu geringen Selbstinduktion wertlos.

Fig. 241.

17. Montage der Leitungsgestänge.

Anlegen der Mastgrube. Mit Rücksicht auf die Grabarbeiten kann der Gru-

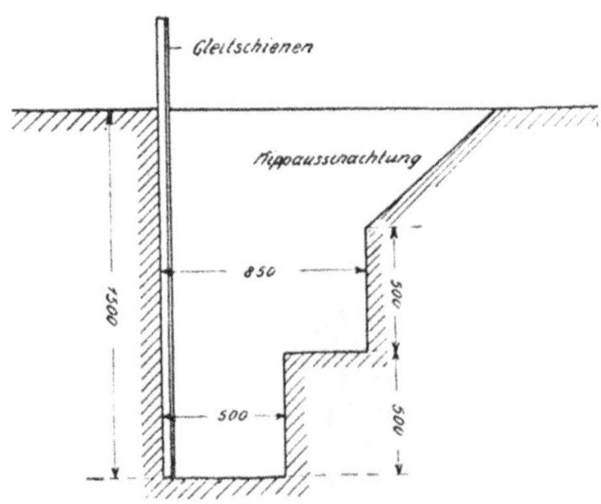

Fig. 242.

benquerschnitt nicht beliebig klein gewählt werden. Der Arbeiter muß Schaufel, Spaten und Hacke noch gut handhaben können, wenn die Arbeit flott vorwärts schreiten soll. Gruben zum Setzen von Holzmasten erhalten bei einer Tiefe von 1,50—2,00 m gewöhnlich eine Breite von 45—50 cm, der Längsschnitt sieht dann nach Fig. 242 aus. Der unterste Absatz dient dem Arbeiter als Standplatz zum Ausschachten des unteren Grubenteiles. Normaler Boden läßt bei Tiefen bis 2,2 m als kleinste Ausschachtung ein Prisma von 70 $\times$ 70 cm Querschnitt zu. Ist der Boden leicht zu bearbeiten, doch nicht so fest, daß er auch beim Stellen des Mastes stehen bleibt, dann wird die Grube auf der Seite, von welcher der Mast gestellt wird, ein oder mehrere Male abgesetzt (Fig. 243).

Die Zahl der Absätze und die Verbreiterung der Grube nach oben steigt mit der abnehmenden Festigkeit des Bodens. Bei lockerem Boden wird das Absetzen auf allen Seiten nicht zu umgehen sein, wenn das Absprießen nicht vorgezogen wird.

Ausschachtarbeiten bei Wasserandrang können nur durch Verschalung der Grube oder mit Senkkästen (Fig. 244) ausgeführt werden. Die kleinsten Grundrißmaße sind für diese Fälle 120 × 120 cm bzw. 80 × 80 cm.

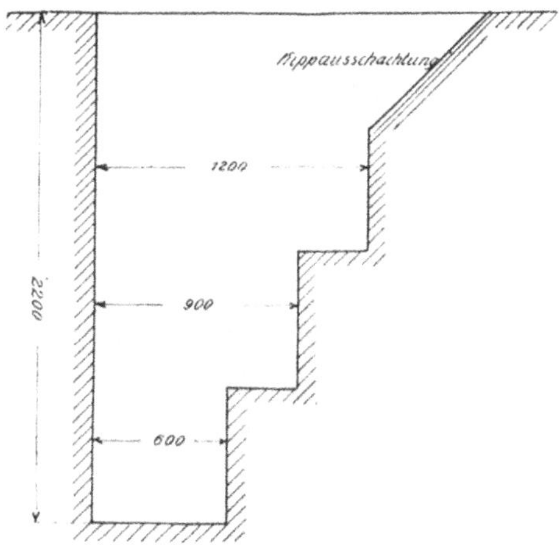

Fig. 243.

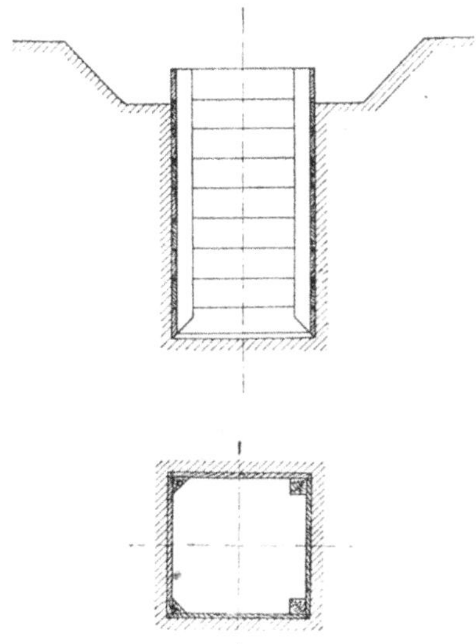

Fig. 244.

Senkkasten bestehen aus 4—5 cm starken Bohlen, die am besten wagrecht angeordnet und mit senkrechten Winkelhölzern und Leisten verstärkt werden. Die Erde, meistens Fließsand, wird durch einen Eimer mit Seil oder besser durch Sackbohrer ausgehoben.

Gruben in wasserhaltigem Boden werden nur vorgegraben und erst kurz vor dem Setzen des Mastes fertiggestellt. Während des Betonierens wird das Wasser durch eine Pumpe entfernt, deren Saugleitung in einem neben der Grube besonders angeordneten Saugschacht endigt.

In steinfreiem, nicht zu trockenem Lehmboden oder Ackerboden können die Löcher für kleinere Holzmaste auch mit dem Erdbohrer gebohrt werden. Die Tagesleistung der Arbeiter ist etwas größer, als wenn die Löcher gegraben werden. Bei gebohrten Löchern erhalten die Maste einen festeren Stand, da sie allseitig von gewachsenem Boden umgeben sind. Das Verfahren ist nur für kleinere, leichte Maste anwendbar, die beim Einsetzen in das gebohrte Loch senkrecht hochgehoben werden können.

In felsigem Boden wird mit Spitzhacke und Brecheisen gearbeitet und den Löchern im allgemeinen die Form der gegrabenen gegeben. Sind diese Werkzeuge nicht verwendbar, so müssen die Gruben eingesprengt werden. Mit dem Steinbohrer wird ein 25—30 cm tiefes Loch gebohrt, das Sprengpulver (Patronen) eingebracht und mit trockenem Sande versetzt. Zum Zünden werden Zündschnüre verwendet, die, vor ihrer Verwendung auf Beschädigung untersucht, so lang sein müssen,

Fig. 245.

daß die das Zünden besorgenden Personen sich ohne Hast in sichere Deckung zurückziehen können. Der Weg vom Sprengort zur Schutzstelle muß von Hindernissen frei sein.

T r a n s p o r t u n d A u f s t e l l e n d e r M a s t e. Holzmaste, leichte Tragmaste werden durch Rollen oder Gleiten auf zwei den Waggon mit dem Wagen verbindenden Unterlagen abgeladen. Bei Holzmasten wird die rollende Bewegung auf der schiefen Ebene durch Seile, welche in der Nähe des Zopf- und Fußendes um den Mast geschlungen sind, in zulässigen Grenzen gehalten. In der Bewegungsrichtung sollen sich keine Personen aufhalten oder tätig sein, damit Unfälle (Reißen eines Seiles, Abrutschen einer Unterlage) vermieden werden. Schwere Abspannmaste, Kreuzungsmaste werden, wenn kein Kran an der Ausladestelle vorhanden ist, durch Gleitketten abgelassen, die mit Hebeln gefaßt werden. Wird eine größere Anzahl Waggons an derselben Station ausgeladen und ist die Gleisanlage dazu geeignet, dann empfiehlt sich die Aufstellung eines Gerüstes mit Benutzung von Flaschenzügen. Die Bahnverwaltungen besitzen fahrbare Krane (Fig. 245) für Handbetrieb, die gegen mäßige Gebühr vermietet werden und sehr zweckmäßig sind. Das Abwerfen der Maste von den Transportvorrichtungen ist unzulässig; abgescherte, geplatzte Nieten, verbogene Diagonalen und Eckeisen, gebrochene Holzmaste sind die Ergebnisse solcher unsachgemäßen Behandlung.

Die Tragkonstruktionen sind entsprechend den Ausweisen der Markierungspfähle numeriert und werden in dieser Reihenfolge versandt

Fig. 246.

und verladen. Zur weiteren Orientierung dient der Montageplan, in welchen alle zur Beurteilung der Stützpunkte erforderlichen Angaben eingetragen sind.

Auch beim Transport der Gittermaste ist darauf zu achten, daß Diagonalen und Gurtungen nicht verbogen werden. Quadratische Gittermaste, die als Tragkonstruktionen ausgebildet, schwache Profile besitzen, sind besonders sorgfältig zu behandeln. Der Fuß darf nicht frei schweben, sein durch die Wagenstöße schwingendes Gewicht würde die leichten Eckeisen abknicken.

Holzmaste normaler Länge können durch die Setzkolonne, die in diesem Falle aus 4—5 Mann besteht, bis zu den Markierungspfählen getragen werden. Eisenmaste werden auf einem zweiräderigen

Transportwagen, der wegen der Benutzung auf Äckern, schlechten Feldwegen mit möglichst breiten Rädern versehen sein muß, angefahren.

Zum Anheben und Stützen (Fig. 246—249) von Eisenmasten dienen Scherbäume, d. s. zwei am Kopf mit Seil gekuppelte Stangen, die an den Fußenden mit Handgriffen versehen sind.

Mittels des Transportwagens wird der Mast an die Grube so angefahren, daß er mit seinem Fußende gegen die Gleitschienen stößt. Durch

Fig. 247.

Aufkippen wird das Kopfende so weit erhöht, daß ein paar kurze Scherbäume untergestellt werden können. Durch weiteres Anheben und Ansetzen von längeren Scherbäumen wird der Mast aufgerichtet.

Schwere Maste werden zweckmäßiger mit der Winde gehoben. Die Winde ist so anzusetzen, daß sie oberhalb des Schwerpunktes des Mastes angreift und der Angriffspunkt in der Längsachse liegt, damit der Mast nicht verkantet wird. Zu dem Zweck verwendet man ein kräftiges Stützholz, das mit einem Seil um den Windenkörper festgeschlungen wird, und das mit seinem oberen Teil gegen ein kräftiges Unterlageholz drückt, das den Druck auf eine Anzahl Diagonalen verteilt. Die Winde bzw. das Stützholz muß selbstverständlich in einem solchen Winkel an den Mast angesetzt werden, daß sie auch beim Aufrichten nicht abgleiten kann. In weichem Boden wird dem Windenfuß eine entsprechende Unterlage gegeben. Bei Benutzung der Winde können Scherbäume nicht entbehrt werden, weil sie sowohl zum Nachsetzen der Winde als auch zum Verhindern des seitlichen Ausschlagens des Mastes notwendig sind.

Fig. 248.

Holzmaste können entweder durch Scherbäume oder durch Stützgabeln, die ein Mann betätigen kann, aufgerichtet werden. Zum Stellen sind mindestens drei Mann mit Gabeln nötig, von denen abwechselnd zwei den Mast im Gleichgewicht halten.

Die Schwierigkeit beim Stellen der Maste wächst nicht annähernd mit dem Gewicht wie mit der Länge. Maste über 15 m Länge können in eben beschriebener Weise nicht mehr gestellt werden. Sie werden mit einem Dreifußbock oder mit einem verankerten Doppelständer, an dem ein Flaschenzug befestigt ist, angehoben (Fig. 250—254) und dann mit an Bäumen oder Ankern befestigten Flaschenzügen weitergezogen. Der Dreifußbock kann auch als Führungsbock benutzt werden. Das Zugseil läuft in diesem Falle über eine aufgehängte Rolle, wodurch bessere Zugverhältnisse geschaffen werden können. Werden die Maste auf ein fertiges Fundament gestellt und mit Fundamentschrauben verankert, dann ist das Aufrichten (Fig. 253) etwas schwieriger. Um das Einsetzen in die Anker zu erleichtern, wird der Mast

Fig. 249.

auf Holzunterlagen gesetzt, die etwas höher sind wie die vorstehenden Fundamentankerköpfe. Beim Ausrichten und Einsetzen in die Anker wird der Mast durch drei Verankerungsseile gehalten, die vor dem Stellen am Mast befestigt werden.

Große Masten werden zweckmäßig mit Gelenkfüßen versehen. Die Aufstellung eines solchen Mastes zeigt Fig. 254. Die Konstruktion des Gelenkfußes ist aus Fig. 132 ersichtlich.

Gegen diejenige Wand der Mastgrube, an welcher das Fußende des Mastes herabgeleitet, werden Gleitschienen (Fig. 242), die auf einer Holzunterlage befestigt sind, gesetzt, damit das Fußende ein festes Widerlager hat und leichter gleitet. Das Aufrichten des Mastes wird durch

Fig. 250.

Fig. 251.

eine Abschrägung (Kippausschachtung) der Seite, von welcher das Aufstellen erfolgt, wesentlich erleichtert (Fig. 242 u. 243).

Einseitig beanspruchte Abspannmaste, Winkelmaste, werden auf Zug gestellt, d. h. ihre Vertikalachse wird um ein gewisses Maß entgegen der Zugrichtung geneigt. Die Durchbiegung beträgt etwa 2% der freien Länge, um die Hälfte dieses Maßes wird der Mast schräg gestellt. Es entspricht nicht den Verhältnissen, die gesamte Durchbiegung zu berücksichtigen, weil diese nur in seltenen Fällen und kurze Zeit zu erwarten ist.

Fig. 252.

Fig. 253.

Fig. 254.

Werden zur Standsicherheit der Maste Betonfundamente verwendet, dann wird vor dem Stellen des Mastes der Boden mit einer 15—20 cm starken, gut gestampften Betonschicht bedeckt. Traversen und Isolatoren werden vor dem Stellen der Maste montiert, wenn es leichte Typen sind, die das Aufrichten nicht erschweren.

18. Montage der Leiter.

Der hohe Sicherheitsgrad, den Freileitungsanlagen, entsprechend ihrer jetzigen Bedeutung, besitzen müssen, erfordert wesentlich genauere Methoden und sorgfältigere Arbeit zum Verlegen, Spannen und Befestigen des elektrischen Leiters als früher. Der Monteur der alten Schule kannte das Dynamometer wohl nur dem Namen nach, den Durchhang hat er nach seinem Gutdünken gewählt, die Leitungen wurden angezogen, bis sie »stramm« waren.

Die Fabrikationslänge des blanken, massiven Kupferleiters ist im allgemeinen abhängig vom Querschnitt der Drähte. Die Fabriken verarbeiten gewöhnlich Kupferbarren von 80 kg, es kann somit einem Kupferdraht von 10 qmm eine Länge von 850—900 m gegeben werden. Die aus Drähten geringeren Querschnittes zusammengesetzten Kabel erhalten entsprechend größere Länge. Ein siebendrähtiger Litzenleiter von 35 qmm könnte in einer Länge von 1700—1800 m geliefert werden. Das Gewicht würde etwa 560 kg, mit Trommel rund 600 kg betragen. Mit Rücksicht auf Transport und Handhabung sind größere Gewichte unzweckmäßig. Werden trotzdem größere Längen gewünscht, so müssen schwerere Barren verarbeitet werden, wozu jedoch nicht alle Fabriken in der Lage sind, oder der längere Draht wird durch Zusammensetzen von Normallängen hergestellt. Dies geschieht durch Löten und darauffolgendes Hämmern der Lötstelle, damit sie hart wird. Die einzelnen Lötstellen werden auf mehrere Meter Kabellänge verteilt; die Festigkeit dieses Stückes ist nahezu dieselbe wie die des anderen Kabels. Verbindungsstellen eines oder mehrerer Drähte sind auch notwendig, wenn Drähte auf der Verseilmaschine reißen. Beim Abwickeln von der Transporttrommel muß das Kabel auf fehlerhafte Stellen untersucht werden. Solche entstehen, wenn sich die Lötstellen der einzelnen Drähte beisammen finden; an solchen Stellen ist das Kabel geschwächt. Es muß ferner darauf geachtet werden, daß gerissene Drähte innerhalb des Kabels auch gelötet und nicht etwa zusammengewürgt sind. Bei einem 19 drähtigen Kabel von 50 qmm war z. B. an mehreren Stellen die Seele des

Drahtes durch Würgen verbunden. Um für die Würgstellen innerhalb des Kabels Platz zu schaffen, war die innere Lage mit sechs Drähten auf die Länge der Würgstelle entfernt.

Drahtringe werden auf einen Haspel (Fig. 255) aufgesetzt und durch Ziehen an einem Ende abgewickelt. Das Ablaufen wird durch eine ein-

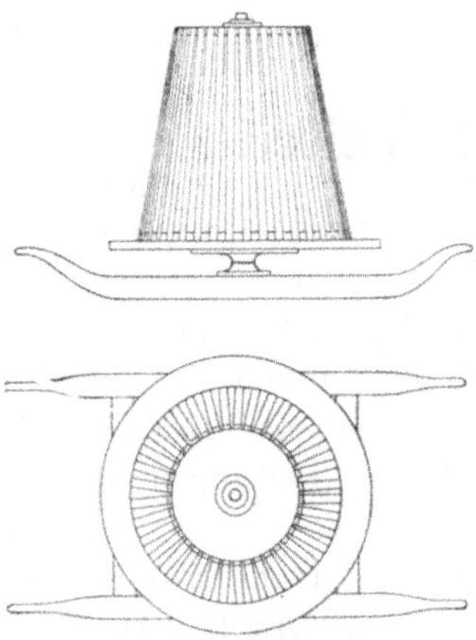

Fig. 255.

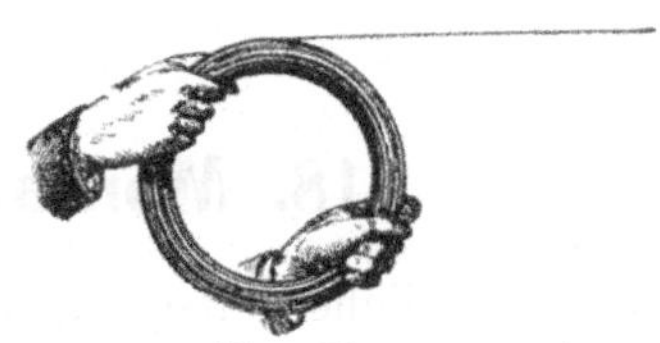

Fig. 256.

Fig 257.

fache Bremsvorrichtung reguliert. Beim Abwickeln vom Ring ohne Haspel ist zu beachten, daß dieses stets nach Fig. 256, niemals nach Fig. 257 erfolgt, weil dadurch Schleifen und Knicke entstehen können. Durch Unvorsichtigkeit entstandene Knicke, Fehler oder sonstige Beschädigungen des Leiters, die beim Abwickeln gefunden werden, sind durch Ausschneiden zu beseitigen. Das Abwickeln der Ringe erfolgt stets von dem am äußeren Umfange liegenden Drahtende.

Um den Leitungsdraht von einer Kabeltrommel abzuwickeln, legt man die mit einer Welle versehene Trommel in einen Bock mit zwei Lagern (Fig. 258). Das Einlegen geschieht in einfachster Weise dadurch, daß der Bock, wie aus der Abbildung ersichtlich, hochgestellt und dann mit der eingelagerten Trommel wieder in die Horizontale gebracht wird. Trommeln mit kleinerem Gewicht können auch auf ein dem Haspel ähnlichse Gestell mit vertikaler Welle aufgesetzt werden. Die Regulierung der Ablaufgeschwindigkeit geschieht wieder durch Bremsung.

Der Leiter wird durch mehrere Arbeiter oder bei größeren Querschnitten und Längen durch Pferde ausgezogen. Über Wege, steiniges Ackerland dürfen Drähte nicht geschleift werden, weil dadurch die harte Oberfläche angegriffen und die Festigkeit vermindert wird. An

Straßenübergängen wird der Leiter über Rollen (Fig. 259 u. 260) gezogen, die in solcher Höhe angebracht sind, daß die Straße für den Verkehr frei bleibt.

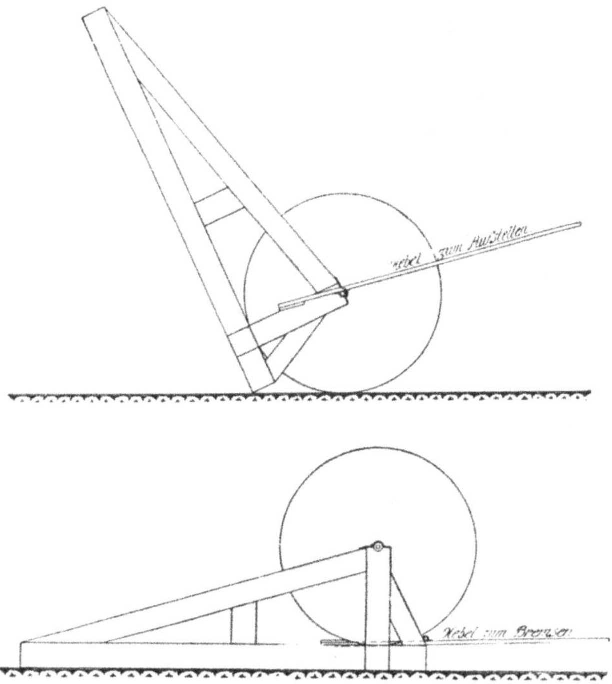

Fig. 258.

Die Benutzung von Rollen ist immer zweckmäßig, wenn die Leitungsträger auch in der Richtungslinie der Leitung so stabil sind, daß sie den durch das Ausziehen der Leitung entstehenden Zug aufnehmen können, oder wenn elastische Maste in der Leitungsrichtung durch ein Erdungsseil verankert sind. Der ziemlich be-

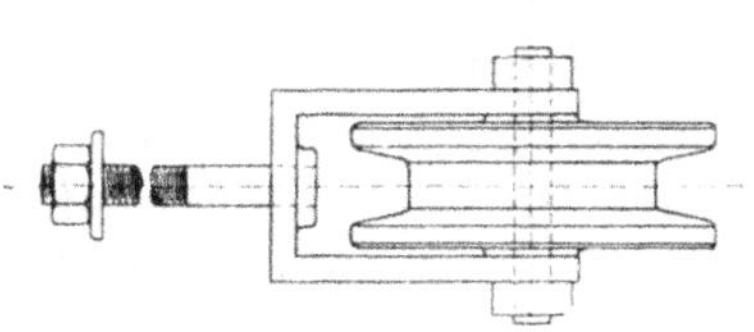

Fig. 259.

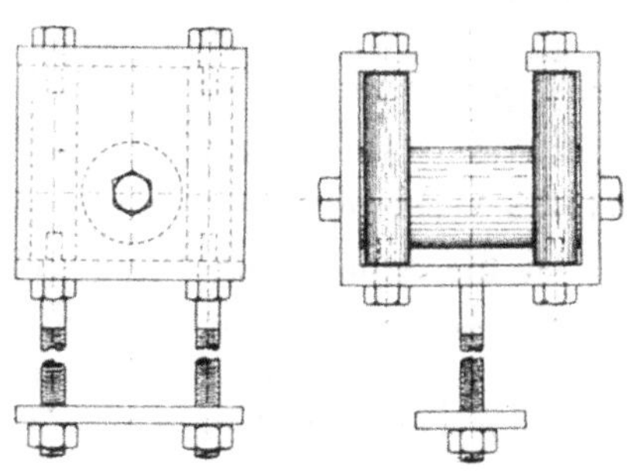

Fig. 260.

trächtliche Flurschaden, der beim Ausziehen der Leitungen über bebautes Land, durch das Laufen der Arbeiter und das Ziehen der Pferde entsteht, wird dadurch zum größten Teile vermieden. Die Rollen werden bei genügend kräftigen Masten auf die Querträger aufgesetzt, so daß sie später auch zum Spannen der Leitung zu verwenden sind. Bei

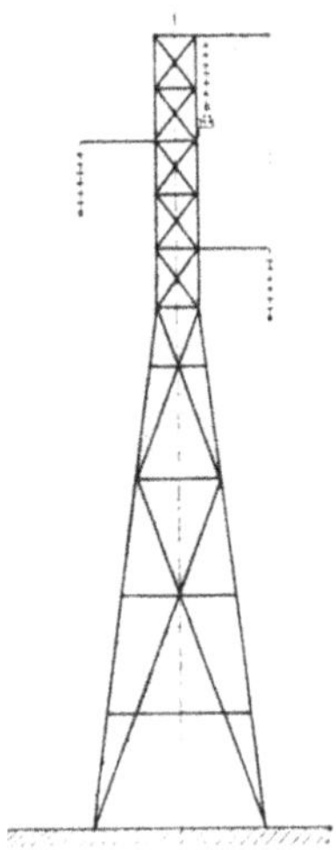

Fig. 261.

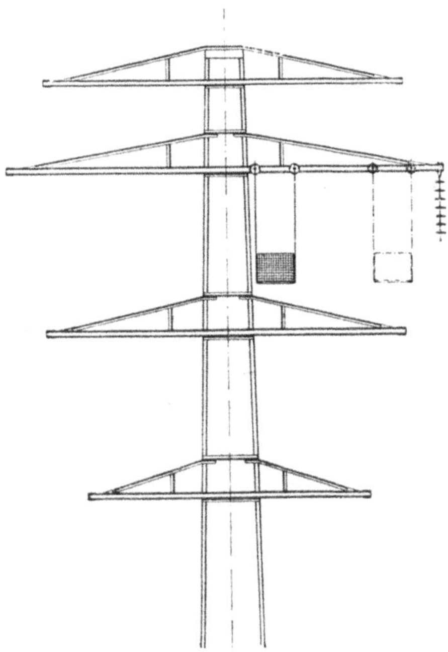

Fig. 262.

leichteren Tragkonstruktionen wird man die Rollen so hoch über Erde anbringen, daß der Leiter beim Ziehen nicht auf dem Boden schleift. Die abzuwickelnde Kabeltrommel steht so weit vom ersten Mast entfernt, daß der Leiter unter einem Winkel von wenigstens 45° auf den Mast aufläuft. Mit Stangen wird ein Seil auf die Maste gelegt, an dessen Ende der Draht befestigt und damit über die Maste gezogen wird. Die Rollen verhindern ein Abgleiten des Leiters, schonen diesen und verschaffen bessere Zugverhältnisse. Aluminiumdraht darf nur auf diese Weise abgewickelt und aufgelegt werden, die Weichheit des Metalles verbietet das Schleifen selbst über weiches Ackerland.

Ist die Anlage mit Hängeisolatoren ausgeführt, dann ist die Montage des Leiters infolge der weitausladenden Querträger und der tiefen Lage des Leiters unter diesen schwieriger. Die Montage wird erleichtert, wenn die Isolatorenketten an Trag- und Abspannmasten zum Verschieben eingerichtet sind. Der Leitungsdraht wird auf Rollen, die am Mast befestigt sind (Fig. 261), fertig gespannt, dann in die Klemme der unmittelbar darüberliegenden Kette eingeführt und befestigt. Die Isolatorenketten werden dann mit dem Leiter in die Betriebsstellung verschoben. Dieser Arbeitsvorgang erfordert etwas komplizierte Konstruktionen für die Verschiebung der Isolatorenketten. Nur wenig höhere Montagekosten sind erforderlich, wenn die Traverse so ausgebildet ist, daß ein leichter Montagewagen (Fig. 262) zwischen Aufhängepunkt und Mast verkehren kann. Infolge seines geringen Gewichtes (ca. 30 kg) des aus nahtlosen Mannesmannröhren zusammengesetzten Wagens kann dieser leicht hochgezogen und in die Laufschienen eingehängt werden. Die Vorrichtung wird besonders gute Dienste bei der Revision und Auswechselung der Isolatorenketten leisten.

Das Auflegen des auf dem Boden ausgezogenen Leiters erfolgt bei kleineren Querschnitten und kurzen Spannweiten durch Stangen, mittlere Verhältnisse erfordern zum Auflegen das Besteigen der Maste, größere Querschnitte besonders bei großen Spannweiten (bei 150 m Spannweite wiegt der hochzuhebende Kupferleiter von 35 qmm zirka 50 kg) müssen mit Rollenzügen hochgezogen werden. Beim Hochziehen ist darauf zu achten, daß der Leiter nicht durch scharfes Anfassen geknickt wird; zweckmäßig ist die Benutzung eines gebogenen Holzes zur Lagerung des Leiters.

Aluminiumleitungen sind infolge ihres geringen Gewichtes leichter zu handhaben, erfordern aber beim Auflegen noch größere Sorgfalt wie Kupferleiter.

Zum Anziehen der Drähte, dem Anholen, dienen Flaschenzüge, bei großen Längen und Spannweiten Winden mit großer Trommel zum Aufwickeln eines längeren Seiles, die am Fuße eines Mastes befestigt werden. Der Leiter muß mit Vorrichtungen (Fig. 263) gefaßt werden, deren Klemmflächen aus dem Material des Leiters bestehen, und die in einer Länge gleich dem 12- bis 15 fachen Drahtdurchmesser angreifen. Zum genauen Einstellen des Zuges dienen Spannschrauben, die mit einer Federwage (Dynamometer) an der Isolatorstütze oder am Querträger eingehängt werden. Zum Fassen des Leiters ist auch eine Kniehebel- oder Froschklemme, deren Backen für jeden Querschnitt parallel stehen, zweckmäßig. Ist der Draht mit dem Flaschenzuge angeholt, dann wird durch probeweises Ansetzen der Froschklemme die Spannung gemessen. Hat die

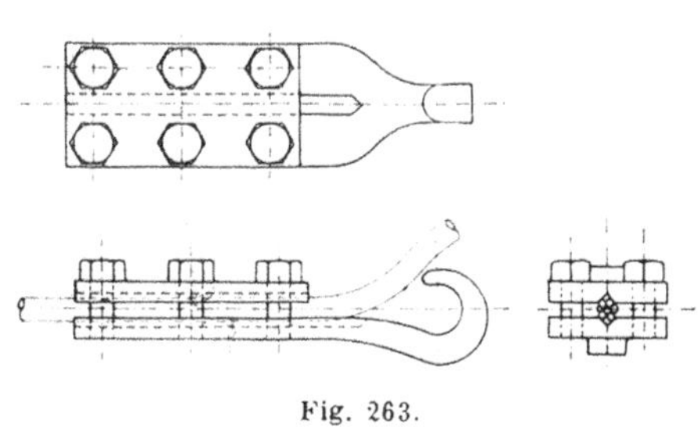

Fig. 263.

16*

Spannung nahezu die zulässige Höhe erreicht, dann bleibt die Federwage eingeschaltet, und die genaue Einstellung der richtigen Spannung erfolgt durch Anziehen (oder Nachlassen) der Spannschrauben. Bei verschieden hohen Stützpunkten wird das Dynamometer an dem höheren Stützpunkt eingeschaltet.

Während der Leiter angeholt und gespannt wird, liegt er auf den Rollen, die hart neben den Isolatoren an die Querträger angeklemmt sind. Nicht so praktisch ist es, wenn die Rollen mit Stützen versehen sind, die den Isolatorenstützen entsprechen, so daß sie in die Traversen eingesetzt werden können. Die Isolatoren der Zwischenmaste werden in diesem Falle nach dem Spannen der Leitung montiert. Infolge des geringen Reibungs-

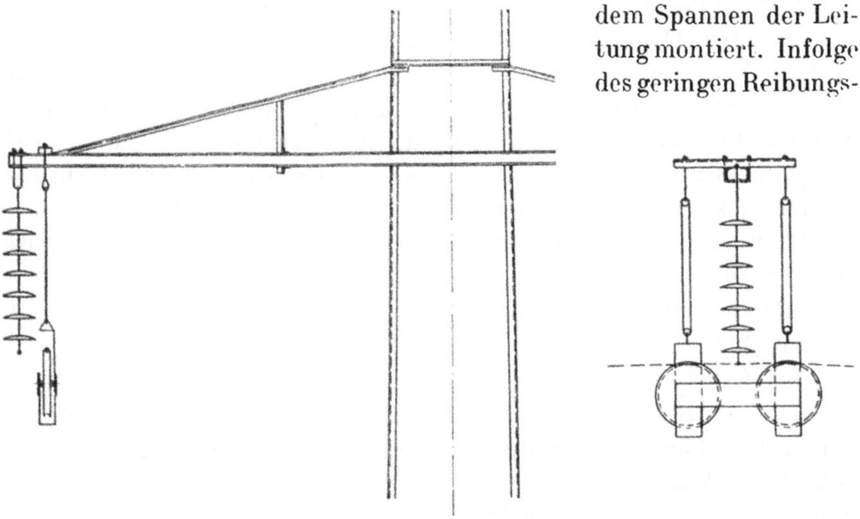

Fig. 264.

widerstandes, den die Rollen dem Leiter entgegensetzen, ist die Zugbeanspruchung in allen Feldern gleich. Der Durchhang wird sich für alle Spannweiten richtig einstellen, die Kontrolle kann sich deshalb auf ein Feld beschränken.

Werden Hängeisolatoren verwendet, dann werden die Zugrollen so anzubringen sein, daß die Leitung leicht in die Klemme des Hängeisolators eingeführt werden kann. In Fig. 264 ist eine Anordnung dargestellt, bei welcher die Rollen an der Traverse aufgehängt sind. Die Höhe ist durch eine geeignete Vorrichtung in den notwendigen Grenzen verstellbar. Die Benutzung von zwei Rollen, wie in der Abbildung dargestellt, ist sehr zweckmäßig, weil dadurch die Stelle für das Anklemmen des Leiters frei bleibt.

Sind Leitungen zwischen zwei Abspannmasten zu spannen und auf den notwendigen Durchhang einzuregulieren, so wird, nachdem die Leitung über die Rollen auf den Masten ausgelegt ist, die Befestigung des Leiterendes an der Abspannkette des einen Abspannmastes vorgenommen. Darauf wird vom anderen Abspannmast die Leitung eingeholt und auf Durchhang eingestellt (Fig. 265). Ist dies geschehen, dann ist die gefundene Leitungslänge für den Einhängepunkt der Abspannkette an der Masttraverse zu fixieren, sodann die Leitung am Abspann-

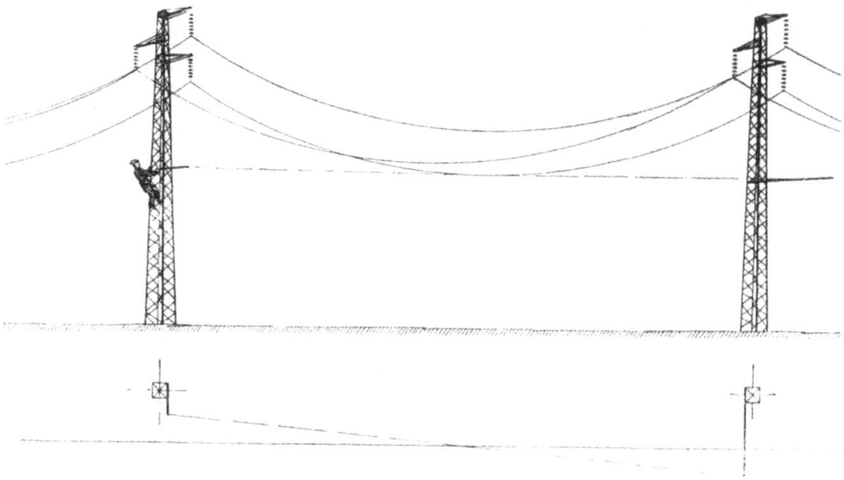

Fig. 265.

mast wieder herabzulassen und die Abspannkette unter Berücksichtigung der Kettenlänge am Seil zu befestigen. Leitungsseil und Kette werden sodann zusammen hochgezogen und die letztere an der Traverse eingehängt.

Wollte man die weitausladende Abspannkette in der Masthöhe mit der Leitung verbinden, dann wäre es notwendig, unterhalb der Traverse den Standplatz für die erforderlichen Arbeiten durch eine mit Schutzgeländer versehene Arbeitsbühne zu schaffen. Diese schwere Konstruktion muß mit einer Seilwinde hochgezogen werden und erfordert schon durch ihre Befestigung, die für jeden Leiter notwendig ist, sehr hohe Montagekosten.

Doppeladrige Kabel für Telephonzwecke werden an einem unterhalb der Hochspannungsleitung angeordneten Gußstahldrahtseil aufgehängt. Die Befestigung erfolgt in Abständen von 0,6—0,8 m mit Haken aus verzinktem Bandeisen, die an einem Ende offen am Drahtseil hängen. An dem anderen Ende wird das Kabel mit Schelle oder Bund befestigt.

Nachdem das Stahlseil gespannt ist, werden die offenen Enden der Haken auf das Tragseil geschoben und gleiten, während das Kabel vorsichtig mit einem Seil gezogen wird, auf diesem entlang. Kommt ein Haken an einem Stützpunkt an, so wird er von einem Arbeiter abgehängt und gleich hinter dem Stützpunkt wieder am Tragseil angehängt. Das Kabel muß stets von den Haken getragen werden und darf auch nicht während des Abwickelns von der Rolle frei hängen. Scharfe Bogen sind zu vermeiden, ebenso kräftiges Ziehen zur Vorwärtsbewegung, damit der dünne Bleimantel nicht beschädigt wird.

Die für die Montage des Leiters gültige Spannung ist durch die während dieser Arbeit herrschende Temperatur bestimmt. Ein gutes Thermometer ist deshalb ein unentbehrliches Werkzeug für Freileitungsanlagen. Die Kugel des Thermometers soll mit Draht des zu montierenden Leiterdrahtes umwickelt werden, weil bei Sonnenschein die Temperatur des letzteren gegen die umgebende Luft nicht unerheblich abweichen kann.

Die Kontrolle des Durchhanges eines Leitungsfeldes nach dem Spannen darf nicht außer acht gelassen werden, weil Dynamometer infolge der verschiedensten Umstände falsch zeigen können. Eine für alle Fälle brauchbare Methode besteht darin, an beiden Masten den Durchhang vom Isolator nach unten abzutragen und durch Visierung festzustellen, ob der tiefste Punkt der Leitung mit der Visierlinie zusammenfällt. Mit dem auf Seite 257 beschriebenen Taschennivellierinstrument kann diese Bestimmung von einem Mast vorgenommen werden. Das Instrument wird zweckmäßig mit einer Schraubzwinge zum Anklemmen in der Höhe des Isolatorkopfes versehen. Nach Einstellen der Libelle in die Horizontale wird das Fernrohr auf den entsprechenden Isolator des nächsten Mastes gerichtet. Durch vertikale Verschiebung um den zulässigen Durchhang muß die Visierlinie mit dem tiefsten Punkt des Leiters zusammenfallen, wenn dieser richtig gespannt ist.

Bei Masten mit Querträgern für Hängeisolatoren wird ebenfalls der der Spannweite, Querschnitt und Temperatur entsprechende Durchhang am Mast abgetragen und dieser über zwei an den gegenüberstehenden Masten befestigten Ausleger, von denen der eine ganz kurz, der andere länger wie die Masttraverse ist, einvisiert (Fig. 265).

Die beschriebenen Verfahren sind für die Zwecke der Praxis auch richtig, wenn die Stützpunkte ungleiche Höhe haben. Die Entfernung d_1 der zu der Verbindungslinie der beiden Stützpunkte parallelen, an die Durchhangskurve angelegten Tangente entspricht dem Durchhang der Spannweite a (Fig. 266).

Das eben erwähnte Taschennivellierinstrument kann auch benutzt werden, um den bei ungleich hohen Stützpunkten errechneten Durchhang der Hilfsspannweiten a' und a'' (Gleichung 4 und 5) zu messen. Der Durchhang wird an einem der beiden Stützpunkte nach unten abgetragen, das Instrument an dem gefundenen Punkte befestigt und das Fernrohr mit der Libelle in die Horizontale eingestellt. Ist der Leiter

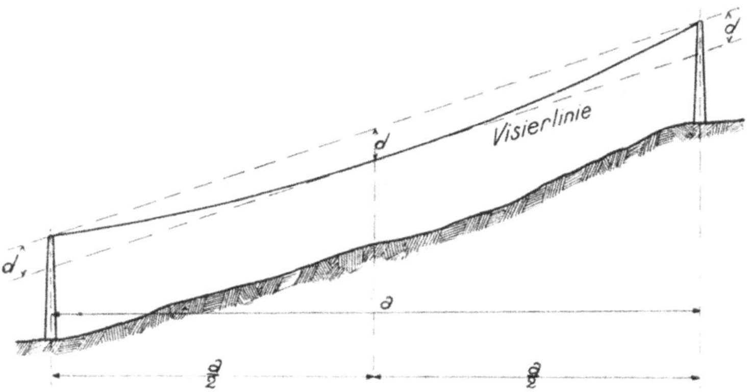

Fig. 266.

richtig gespannt, dann fällt die Visierlinie mit der horizontalen Tangente der Durchhangskurve (Berührung im tiefsten Punkte, dem Parabelscheitel) zusammen.

Ein anderes Verfahren[1]) zur Prüfung des Durchhanges bietet sich in der Ermittlung der Eigenschwingungszahl, die die Leitung als Pendel hat. Man kann eine Freileitung leicht in regelmäßige, pendelartige Schwingungen versetzen, wenn man sie in der Nähe des einen Festpunktes mit der Hand anfaßt und taktmäßig seitlich hin- und herbewegt. Die Pendelschwingung kommt aber nur zustande, wenn sich der Antrieb mit der Hand der Eigenschwingung der Leitung anpaßt. Man kann die Leitung als ein physisches Pendel auffassen. Die Schwingungszahl eines solchen ist

$$n = \frac{1}{\pi} \sqrt{\frac{g M h}{K}},$$

worin

n die Anzahl der einfachen Schwingungen in der Sekunde,
g die Beschleunigung durch die Erdschwere,
M die Masse des Drahtes,
h der Abstand des Systemschwerpunktes von der Drehachse,
K das Trägheitsmoment des Pendels ist.

[1]) Dreisbach, E. T. Z. 1909, S. 1218.

Das Trägheitsmoment der Parabel ist

$$K = \frac{8}{15} M d^2.$$

Hierin bedeutet d den senkrechten Abstand des Scheitelpunktes der Parabel von der Drehachse, d. h. den Durchhang der Leitung. Der Abstand des Schwerpunktes von der Drehachse $h = \frac{2}{3} d$.

Setzt man diese Werte in die Pendelformel ein und außerdem die Schwingungszahl in der Minute $n_1 = 60\, n$, so ergibt sich

$$n_1 = \frac{60}{\pi} \sqrt{\frac{5\, g}{4\, d}}$$

oder

$$d = \left(\frac{669}{n}\right)^2 \text{cm} \qquad \ldots \ldots \ldots (70)$$

Die Formel gilt für alle Drahtsorten und Mastabstände, da in ihr weder die Masse noch die Länge der Leitung vorkommt. Sie gilt auch für Leitungen zwischen ungleich hohen Stützpunkten. Für die hauptsächlich vorkommenden Durchhangswerte sind die zugehörigen Schwingungszahlen in Tabelle 43 festgelegt, wobei zu beachten ist, daß ein Her- oder Hingang des Drahtes je eine einfache Schwingung bildet, welche der Formel zugrunde gelegt ist.

Das Verfahren eignet sich besonders zur Nachprüfung des Durchhanges, dann auch zur Kontrolle des Durchhanges von Tragmastfeldern während des Spannens der Leitung. Es ist aber mit Sicherheit nur anzuwenden, wenn die Luft ruhig ist und das schwingende Drahtfeld nicht mehr als zwei Verbindungsstellen hat. Die Anwendung geschieht folgendermaßen:

Ein auf dem einen Gestänge stehender Arbeiter faßt die Leitung etwa 30 cm von dem Isolator entfernt ganz lose zwischen Daumen und Zeigefinger und setzt sie durch geringen seitlichen Druck allmählich in pendelnde Schwingungen. In welchem Takt der seitliche Druck auszuüben ist, merkt der Arbeiter leicht, wenn er die Leitung entlang sieht und mit der Hand der Leitungsbewegung folgt. Der seitliche Ausschlag des Drahtes bei der Schwingung soll nicht größer sein, als zur guten Sichtbarkeit nötig ist; jedenfalls soll er nicht mehr als 10° von der Senkrechten abweichen. Sobald der Draht gut schwingt, werden die Schwingungen während einer Minute gezählt (Linksbewegung und Rechtsbewegung als zwei Schwingungen). Aus der Schwingungszahl ergibt sich mit Hilfe der Formel oder direkt aus der Tabelle der Durchhang. Bei kurzen Leitungsfeldern mit kleinem Durchhang zählt man bequemer die Zahl der Doppelschwingungen (eine Hin- und Herbewegung bilden zusammen eine Doppelschwingung). Leitungen zwischen ungleichhohen Stützpunkten sind von dem niedrigeren Stützpunkte aus in Schwingung zu setzen.

Tabelle 44. **Bestimmung des Durchhanges von Freileitungen aus der Schwingungszahl.**

Einfache Schwingungen in 1 Minute	Durchhang des Leiters in cm	Einfache Schwingungen in 1 Minute	Durchhang des Leiters in cm	Einfache Schwingungen in 1 Minute	Durchhang des Leiters in cm	Einfache Schwingungen in 1 Minute	Durchhang des Leiters in cm	Einfache Schwingungen in 1 Minute	Durchhang des Leiters in cm	Einfache Schwingungen in 1 Minute	Durchhang des Leiters in cm
30	497	43	242	56	143	78	73	104	41	130	26
30½	482	43½	236	56½	140	79	72	105	41	131	26
31	466	44	231	57	138	80	70	106	40	132	26
31½	451	44½	226	57½	135	81	68	107	39	133	25
32	437	45	221	58	133	82	66	108	38	134	25
32½	424	45½	216	58½	131	83	65	109	38	135	25
33	411	46	211	59	128	84	63	110	37	136	24
33½	398	46½	207	59½	126	85	62	111	36	137	24
34	387	47	202	60	124	86	60	112	36	138	23
34½	375	47½	198	61	120	87	59	113	35	139	23
35	365	48	194	62	116	88	58	114	34	140	23
35½	355	48½	190	63	112	89	56	115	34	141	22
36	346	49	186	64	109	90	55	116	33	142	22
36½	336	49½	182	65	106	91	54	117	33	143	22
37	327	50	178	66	103	92	53	118	32	144	22
37½	318	50½	175	67	100	93	52	119	32	145	21
38	311	51	172	68	97	94	51	120	31	146	21
38½	301	51½	168	69	94	95	50	121	31	147	21
39	294	52	165	70	91	96	49	122	30	148	20
39½	287	52½	162	71	89	97	48	123	30	149	20
40	280	53	159	72	86	98	47	124	29	150	20
40½	273	53½	156	73	84	99	46	125	29	152	19
41	266	54	153	74	82	100	45	126	28	154	19
41½	260	54½	150	75	79	101	44	127	28	156	18
42	253	55	148	76	77	102	43	128	27	158	18
42½	472	55½	145	77	75	103	42	129	27	160	17

Die Werte für Spannung und Durchhang werden für den Gebrauch des Montagepersonals zweckmäßig in Tabellenform zusammengestellt, die Benutzung von Kurventafeln kann leicht zu Irrtum führen. Die hauptsächlich in Betracht kommenden Zahlen sind in den Tabellen 13—21 niedergelegt.

Die Leitungen werden gewöhnlich bei einer Temperatur gespannt, bei welcher die Zugbeanspruchung sehr gering ist. Es ist deshalb notwendig, den Leiter vor der Einregulierung der zulässigen Zugspannung mit einer etwa 15—20% über der maximalen liegenden Belastung zu beanspruchen, um auch ungefährliche Biegungen und Verdrehungen der Drähte, die bei sorgfältiger Behandlung vorhanden sein können, zu beseitigen. Unter dem Einflusse der dauernden Zugkraft und der höheren Beanspruchungen im Winter würden diese auch verschwinden, aber eine Verlängerung des Leiters hervorrufen und den Durchhang unzulässig erhöhen. Diesem wird durch das »Recken« der Leitungen vorgebeugt.

Litzenleiter werden nicht nur wegen ihrer höheren Festigkeit bevorzugt, sie erleichtern besonders infolge ihrer Biegsamkeit die Montage. Es ist deshalb zweckmäßig, Leitungen über 10 qmm aus Hartkupfer und solche über 25 qmm aus halbhartem Kupfer als Litzenleiter zu wählen. Die geringen Mehrkosten werden durch Ersparnisse bei der Montage wieder ausgeglichen.

19. Leitsätze für die Projektierung und Ausführung von Freileitungsanlagen.

Die wichtige Bestimmung der Fernleitungsanlagen, die elektrische Energie vom Erzeugungsort zu den weitentfernten Konsumstellen zu leiten, erfordert Sorgfalt bei der Projektierung und Ausführung.

Eine übersichtliche, von Winkeln und Kurven möglichst freie Leitungsstrecke ist eine besondere Bedingung für die Betriebssicherheit, Instandhaltung und Überwachung der Leitungsanlage. Die Beachtung dieser Punkte ermöglicht aber auch die billigste Ausführung und erfordert die geringsten Reparaturkosten der späteren Betriebsanlage. Durch geschickte Auswahl des Geländes kann die Spannweite ohne längere und stärkere Maste oft bedeutend erhöht und damit die Anzahl der Stützpunkte verringert werden. Die häufig beobachtete Führung der Leitungen an Straßen und Wegen ist nicht zweckmäßige weil die Leitungen mit erhöhter Sicherheit gebaut werden müssen, damit wesentlich teurer werden, weil anderseits die Isolatoren solcher Leitungen ständig der Gefahr der Beschädigung durch Steinwürfe ausgesetzt sind. Ist es möglich, die Leitungsstraße so zu führen, daß sie in einem Abstande von 70—100 m Verkehrswegen in gerader Richtung parallel führt, so ist dieser Umstand für den Transport der Baumaterialien, die Beaufsichtigung durch das Betriebspersonal und die Beseitigung von Schäden günstig.

Die Benutzung möglichst großer Spannweiten ist eine weitere wesentliche Forderung. Mastabstände von 35—40 m, wie sie auch heute noch vielfach angewendet werden, vermindern die Betriebssicherheit der Anlage.

Jeder eingebaute Isolator bildet eine Fehlerquelle, die Zahl der Unterstützungspunkte muß deshalb nach Möglichkeit beschränkt werden. Aus diesem Grunde sollte für Anlagen höherer Spannungen, über 25000 Volt, das Weitspannsystem (Fig. 267) mit regelmäßigen Spannweiten bis 200 m zur Ausführung vorgesehen werden.

Fig. 267.

Die verminderte Zahl der Stützpunkte erleichtert auch ganz wesentlich die Festlegung einer geraden Leitungslinie, weil die Zahl der einzuholenden Genehmigungen seitens der Grundbesitzer sich vermindert. In manchen Gegenden ist gerade die Erwirkung der Erlaubnis zur Aufstellung der Leitungsträger der schwierigste Teil der Festlegung der Leitungslinie.

Die Betriebssicherheit einer Leitungsanlage soll für die Ausführung in erster Linie entscheidend sein, erst dann ist die Frage zu beantworten, was die Anlage kostet. Es ist einleuchtend, daß der Grad der Betriebssicherheit für verschiedene Zwecke nicht der gleiche sein muß. Die Zuführungsleitung für eine kleine Ortschaft wird nicht die hohe Sicherheit bieten müssen wie die Hauptleitung für eine größere Zahl von Gemeinden oder wie die Zuleitung für eine Fabrik, für welche die Stromunterbrechung eine empfindliche, großen Schaden verursachende Betriebsstörung nach sich zieht. Dem Zweck der Leitungsanlage wird deshalb auch die Sicherheit entsprechen können, mit welcher die aufzuwendenden Kosten gleichen Schritt halten.

Die einfachste und billigste Ausführung der Anschlußleitungen kleiner Ortschaften, einzelner Gehöfte ist die Verlegung des Leiters auf imprägnierten Holzmasten, die nach den Vorschriften des V.D.E. Spannweiten bis 80 m zulassen. Größere Spannweiten bis 160 m können mit Holzgestängen in A-Form erreicht werden. Durch Verwendung eiserner, einbetonierter Maste an Winkel- und Kreuzungspunkten, durch Zwischenschieben eiserner Abspannmaste in Abständen von 1200 bis 1500 m, sofern durch Winkel- und Kreuzungspunkte diese Unterteilung nicht schon vorhanden ist, wird die Sicherheit so weit erhöht, daß, sofern gute Beaufsichtigung und Unterhaltung gesichert sind, keine Bedenken bestehen, diese Art der Ausführung für kleine und mittlere Anlagen und für Spannungen bis zu 25000 Volt zuzulassen.

Die mechanische Sicherheit kann durch ausschließliche Verwendung von Eisenmasten beliebig erhöht werden. Die Ausdehnung der Anlage, die vorgesehene Spannung und die Bedeutung der Leitungslinie werden zusammen mit der Frage der Wirtschaftlichkeit die Ausführung bestimmen.

Dem Abstecken einer Hochspannungs-Freileitungsanlage geht die Festlegung der Plätze für die Schalt- und Transformatorenstationen voran. Erstere müssen in Rücksicht auf die Fernleitungen disponiert werden, sie müssen aber auch mit Rücksicht auf den späteren Betrieb so liegen, daß sie bequem für das Bedienungs- und Kontrollpersonal erreichbar sind. Am besten eignen sich die Punkte, an welchen die Fernleitungen die Straßen in der Nähe von Ortschaften überschreiten. Der Ort der Transformatorenstationen ist nicht nur mit Rücksicht auf die Zuführung der Fernleitungen, sondern auch unter Beachtung des von hier aus zu speisenden Niederspannungsnetzes zu bestimmen. Nicht selten gibt es bei dieser Bestimmung Differenzen zwischen dem Bauleiter der Hochspannungs- und der Niederspannungsanlage. Die Entscheidung muß dahin fallen, daß in erster Linie für die Wahl der Transformatorenstationen die Zugänglichkeit für die Hochspannungsleitung maßgebend ist. Die Stationen werden in den meisten Fällen an die Peripherie des Bebauungsgebietes zu setzen sein. Gebäude sollten nur in ganz besonderen Fällen mit einer Hochspannungsleitung überspannt werden.

Straßen und die an diesen sich hinziehenden Schwachstromleitungen dürfen mit verschwindenden Ausnahmen an beliebigen Stellen gekreuzt werden. Nicht so die Bahnen, bei welchen die Rücksicht auf den Fahrdienst nur bestimmte Stellen für die Überquerung zuläßt. Es empfiehlt sich deshalb, vorher bei den maßgebenden Instanzen Erkundigungen einzuziehen, wenn man nicht Gefahr laufen will, eine ausgesteckte Strecke umzuändern.

Zurzeit fordern viele Behörden noch die rechtwinkelige Kreuzung der Straßen. Nur in Ausnahmefällen kommt der Leitungszug senkrecht zur Straße usw. an. Die Leitungslinie wird an der Kreuzungsstelle in einem mehr oder weniger spitzen Winkel gebrochen. Die Beanspruchung der Leitungsgestänge, der Isolatorenträger, wird dadurch ungünstiger, die Sicherheit wird geringer. In einzelnen Fällen ist die schräge Überspannung auf Ansuchen gestattet worden; es ist zu erwarten, daß sie bald allgemein zugelassen wird. Es ist jedenfalls angebracht, beim Genehmigungsverfahren auf die Zweckmäßigkeit der Kreuzungen in der Richtung des Leitungszuges hinzuweisen.

Die Unterbringung der für Straßen- und Bahnkreuzungen erforderlichen und mit großen Fundamenten zu versehenden Gittermaste bietet Schwierigkeiten. Die Benutzung bahneigenen Geländes wird in den meisten Fällen versagt, auch die Straßenbaubehörden machen öfters Schwierigkeiten bei Benutzung ärarischen Geländes. Von Privatbesitzern muß die schriftlich erteilte Genehmigung vor Festlegung der übrigen Maststandorte eingeholt sein, die Unterbringung größerer Maste wird nur ungern gesehen und oft erst nach Zahlung einer beträchtlichen Entschädigungssumme bewilligt.

In der Leitungsrichtung stehende Bäume können überspannt werden, wenn es sich um kurzstämmige Arten handelt. Der Abstand bis zur Leitung muß bei ausgewachsenen Bäumen mindestens 3 m betragen. Höhere Bäume sind entweder zu umgehen oder besser vor Beginn der Arbeiten anzukaufen; ist mit der Montage begonnen, verlangen die Besitzer gewöhnlich hohe Entschädigungen. Vereinzelte Fälle sind vorgekommen, wo die Besitzer auch gegen hohe Abfindung die Entfernung von Bäumen nicht zugaben. Die an Bäumen vorbeiziehende Leitung soll mindestens 5 m von diesen entfernt sein; ist es notwendig, ein Waldstück zu durchqueren, so muß eine Schneiße von mindestens 10 m geschlagen werden, damit stürzende Bäume, fallende und fortgewehte Zweige keinen Schaden verursachen.

Ist eine Starkstromleitung mit Schwachstromleitungen parallel zu führen, so muß ein Abstand von mindestens 10 m eingehalten werden, andernfalls bruchsichere Aufhängung nötig ist. In der Nähe von Bahnlinien ist der seitliche Abstand, Mastlänge über Boden + 3 m, von der Gleismitte einzuhalten, oder es sind Maste mit fünffacher Standsicherheit (sehr teuere Fundamente) vorzusehen. Die Induktionswirkungen auf die Schwachstromleitungen werden durch Verdrillung so weit vermindert, daß sie den Sprechbetrieb nicht stören.

Werden Leitungslinien parallel geführt, so ist der Abstand zweier Gestänge so groß zu wählen, daß der stürzende Teil einer Linie die andere nicht in Gefahr bringt. Gestatten es die Verhältnisse, dann kann es zweckmäßiger sein, beide Linien getrennt zu führen, trotzdem dadurch die Überwachungsarbeit vermehrt wird.

Neben der Anordnung von Schaltstationen, mit welchen durch Ölschalter Teile einer Leitungsanlage unter Strom abgeschaltet werden können, sollte jede von einer Hauptleitung abzweigende Nebenleitung durch Streckenschalter spannungslos gemacht werden können. Der Betriebsleiter empfindet bei Reparaturen den Mangel recht unangenehm, die Reklamationen der Konsumenten werden ihn bald veranlassen, fehlende Schalter noch nachträglich einzubauen.

Geteilte Meinungen herrschen über die Zweckmäßigkeit eines über den Leitungen angebrachten Erdungs- oder Schutzdrahtes. In Amerika sind so gute Erfahrungen gewonnen worden, daß in einer Anlage, die häufigen Störungen durch Blitzschläge ausgesetzt war, nachträglich Schutzdrähte eingebaut wurden, die die Störungen beseitigt haben sollen. In Europa hat der Schutzdraht zur Verhinderung der Aufnahme atmosphärischer Ladungen weniger Verwendung gefunden, in letzter Zeit scheinen sich die Ansichten zugunsten des Erdungsdrahtes aber zu ändern. Im Abschnitt »Erdung« wurde darauf hingewiesen ,welche Vorteile ein durchgehender Leiter für die Erdung der Tragkonstruktionen bietet. Führen Leitungen abwechselnd über Höhen und Niederungen, so gleicht der Erdungsdraht die zwischen den verschieden hohen Luftschichten bestehende Potentialdifferenz aus. Ein weiterer Vorteil, der mit einem zu den Leitungen gespannten Eisen- oder Stahlseil zu erreichen ist, ist der der höheren mechanischen Festigkeit der Leitungsanlage. Bei Leitungsbrüchen wird der einseitige Zug von dem Seil aufgenommen, die Leiter und Maste entlastet. Bei genügender Festigkeit des Seiles und der Abspannmaste können die Zwischenmaste leichter gehalten werden, die Ersparnis wird allerdings durch die notwendige Erhöhung wieder ausgeglichen. In felsigen Gegenden ist die Verwendung eines Erdungsdrahtes oft die einzige Möglichkeit, die Maste gut zu erden.

20. Instrumente und deren Anwendung für die Absteckung und Vermessung der Leitungslinie.

Zur Absteckung und Vermessung der Leitungslinie sind Instrumente nötig, deren richtiger Gebrauch und zweckentsprechende Handhabung die Schnelligkeit und Genauigkeit der Arbeiten im Gelände wesentlich fördern. Die hauptsächlich in Betracht kommenden Instrumente und deren Verwendung zu den verschiedenen Meßmethoden seien deshalb kurz beschrieben.

1. Die Meßlatte ist ein meistens prismatischer Stab aus in Leinöl gekochtem Holz, 3—5 m lang an den Enden mit Metall beschlagen. Die ganze Länge ist durch Nagelköpfe in Dezimeter eingeteilt und meterweise durch farbigen Anstrich (schwarz und weiß oder rot und weiß) unterschieden.

2. Das Stahlmeßband wird in Längen von 20—30 m verwendet, ist 10—20 mm breit, ½—1 mm dick und trägt an seinem Ende bewegliche Ringe zum Einsetzen von Stäben (Ziehstäbe). Es empfiehlt sich, ein Meßband zu verwenden, dessen Endmaße bestimmt sind durch die Mittellinie der durch die Ringe gesteckten Ziehstäbe. Diese sind aus Holz etwa 25—30 mm stark mit Stahlspitzen versehen, das Eindrücken derselben in den Boden bezeichnet genau genug die Bandlage. Die Einteilung des Meßbandes geschieht entweder durch Lochung oder durch aufgenietete Messingplättchen, wobei die Werte ½ m, 1 m und 5 m besonders deutlich hervorgehoben sind.

3. Absteckstäbe, Fluchtstäbe dienen zum Bezeichnen von Messungspunkten. Es sind hölzerne Stäbe (in Leinöl gekocht) von 20—30 mm Durchmesser und 2—3 m Länge, die mit einer kräftigen stählernen Spitze zum Einstoßen in den Boden versehen sind. Auf hartem Boden oder Pflaster, in welche die Spitze nicht eingetrieben werden kann, werden sie durch eiserne Dreifußgestelle in der gewünschten Lage gehalten. Die Stäbe erhalten gewöhnlich von ½ zu ½ m roten und weißen oder schwarzen Anstrich.

4. Die Nivellierlatte wird meistens in einer Länge von 3—5 m aus bestem trockenen Holz zusammengesetzt derart, daß Änderungen in der Luftfeuchtigkeit und Temperatur keinen merklichen Einfluß ausüben können. Die eine Seite der Nivellierlatte ist mit einer sorgfältig hergestellten Zentimetereinteilung und am Fuße mit einem gehärteten Stahlaufsatz versehen. Mit Rücksicht auf die umkehrende Wirkung der Nivellierfernrohre sind die Bezeichnungen verkehrt angeordnet, so daß sie alsdann im Fernrohr richtig abgelesen werden können. Um die Nivellierlatte leichter transportieren zu können, wird sie meistens zum Zusammenschieben oder zum Zusammenklappen ausgeführt. Die Nivellierlatten zum Zzsammenklappen sind vorzuziehen, da sämtliche Teile der Latte in gleicher Breite ausgeführt werden, während bei ineinandergeschobenen Latten die ausziehbaren Teile jeweils von Auszug zu Auszug schmäler werden. Bei Nivellements auf große Entfernungen wird hierdurch das Ablesen erschwert. Vielfach werden auf der Rück-

seite der Latte kleine Senkel angebracht, um das Einrichten in die Vertikale zu erleichtern.

5. Schrittzähler (Pedometer, Passometer) (Fig. 268). Für ungenauere Messungen, flüchtige Aufnahmen kann die Entfernung abgeschritten werden. Die mittlere Schrittlänge eines mittelgroßen Mannes beträgt ca. 80 cm. Vor dem Abschreiten muß diese Schrittlänge in normaler Gangart durch wiederholte Versuche festgestellt werden.

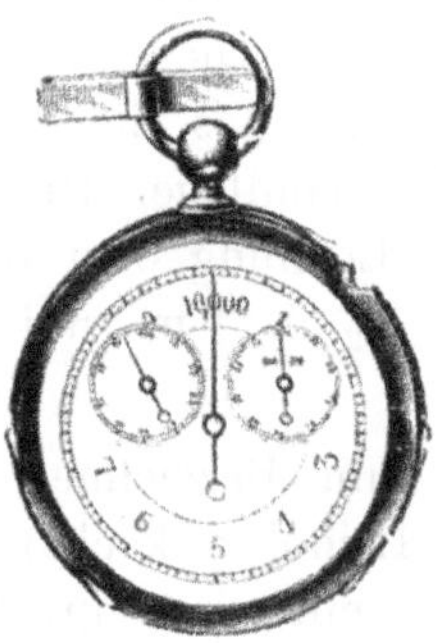

Fig. 268.

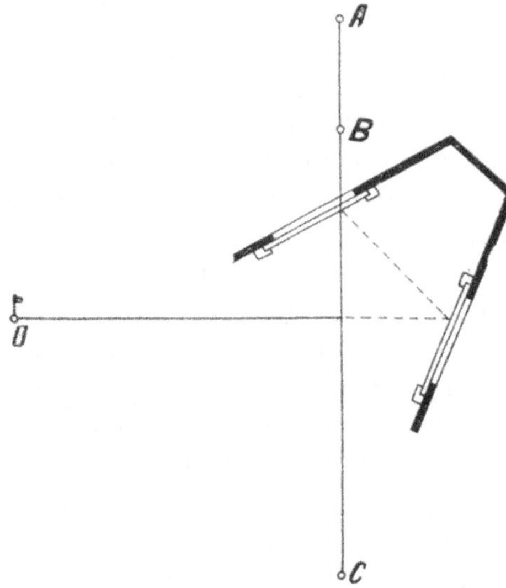

Fig. 269.

Zum Zählen der Schritte gibt es eine ganze Anzahl Apparate. Am gebräuchlichsten sind kleine Schrittzähler in Taschenuhrformat. Sie werden in der Westentasche in möglichst vertikaler Lage getragen. Die Registrierung erfolgt dadurch, daß bei jeder Schritterschütterung ein Hebelarm ausschlägt, durch eine Feder wieder gehoben wird, dadurch in ein Triebrad eingreift, welches um einen Zahn fortrückt und diese Bewegung auf ein Zifferblatt überträgt.

6. Der Winkelspiegel dient zum Abstecken rechter Winkel. Er besteht aus zwei in einem mit Durchblicken versehenen Gehäuse befindlichen Spiegeln, welche unter 45° geneigt sind (Fig. 269).

Soll in einem Punkte auf *AB* oder deren Verlängerung eine Senkrechte errichtet werden, so muß der durch einen Absteckstab bezeichnete Punkt *O* so lange eingerichtet werden, bis das durch zweimalige Zurückstrahlung entstandene Bild sich mit den über dem Spiegel hinweg beobachteten Stäben *A* und *B* deckt.

Bei Fällung einer Senkrechten vom Punkt *O* auf *AB* schreitet man auf *AB* solange fort, bis das Bild des Stabes *O* sich mit den Stäben *AB* deckt.

Die Richtigkeit der Messung ist dann gegeben, wenn der Fußpunkt des von O gefällten Lotes sowohl nach AC wie nach CA in denselben Punkt fällt.

7. Die Winkeltrommel besteht aus einem kleinen Hohlzylinder mit eingeschnittenen Spalten (Visiervorrichtungen), deren Visierlinien sich im Mittelpunkte des hohlen Zylinders unter bestimmten Winkeln schneiden. Das Instrument wird auf einen Absteckstab gesteckt, der im Scheitelpunkte des abzusteckenden Winkels in die Erde gestoßen wird. Beim Visieren durch die Visierspalten kann die Lage der Schenkel des Winkels bestimmt werden.

8. Taschennivellierinstrument. Zur Bestimmung der Masthöhe, zum Anfertigen der Eingabepläne müssen bei Straßen- und Bahnkreuzungen Querprofile aufgenommen werden. In der Regel laufen parallel mit Straßen und Bahnen auch Postleitungen, oder es stehen Bäume, deren Höhe gemessen und in das Querprofil eingezeichnet werden muß. Zur schnellen und für die Verhältnisse genügend genauen Höhenbestimmung dieser Gegenstände dient das Taschennivellierinstrument. Es besteht aus einem Fernrohr mit Libelle, verbunden mit einem Teilkreis, auf welchem der Winkel, den das Fernrohr mit der Horizontalen bildet, abgelesen werden kann.

Die Handhabung des Instrumentes ohne Unterstützungsmittel ist nicht zweckmäßig, es empfiehlt sich, den Apparat beim Gebrauch auf

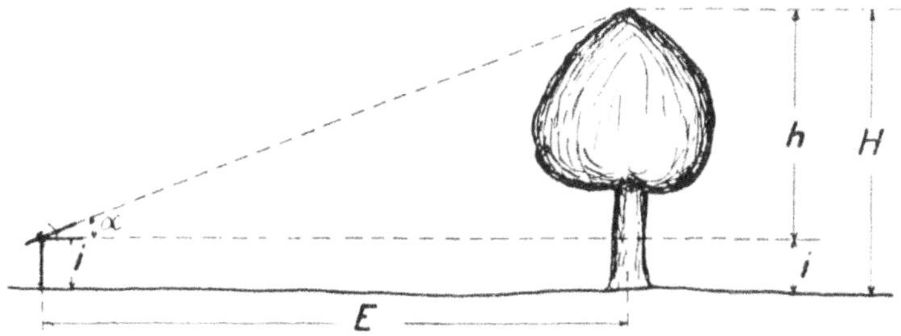

Fig. 270.

einen entsprechend eingerichteten Stab, der mit einer stählernen Spitze versehen ist, zu befestigen.

Ist h die gesuchte Höhe, E die Horizontalentfernung des anvisierten Punktes vom Drehpunkt des Fernrohres, dann ist (Fig. 270)

$$\operatorname{tg} \alpha = \frac{h}{E}; \quad h = E \operatorname{tg} \alpha.$$

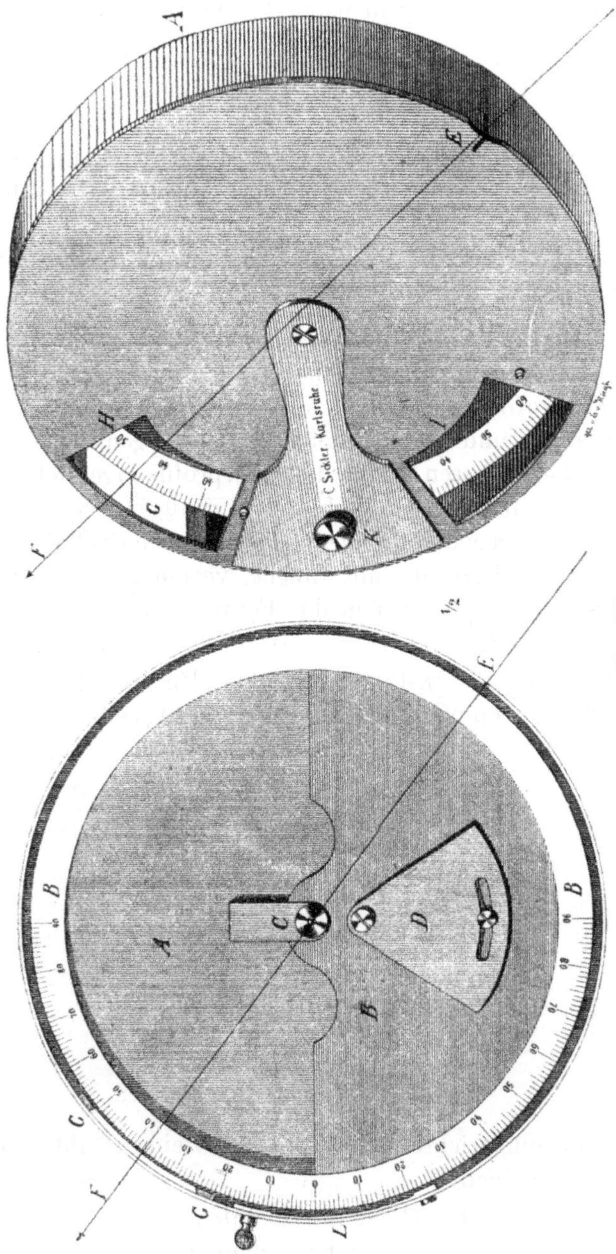

Fig. 271.

Die Gesamthöhe wird, wenn i der Abstand des Fernrohres vom Erdboden ist,

$$H = i + h = i + E \operatorname{tg} \alpha.$$

9. Höhenmesser (Höhenwinkelmesser) (Fig. 271) ist ein zum freihändigen Gebrauch eingerichtetes Instrument, welches zur Bestimmung von Höhenunterschieden oder der entsprechenden Höhenwinkel dient. In einem Metallgehäuse A schwingt ein Gradbogen B, der sich durch das justierbare Gewicht D stets horizontal stellt. Durch Drehung des Gehäuses wird die Visierlinie EF auf den Zielpunkt gerichtet, die Ablesung des Höhenwinkels erfolgt mittels eines auf das Deckglas G geätzten Striches an der Teilung B. Die Feder L dient zum Bremsen der Bogenschwingungen. Der Höhenunterschied h (Fig. 272) ergibt sich aus der Beziehung

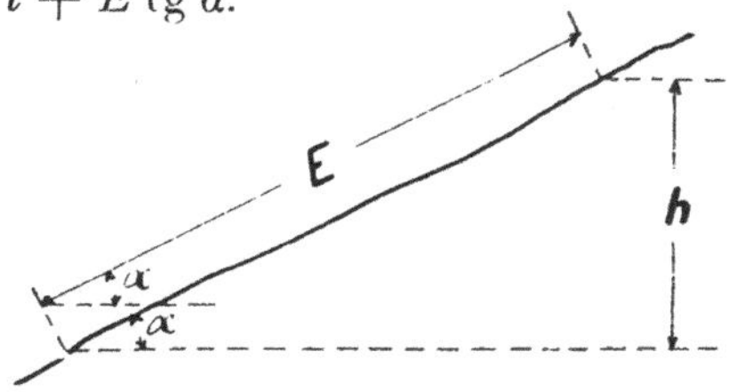

Fig. 272.

$$h = E \sin \alpha.$$

10. Der Theodolit (Fig. 273) dient zum Messen von horizontalen oder wagrechten Winkeln. In Verbindung mit einem Vertikalkreis können Höhenwinkel oder senkrechte Winkel gemessen werden. Das Fernrohr dient mit der gewöhnlich auf diesem angebrachten Röhrenlibelle als Nivellierinstrument.

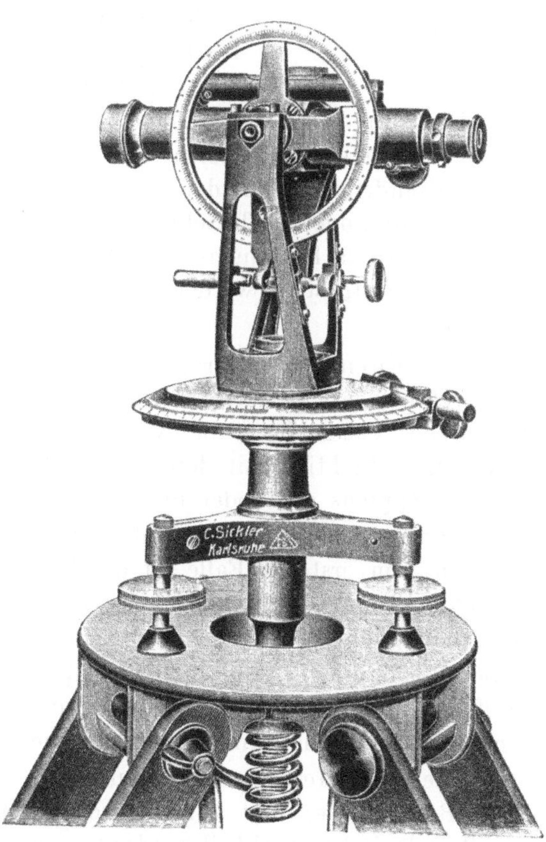

Fig. 273.

Wird an dem Theodoliten eine Bussole angebracht, und ist das Fernrohr für die Distanzmessung eingerichtet, so heißt er Tachymeter (Schnellmesser).

Zum Aufstellen des Theodoliten dient ein Scheibenstativ, das gewöhnlich eine zylindrische Platte besitzt zum Aufsetzen des Dreifußes.

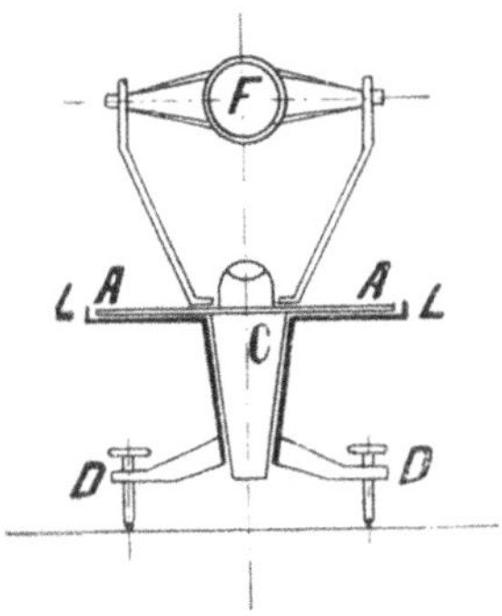

Fig. 274.

Der Theodolit (Fig. 274) besteht aus:

a) dem Dreifuß *D*, welcher das Instrument durch drei feingeschnittene Stellschrauben in die Horizontale bringt,

b) dem Limbus oder Teilkreis *L*, der beim einfachen Theodoliten mit dem Dreifuß fest verbunden ist. Beim Multiplikations- oder Repetitionstheodoliten ist der Limbus gegen das Untergestell drehbar gemacht. Auf dem Limbus ist die Teilung in ganzen, halben oder auch Drittel-Grad angebracht. Bei den älteren Instrumenten findet man noch die 360°-Teilung, bei neueren nur Teilung in 400°.

c) Die Alhidade *AA* ist eine Kreisscheibe, die sich innerhalb des Limbus konzentrisch zu diesem bewegt und mit dem drehbaren Zapfen *C* fest verbunden ist. Auf der Alhidade sind sich diametral gegenüberliegende Nonien oder auch Schraubenmikroskope angebracht. Die Alhidade kann mittels Klemmen- und Mikrometervorrichtung in ihrer Lage zum Limbus festgestellt werden. Auf der Alhidade sind zwei Lager befestigt, welche

d) das Fernrohr *F* tragen. Dieses ist entweder zentrisch oder exzentrisch gelagert, je nachdem die Umdrehungsebene der Kollimationsachse (auch Visierachse: die Verbindungslinie des optischen Mittelpunktes des Objektivs mit dem Fadenkreuzpunkt) durch die vertikale Achse des Zapfens geht oder nicht.

Die Lager sind mit der Alhidade fest verbunden, sind geschlossen oder offen. Im ersteren Falle ist die Konstruktion gewöhnlich so eingerichtet, daß ein Durchschlagen des Fernrohres, im letzteren Falle ein Umlegen möglich ist.

Beim Tachymeter sind in der Diaphragmaebene außer dem Horizontalfaden noch zwei im gleichen Abstande zu diesem parallele Seitenfäden angeordnet, die zum Entfernungsmessen dienen.

e) Die Libellen zur Einstellung der Horizontalachse des Fernrohres (Reiterlibelle) und zur Horizontierung des Instrumentes. Für diesen Zweck sind Dosenlibellen oder besser zwei rechtwinklig zueinander stehende Röhrenlibellen (Kreuzlibellen) vorgesehen.

Zum Messen von Höhenwinkeln wird auf die Fernrohrachse des Theodoliten ein vertikaler Teilkreis aufgesetzt und parallel hierzu eine empfindliche Röhrenlibelle angeordnet. Die Alhidade ist mit Feineinstellung versehen.

11. Die Fernrohrbussole ist oft in unübersichtlichem Gelände das einzige Mittel, um die Richtungslinie einer auf der Karte festgelegten Leitungstrace zu bestimmen. Sie besteht aus einer flachen, runden Kapsel mit Glasdeckel, in deren Mitte eine Magnetnadel über einem Gradkreis schwingt. Parallel zu dem Nord- und Südpunkt des letzteren ist ein Fernrohr angebracht. Zur Horizontierung dient gewöhnlich eine Dosenlibelle und ein Dreifuß, auf welcher das Ganze befestigt ist.

Visiert man einen Gegenstand durch das Fernrohr an, so muß die Nadel um den Winkel ausschlagen, um welchen die Visierlinie um den Meridian abweicht. Bei Übertragung einer Richtungslinie von der Karte in das Gelände muß die Deklination (Abweichung der Magnetnadel vom astronomischen Meridian für Mitteleuropa etwa 10°) des Beobachtungsortes berücksichtigt werden.

Die einfache Winkelmessung.

Zur Messung des in Fig. 275 dargestellten Winkels ASB stelle man den Theodoliten lotrecht über S und stelle die Umdrehungsachse in zwei zueinander senkrechten Richtungen unter Anwendung der Libellen vertikal. Mit dem Fernrohr wird der Punkt A, in welchem ebenso wie in Punkt B Absteckstäbe aufgestellt sind, angezielt und der Nonius I auf 0° des Teilkreises (Limbus) gestellt. Durch Drehung der Alhidade und Anzielung des Punktes B kann der Winkel auf dem Teilkreise direkt abgelesen werden. Bei genauen Messungen wird das Fernrohr durchgeschlagen, die Alhidade gedreht und eine zweite Messung ausgeführt. Das Mittel aus beiden Ablesungen ist dann das genaue Resultat.

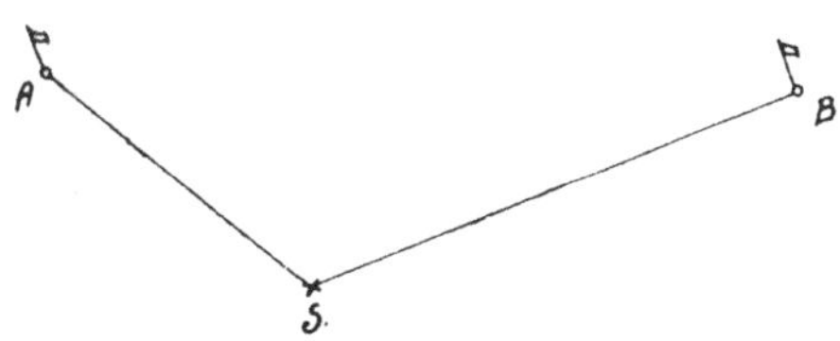

Fig. 275.

Die Messung eines Höhenwinkels α erfolgt in ähnlicher Weise mit Anwendung des Vertikalkreises und der parallel zu diesem angeordneten Libelle, die in horizontale Lage gebracht wird.

Trigonometrische Höhenbestimmung auf kleine Entfernungen (Fig. 276).

Der Theodolit wird lotrecht im Punkte A aufgestellt, das Fernrohr auf den durch eine Zielscheibe (Nivellierlatte) bezeichneten Punkt B eingestellt und mit Hilfe des Vertikalkreises der Winkel α bestimmt. Hat man den Höhenunterschied zwischen dem Punkte B und dem auf der Nivellierlatte angezielten Punkt gleich dem Höhenunterschied i zwischen Punkt A und der Kippachse des Fernrohres gewählt, dann ist

$$h = h' + i - i, \text{ worin } h' = E \sin \alpha.$$

somit

$$h = E \sin \alpha.$$

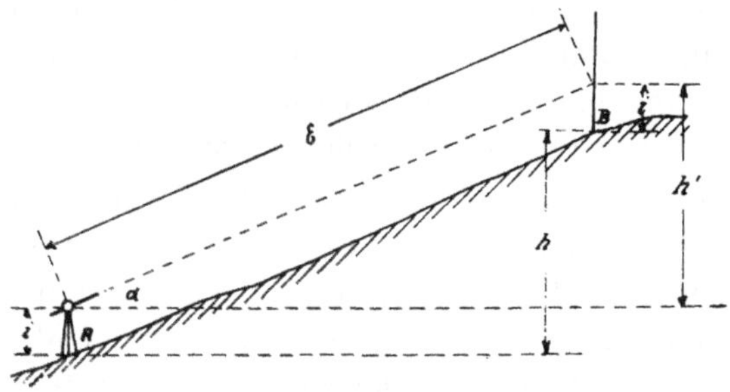

Fig. 276.

Entfernungmessung mit dem Theodoliten.

Die Methode zur Messung von Entfernungen mittels des Tachymeter-Theodoliten beruht im Prinzip darauf, daß man die zu messende Entfernung als Seite eines meist gleichschenkeligen sehr spitzen Dreiecks ansieht, von dem man bei gegebenem Winkel die Basis mißt. In dem Endpunkt der Entfernung E (Fig. 277) wird das Instrument mit Fern-

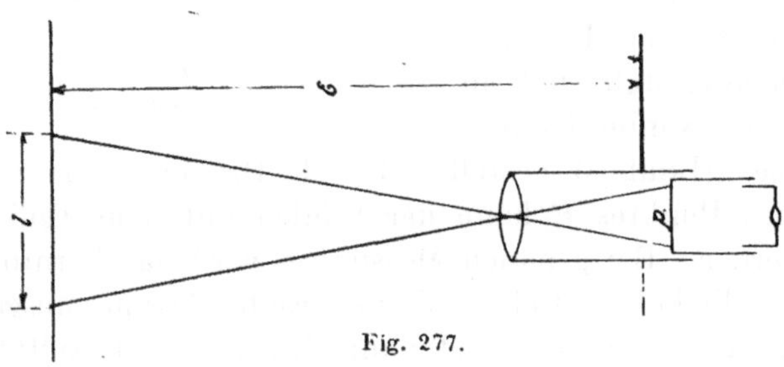

Fig. 277.

rohr aufgestellt und bei horizontaler Mittelfadenvisur an der im Zielpunkt senkrecht aufgestellten Nivellierlatte der durch die Distanzfäden begrenzte Lattenabschnitt l abgelesen. Die zu bestimmende Entfernung E, der an der Latte abgelesene Abschnitt l sowie der Abstand der Distanzfäden p stehen in einer Beziehung zueinander, die für die verschiedenen Arten von Fernrohren verschieden ist. Für das Fernrohr mit Ramsdens Okular gilt die Beziehung

$$E = c + k\, l.$$

worin c der Abstand des vorderen Objektivbrennpunktes vom vertikalen Drehzapfen und $k = \frac{F}{p}$ = Objektivbrennweite : Fadenabstand.

k wird meistens als runde Zahl, z. B. 100, gewählt.

Distanzmessung mit geneigter Ziellinie (Fig. 278).

Der von den Distanzfäden begrenzte Lattenabschnitt l ist mit genügender Genauigkeit

$$l = \frac{l'}{\cos\alpha}.$$

Die Entfernung

$$E = E' \cos\alpha = E' \sin\beta.$$

$$E' = c + k\,l'.$$

folglich

$$E = c \cos\alpha + k\,l \cos^2\alpha$$

$$E = c \sin\beta + k\,l \sin^2\beta.$$

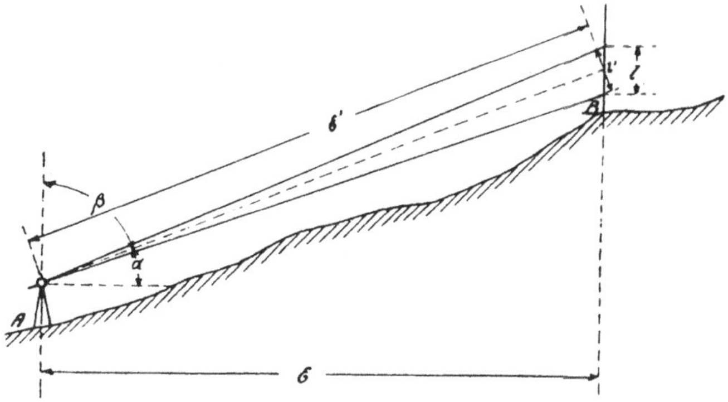

Fig. 278.

21. Absteckung der Leitungslinie.

Durch die Festsetzung der Standorte der Schaltstationen sind in der Hauptsache die Richtlinien für die Hauptleitungen, durch die Transformatorenstationen die Richtlinien der Abzweigleitungen bestimmt. Die Straßen- und Bahnkreuzungen sind hierdurch gegeben und nach der Anweisung des vorigen Abschnittes weiterzubehandeln.

Der maximale Mastabstand ist durch die Höhe und Festigkeit der gewählten Tragkonstruktionen bestimmt. Die elektrische Sicherheit der Leitungsanlage verlangt eine möglichst geringe Anzahl von Unterstützungspunkten. Die gleiche Forderung wird gestellt, um die Kosten der Anlage möglichst niedrig zu halten. Der maximale Mastabstand soll deshalb so oft als möglich angewendet werden. Gleiche Entfernungen der einzelnen Unterstützungspunkte lassen sich natürlich nicht durchweg erreichen, weil die Maste nicht beliebig auf das Ackerland gesetzt werden können. Die Grundstücksbesitzer geben in der Regel die Genehmigung nur unter der Bedingung, daß der Mast in die Ackerfurche gestellt wird, wo er bei der Bearbeitung des Bodens am wenigsten hindert.

Die Feststellung der Besitzer der Grundstücke geschieht zweckmäßig unter Zuziehung des Flurschützen. Die Flurkarten und das Grundbuch sind gleichzeitig mit einzusehen, geben aber, weil die Nachtragungen manchmal verspätet vorgenommen werden, nicht immer richtige Auskunft. Zur Vermeidung von Irrtümern empfiehlt es sich, die Grundstücksbesitzer zur Besichtigung im Gelände zu veranlassen, bei welcher auch über die Richtung der Leitungslinie, Größe des Mastfußes oder Fundamentes nähere Aufklärungen gegeben werden.

Die festliegenden Punkte werden durch einen Pfahl kenntlich gemacht, der, um das Ausreißen zu verhindern, ³/₄—1 m so in den Boden eingeschlagen wird, daß die aufgeschriebene Nummer noch zu sehen ist. Abspannmaste, Winkelmaste und alle wichtigen Punkte der Leitungslinien werden durch Einmessen auf Grenzsteine, Bäume oder, wenn solche fehlen, durch Einmessen mehrerer Pfähle derart festgelegt, daß der Standort des Mastes auch bei unbefugtem Entfernen des einen oder anderen Pfahles eindeutig bestimmt ist. Die ermittelten Maße werden in den Montageplan Tafel I eingetragen.

Die Beachtung der Grenzlinien des privaten oder öffentlichen Eigentums ist besonders ratsam. Nachträgliche Verschiebung von Masten ist noch die kleinste Unannehmlichkeit, die aus einer Unterlassungssünde entstehen kann. Versetzung von Masten und Abänderung ganzer Linien kann die Folge sein.

Zur Einzeichnung der Leitungslinie bedient man sich zweckmäßig der Generalstabskarte 1:100000, der Meßtischblätter 1:25000 und 1:5000. Von einigen Bundesstaaten sind auch Landesaufnahmen 1:2500 erhältlich.

Leitungstrace in freiem Gelände.

Kleinere Strecken werden durch Visieren über Fluchtstäbe eingerichtet, die so lange stehen bleiben, bis die Standorte der Stützpunkte festgesetzt und die Pfähle eingeschlagen sind. Bei Entfernungen über 1 km wird vorteilhaft mit dem Theodoliten gearbeitet. Das Instrument wird in der Mitte der Strecke aufgestellt, wenn diese länger als 3 km ist. Das

Einrichten erfolgt durch Verschieben des Apparates senkrecht zur Leitungslinie, bis beim Durchschlagen des Fernrohres beide Endpunkte in die Visierlinie einspielen. Hierauf erfolgt nach beiden Seiten das Einweisen der Fluchtstäbe.

Leitungstrace in unübersichtlichem Gelände.

Die Absteckungsarbeit wird schwieriger, wenn die beiden Endpunkte der Strecke von keinem innerhalb der Leitungsstrecke gelegenen gemeinschaftlichen Punkte übersehen werden können. Bei geringen Höhenunterschieden können längere Signalmaste die Endpunkte sichtbar machen, oder es kann die Fixierung dieser Punkte durch kleine Gasballons erfolgen, die an drei dünnen Fäden derart verankert werden, daß eine Bewegung ausgeschlossen ist. Sind diese Hilfsmittel nicht verwendbar, dann ist zu untersuchen, ob die Leitungsstrecke oder ein Punkt zu dieser von einem seitlich gelegenen Punkte übersehen werden kann. Es kann dann mit dem Theodoliten durch Distanz- und Winkelmessungen ein oder mehrere Zwischenpunkte eingefluchtet werden.

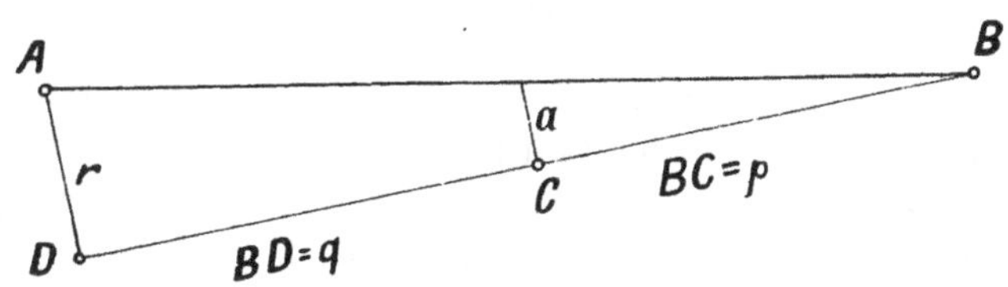

Fig. 279.

In Fig. 279 ist der Punkt B der Leitungslinie von A aus nicht sichtbar. Die zwischenliegende Strecke wird dadurch bestimmt, daß man einen Punkt C wählt, von welchem aus A und B sichtbar sind. Man visiert nun von C aus den Punkt B an, schlägt das Fernrohr des Tachymeters durch und weist in der Verlängerung von BC den in der Nähe von A liegenden Punkt D ein. Die Entfernung $AD = r$ kann gemessen, die Entfernungen CB und CD können mittels des entfernungsmessenden Fernrohres des Tachymeter-Theodoliten abgelesen werden. Die Länge d, um welche das Instrument nach der Linie AB verschoben werden muß, erhält man aus der Proportion

$$r : a = q : p$$

$$a = \frac{r \cdot p}{q}.$$

In ähnlicher Weise kann vorgegangen werden, wenn von dem einen Endpunkte einer Leitungsstrecke der andere nicht gesehen werden kann, die ungefähre Richtung der Leitung im Gelände aber nach der Karte bestimmt werden kann. Mittels des Theodoliten steckt man die Strecke ab (Fig. 279), deren Endpunkt D in den meisten Fällen mit A nicht zusammenfallen wird. Da $AD = r$ gemessen werden kann, $CB = p$ und $DB = q$ durch die Absteckung bekannt sind, kann das Stück d, um welches z. B. der Punkt C' verschoben werden muß, um in die gesuchte Leitungslinie zu fallen, aus der Beziehung

$$d = \frac{r \cdot p}{q}$$

berechnet werden.

Das Einweisen von Punkten durch Signale ist bei längeren Strecken eine schwierige und auch etwas umständliche Arbeit. Es ist zweckmäßiger, nach folgenden Methoden zu arbeiten:

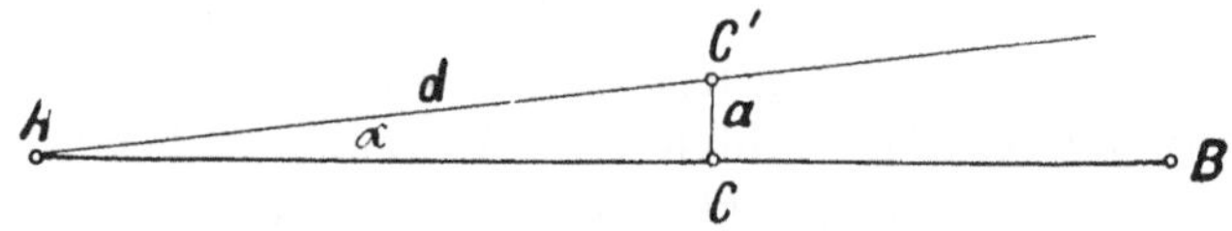

Fig. 280.

1. Wird der Theodolit in A aufgestellt (Fig. 280), dann legt man in geringem Abstande von der Leitungslinie den Punkt C' fest, mißt mit dem Theodoliten den Winkel $BAC' = \alpha$ möglichst scharf und berechnet den Abstand $C'C = a$ von der gegebenen Richtung mit der mittels des entfernungmessenden Fernrohres abgelesenen Entfernung d:

$$a = d \sin \alpha.$$

2. Wird der Theodolit in C' aufgestellt, dann mißt man den Winkel $AC'B = 180^0 - \gamma$ (Fig. 281). Die Dreieckfläche $AC'B$ ist

$$\tfrac{1}{2}\, a\, AB = \tfrac{1}{2}\, d\, d' \sin (180 - \gamma).$$

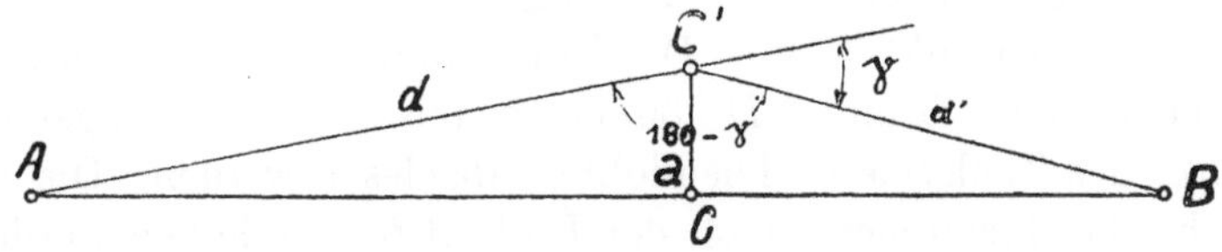

Fig. 281.

Die Entfernung AB kann mit genügender Genauigkeit $= d + d'$ gesetzt werden, so daß

$$\tfrac{1}{2}\, a\, (d + d') = \tfrac{1}{2}\, d\, d' \sin \gamma$$

und hieraus

$$a = \frac{d\, d'}{d + d'} \sin \gamma.$$

Bearbeitung der Geländeaufnahmen.

Die im Gelände gemachten Aufnahmen werden in dem Streckenplan (Tafel I) vermerkt, der als Unterlage für alle weiteren Arbeiten dient. In diesen Plan sind alle Angaben über Standort und Bestimmung der einzelnen Stützpunkte, Type, Größe und Ausrüstung der Gestänge und Fundamente eingetragen, es werden darin verzeichnet Weg- und Bahnkreuzungen, Winkelpunkte, Höhenunterschiede des Geländes und das gesamte Leitungsmaterial. An Hand dieses Planes werden die Materialauszüge angefertigt, nach welchen das Bestellungsbureau und der Lagerverwalter die Materialien beschaffen.

Die sorgfältige Bearbeitung der Materialaufstellungen ist eine besondere Bedingung für die Gewähr einer ununterbrochenen Durchführung der Montagearbeiten und geringster Montagekosten. Die Zusammenstellung der Materialien erfolgt nach den laufenden Nummern der Stützpunkte in der Weise, daß alle Materialien auf die Stützpunkte bezogen werden. Die Materialienliste (Tafel II) bildet einen Bestandteil des Montageplanes und ist nicht nur dem leitenden Personal, sondern auch den Monteuren in Abschrift auszuhändigen, damit über die Verwendung des angelieferten Materials kein Zweifel besteht.

Gleichzeitig mit den Materialauszügen gibt der technische Beamte dem Bestellungsbureau die Versanddispositionen für die Materialien, wobei die Anfuhr zu den einzelnen Lagern zu berücksichtigen und auf günstige Abladeverhältnisse für die schweren eisernen Maste zu achten ist.

Stützpunkte auf Privateigentum.

Sobald die Richtungslinie der Leitung festgelegt und diese durch die Fluchtstäbe abgesteckt ist, werden unter Zuziehung des Flurschützen und durch Einsicht in die Katasterpläne die Besitzer der Grundstücke festgestellt, welche für das Aufstellen von Stützpunkten in Betracht kommen. Da einerseits die Standorte noch nicht genau abgemessen, anderseits damit gerechnet werden muß, daß der in Aussicht genommene Besitzer die Genehmigung verweigert, werden die Besitzer der rechts und links angrenzenden Grundstücke mitvermerkt. Die Erlaubnis der beiden angrenzenden Besitzer ist erforderlich, wenn der Mast in die Furche gestellt wird. Die Namen werden in eine Liste, die über die Art der aufzustellenden Maste Angaben enthält, eingetragen und ein für Verhandlungen besonders geschickter Beamter mit der Einholung der Genehmigungen beauftragt. Kenntnis der Gegend und des Landesdialektes helfen über viele Schwierigkeiten hinweg.

Alle Verhandlungen müssen schriftlich niedergelegt und von dem Genehmigenden schriftlich anerkannt sein. Für jeden zu setzenden Mast, Anker oder Strebe, für Dachständer oder sonstige Trag- oder Befestigungskonstruktionen muß ein unterschriebener Revers, der über die Art und Größe des anzubringenden Gegenstandes genaue Angaben enthält, beim Beginn der Bauarbeiten vorhanden sein. Unangenehme Prozesse, viel Ärger, Zeit und Geld werden erspart, wenn streng auf diesen Punkt geachtet wird. Kein Mast darf gesetzt, keine Arbeit angefangen werden, wenn nicht für die ganze Strecke sämtliche Reserve und Genehmigungen in Händen des Bauleiters sind.

Der Revers ist die schriftliche Verpflichtung des Eigentümers, auf seinem Grund und Boden oder Anwesen ev. gegen bestimmte Gegenleistung einen Bestandteil einer Leitungsanlage zu dulden. Die Genehmigung darf nur für bestimmte Verhältnisse widerruflich sein, die im Revers klar zum Ausdruck kommen müssen. Trotzdem ist der Revers nur ein Notbehelf, weil Abkommen über Grunddienstbarkeiten für den Rechtsnachfolger keine Gültigkeit besitzen, wenn diese nicht im Grundbuch eingetragen sind (§ 873 des Bürgerlichen Gesetzbuches). Für besonders wichtige Punkte, Straßen- und Bahnkreuzungsmaste, soweit diese auf Privatgelände stehen, wird es notwendig sein, diese Eintragung zu erwirken (§ 1090 des Bürgerlichen Gesetzbuches)[1]. Der Besitzer kann somit für seinen Rechtsnachfolger keine Verpflichtung übernehmen, er kann jedoch, wenn er die Verpflichtung trotzdem übernommen hat, der Nachfolger will sie aber nicht erfüllen, zum Schadenersatz herangezogen werden.

Der Revers kann etwa folgenden Wortlaut haben:

Ich bin damit einverstanden, daß die .... bzw. deren Rechtsnachfolger als Erbauerin der ....

a) auf meinem .... Hause einen Leitungsträger und etwaige Verankerungen nebst sonstigem Zubehör anbringt,

b) auf meinem Grundstücke .... einen Leitungsmast und etwaige Verankerungen nebst sonstigem Zubehör aufstellt,

c) mein Grundstück mit Leitungsdrähten überspannt. ....

....

....

[1]) § 1090 B.G.B. Ein Grundstück kann in der Weise belastet werden, daß derjenige, zu dessen Gunsten die Belastung erfolgt, berechtigt ist, das Grundstück in einzelnen Beziehungen zu benutzen, oder daß ihm eine sonstige Befugnis zusteht, die den Inhalt einer Grunddienstbarkeit bilden kann.

Ich gestatte der Firma .... hierdurch das jederzeitige Zugangsrecht zu den Gebäuden, Grundstücken und Anlagen und das Recht, etwaige im Betriebsinteresse erforderliche Arbeiten und Abänderungen daran vorzunehmen, und werde auf eine Beseitigung dieser Anlagen nur dringen, wenn sich für mich eine dauernde nachweisbare Schädigung meines Gebäudes oder Grundstückes ergibt und Abhilfe nicht möglich ist, oder wenn infolge baulicher Veränderungen eine zwingende Notwendigkeit für die Entfernung oder Änderung eintreten sollte.

Die .... verpflichtet sich anderseits, obige Anlagen stets in ordnungsmäßigem Zustand zu erhalten und für etwaige durch dieselben mir entstandenen Schäden nach Maßgabe der gesetzlichen Haftpflicht aufzukommen. Außer obigen Bedingungen sollen keinerlei mündliche Absprachen Gültigkeit haben.

.... den .... 19...

Die Erlaubnis zur Benutzung fremden Eigentums wird nur in Ausnahmefällen ohne Vergütung gewährt. In den meisten Fällen sind aber die Besitzer mit einer geringen Entschädigung, die für Holzmaste, einfache Tragmaste zwischen 3 und 10 M. einmaliger Abfindung schwankt, zufrieden. Wesentlich höher sind die Entschädigungsansprüche für Maste mit großer Grundfläche, in vielen Fällen konnten nur durch den Ankauf des ganzen oder eines größeren Teiles des Grundstückes die Verhandlungen zum Abschluß gebracht werden. Zu verwerfen ist die Gewährung einer jährlichen Entschädigung, weil sich der Genehmigende dadurch ein Kündigungsrecht erwirbt. Zu welchen Konsequenzen dies unter Umständen führen kann, ist leicht einzusehen.

Eine Entschädigung, die für den Betrieb des Elektrizitätswerkes zur Einnahmequelle wird, ist die kostenlose Installation einer oder mehrerer Lampen. Man vermeide auch die kostenlose Abgabe von Elektrizität als Entschädigung, weil das Werk damit eine dauernde Belastung übernimmt und Gratisstrom immer zur Verschwendung anregt.

Die Montage der Leitungen und Tragkonstruktionen wird nach Möglichkeit in die Zeit nach der Ernte verlegt. Flurschäden werden trotzdem nicht vollständig zu vermeiden sein. Die Bestimmung der Entschädigungssumme kann zu Streitigkeiten führen, wenn nicht vorher ein Verfahren festgelegt ist, nach welchem die Entschädigungsfrage zu regeln ist. Es empfiehlt sich, in jedem Orte unter Vermittelung des Bürgermeisters eine dreigliedrige Kommission, deren eines Mitglied der Flurschütz ist, zu bestimmen, welche für jeden Fall die Schadenersatzsumme festlegt. Vor Beginn der Arbeiten sollen die Grundeigentümer durch Namenunterschrift ihr Einverständnis mit der nachstehenden Anerkenntnis geben, welches die Abmachungen formuliert:

Ich bin damit einverstanden, daß der durch

a) die Aufstellung von Tragkonstruktionen für die elektrischen Leitungen,

b) die Montage der Leitungsdrähte,

c) das Ausästen von Bäumen

entstandene Flurschaden nach dem Taxat der aus drei Mitgliedern bestehenden Flurschätzungskommission festgelegt wird. Die Entscheidung der Kommission ist unter Ausschluß aller anderen Rechtsmittel für mich bindend.

Die Zahlung der Entschädigungssumme hat spätestens innerhalb 8 Tagen nach Schätzung durch die Kommission zu erfolgen.

.............., den .... 19 ...

(Unterschrift) ....

Stützpunkte auf öffentlichem Eigentum.

Die Genehmigung zur Benutzung der im Besitze einer Gemeinde befindlichen Straßen, Plätze und Gebäude ist dann geregelt, wenn die Gemeinde einen Vertrag zur Lieferung elektrischer Energie mit dem Unternehmer geschlossen hat. Trifft dies nicht zu, dann kann, wie jeder Privatbesitzer, auch die Gemeinde die Benutzung ihres Eigentums zur Aufstellung von Gestängen und zur Überspannung mit Leitungen verweigern. Neben dem Vollzug der im vorigen Abschnitt behandelten Reverse kann das Verhältnis auch durch folgenden Vertrag geregelt werden:

Vertrag.

Zwischen

der Gemeinde ....

und

dem Elektrizitätswerk ....

wurde heute folgender Vertrag abgeschlossen.

§ 1.

Die Gemeinde gestattet dem Elektrizitätswerk die unentgeltliche ober- und unterirdische Benutzung der Straßen, Plätze und Gemeindegrundstücke innerhalb der ihr gesetzlich zustehenden Befugnisse, insbesondere unter Beachtung der straßenpolizeilichen Vorschriften, zur

Aufstellung von Masten und der sonstigen Zubehörteile für eine elektrische Starkstromanlage und zur Durchleitung elektrischer Energie über und durch Gemeindegebiet.

§ 2.

Die Festlegung der Leitungsträger und die Führung der Leitungen hat im Einvernehmen mit der Gemeinde zu erfolgen. Das Elektrizitätswerk ist verpflichtet, der Gemeinde einen Leitungsplan in genügend großem Maßstabe vor Beginn der Arbeiten vorzulegen. Die vorgesehenen Stützpunkte sind durch Pfähle im Gelände zu markieren. Nach Besichtigung und Erfüllung etwaiger Abänderungswünsche seitens der Gemeinde können die Arbeiten begonnen werden. Für unterirdisch verlegte Leitungen sind außer den Grundrißplänen noch Quer- und Längsschnittzeichnungen zur Genehmigung einzureichen.

§ 3.

Der öffentliche Verkehr oder die freie Ein- und Ausfahrt zu Grundstücken und Anwesen zu Privaten darf während des Baues und durch die Erstellung der elektrischen Anlage in keiner Weise beeinträchtigt werden.

§ 4.

Das Elektrizitätswerk ist verpflichtet, seine in der Gemeindegemarkung zu erstellenden Anlagen den zur Zeit gültigen Vorschriften des Verbandes Deutscher Elektrotechniker entsprechend auszuführen und dauernd in gutem Zustand zu erhalten. Der Gemeinde steht das Recht zu, die Ausführung durch einen Sachverständigen überwachen und prüfen zu lassen.

§ 5.

Das Elektrizitätswerk haftet für jeden Schaden, der bei Errichtung und Abänderung der von ihm erstellten Anlage entsteht, und für alle Ansprüche, die seitens Dritter direkt oder durch die Gemeinde dieserhalb geltend gemacht werden.

Nach Fertigstellung seiner Anlagen hat das Elektrizitätswerk die benutzten Straßenteile usw. wieder in den früheren Zustand zu versetzen, soweit nicht Abänderungen durch die Erstellung der elektrischen Anlage erforderlich oder durch die Wasser- und Straßenbauverwaltung vorgeschrieben sind. Die entstehenden Kosten trägt das Elektrizitätswerk.

§ 6.

Die Gemeinde erteilt dem Elektrizitätswerk die in § 1 genannte Erlaubnis auf die Dauer von . . . . . Jahren, beginnend mit dem

.... 19... Das Elektrizitätswerk ist verpflichtet, seine Leitungsanlage abzuändern, wenn in öffentlichem Interesse Straßen, Wege oder Plätze oder Teile dieser verlegt oder verändert werden müssen, oder wenn ober- und unterirdische gemeindliche Anlagen und Gebäude Verlegung oder Abänderung erfordern.

§ 7.

Das Elektrizitätswerk darf ohne Genehmigung der Gemeinde innerhalb der Gemeindegemarkung keine elektrische Energie abgeben oder verkaufen, auch wenn kein Gemeindeeigentum für die Führung der Anschlußleitungen in Betracht kommt.

§ 8.

Dieser Vertrag ist in zwei Exemplaren geschrieben, von beiden Parteien unterschrieben und jeder Partei ein unterschriebenes Exemplar ausgehändigt.

.... den ...... 19... ...., den ...... 19...

Die Benutzung der unter Verwaltung der Wasserbauinspektionen stehenden Straßen usw., ebenso des bahneigenen Geländes wird unter Zugrundelegung der maßgebenden Bestimmungen stets nur auf Widerruf genehmigt. Die Abänderung oder Entfernung der Anlagen wird aber nur dann verlangt, wenn ein öffentliches Interesse (Verlegung, Verbreiterung der Straße oder des Bahnkörpers) vorliegt oder der Unternehmer den Bestimmungen nicht nachkommt, die ihm im Genehmigungsverfahren auferlegt wurden.

Die Rechtsverhältnisse der Schwachstromleitungen sind durch das Telegraphenwegegesetz vom 18. Dezember 1899 geregelt. Dieses stellt den Grundsatz auf, daß öffentliche Wege, Plätze, Gewässer usw. für öffentliche Telegraphenlinien benutzt werden dürfen, daß die Schwachstromleitungen aber ohne störende Beeinflussung vorhandener elektrischer Anlagen auszuführen sind. Schutzmaßnahmen, die für die Telegraphenlinien erforderlich sind, gehen zu Lasten der Postverwaltung. Sind vorhandene Schwachstromleitungen zu kreuzen, so hat der Unternehmer der Starkstromanlage die vorgeschriebenen Bedingungen zu erfüllen und die Kosten der Schutzvorrichtungen zu tragen.

§ 6 des Gesetzes verpflichtet den Erbauer einer Starkstromanlage, diese nach Möglichkeit so auszuführen, daß sie vorhandene Telegraphenlinien nicht stört.

Die Postverwaltung muß nach § 6 Absatz 2 dem Antrag auf Verlegung oder Veränderung einer Telegraphenlinie nachkommen, wenn die Herstellung einer Starkstromleitung unterbleiben müßte oder wesentlich erschwert würde, die aus Gründen des öffentlichen Interesses von dem Wegeunterhaltungspflichtigen oder unter überwiegender Beteiligung eines solchen ausgeführt werden soll. Dementsprechend sind wegeunterhaltungspflichtige Gemeinden oder Kreise, die aus eigenen Mitteln oder mit überwiegender Beteiligung eine elektrische Anlage erstellen, berechtigt, die Aufwendungen, welche zum Schutze der Schwachstromleitungen nötig sind, der Postkasse zu belasten oder die Entfernungen der Schwachstromleitungen zu verlangen, soweit diese die Erstellung der Starkstromanlage erschweren.

22. Wirtschaftliche Spannweite.

Es wurde schon wiederholt darauf hingewiesen, daß große Spannweiten die Betriebssicherheit erhöhen, weil durch diese die Isolatorenzahl und damit die Fehlerquellen vermindert werden. Die Entfernung der Leitungsmaste kann aber nicht ausschließlich nach diesem Gesichtspunkte festgelegt werden, weil die Anlagekosten sich mit der Spannweite ändern. Die geringsten Erstellungskosten werden sich bei der »wirtschaftlichen Spannweite« ergeben. Diese ist erreicht, wenn die durch die Verringerung der Stützpunktzahl erzielte Ersparnis sich mit den wachsenden Ausgaben für höhere und stärkere Maste deckt. Der Durchhang eines Leiters nimmt mit der Spannweite nicht im linearen, sondern quadratischen Verhältnis zu, bei großen Spannweiten wächst deshalb sehr rasch die Höhe der Maste und deren Beanspruchung.

Die wirtschaftliche Spannweite ist nicht für alle Leitungslinien gleich. In ebenem Gelände ist sie hauptsächlich abhängig von der Anzahl und dem Querschnitt der Leitungen und deren Material. Bei gegebenen Leitern ist die wirtschaftliche Spannweite in erster Linie durch die Wahl der Tragkonstruktionen, in zweiter Linie durch deren Ausführung bestimmt.

Die Ermittelung der wirtschaftlichen Spannweite bedingt nicht in allen Fällen deren Verwendung. Steigen die Anlagekosten über der wirtschaftlichen Spannweite nur langsam, dann kann es mit Rücksicht auf die Verringerung der Stützpunktzahl und die dadurch zu erreichenden Vorteile zweckmäßig sein, die Mastentfernung größer zu wählen. Im unten folgenden Beispiel wurde die wirtschaftliche Spannweite der Leitungsanlage, wenn als Tragmaste Eisenmaste verwendet werden, zu 120 m ermittelt. Die Kosten für 140 m gegenseitige Mastentfernung sind nur um M. 300 oder M. 30 für den Kilometer höher, es empfiehlt sich deshalb, nicht unter 140 m zu spannen.

Tab. 45.

Kostenzusammenstellung für eine Hochspannungsleitung (20000 Volt) von 10 km Länge und 3×25 qmm Kupferleiter.

Verteilung: 75 % Tragmaste, 10 % Winkelmaste, 15 % Abspannmaste.

2,5 fache Sicherheit für Trag- und Winkelmaste
4 » » » Abspannmaste.

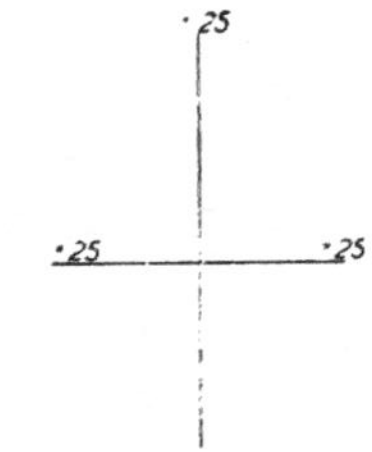

Spannweite m	Zug der Trag- Maste kg	Zug der Winkel- Maste kg	Zug der Spann- Maste kg
100	170	620	1200
120	204	620	1200
140	240	620	1200
160	273	620	1200
180	309	620	1200
200	342	620	1200

Preise von:	Mast mit Traversen, Isolatoren, Erdungs- und Kleinmaterialien M.	Fundament und Erdaushub M.	Transport, Aufstellung, Flurentschädigung M.	Anstrich M.	pro Mast M.	Anzahl Maste	Preis der Maste pro Typ M.	Preis der Maste für 10 km M.	Kupferleiter M.	Montage von Leiter und Erdungen M.	Gesamtpreis für 10 km M.
1. Spannweite 100 m; erforderlich 100 Maste 9,0 m über Erde											
Tragmast	59,—	19,—	13,—	6,50	97,50	75	7312,50	14727,50	12150,—	2880,—	29757,50
Winkelmast	109,—	44,—	21,—	11,—	185,—	10	1850,—				
Abspannmast	214,—	103,—	39,—	15,—	371,—	15	5565,—				
2. Spannweite 120 m; erforderlich 84 Maste 10,0 m über Erde											
Tragmast	69,—	22,—	15,—	7,—	113,—	62	7006,—	14357,50	12150,—	2820,—	29327,50
Winkelmast	125,—	53,—	24,—	12,50	214,50	9	1930,50				
Abspannmast	242,—	115,—	43,—	17,—	417,—	13	5421,—				
3. Spannweite 140 m; erforderlich 72 Maste 11,0 m über Erde											
Tragmast	82,—	26,—	17,—	8,50	133,50	54	7209,—	14287,—	12150,—	2760,—	29197,—
Winkelmast	150,—	57,—	27,—	15,—	249,—	7	1743,—				
Abspannmast	290,—	126,—	49,—	20,—	485,—	11	5335,—				
4. Spannweite 160 m; erforderlich 63 Maste 12,20 m über Erde											
Tragmast	97,—	32,—	21,—	10,—	160,—	47	7520,—	14447,—	12150,—	2700,—	29297,—
Winkelmast	165,—	63,—	30,—	16,50	274,50	6	1447,—				
Abspannmast	335,—	137,—	53,—	23.—	548,—	10	5480,—				
5. Spannweite 180 m: erforderlich 56 Maste 13,50 m über Erde											
Tragmast	120,—	36,—	26,—	12,—	194,—	42	8148,—	14790,—	12150,—	2640,—	29580,—
Winkelmast	190,—	65,—	33,—	19,—	307,—	6	1842,—				
Abspannmast	370,—	148,—	57,—	25 —	600,—	8	4800,—				
6. Spannweite 200 m; erforderlich 50 Maste 15,0 m über Erde											
Tragmast	135,—	41,50	30,—	13,50	220,—	37	8140,—	15191,50	12150,—	2580,—	29921,50
Winkelmast	235,—	70,—	37,—	23,50	365,50	5	1827,50				
Abspannmast	405,—	160,—	61,—	27,—	653,—	8	5224,—				

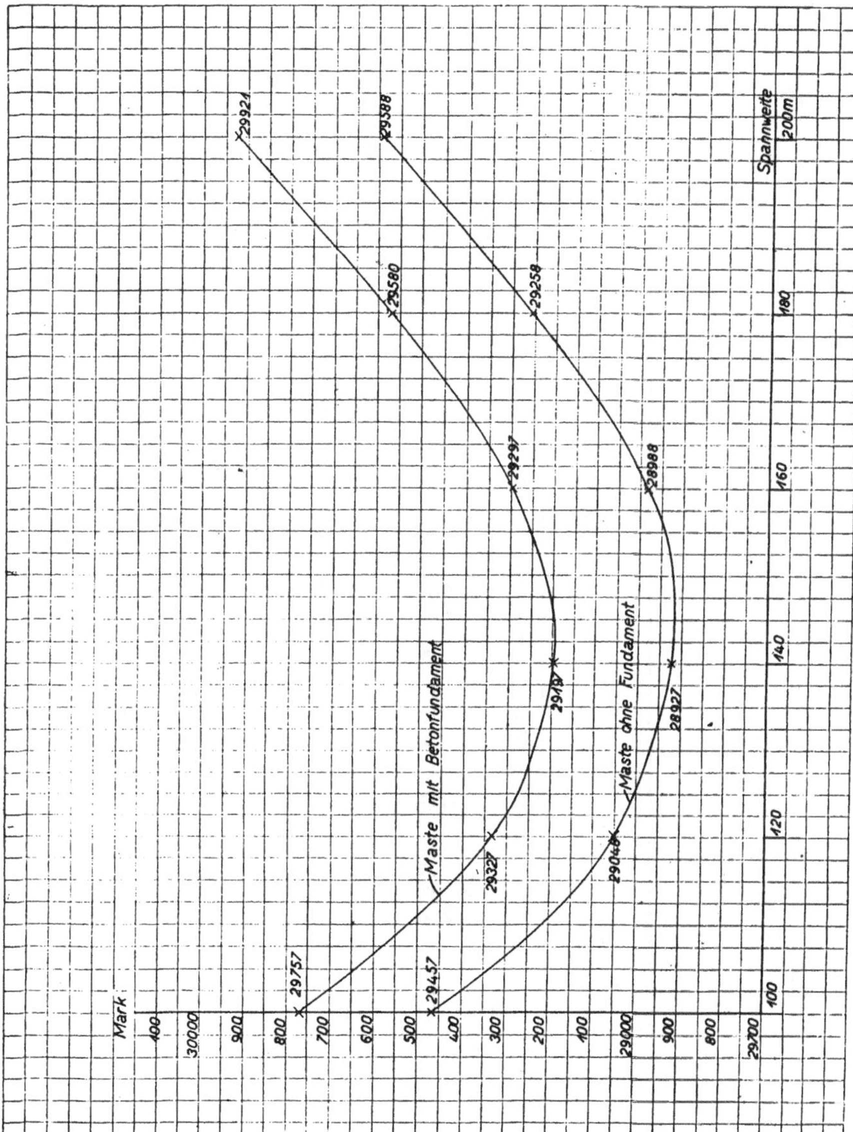
Mark
400
30000
900
800
700
600
500
400
300
200
100
29000
900
800
29700
100
120
140
160
180
200m
Spannweite
Maste mit Betonfundament
Maste ohne Fundament
29757
29327
29112
29297
29580
29921
29457
29040
28927
28988
29258
29588

Fig. 282.

Tab. 46.

Spannweite m	Zug der Trag- Maste kg	Zug der Winkel- Maste kg	Zug der Spann- Maste kg
100	200	880	1680
120	240		
140	280		
160	320	—	
180	360	—	
200	400	—	—

Kostenzusammenstellung für eine Hochspannungsleitung (20000 Volt) von 10 km Länge und 3×35 qmm Kupferleiter.

Verteilung: 75% Tragmaste, 10% Winkelmaste, 15% Abspannmaste.

2,5 fache Sicherheit für Trag- und Winkelmaste
4 » » » Abspannmaste.

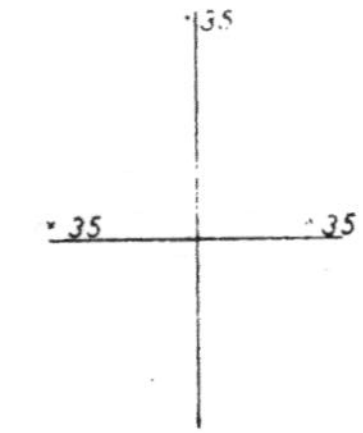

Preise von	Mast mit Traversen, Isolatoren, Erdungs- und Kleinmaterialien M.	Fundament und Erdaushub M.	Transport, Aufstellung, Flurentschädigung M.	Anstrich M.	pro Mast M.	Anzahl Maste	Preis der Maste pro Typ M.	Preis der Maste für 10 km M.	Kupferleiter M.	Montage von Leiter und Erdungen M.	Gesamtpreis für 10 km M.
1. Spannweite 100 m; erforderlich 100 Maste 9,0 m über Erde											
Tragmast	68,—	20,—	15,—	7,40	110,40	75	8280,—				
Winkelmast	125,—	57,50	23,—	11,50	217,—	10	2170,—	17020,—	17400,—	3120,—	37540,—
Abspannmast	250,—	130,—	42,—	16,—	438,—	15	6570,—				
2. Spannweite 120 m; erforderlich 84 Maste 10,0 m über Erde											
Tragmast	79,—	23,—	17,—	8,50	127,50	62	7905,—				
Winkelmast	150,—	62,50	26,—	14,—	252,50	9	2272,50	16599,50	17400,—	3060,—	37059,50
Abspannmast	285,—	145,—	46,—	18,—	494,—	13	6422,—				
3. Spannweite 140 m; erforderlich 72 Maste 11,0 m über Erde											
Tragmast	94,—	28,—	19,—	10,—	151,—	54	8154,—				
Winkelmast	180,—	67,50	29,—	15,50	292,—	7	2044,—	16446,—	17400,—	3000,—	36846,—
Abspannmast	335,—	160,—	52,—	21,—	568,—	11	6248,—				
4. Spannweite 160 m; erforderlich 63 Maste 12.20 m über Erde											
Tragmast	110,—	34,—	23,—	12,—	179,—	47	8413,—				
Winkelmast	195,—	78,—	33,—	17,—	323,—	6	1938.—	16711,—	17400,—	2940,—	37051,—
Abspannmast	380,—	175,—	57,—	24,—	636,—	10	6360,—				
5. Spannweite 180 m; erforderlich 56 Maste 13,50 m über Erde											
Tragmast	140,—	38,—	28,—	15,—	221,—	42	9282,—				
Winkelmast	225,—	87,—	36,—	19,50	367,50	6	2205,—	17055,—	17400,—	2880,—	37335,—
Abspannmast	425,—	185,—	60,—	26,—	696,—	8	5568,—				
6. Spannweite 200 m; erforderlich 50 Maste 15,0 m über Erde											
Tragmast	155,—	43,—	33,—	16,50	247,50	37	9157,50				
Winkelmast	270,—	96,—	40,—	24,—	430,—	5	2150,—	17443,50	17400,—	2820,—	37663,50
Abspannmast	470,—	205,—	64,—	28,—	767,—	8	6136,—				

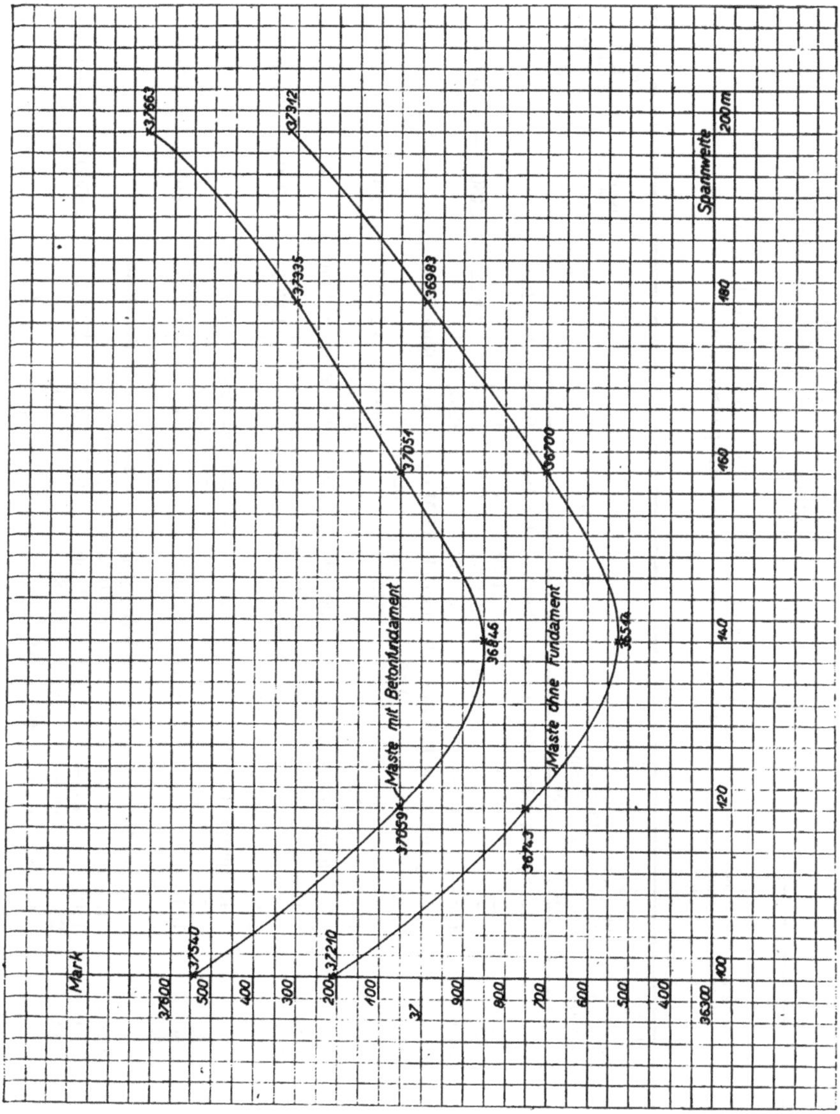

Mark
Spannweite
Maste mit Betonfundament
Maste ohne Fundament
37663
37342
37335
36983
37051
36700
36846
37059
36743
37540
37210
37600
500
400
300
200
100
37
900
800
700
600
500
400
36300
100
120
140
160
180
200 m

Fig. 288.

Tab. 47.

Spannweite	Zug der		
	Trag-	Winkel-	Spann-
m	Maste kg		
100	242	1270	2400
120	288	1270	2400
140	336	1270	2400
160	384	1270	2400
180	432	1270	2400
200	480	1270	2400

Kostenzusammenstellung für eine Hochspannungsleitung (20000 Volt) von 10 km Länge und 3×50 qmm Kupferleiter

Verteilung: 75 % Tragmaste, 10 % Winkelmaste, 15 % Abspannmaste.

2,5 fache Sicherheit für Trag- und Winkelmaste
4 » » » Abspannmaste.

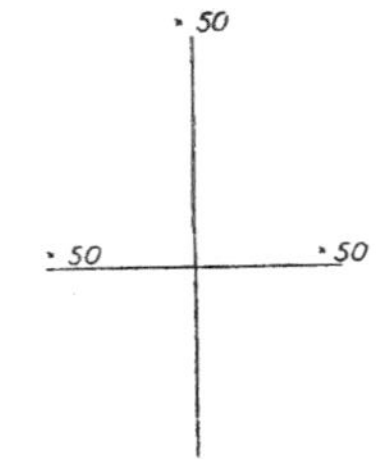

Preise von	Mast mit Traversen, Isolatoren, Erdungs- und Kleinmaterialien M.	Fundament und Erdaushub M.	Transport, Aufstellung, Flurentschädigung M.	Anstrich M.	pro Mast M.	Anzahl Maste	Preis der Maste pro Typ M.	Preis der Maste für 10 km M	Kupferleiter M.	Montage von Leiter und Erdungen M.	Gesamtpreis für 10 km M.
1. Spannweite 100 m; erforderlich 100 Maste 9,0 m über Erde											
Tragmast . .	82,—	22,—	19,—	8,20	131,20	75	9840,—				
Winkelmast	155,—	78,—	27,—	12,50	272,50	10	2725,—	20822,50	24300,—	3300,—	48422,50
Abspannmast	310,—	176,—	47,—	17,50	550,50	15	8257,50				
2. Spannweite 120 m; erforderlich 84 Maste 10,0 m über Erde											
Tragmast . .	94,—	27,—	20,—	9,50	150,50	62	9331,—				
Winkelmast	180,—	90,—	30,—	15,50	315,50	9	2839,50	20217,50	24300,—	3240,—	47757,50
Abspannmast	355,—	194,—	51,—	19,—	619,—	13	8047,—				
3. Spannweite 140 m; erforderlich 72 Maste 11,0 m über Erde											
Tragmast . .	112,—	31,—	22,—	11,—	176,—	54	9504,—				
Winkelmast	220,—	98,—	35,—	17,—	370,—	7	2590,—	19761,—	24300,—	3180,—	47241,—
Abspannmast	405,—	213,—	56,—	23,—	697,—	11	7667,—				
4. Spannweite 160 m; erforderlich 63 Maste 12,20 m über Erde											
Tragmast . .	128,—	37,—	26,—	13,—	206,—	47	9588,—				
Winkelmast	260,—	109,—	39,—	18,50	426,50	6	2599,—	19947,—	24300,—	3120,—	47367,—
Abspannmast	460,—	232,—	62,—	26,—	780,—	10	7800,—				
5. Spannweite 180 m; erforderlich 56 Maste 13,50 m über Erde											
Tragmast . .	165,—	45,—	32,—	16,50	260,50	42	10857,—				
Winkelmast	310,—	120,—	45,—	20,50	495,50	6	2973,—	20614,—	24300,—	3060,—	47974,—
Abspannmast	500,—	254,—	66,—	28,—	848,—	8	6784,—				
6. Spannweite 200 m; erforderlich 50 Maste 15,0 m über Erde											
Tragmast . .	190,—	53,—	35,—	17,50	295,50	37	10933,50				
Winkelmast	345,—	137,—	51,—	25,—	558,—	5	2790,—	21295,50	24300,—	3000,—	48595,50
Abspannmast	570,—	275,—	72,—	29,50	946,50	8	7572,—				

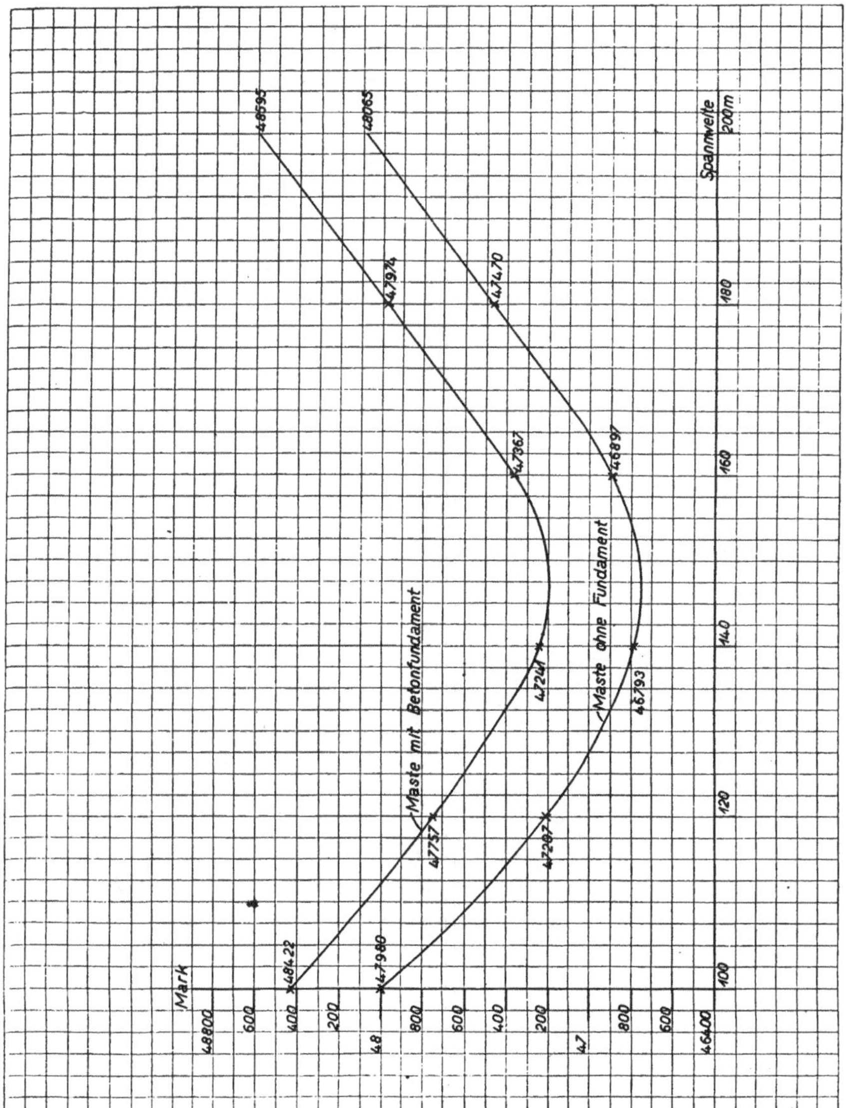
Mark
48800
600
400
200
48
800
600
400
200
47
800
600
46400
100
120
140
160
180
200m
Spannweite
48422
47757
47241
47367
47974
48595
47980
47287
46793
46897
47470
48065
Maste mit Betonfundament
Maste ohne Fundament

Fig. 284.

Tab. 48.

Spannweite	Zug der Trag-	Winkel-	Spann-
m	Maste kg		
100	570	1700	3300
125	680	1700	3300
150	820	1700	3300
175	940	1700	3300
200	1065	1700	3300
225	1200	1700	3300

Kostenzusammenstellung für 10 km Hochspannungsleitung (20 000 Volt).

3×70 qmm Kupferleiter, 1×28,3 qmm Erdleiter, 1 Telephonkabel an Stahlseil 40 qmm.

Verteilung: 75 % Tragmaste, 10 % Winkelmaste, 15 % Abspannmaste.

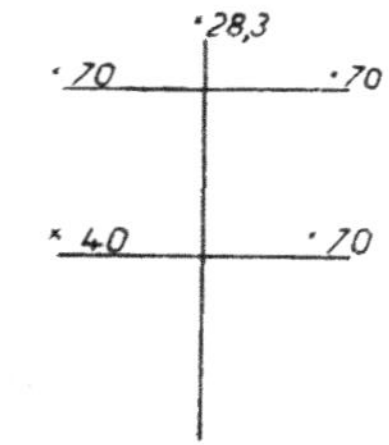

Preise von:	Mast mit Traversen, Isolatoren, Erdungs- und Kleinmaterialien M.	Fundament und Erdaushub M.	Transport, Aufstellung, Flurentschädigung M.	Anstrich M.	pro Mast M.	Anzahl Maste	Preis der Maste pro Typ M.	Preis der Maste für 10 km M.	Kupferleiter u. Erdseil M.	Telephonkabel und Tragseil M.	Montage sämtlich. Leitungen M.	Gesamtpreis für 10 km M.
1. Spannweite 100 m; erforderlich 100 Maste 12,5 m über Erde												
Tragmast	152,—	85,—	29,—	15,—	281 —	75	21075,—					
Winkelmast	233,—	162,—	35,—	23,—	453,—	10	4530,—	35220,—	34700,—	13700,—	6800,—	90420,—
Abspannmast	339,—	228,—	49,—	25,—	641,—	15	9615,—					
2. Spannweite 125 m; erforderlich 80 Maste 14,0 m über Erde												
Tragmast	175,—	104,—	30,—	18,—	327,—	60	19620,—					
Winkelmast	275 —	173,—	41,—	25,—	514,—	8	4112,—	32176,—	34700,—	13700,—	6600,—	87176,—
Abspannmast	376,—	250,—	54,—	32,—	712,—	12	8544,—					
3. Spannweite 150 m; erforderlich 67 Maste 16,0 m über Erde												
Tragmast	208,—	124,—	32,—	22,—	386,—	50	19300,—					
Winkelmast	299,—	196,—	45.—	32,—	572,—	7	4004,—	31344,—	34700,—	13700,—	6400,—	86144,—
Abspannmast	435,—	270,—	62,—	37,—	804,—	10	8040,—					
4. Spannweite 175 m; erforderlich 57 Maste 18,0 m über Erde												
Tragmast	238,—	158,—	39.—	27,—	462,—	42	19404,—					
Winkelmast	363,—	212,—	48,—	36,—	659,—	6	3954,—	31602,—	34700,—	13700,—	6200,—	86202,—
Abspannmast	503,—	296,—	70,—	47,—	916,—	9	8244,—					
5. Spannweite 200 m; erforderlich 50 Maste 20,5 m über Erde												
Tragmast	302,—	192,—	44,—	31,—	569,—	37	21053,—					
Winkelmast	413,—	245,—	52,—	40.—	750,—	5	3750,—	33187,—	34700,—	13700,—	6000,—	87587,—
Abspannmast	583,—	335,—	78,—	52.—	1048,—	8	8384,—					
6. Spannweite 225 m; erforderlich 45 Maste 23,0 m über Erde												
Tragmast	324,—	235,—	51,—	35,—	645,—	33	21285,—					
Winkelmast	461,—	270,—	58,—	43,—	832,—	5	4160,—	33593,—	34700,—	13700,—	5800,—	87793,—
Abspannmast	638,—	380,—	87,—	59,—	1164,—	7	8148,—					

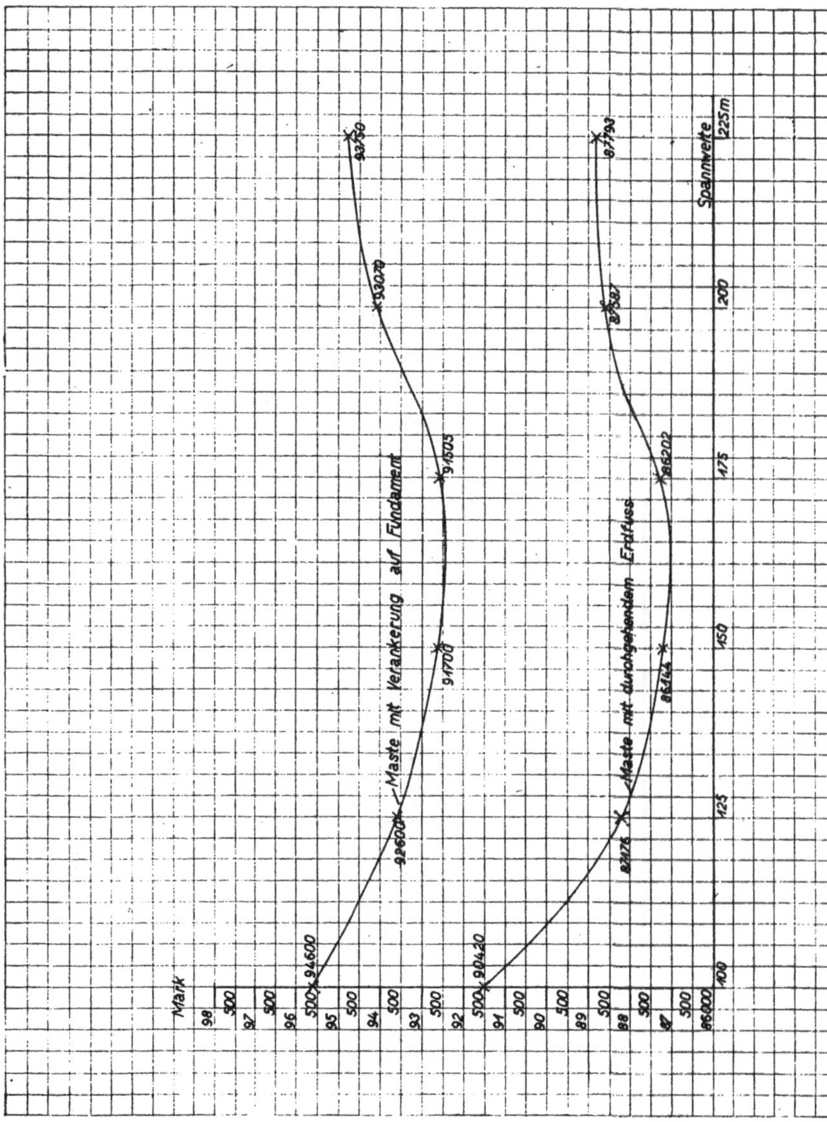
Mark
Spannweite
225m
200
175
150
125
100
Maste mit Verankerung auf Fundament
Maste mit durchgehendem Erdfuss
94600
92600
91700
91505
93070
93750
90420
87176
86464
86202
87587
87793

Fig. 285.

Tab. 49.

Spannweite m	Zug der Trag- Maste kg	Zug der Winkel- Maste kg	Zug der Spann- Maste kg
100	825	3000	5800
125	1030	3000	5800
150	1220	3000	5800
175	1390	3000	5800
200	1590	3000	5800
225	1800	3000	5800

Kostenzusammenstellung für 10 km Hochspannungsleitung (20 000 Volt).

6×70 qmm Kupferleiter, 1×28,3 qmm Erdleiter, 1 Telephonkabel an Stahlseil 40 qmm.

Verteilung: 75 % Tragmaste, 10 % Winkelmaste, 15 % Abspannmaste.

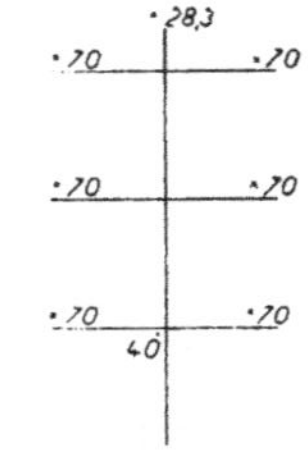

Preise von:	Mast mit Traversen, Isolatoren, Erdungs- und Kleinmaterialien M.	Fundament und Erdaushub M.	Transport, Aufstellung, Flurentschädigung M.	Anstrich M.	pro Mast M.	Anzahl Maste	Preis der Maste pro Typ M.	Preis der Maste für 10 km M.	Kupferleiter und Erdseil M.	Telephonkabel und Tragseil M.	Montage sämtlich. Leitungen M.	Gesamtpreis für 10 km M.
1. Spannweite 100 m; erforderlich 100 Maste 13,5 m über Erde												
Tragmast	219,—	95,—	37,—	17,—	368,—	75	27600,—					
Winkelmast	405,—	208,—	50,—	25,—	688,—	10	6880,—	49135,—	67600,—	13700,—	10700,—	141135,—
Abspannmast	559,—	310,—	80,—	28,—	977,—	15	14655,—					
2. Spannweite 125 m; erforderlich 80 Maste 15,0 m über Erde												
Tragmast	248,—	124,—	38,—	19,50	429,50	60	25770,—					
Winkelmast	461,—	225,—	55,—	27,—	768,—	8	6144,—	44862,—	67600,—	13700,—	10400,—	136562,—
Abspannmast	630,—	330,—	84,—	35,—	1079,—	12	12948,—					
3. Spannweite 150 m; erforderlich 67 Maste 17,0 m über Erde												
Tragmast	280,—	157,—	39,—	24,—	500,—	50	25000,—					
Winkelmast	493,—	250,—	62,—	35,—	840,—	7	5880,—	42510,—	67600,—	13700,—	10200,—	134010,—
Abspannmast	665,—	370,—	87,—	41,—	1163,—	10	11630,—					
4. Spannweite 175 m; erforderlich 57 Maste 19,0 m über Erde												
Tragmast	334,—	170,—	41,—	29,50	574,50	42	24129,—					
Winkelmast	558,—	275,—	65,—	40,—	938,—	6	5628,—	41835,—	67600,—	13700,—	10000,—	133135,—
Abspannmast	789,—	405,—	97,—	51,—	1342,—	9	12078,—					
5. Spannweite 200 m; erforderlich 50 Maste 21,5 m über Erde												
Tragmast	416,—	220,—	44,—	34,—	704,—	37	26048,—					
Winkelmast	643,—	315,—	68,—	44,—	1070,—	5	5350,—	43510,—	67600,—	13700,—	9700,—	134510,—
Abspannmast	884,—	470,—	102,—	58,—	1514,—	8	12112,—					
6. Spannweite 225 m; erforderlich 45 Maste 24,0 m über Erde												
Tragmast	481,—	250,—	47,—	39,—	817,—	33	26961,—					
Winkelmast	780,—	380,—	72,—	48,—	1280,—	5	6400,—	46171,—	67600,—	13700 —	9500,—	136971,—
Abspannmast	1069,—	590,—	106,—	65,—	1830,—	7	12810,—					

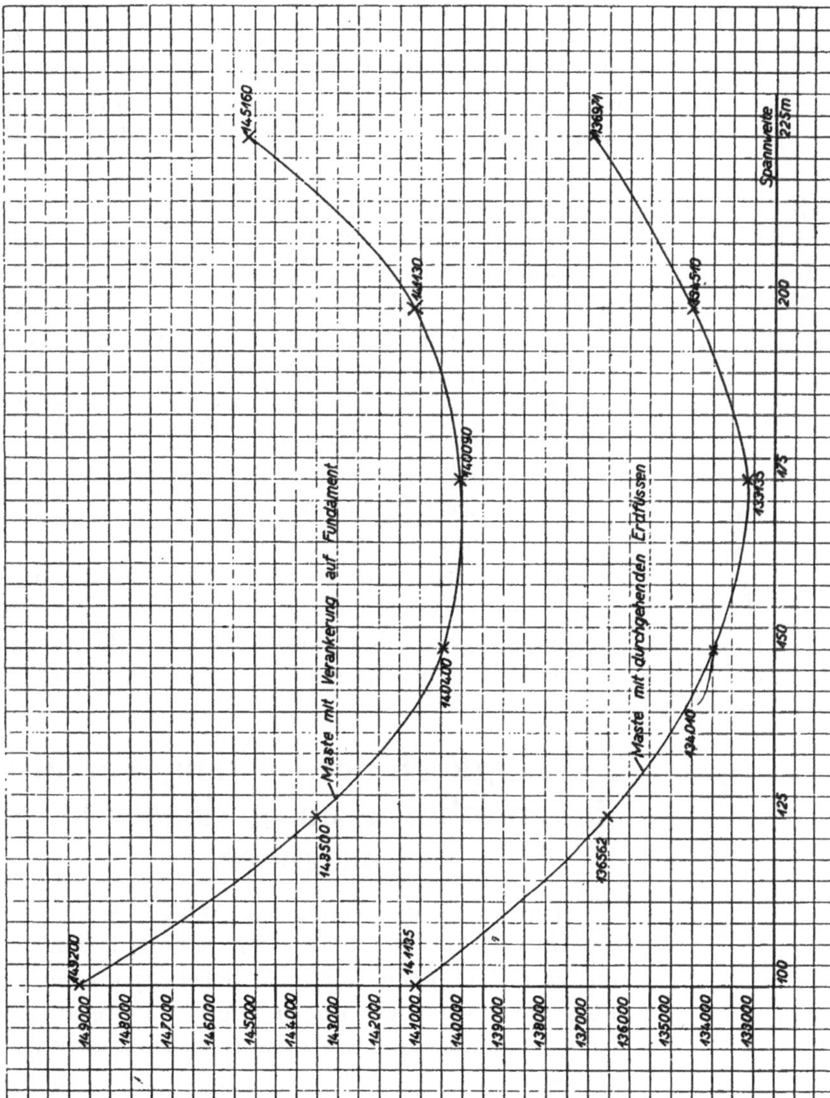
Maste mit Verankerung auf Fundament
Maste mit durchgehenden Erdfüssen
Spannweite 225m
100
125
150
175
200
149000
148000
147000
146000
145000
144000
143000
142000
141000
140000
139000
138000
137000
136000
135000
134000
133000

Fig. 288.

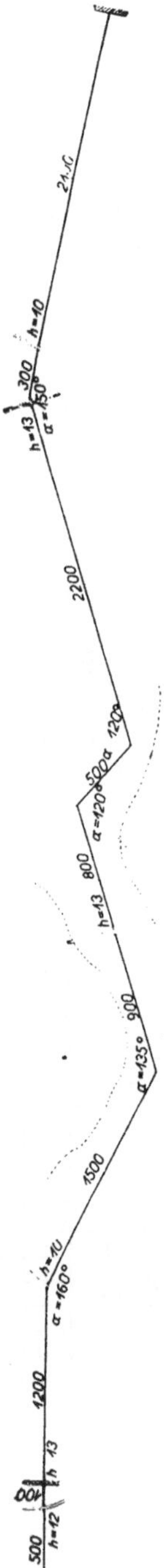

Fig. 287.

Die durchgerechneten Beispiele, deren Ergebnisse in den Tabellen 45—49 und Kurventafeln Fig. 282—286 nach Friedenspreisen zusammengestellt sind, sollen nur das Vorangegangene erläutern. Die angesetzten Werte sind Mittelwerte und können nur als Überschlagrechnungen benutzt werden. Die Leitungsanlagekosten sind nicht nur von den jeweils gültigen Materialpreisen, sondern auch von Verhältnissen abhängig, die in allgemeine Form nicht gebracht werden können.

Beispiel: In Fig. 287 ist die Linie einer Leitungsanlage skizziert, die mit Hochspannung von 20000 Volt betrieben wird. Der hartgezogene Kupferleiter von 3 × 35 qmm Querschnitt darf mit 16 kg/qmm beansprucht werden. Es sollen die Anlagekosten und die wirtschaftliche Spannweite ermittelt werden, wenn als Tragmaste verwendet werden:

1. einfache Holzmaste, 18 cm Zopfstärke;
2. Holzgestänge in A-Form;
3. Eisenmaste.

Die Winkel- und Abspannmaste sind als Gittermaste aus Winkeleisen, die Straßen- und Bahnkreuzungen als bruchsichere Aufhängungen gedacht, deren Masthöhe den wachsenden Spannweiten folgen soll.

23. Vergleich der Gestängekonstruktionen inbezug auf geringste Jahresausgaben.

Die Frage der geringsten Anlagekosten ist für eine bestimmte Gestängeart und -konstruktion durch die Ermittelung der wirtschaftlichen Spannweite gelöst, die Frage nach den niedrigsten Jahresausgaben ist hiermit aber nicht beantwortet. Diese setzen sich zusammen aus den Aufwendungen für Verzinsung und ev. Tilgung des Anlagekapitals, der Abschreibungsquote, den Beträgen für Instandhaltung, Reparaturen und Versicherungen sowie den Abgaben, die an Private oder sonstige Grundbesitzer zu entrichten sind. Wird die Summe dieser Beträge ein Minimum, dann ist die wirtschaftlichste Ausführung gewählt.

Beispiel: Für die im vorhergehenden Abschnitt berechnete Leitungsanlage, deren Kosten in der Tabelle 49 und der Kurventafel Fig. 288 zusammengestellt sind, sollen die Jahresausgaben ermittelt werden. Das Anlagekapital ist mit 5% zu verzinsen. Die ganze Anlage soll in 30 Jahren abgeschrieben sein; dies ergibt eine Abschreibungsquote von 1,79%, wenn die abgeschriebenen Beträge mit 4% verzinst werden. Die durchschnittliche Lebensdauer der kyanisierten Holzmaste soll 15 Jahre betragen. Der zweimalige Anstrich der Eisenteile ist in Abständen von drei Jahren zu erneuern. Infolge Zerstörung durch Blitzschläge, durch mechanische Einwirkungen sind 0,5% der Holzmaste und 2% der Isolatoren jährlich zu ersetzen.

Die gefundenen Werte sind in der Tabelle 51 und der Kurventafel Fig. 289 zusammengestellt. Aus der letzteren ist ersichtlich, daß die Kurven der Jahresausgaben nahezu denselben Verlauf haben wie diejenigen der Gesamtkosten. Dies erklärt sich in der Hauptsache dadurch, daß die Beträge für Verzinsung und Abschreibung in allen Fällen ein Mehrfaches der sonstigen Ausgaben sind, daß die letzteren für die Beantwortung der Frage nach den geringsten Jahresausgaben unter Berücksichtigung der verschiedenen Arten der Gestängekonstruktionen bei zweckmäßiger Ausführung und guter Arbeit fast nicht in Betracht kommen. Es ist daraus aber auch der wichtige Schluß zu ziehen, daß niedrige Anlagekosten die Rentabilität einer Anlage besonders günstig beeinflussen.

Tab. 51.

Spannweite (m)	40	60	80	100	120	140	160
Tragmaste	einfache Holzmaste			Holzgestänge in A-Form			
Verzinsung 5% . . .	2055,80	1925,—	1870,95	1984,05	1967,90	1962,15	1996,35
Abschreibung 1,79%	735,97	689,15	669,80	710,19	704,50	702,45	714,69
Instandhaltung	421,20	315,—	271,50	345,—	337,—	331,—	334,—
Reparaturen	213,—	190,—	175,—	179,—	173,—	169,—	165,—
Gesamtausgaben . . .	3425,97	3119,15	2820,25	3218,24	3182,40	3164,60	3210,04

Spannweite (m)	180	100	120	140	160	180
Tragmaste		Eiserne Gittermaste				
Verzinsung 5% . . .	2072,65	2115,80	2101,10	2116,35	2150,15	2253,05
Abschreibung 1,79%	742,—	757,45	752,19	757,65	769,75	806,59
Instandhaltung . . .	329,—	320,—	308,—	310,—	317,—	330,—
Reparaturen	161,—	159,—	155,—	151 —	147,—	143 —
Gesamtausgaben . . .	3304,65	3352,25	3316,29	3335,—	3383,90	3532,64

Tab 50.

Kostenaufstellung für die in Fig. 287 skizzierte Hochspannungsfernleitung 3 × 35 qmm Kupfer, 20 000 Volt

bei Verwendung von Tragmasten aus Holz oder Eisen und Spannweiten von 40 bis 180 m. Eisenmaste mit Betonfundament.

5 fache Sicherheit für Straßen- und Bahnkreuzungen.

Spannweite	Zug der Trag-	Zug der Winkel- 120°	Zug der Winkel- 135°	Zug der Spann-
m	Maste kg			
40	80	1680	1290	1680
60	120	1680	1290	1680
80	160	1680	1290	1680
100	200	1680	1290	1680
120	240	1680	1290	1680

Spannweite	Zug der Trag-	Zug der Winkel- 120°	Zug der Winkel- 135°	Zug der Spann-
m	Maste kg			
140	280	1680	1290	1680
160	320	1680	1290	1680
180	360	1680	1290	1680

Tragmaste fertig aufgestellt mit Querträgern und Isolatoren	Winkelmaste fertig aufgestellt mit Querträgern und Isolatoren	Spannmaste fertig aufgestellt mit Querträgern und Isolatoren	Bahnkreuzungen fertig aufgestellt mit Querträgern und Isolatoren	Straßenkreuzungen fertig aufgestellt mit Querträgern u. Isolator	Kupferleitungen 3 × 35 qmm	Montage	Gesamtpreis für 10 km
M.	M.	M.	M.	M.	M.	M.	M.
Spannweite 40 m, Tragmaste: einfache Holzmaste, 7 m über Erde							
8507,—	783,—	819,—	3790,—	6517,—	17 400,—	3300,—	41 116,—
Spannweite 60 m, Tragmaste: einfache Holzmaste, 7,5 m über Erde							
5806,—	853,—	894,—	3790,—	6517,—	17 400,—	3240,—	38 500,—
Spannweite 80 m, Tragmaste: einfache Holzmaste. 8,2 m über Erde							
4675,—	913,—	944,—	3790,—	6517,—	17 400,—	3180,—	37 419,—
Spannweite 100 m, Tragmaste: Doppelholzmaste in A-Form, 9 m über Erde							
6749,—	1025,—	1080,—	3790,—	6517,—	17 400,—	3120,—	39 681,—
Spannweite 100 m, Tragmaste: Eisenmaste, 9 m über Erde							
9384,—	1025,—	1080,—	3790,—	6517,—	17 400,—	3120,—	42 316,—
Spannweite 120 m, Tragmaste: Doppelholzmaste in A-Form, 10 m über Erde							
6134,—	1206,—	1251,—	3790,—	6517,—	17 400,—	3060,—	39 358,—
Spannweite 120 m, Tragmaste: Eisenmaste 10 m über Erde							
8798,—	1206,—	1251,—	3790,—	6517,—	17 400,—	3060,—	42 022,—
Spannweite 140 m, Tragmaste: Doppelholzmaste in A-Form, 11 m über Erde							
5523,—	1351,—	1401,—	3790,—	6778,—	17 400,—	3000,—	39 243,—
Spannweite 140 m, Tragmaste: Eisenmaste, 11 m über Erde							
8607,—	1351,—	1401,—	3790,—	6778,—	17 400,—	3000,—	42 327,—
Spannweite 160 m, Tragmaste: Doppelholzmaste in A-Form, 12,2 m über Erde							
5516,—	1525,—	1590,—	3790,—	7166,—	17 400,—	2940,—	39 927,—
Spannweite 160 m, Tragmaste: Eisenmaste, 12,2 m über Erde							
8592,—	1525,—	1590,—	3790,—	7166,—	17 400,—	2940,—	43 003,—
Spannweite 180 m, Tragmaste: Doppelholzmaste in A-Form, 13,5 m über Erde							
5453,—	1790,—	1870,—	4020,—	8040,—	17 400,—	2880,—	41 453,—
Spannweite 180 m, Tragmaste: Eisenmaste, 13,5 m über Erde							
9061,—	1790,—	1870,—	4020,—	8040,—	17 400,—	2880,—	45 061,—

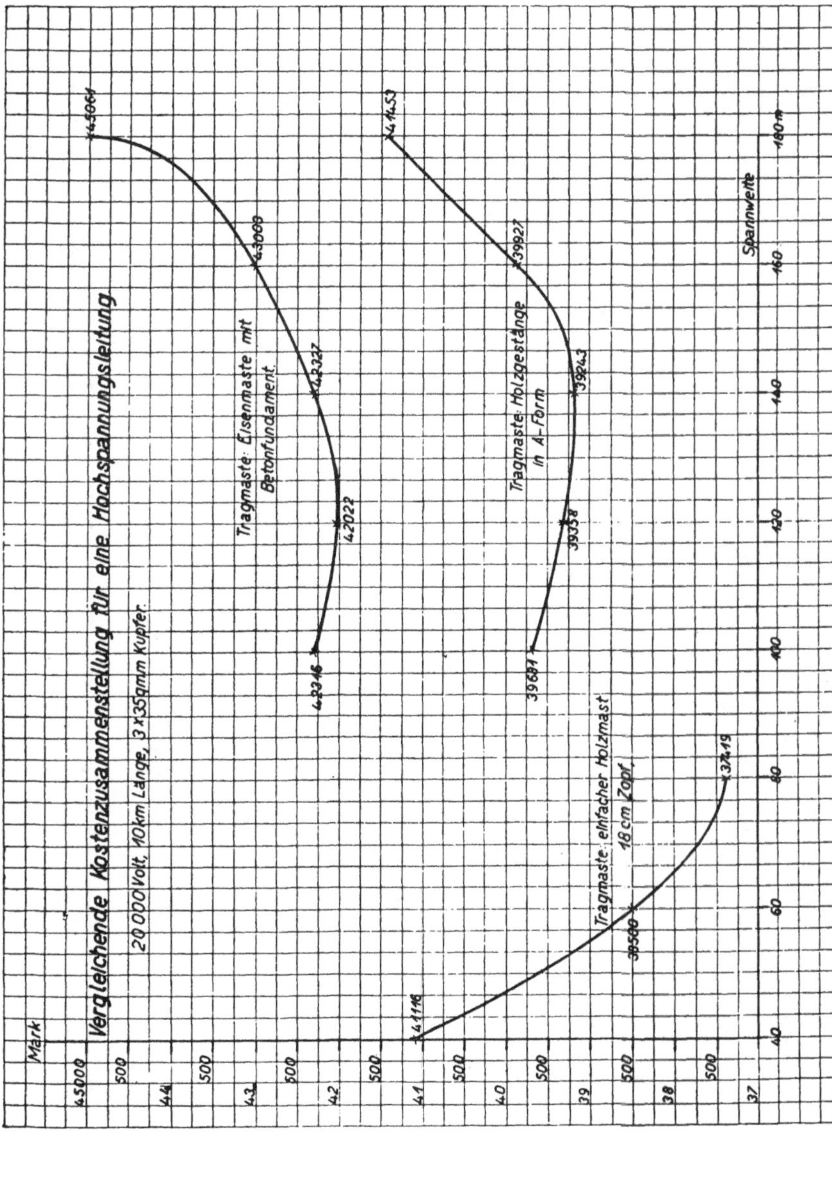
Vergleichende Kostenzusammenstellung für eine Hochspannungsleitung
20 000 Volt, 10 km Länge, 3 x 35 qmm Kupfer
Tragmaste: Eisenmaste mit Betonfundament
Tragmaste: Holzgestänge in A-Form
Tragmaste: einfacher Holzmast 18 cm Zopf
Spannweite
Mark

Fig. 288.

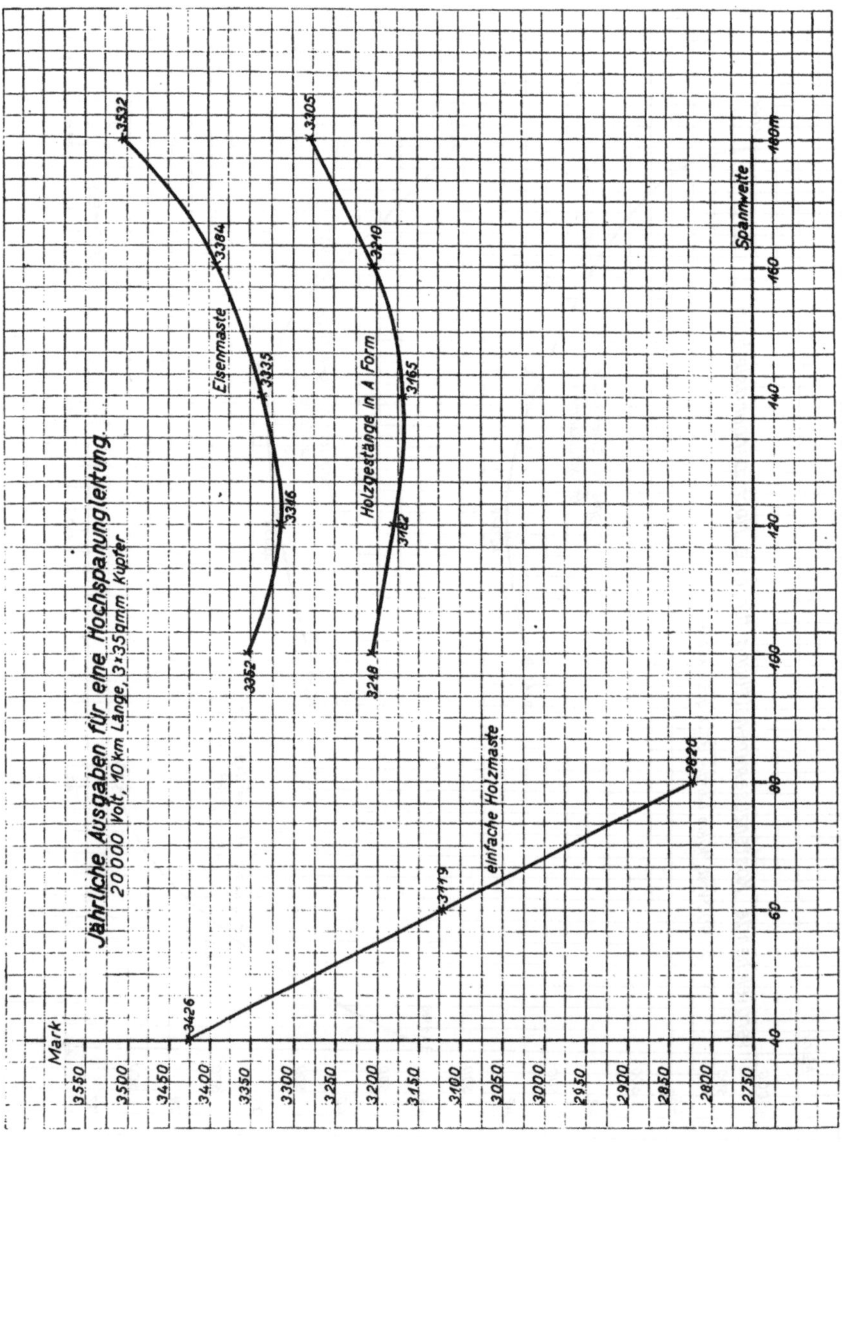
Jährliche Ausgaben für eine Hochspanungleitung.
20000 Volt, 10 km Länge, 3×35 qmm Kupfer
Mark
3550
3500
3450
3400
3350
3300
3250
3200
3150
3100
3050
3000
2950
2900
2850
2800
2750
40
60
80
100
120
140
160
180 m
Spannweite
Eisenmaste
3362
3346
3335
3384
3532
Holzgestänge in A Form
3218
3182
3165
3210
3305
einfache Holzmaste
3426
3119
2820

Fig. 289.

24. Ortsnetzbau.

Gesichtspunkte für die Ausführung. Die Grundsätze, die für den Bau von Fernleitungsanlagen aufgestellt wurden, sind sinngemäß auch für die Erstellung von Anlagen gültig, die zur Verteilung elektrischer Energie innerhalb des bebauten Gebietes einer Gemeinde dienen. Hier sind aber in höherem Maße wie dort ästhetische Gesichtspunkte für die Ausführung bestimmend. Das Straßenbild soll nicht durch kreuz oder quer gezogene, auf- und absteigende Leitungen verunziert werden.

Es kann nicht eindringlich und oft genug auf diese ästhetische Forderung hingewiesen werden. Es ist geradezu trostlos, in welcher Weise manchmal die Dorfstraßen durch Leitungsanlagen[1]) verunziert werden, die malerischsten Winkel und Plätze durch »verzierte« Leitungskonstruktionen verhunzt sind. Selbst die schönsten Denkmäler alter Baukunst macht der moderne Freileitungsbaukünstler seinen Zwecken dienstbar. Rücksichtslos werden Mauern und Dächer benutzt zum Anbringen und zum Aufstellen der Tragkonstruktionen. Damit sie dem Beschauer als Wahrzeichen modernen Geistes sofort in die Augen fallen, werden die doch immer unschön wirkenden Gestänge und Leitungen in bester Beleuchtung in den Vordergrund gestellt. Gewiß, es gibt Fälle, wo es sich nicht vermeiden läßt, Punkte, die ästhetisches und historisches Interesse bieten, als Stützpunkte der Leitungsanlagen heranzuziehen oder in deren nächster Nähe Tragkonstruktionen unterzubringen. Es muß aber gefordert werden, daß hierbei mit möglichster Schonung und Anpassung an die Eigenart des Straßenbildes vorgegangen wird, soweit die wirtschaftlichen und technischen Momente dies gestatten.

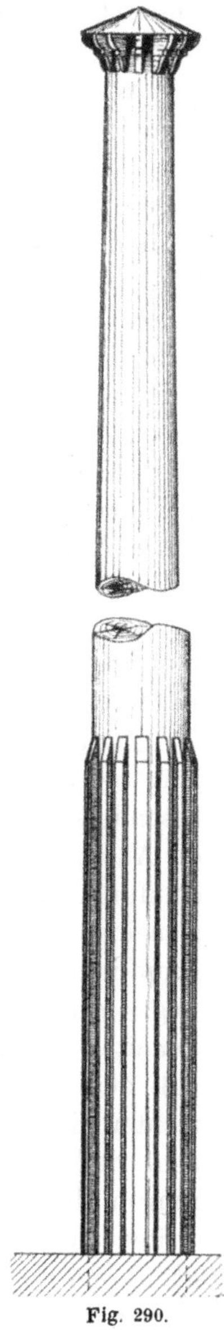

Fig. 290.

In den weitaus meisten Fällen läßt sich die auszuführende Anlage so disponieren, daß auch berechtigten Wünschen ästhetisch veranlagter Menschen Rechnung getragen wird. Dies kann vor allem dadurch geschehen, daß man darnach trachtet, die Leitungen möglichst abseits der Straße hinter die Gebäude, auf der Rückseite

[1]) Diese Ausführungen sind auch auf die Reichspostleitungen auszudehnen, deren Bauart in dieser Beziehung den Starkstromanlagen gewiß nicht nachstehen.

der Dächer, auf Dachkonstruktionen, an der Rückseite der Gebäude auf Auslegern oder in den Höfen und Gärten auf Holz- und Eisenmasten zu verlegen. Da aber hiermit die Anlagekosten, sei es infolge doppelter Leitungszüge, sei es durch längere Zuleitungen zu Gebäuden, Straßenlampen, erhöht werden, so ist es eine besonders dankbare Aufgabe des sachverständigen Ingenieurs, zu versuchen, die Verwertung dieser Gesichtspunkte mit der gewünschten Rentabilität in Einklang zu bringen.

Noch etwas anderes ist zu beachten: Die Beaufsichtigung und Bedienung der Leitungsanlage. Es ist klar, daß Leitungszüge, die hinter den Häusern und Gärten möglichst unsichtbar verlegt sind, auch mühsamer zu kontrollieren und vorhandene Schäden an ihnen schwieriger zu finden sind, als wenn die Leitungsgestänge in den Straßen, an der Vorderseite der Häuser und Dächer angeordnet sind. Aber gegen mutwillige und fahrlässige Beschädigungen sind verdeckte Leitungsanlagen mehr geschützt. Die Gefahren durch atmosphärische Einflüsse bestehen in demselben Maße wie für andere Ausführungen. Störungen selbst sind aber so unbedeutend, daß sie nicht ins Gewicht fallen. Von Nachteil ist, daß bei Reparaturen, Verlegung oder Veränderung von Anschlüssen bewohnte Grundstücke betreten werden müssen. Da die meisten ländlichen Anwesen während der Feldarbeiten ohne Aufsicht und daher abgeschlossen sind, werden hierdurch geplante Arbeiten verhindert oder wenigstens verzögert. Doch mit diesem Übelstande ist bei allen Leitungsanlagen zu rechnen, für welche Dachkonstruktionen als Unterstützungspunkte vorgesehen sind.

Zweckmäßige Anordnung der Leitungen und individuelle Behandlung bei der Festsetzung der Orte der Stützpunkte und dieser selbst, besonders der Verteilungs- und Abzweigpunkte, können es ermöglichen, die Anlage so dem Straßenbilde anzupassen, daß ihr Dasein nicht störend empfunden wird. Wie im einzelnen vorzugehen ist, läßt sich im allgemeinen nicht sagen. Durch Erfahrung geschulter Blick, ästhetisches Empfinden und Liebe zur Sache helfen über die Schwierigkeiten hinweg. Auf eines sei noch hingewiesen. Wenn es dem bauleitenden Beamten gelungen ist, unter Beachtung dieser Gesichtspunkte und mit den verfügbaren Geldmitteln eine Anlage zu schaffen, die gerechter Kritik standhalten kann, dann muß auch dafür gesorgt werden, daß bei späteren Erweiterungen, Neuanschlüssen und Veränderungen das Gute und Ästhetische erhalten bleibt und möglichst noch weiter ausgebildet wird. Gute Instandhaltung des Leitungsnetzes und der Tragkonstruktionen und sachgemäße Ausführung der Reparaturen tragen wesentlich dazu bei, der Anlage ein dauernd gutes Ansehen zu bewahren und sie auf technisch hoher Leistungsfähigkeit zu erhalten.

Die Befestigungskonstruktionen sind einzuteilen in:

a) Holzmaste oder Eisenmaste;

b) eiserne Dachständer;

c) eiserne Wandständer.

Fig. 291.

a) Holzmaste, Eisenmaste. Diese erfordern die geringsten Anlagekosten für das Verteilungsnetz, wenn die Isolatoren mit gebogenen Stützen unmittelbar in den Mast eingeschraubt werden. Geschieht die Aufstellung in den Straßen, dann werden auch die Kosten für Hausanschlüsse, Straßenlampen und Anschlüsse für transportable Motoren niedrig. Die Zugänglichkeit der Stützpunkte ist besonders gewahrt, Trennstücke und Sicherungen sind verhältnismäßig gut zu erreichen. Ein großer Nachteil ist die Verunzierung des Straßenbildes, der auch durch die Verwendung von leichten Traversen mit geraden Stützen für die Isolatoren, durch Verzieren der Holzmaste (Fig. 290) und Anstreichen nur wenig behoben wird.

Werden die Holzmaste hinter den Häusern, in Höfen und Gärten, aufgestellt, dann kann die Straße von Befestigungskonstruktionen und auch von Leitungen vollkommen frei gehalten werden, wenn hinter der rechten und linken Häuserreihe Leitungen angeordnet sind. Die Hausanschlußkosten erhöhen sich nur wenig, dagegen sind die Zuleitungen für Straßenlampen und Motorenanschlüsse wesentlich länger und teurer. Ein weiterer Nachteil ist die Abhängigkeit von den Grundbesitzern und die Verwendung sehr hoher Maste, um die Leitungen über die meistens mit Bäumen angelegten Gärten zu spannen.

Eisenmaste kommen nur in Ausnahmefällen in Betracht, wenn keine Möglichkeit besteht, die Stützpunkte an anderen Orten als den Straßen unterzubringen und die Holzmaste durch dauerhaftere Konstruktionen mit leichterem und gefälligerem Aussehen ersetzt werden sollen. Man wähle in diesen Fällen Rohrmaste (Fig. 291), die bis 0,6 m über Boden mit Zinkblech verkleidet werden, um sie vor den Besichtigungen der Hunde zu schützen.

b) Eiserne Dachständer (Fig. 292) werden im Ortsnetzfreileitungsbau am häufigsten verwendet. An Stellen, die bequem zu-

Fig. 292.

gänglich sind, geraden Dächern usw. sind sie so anzubringen, daß die Leitungen auch ohne besondere Hilfsmittel nicht erreichbar sind. Auf schrägen Dächern[1]), Mauerkronen und ähnlichen Örtlichkeiten, die nicht ohne weiteres zugänglich sind, ist es zwar wünschenswert aber nicht unbedingt nötig, die Leitungen so hoch anzubringen, daß ein Berühren von jenen Orten aus unmöglich ist. Es muß aber dafür gesorgt sein, daß Personen, die dort zu tun haben, wie Bauhandwerker, gegen unmittelbare Gefahr durch zufälliges Berühren der Leitungen geschützt sind. Dies kann durch Verwendung von wetterfest isolierten Drahtstrecken, die auch in gutem Zustand zu erhalten sind, oder durch

[1]) Erläuterungen zu den Vorschriften für Errichtung und Betrieb von Starkstromanlagen von Dr. C. L. Weber.

Abwehrschranken geschehen, die nach Bedarf mit Warnungsschilder versehen werden.

Die Leitungsanlage wird teurer als bei Verwendung von Holzmasten, außerdem erhöhen sich die Anschlußkosten für die Straßenlampen und für die Steckkontakte transportabler Motoren. Der Zugang zu den Stützpunkten und Abschaltestellen ist von den Lebensgewohnheiten des Hausbesitzers abhängig. Die Unterhaltung der Befestigungskonstruktionen ist ziemlich kostspielig, weil der Anstrich

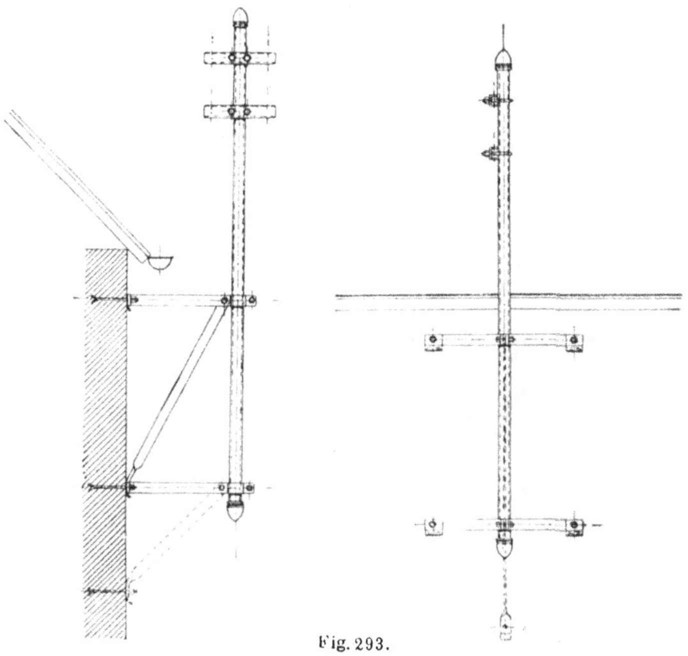

Fig. 293.

durch die aus den Schornsteinen mitgerissene feine Asche, die sich auf gestrichenen Flächen festsetzt, angegriffen und bald zerstört wird. Auch die Instandhaltung der Dächer kann wesentliche Ausgaben erfordern, besonders dann, wenn bei der Montage nicht auf richtige Verstärkung der Gebälkekonstruktionen geachtet wurde.

Sollen Straßenkreuzungen durch Hausanschlüsse usw. vermieden werden, dann sind zu beiden Seiten der Straße Leitungslinien erforderlich, die ziemlich verdeckt auf der Rückseite der Dächer verlegt werden können. Die beträchtlich vermehrten Kosten beschränken diese Ausführung gewöhnlich auf Hauptstraßen und Plätze.

c) Eiserne Wandständer oder Ausleger sind in verschiedenster Art angewandt worden. Konsolen mit aufrechtstehenden (Fig. 293

und 294) oder nach Art der Fahnenstangen schrägstehenden Rohren (Fig. 295) sind häßlich und sollten nur in besonderen Fällen zugelassen werden. Der einfachste Ausleger wird durch ein wagrecht in die Mauer

Fig. 294.

eingelassenes Rohr (Fig. 296) gebildet, der besonders da am Platze ist, wo die Gebäude in einer Fluchtlinie stehen und nur geringe Höhenunterschiede besitzen (Fig. 297, 298 und 299). Die Stützpunkte können von der Straße aus erreicht werden, die Hausanschlüsse und Zuleitungen für Straßenlampen und sonstige Anschlußstellen werden kurz. Die Erstellungskosten der Anlage werden ebenso niedrig wie bei Aufstellung von Holzmasten. Zu beachten ist aber, daß die Konstruktion sich nur dann zweckmäßig und mit gefälligem Aussehen verwenden läßt, wenn

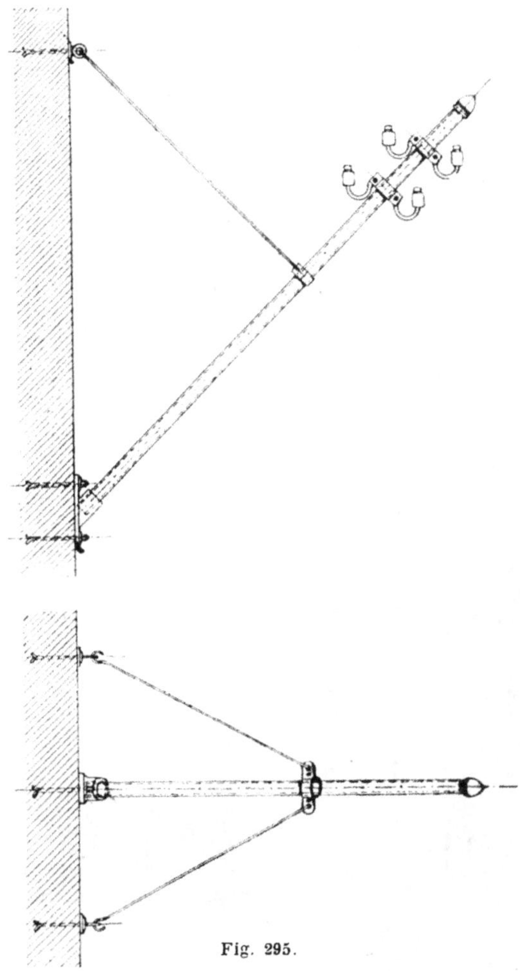

Fig. 295.

die Ausleger ohne wesentliche Höhenunterschiede an den Häusern befestigt und die Leitungen in gerader Linie geführt werden können. Wird dies nicht berücksichtigt, dann werden Anlagen erstellt, wie die Fig. 300 und 301 als abschreckende Beispiele zeigen.

Festsetzung der Stützpunkte. Die Forderung, die bei Erstellung von Fernleitungsanlagen in den Vordergrund gestellt wird, möglichst wenig Isolatoren zu verwenden, kann für Ortsnetzanlagen nur wenig beachtet werden. Sie hat hier auch nur durch die mit der Verringerung der Isolatoren und Stützpunkte abnehmenden Erstellungskosten Bedeutung, die Betriebssicherheit wird fast nicht beeinflußt. Die Abzweigungen

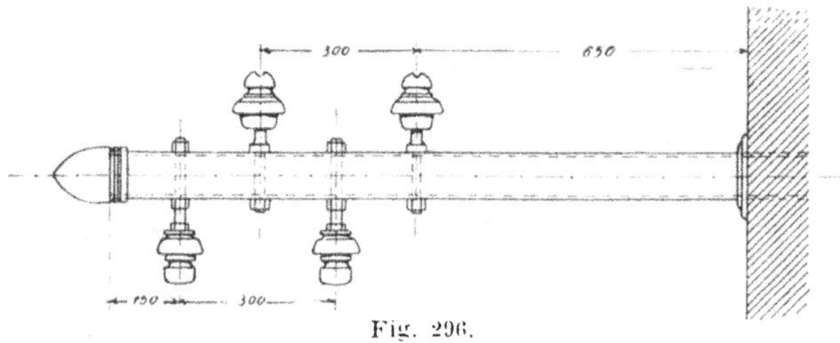

Fig. 296.

der einzelnen Hausanschlüsse, der Anschluß von Straßenlampen und die Beschaffung von Anschlußgelegenheiten für transportable Motoren, die Entfernung der zur Befestigung von Tragkonstruktionen geeigneten

Fig. 297.

Häuser legen in der Hauptsache die Stützpunkte fest. Der Mittelwert der Entfernungen beträgt bei Verwendung von blanken Leitungen 35 m, für isolierte Leitungen, die mit größerem Durchhange gespannt werden müssen, 25 m.

Maste müssen so gestellt werden, daß sie den Straßenverkehr nicht beeinträchtigen und die Ein- und Ausfahrt bei Anwesen nicht hindern. Werden sie am Rande der Fahrstraße aufgestellt, so sind sie durch Abweissteine (Prellsteine) gegen Anfahren zu schützen. Ist der Bürgersteig oder ein Teil desselben, auf den Maste gestellt werden sollen, Eigentum des angrenzenden Grundbesitzers, so ist selbstverständlich die Erlaubnis zur Aufstellung vorher einzuholen. Auf genügenden Abstand der blanken Leitungen von Fenstern usw. wurde schon oben hingewiesen.

Zur Befestigung von Dachgestängen sind in erster Linie die im Besitze der Gemeinde befindlichen, dann die staatlichen Gebäude heranzu-

Fig. 298.

ziehen und von Privathäusern diejenigen auszuwählen, die gleiche Höhe und kräftige Bauart besitzen. Besondere Sorgfalt ist bei der Wahl der Gebäude für Winkel- und Verteilungspunkte notwendig, damit die Sicherheit vorhanden ist, daß die Dachkonstruktion die seitlichen Züge ohne Nachteil für das Gebäude aufnehmen kann. Diese Gebäude sollen leicht und jederzeit zugänglich sein. Da, wo die Ortsnetze mit geerdetem Leiter verlegt werden, sind die Eisenteile des Dachgestänges mit dem Leiter zu verbinden. Auf diese Weise wird das Gebäude gegen Blitz geschützt, und es ist zweckmäßig, beim Einholen der Genehmigung den Hausbesitzer darauf aufmerksam zu machen. Der Abnehmer elektrischer Energie wird die Anbringung bereitwilliger gestatten. Die Stützpunkte sind von Schornsteinen möglichst fernzuhalten, auch die Leitungen nicht über diese oder in der Nähe zu führen, weil der Rauch schweflige Säure enthält, die das Kupfer angreift.

Die Befestigung der Dachständer an Giebelwänden soll möglichst vermieden werden, weil das summende Geräusch der Leitungen dadurch leicht in die unteren Stockwerke übertragen wird.

Fig. 29

Wandständer und Ausleger sind in der Weise anzuordnen, daß die Leitungen mindestens 5 m über Erdboden verlaufen. Der Abstand von Fenstern usw. ist durch die Vorschriften des V. D. E. festgesetzt. Die Benutzung der Giebelwände für Ausleger ist zulässig, weil bei dieser Befestigungsart noch kein Summen der Leitungen beobachtet wurde. Die Konstruktionen sind so anzubringen, daß Tüncher- und Reparaturarbeiten gefahrlos ausgeführt werden können.

Die Leitungen sollen in möglichst gerader Richtung geführt und nicht im Zickzack über Straßen oder Häusern angeordnet werden, wie dies bei Schwachstromleitungen so häufig zu beobachten ist. Bruchpunkte in der horizontalen und vertikalen Ebene beeinträchtigen die Sicherheit der Leitungsanlage und wirken immer unschön. Die Leitungen müssen in der Weise auf den Gestängen angeordnet werden, daß möglichst

Fig. 300.

wenig Kreuzungen nötig sind, daß die schweren Leitungen unten und die geerdeten Leiter oben liegen, weil die letzteren die isolierten Leitungen etwas vor atmosphärischen Einflüssen schützen. Weiter ist bei Anordnung der Leitungen zu beachten, daß die Anschlüsse von den Verteilungsleitungen leicht abzuzweigen sind.

Baumaterialien und deren Verwendung. Zu Dachständern, Wandständern und Auslegern werden Röhren aus Schmiedeeisen oder nahtlos nach dem Mannesmannverfahren gewalztem Siemens-Martinstahl verwendet. Die Beanspruchung der Schmiedeeisenröhren darf bis zu 15 kg/qcm, der Stahlröhren bis 20 kg/qcm betragen. Die Rohre werden

Fig. 301.

in Durchmessern von 89 mm und 76 mm verwendet. Die Wandstärke beträgt 3 und 5 mm. Die schwächeren Rohre sollen hauptsächlich in geraden Strecken, die stärker dimensionierten in geraden Strecken mit schweren Leitungen, in Kurven und an Verteilungspunkten gewählt werden. Aus der Tabelle 51 ist der zulässige Spitzenzug für die verschiedenen Rohre ersichtlich, aus der nächsten Tabelle 52 die entsprechend diesem Zuge auf dem Dachständer maximal zu verlegenden Leiterquerschnitte, wenn die Entfernung der Stützpunkte 35 m beträgt und die Leitungen und das Gestänge durch Winddruck beansprucht werden.

Tab. 52.

Äußerer Durchm. mm		89	76	89	76	89	76	89	76
Wandstärke mm		3	3	5	5	3	3	5	5
Material		Eisen				Stahl			
Widerstandsmoment cm³		16,7	12,6	27	18,8	16,7	12,6	27	18,8
Spitzenzug in kg bei einer freien Länge von m	1,5	161	120	264	182	217	160	354	245
	2,0	117	88	195	134	159	118	262	181
	2,5	91	69	153	115	135	93	207	142
	3,0	72	53	122	82	100	72	168	116

Tab. 53.

Freie Länge m	Äußerer Rohrdurchmesser							
	Eisen				Stahl			
	89	76	89	76	89	76	89	76
	Anzahl und Querschnitt (q mm) der Leitungen							
1,5	6 à 50	4 à 50	6 à 95	4 à 120	6 à 70	6 à 50	8 à 120	5 à 95
	3 à 70 1 à 25 2 à 10	3 à 50 1 à 16 2 à 10	3 à 120 3 à 70	3 à 95 1 à 35 2 à 16	4 à 50 2 à 35 2 à 25	3 à 70 1 à 25 2 à 10	6 à 120 4 à 70	3 à 95 3 à 50 1 à 35
2,0	4 à 50	3 à 50	4 à 95	4 à 70	6 à 50	4 à 50	6 à 95	4 à 120
	3 à 50 1 à 16 2 à 10	2 à 35 2 à 10	3 à 50 3 à 35	3 à 35 1 à 25 2 à 10	3 à 70 1 à 25 2 à 10	3 à 50 1 à 16 2 à 10	3 à 120 3 à 70	3 à 95 1 à 35 2 à 16
2,5	3 à 50	3 à 35	4 à 95	3 à 70	4 à 50	3 à 50	6 à 70	4 à 70
	3 à 35 3 à 10	3 à 25 1 à 10	3 à 50 3 à 35	3 à 50 1 à 25	3 à 50 1 à 25 1 à 10	3 à 35 3 à 10	4 à 50 1 à 35 2 à 25	3 à 35 1 à 25 2 à 16
3,0	4 à 25	3 à 25	4 à 50	3 à 50	3 à 70	4 à 25	6 à 50	4 à 50
	3 à 25 1 à 16	3 à 16 1 à 10	3 à 50 1 à 25 1 à 10	3 à 35 2 à 10	3 à 50 1 à 25	3 à 25 1 à 16	3 à 70 3 à 35	3 à 50 1 à 16 2 à 10

Die Dimensionen der Rohre müssen mit einer Toleranz von + 1 mm für den äußeren Durchmesser und 10% der Wandstärke eingehalten

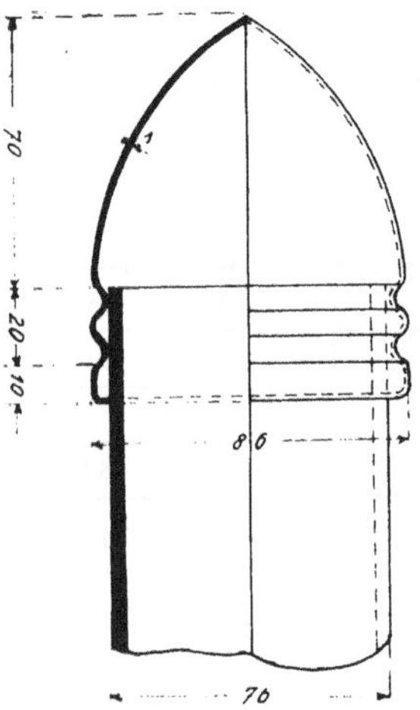

Fig. 302.

werden. Ausschußrohre, die in der Wandstärke oft ganz ungleichmäßig sind, dürfen nicht verwendet werden.

Das obere Ende des Rohrständers wird wegen des besseren Aussehens und um das Eindringen von Regenwasser zu verhüten, mit einer Abschlußkappe (Fig. 302) versehen, die so weit über das Rohr greifen muß, daß sie vom Wind nicht heruntergeweht werden kann. Die Kappe wird in einem Stück aus 1 mm starkem Zinkblech hergestellt.

Die Stelle, an welcher der Dachständer durch das Dach tritt, muß wasserdicht abgeschlossen werden. Zu dem Zweck wird das Rohr in der in Fig. 303 angedeuteten Weise mit einer Manschette umgeben, deren lichte Weite 3—4 mm größer ist

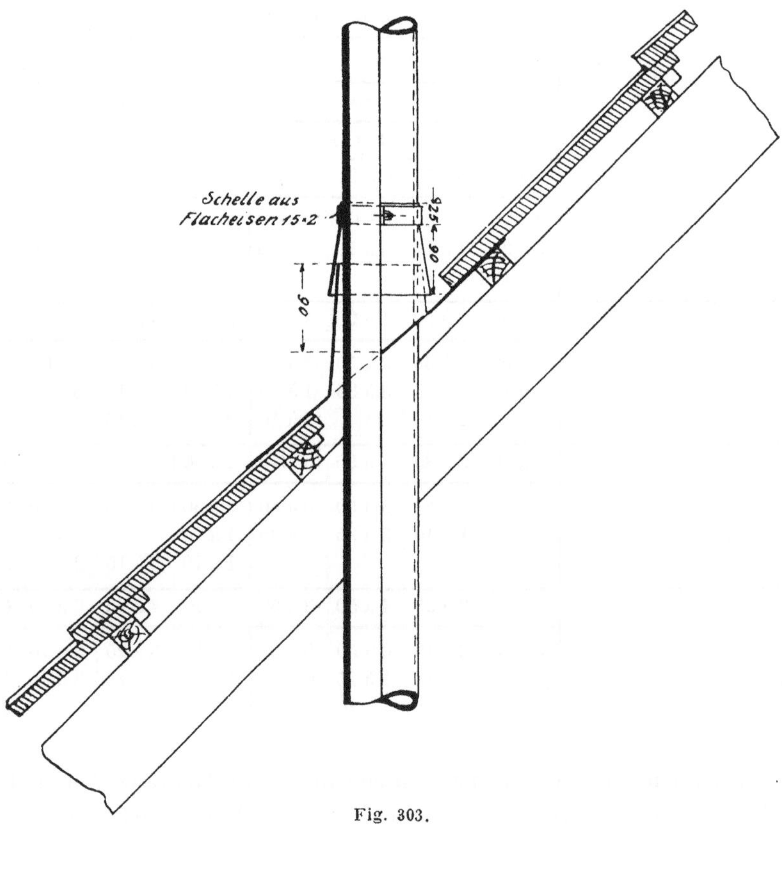

Fig. 303.

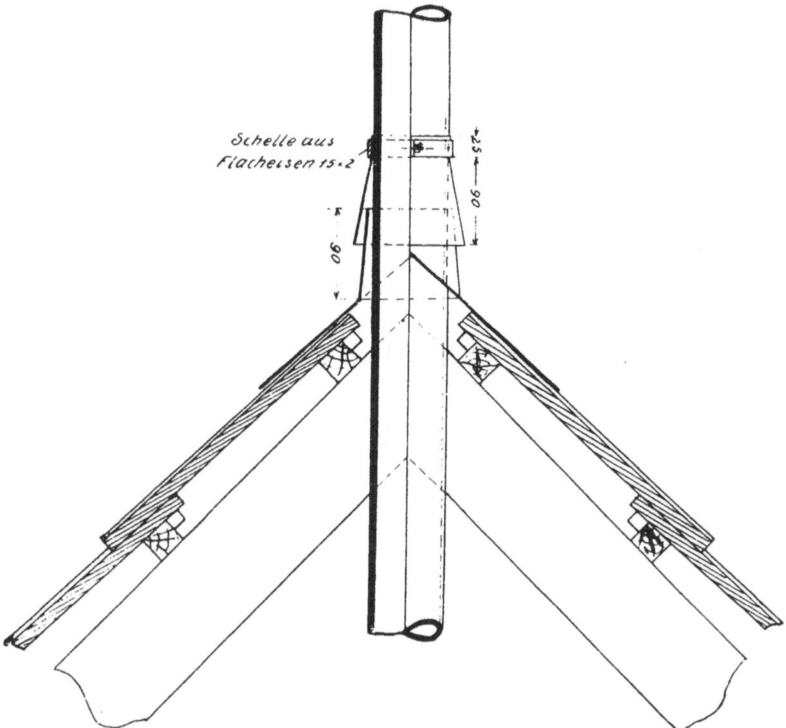

Fig. 304.

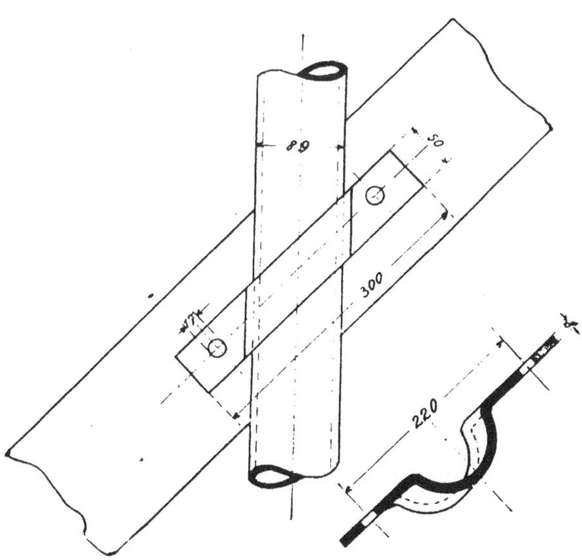

Fig. 305.

t

wie der äußere Rohrdurchmesser, damit bei der Durchbiegung des Rohres die Tülle nicht beschädigt wird. Der auf dem Dach flach aufliegende Teil der Manschette wird bei Falzziegeldächern von den Ziegeln überdeckt, bei Flachziegeln oder Bieberschwänzen und Schiefer greift der Teil der

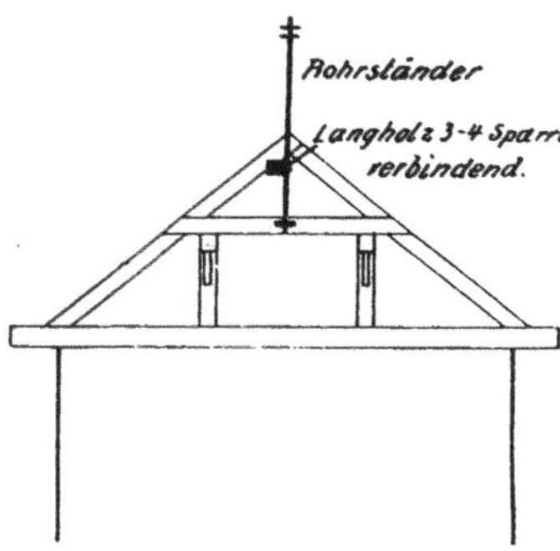

Fig. 306.

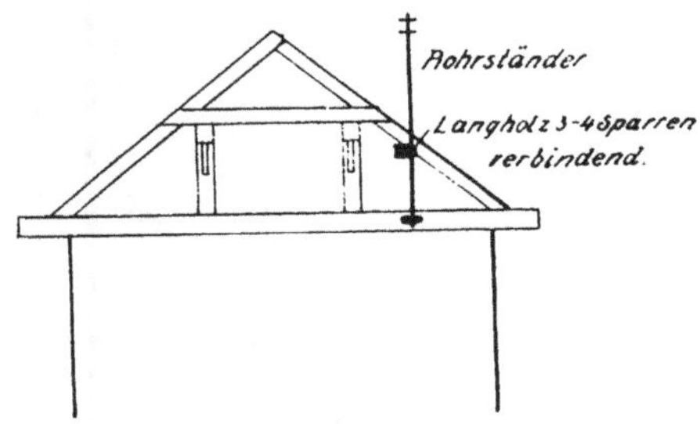

Fig. 307.

ansteigenden Seite des Daches unter, der absteigenden Seite über die Deckung. Oberhalb der Manschette wird an dem Rohre eine zweite Manschette befestigt, welche sich nach unten erweitert und den das Rohr umgebenden Teil der ersten Manschette so umfaßt, daß sich beide nicht berühren. Die zweite Tülle

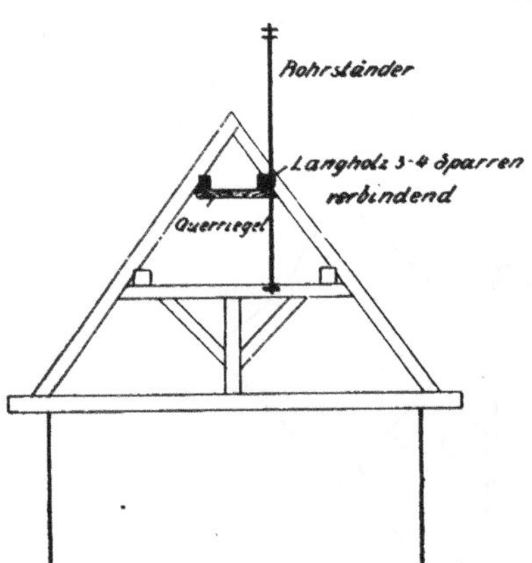

Fig. 308.

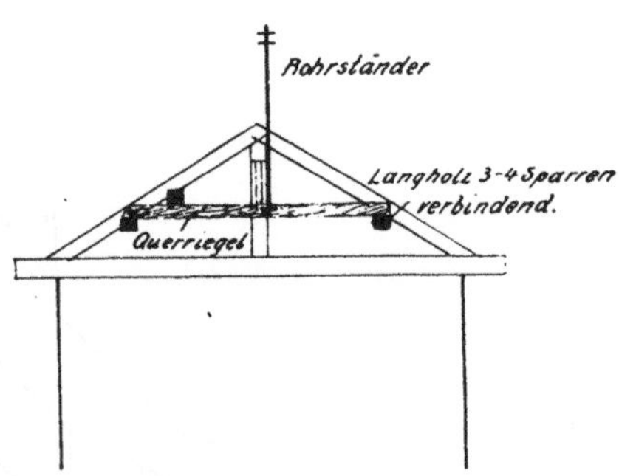

Fig. 309.

ist geschlitzt und so weit, daß ihre Ränder bei der Befestigung, die mit einer verzinkten Bandeisenschelle und einem Lederstreifen zur Abdichtung geschieht, übereinandergreifen. Kann das Rohr durch den Dachfirst geführt werden, dann erhält die untere Manschette die Ausführung nach Fig. 304, die Tülle greift auf beiden Seiten über die Dachdeckung.

Das Dachständerrohr wird am Dachgebälke mit durchgehenden Mutterschrauben und großen Unterlagescheiben befestigt. Die Sparrenschellen sind, entsprechend der schrägen Lage der Sparren, nach Fig. 305 ausgebildet. Die unmittelbare Befestigung an einem einzelnen Sparren

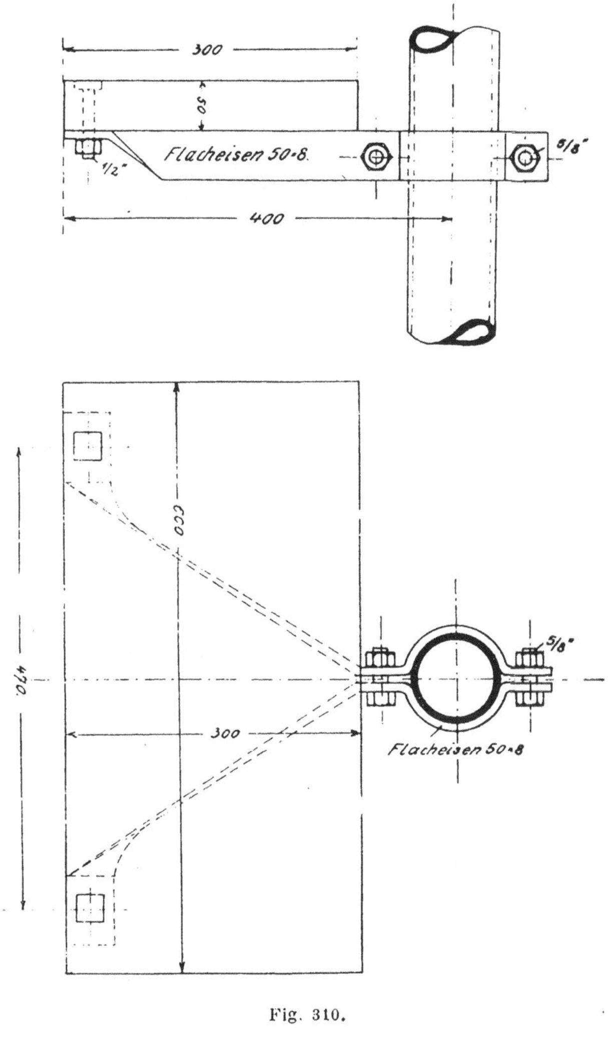

Fig. 310.

darf nur bei sehr schwerem Gebälk erfolgen, sonst sind durch ein Längsholz 3—4 Sparren zusammenzufassen und an diesen das Rohr mit Schelle zu befestigen. (Fig. 306 und 307.)

Schwache Dachstühle müssen durch Kanthölzer und durchgehende Mutterschrauben verstärkt werden. Dieselbe Ausführung ist anzuwenden, wenn Querriegel oder Längshölzer zur Befestigung der Schellen einzuziehen sind. Ausführunsbeispiele zeigen die Fig. 308 und 309.

Wird das Summen der Leitungen durch den Rohrständer auf das Gebäude übertragen, so ist nachträglich an den Berührungsstellen der Rohre mit den Gebäudeteilen sowie an den Befetigungsstellen der Quer-

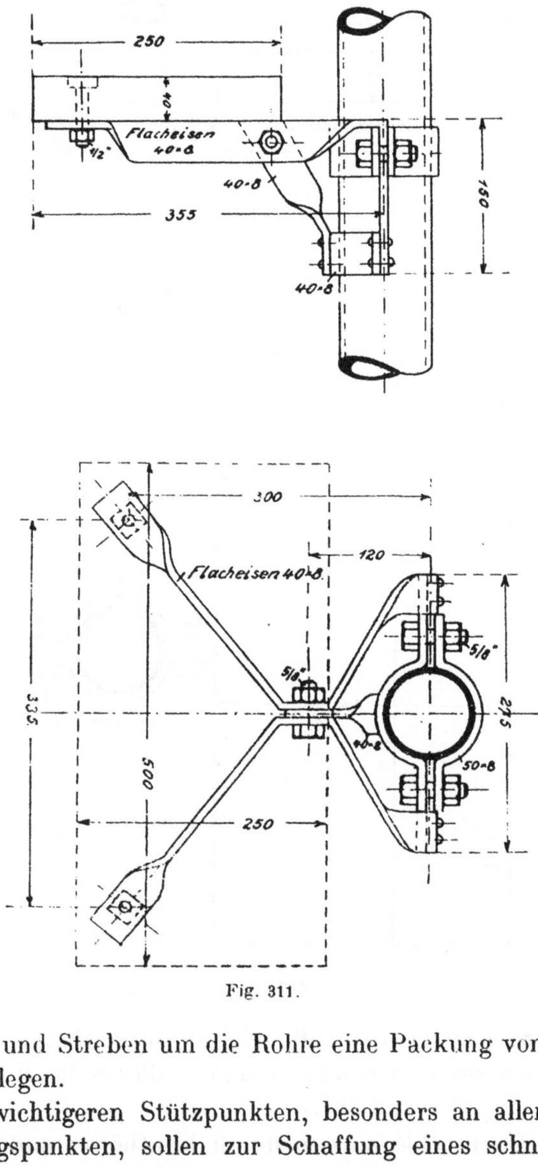

Fig. 311.

träger, Anker und Streben um die Rohre eine Packung von Filz, Gummi oder Blei zu legen.

An den wichtigeren Stützpunkten, besonders an allen Verteilungs- und Kreuzungspunkten, sollen zur Schaffung eines schnellen und bequemen Zuganges Aussteigluken in der Größe von etwa 50: 70 cm angebracht werden. Diese sind meistens gußeiserne Rahmen und schmiedeeiserne Deckel mit Verglasung oder 10 cm hohe hölzerne Rahmen und Deckel mit Zinkblechverkleidung. An stark mit Leitungen besetzten Stützpunkten empfiehlt es sich, um Beschädigungen der Dächer zu vermeiden, zwischen Aussteigluke und Gestänge Laufbretter anzuordnen.

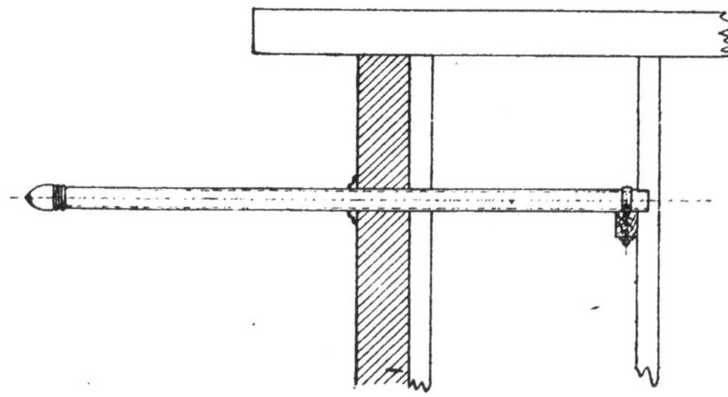

Fig. 312.

Zum Besteigen der Gestänge und bequemeren Arbeiten sind an Stützpunkten über 1,6 m Höhe Trittbretter zu verwenden, die nach Fig. 310 ausgebildet werden können. Des besseren Aussehens wegen empfiehlt es sich, die Trittbretter nach der Montage wieder zu entfernen und sie

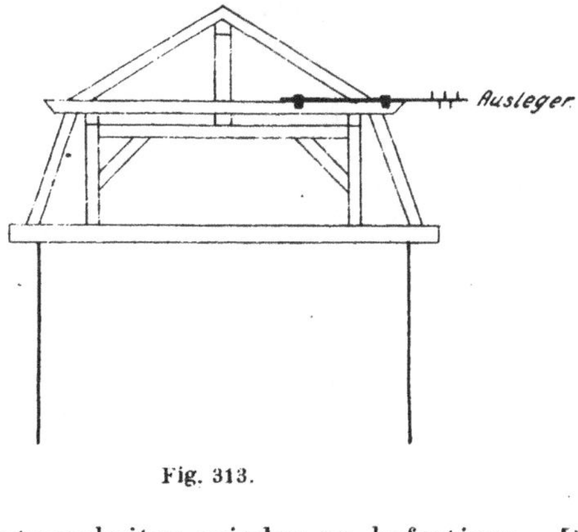

Fig. 313.

zu Nach- und Reparaturarbeiten wieder zu befestigen. Damit ist auch eine Ersparnis der Anlagekosten verbunden, weil für spätere Arbeiten nur einige Trittbretter vorrätig zu halten sind, die übrigen anderweitig verwendet werden können. Transportable Trittbretter werden nach Fig. 311 ausgeführt. An dem Rohrträger ist eine Schelle mit zwei Auflagen für das Trittbrettgerüst angebracht, die dauernd befestigt auch zum Besteigen bei kleineren Arbeiten dienen kann.

Die Befestigung eines Wandständers ist durch die Fig. 293, diejenige eines Fahnenauslegers durch die Fig. 295 dargestellt. An den Befestigungspunkten sind Ablaufvorrichtungen für das Regenwasser anzubringen, das sonst mit Schmutz und Rost häßliche Streifen an der Wandfläche bildet.

Wandausleger (Fig. 296) werden in Mauern von mindestens 1 ½ Stein (38 cm) ohne weitere Hilfsmittel mit Zementmörtel befestigt. Bei schwä-

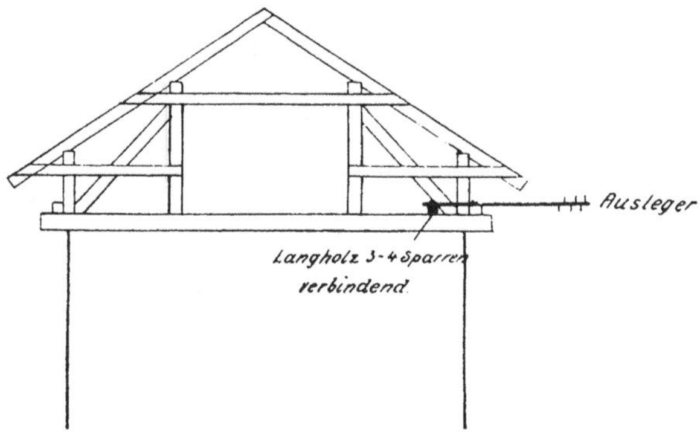

Fig. 314.

cheren Mauern wird ein entsprechend längeres Rohr mit dem Dachgebälk in Verbindung gebracht (Fig. 312). Die Beschädigung des Verputzes wird durch eine Zierscheibe aus verzinktem Blech (1 mm) verdeckt. Die Befestigung von Auslegern an Dächern zeigen Fig. 313 und 314.

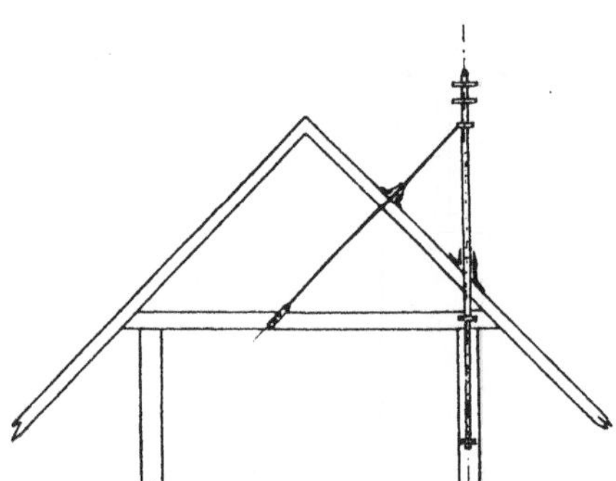

Fig. 315.

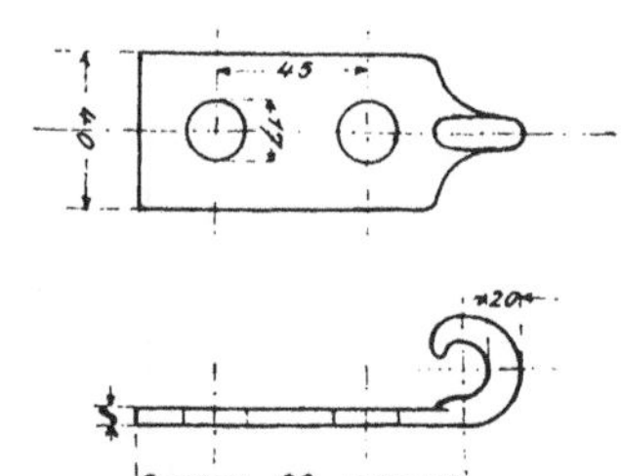

Fig. 316.

Zu Verstrebungen werden ∟-, ⊥- oder I-Eisen benutzt. Anker bestehen aus Rundeisen oder Drahtseilen, die aus verzinkten Eisendrähten von 3,5 bis 4 mm Durchmesser je nach der Beanspruchung aus 2 bis 5 Drähten am Verwendungsort hergestellt werden. Die Befestigung, Fig. 315 und 316, kann an Bindern, Langhölzern mit durchgehenden Schrauben, an Sparren durch Zusammenfassen von 3—5 Sparren mit einem Langholz erfolgen. Drahtseile können auch durch Umschlingen des Befestigungsteiles verankert werden. Die Abdichtung geschieht wie

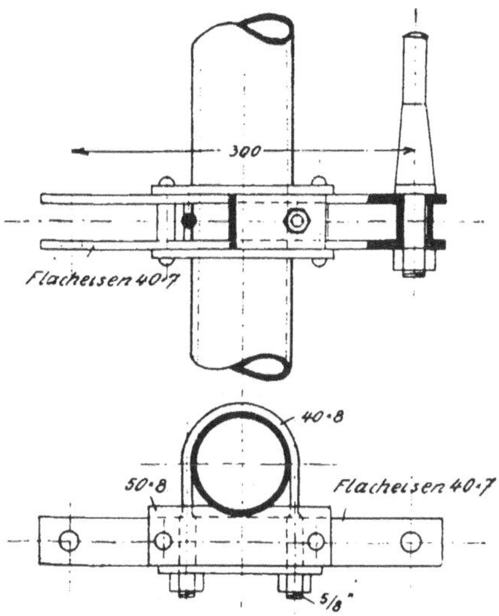

Fig. 317.

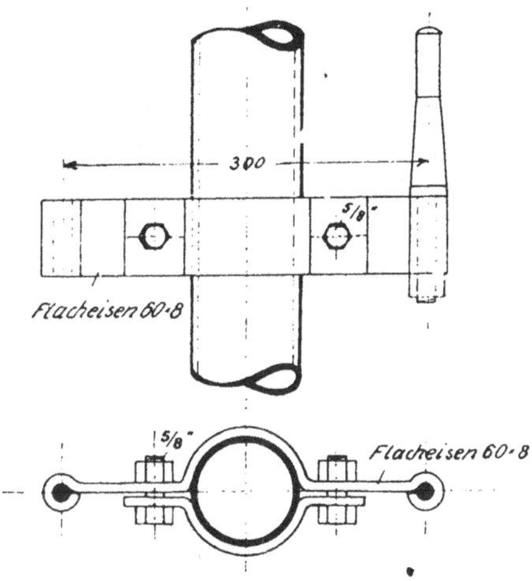

Fig. 318.

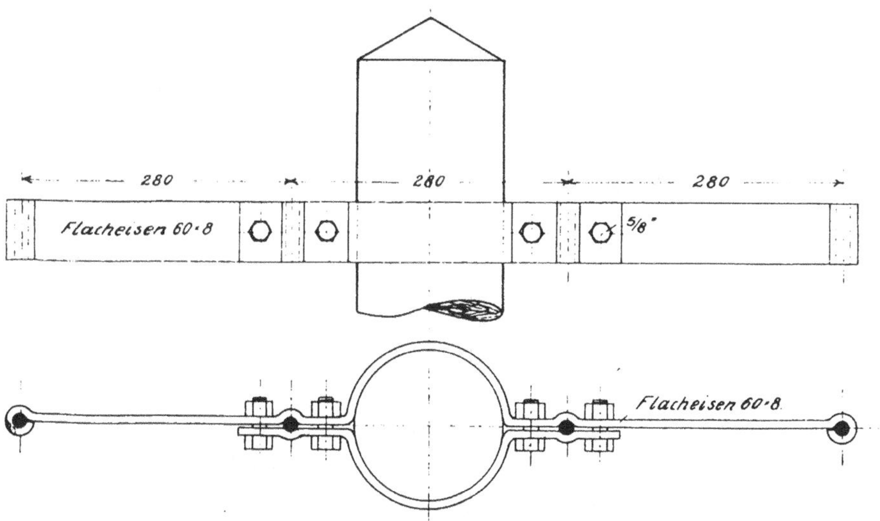

Fig. 319.

bei Rohrständern. An Streben aus ∟-, ⊥- und I-Eisen sind die Dichtungsmanschetten schwieriger zu befestigen, man verwendet deshalb auch für Verstrebungen, die durch Dächer geführt werden, lieber Rohre, die entweder an den beiden Enden zur Befestigung breit geschlagen oder in deren Enden entsprechend geformte Befestigungsteile eingesetzt werden.

Querträger werden gewöhnlich aus Flacheisen oder U-Eisen hergestellt. Flacheisenträger, wie sie in den Fig. 317—319 dargestellt sind, können etwas leichter konstruiert werden wie Traversen aus U-Eisen (Fig. 320). Die Ausführung nach Fig. 318 und 319 hat noch den ästhetischen Vorzug, daß die Mitte des Isolators mit der Rohrmitte in eine Ebene senkrecht zur Leitungsrichtung fällt, die Stützpunkte gewinnen dadurch an besserem Aussehen. Häufig werden auch Rohrschellen verwendet, an welchen gebogene Stützen befestigt sind (Fig. 321). Diese Konstruktion ist teurer wie die

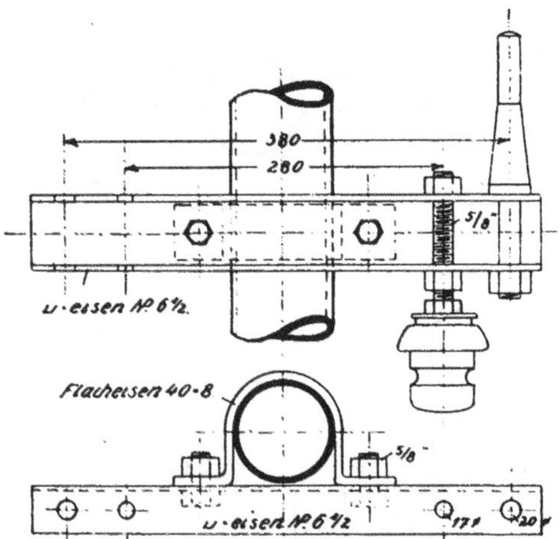

Fig. 320.

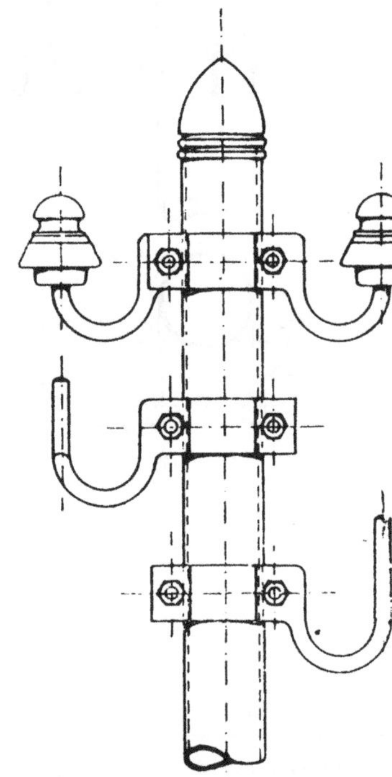
Fig. 321.

oben erwähnten und eignet sich wegen der geringen Festigkeit der gebogenen Stützen nicht für Winkelpunkte. Querträger aus Flacheisen oder U-Eisen sowie wagrecht angeordnete Rohre, Wandausleger, können besonders vorteilhaft ausgenutzt werden, wenn Isolatoren in hängender Anordnung (Fig. 136) mitverwendet werden. Der Isolator wird, wie die aufrechtstehenden Typen, aufgehanft, die Befestigungsstelle mit einer Bleischeibe, die durch eine Mutter festgehalten ist, gegen das Eindringen von Wasser abgedichtet. Die verschiedenen Anordnungen sind durch die Fig. 296, 320, 338 und 340 erläutert.

Soll in selteneren Fällen auf dem Kopf eines Rohrständers ein Isolator angebracht werden, so wird zur Befestigung der Isolatorstütze eine Reduktionsmuffe mit ¾″ oder ½″ Gasgewinde auf den Rohrkopf aufgeschraubt. Die Befestigung eines Isolators mit gerader Stütze auf der Spitze eines Holzmastes in Fig. 98 dargestellt.

Arbeiten auf Dächern. Bei Beginn der Arbeiten sind an den Arbeitsstellen, auf Straßen, Höfen usw., Warnungstafeln aufzustellen, oder die Vorübergehenden sind in sonst geeigneter Weise auf die durch die Arbeiten bedingte Gefahr aufmerksam zu machen. Bei umfangreicheren Arbeiten sind Schutzrahmen mit Drahtgeflecht anzubringen, die das Herabfallen von Ziegeln, Werkzeugen usw. verhüten.

Die ortspolizeilichen Vorschriften und die Unfallverhütungsvorschriften sind genau zu beachten.

Die auf Dächern und Leitungsgestängen arbeitenden Personen haben Schutzgürtel anzulegen. Bei Ausführung von Lötarbeiten in oder auf Häusern ist besondere Vorsicht notwendig. Lötlampen dürfen nicht auf Speichern oder Dächern angezündet werden.

Das Aufbrechen der Dächer ist auf das geringste Maß zu beschränken. Während der Arbeitspausen, über Nacht sind die geöffneten Dachstellen sorgfältig abzudecken, damit eintretender Regen keinen Schaden an den Gebäuden verursachen kann.

Gegenstände dürfen nur dann an der Außenseite eines Gebäudes hochgezogen werden, wenn dafür gesorgt ist, daß dadurch keine Beschädigungen am Gebäude und am Dach verursacht werden.

Die Leitungen werden gezogen, nachdem sämtliche Verstrebungen und Verankerungen angebracht sind. Winkelpunkte, Verteilungspunkte, wo die Verstärkungsmittel in der Richtung der resultierenden Zugkraft angebracht sind, werden provisorisch durch Flaschenzüge verankert, bis nach Montage sämtlicher Leitungen die resultierende Zugkraft in die Richtung des Ankers oder der Strebe fällt.

Zum Auflegen der Leiter ist zunächst eine Leine über die Stützpunkte zu legen, am Ende dieser der erste Leiter und eine zweite Leine zu befestigen und beide mit der ersten Leine über die Stützpunkte zu ziehen. Mit der zweiten Leine wird dann der zweite Leiter und die erste Leine über die Stützpunkte gezogen und so abwechselnd fortgefahren, bis sämtliche Leiter aufgelegt sind. Sind viele Drähte aufzulegen, dann wird die Arbeit durch Verwendung einer endlosen Leine beschleunigt, die am Anfangs- und Endpunkte über Seilrollen geführt ist.

Auf jedem Stützpunkt sind Rollen (Fig. 259 und 260) angebracht, die das Ziehen der Drähte erleichtern und die Zugleinen und Leiter vor Beschädigungen durch Reiben an den scharfen Kanten der Querträger schützen.

Nachdem die Leiter aufgelegt sind, werden sie am ersten Gestänge durch Konusschlußbund oder mit Nietverbindern am Isolator befestigt.

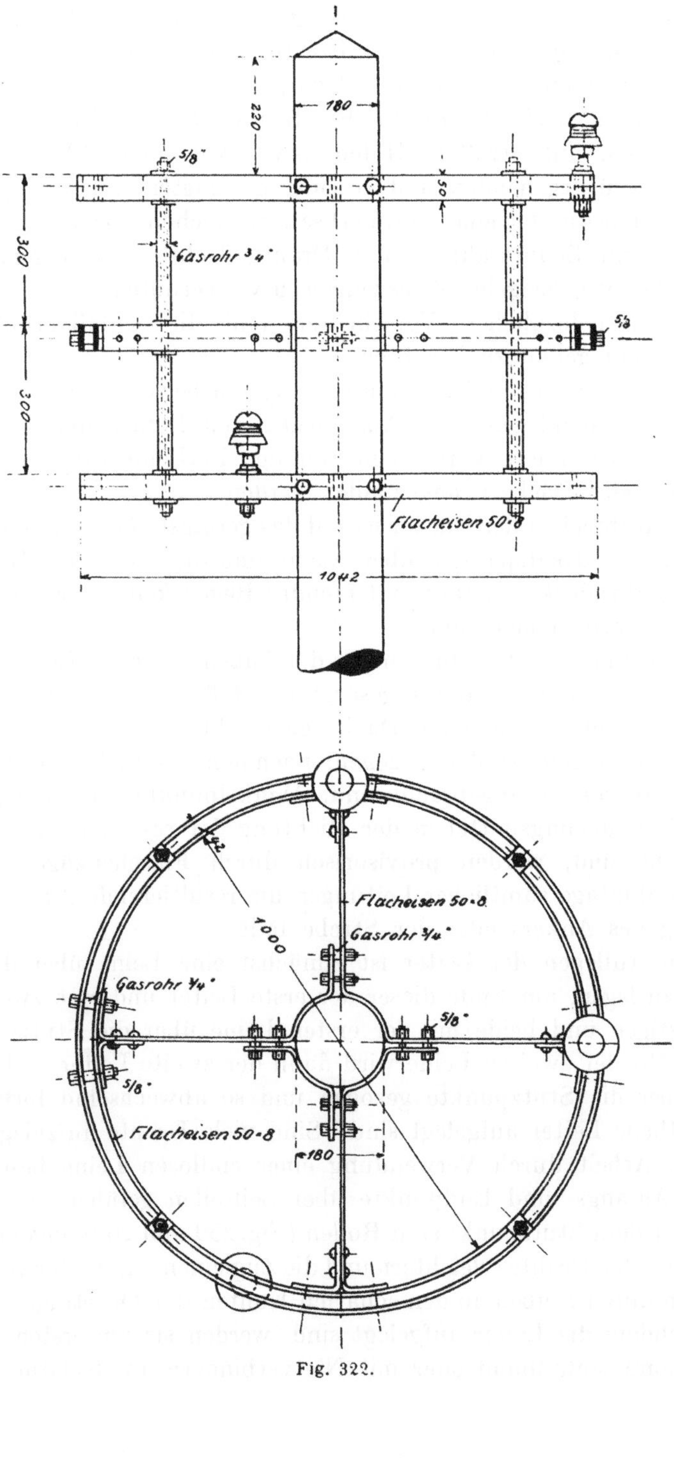
180
220
5/8"
50
300
Gasrohr 3/4"
5/8
300
Flacheisen 50·8
1042
Flacheisen 50·8
1000
Gasrohr 3/4"
Gasrohr 3/4"
5/8"
5/8"
Flacheisen 50·8
180

Fig. 322.

Das Spannen und Befestigen des Leiters erfolgt nach den früher gegebenen Anleitungen.

Verteilungspunkte, Winkelpunkte. An denjenigen Stellen einer Ortsnetzanlage, an welchen eine Anzahl Leitungen nach verschiedenen Richtungen abzweigen, sind besondere Konstruktionen einzubauen, um diesen Stellen ein gefälliges Aussehen zu geben. Man verwendet zu diesem Zweck Verteilungsringe, die aus konzentrischen Flacheisenringen (Fig. 322) zusammengestellt werden. Die Stützen werden in den Raum zwischen den Ringen eingesetzt und können innerhalb des Kreises an beliebiger Stelle befestigt werden. Sollen an Verteilungspunkten Sicherungen eingebaut werden, so ist das System Weckmar (Fig. 323) sehr zweckmäßig. Der Sicherungsstreifen kann bei diesem System erneuert werden, ohne die Leitung außer Spannung zu setzen. Zu diesem Zweck ist ein Einsatzstück vorgesehen, das den Streifen trägt und das mit seinen beiden Kon-

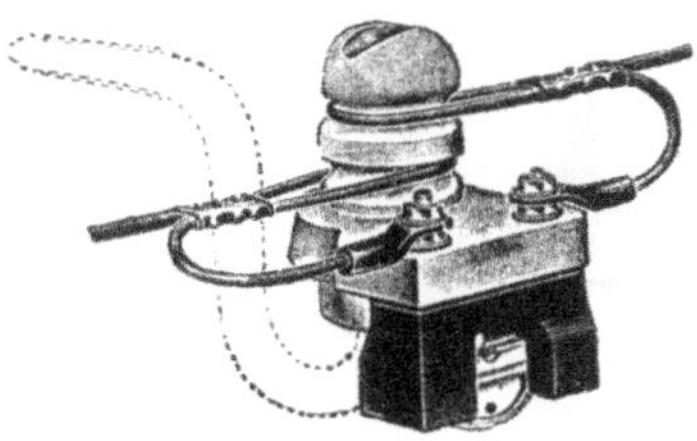

Fig. 323.

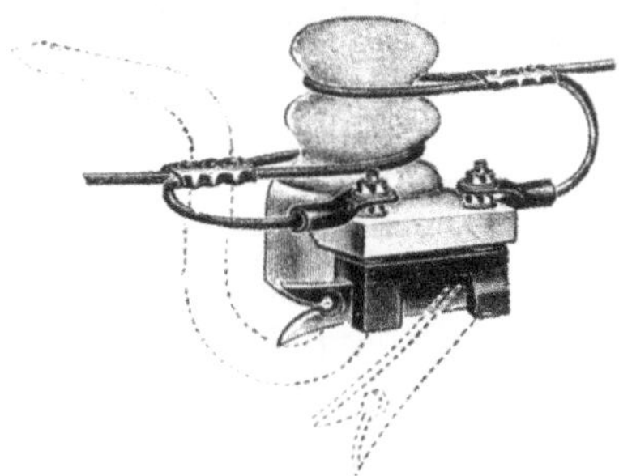

Fig. 324.

taktmessern in entsprechende, innerhalb eines Hartgummistückes angeordnete Kontaktfedern greift, die mit den Klemmbolzen und damit der Leitung in Verbindung stehen. Die Sicherung hat den weiteren Vorteil, daß der Sicherungsstreifen geschützt ist, und daß sie, da ohne Schraub- oder Klemmverbindungen, in kürzester Zeit kontrolliert werden kann.

Wird der Isolator mit zwei Rillen ausgeführt, so kann die ankommende und abgehende Leitung an demselben Isolator befestigt und zwischen beide die Sicherung geschaltet werden. Stotz & Cie., Mannheim, hat diese Konstruktion auch für Trennschalter (Fig. 324) benutzt. An Stelle des Einsatzstückes tritt ein Trennmesser, das einseitig herausziehbar ist.

Das zweckmäßigste Freileitungssicherungssystem wird die Unannehmlichkeiten nicht beheben können, die mit dem Einsetzen und Kontrollieren der auf den Gestängen angeordneten Sicherungen verbunden sind. Gerade dann, wenn ein Sicherungsstreifen recht schnell ersetzt werden soll, in der Dunkelheit, im Winter unter ungünstigen Witterungsverhältnissen, sind die schlechtesten Arbeitsbedingungen vorhanden. Dazu kommt noch, daß Freileitungssicherungen nur von geschultem und mit den Verhältnissen vertrautem Personal bedient werden können. Diese Umstände rechtfertigen es, wenn Sicherungen in Ortsnetzen so wenig als möglich verwendet werden. In größeren Ortsnetzen lassen sich aber Sicherungen zur Unterteilung und selbsttätigen Abtrennung einzelner Ortsnetzabschnitte nicht umgehen. In diesem Falle ist es zweckmäßig und erleichtert sehr die Bedienung der Anlage, wenn die Sicherungen in Schaltkästen an leicht zugänglichen Orten angebracht werden. Die Kosten, die durch die ab- und aufzuführenden Leitungen entstehen, sind im Verhältnis zur Gesamtanlage gering. Die Schaltkästen können auch zur bequemen Widerstands- und Strommessung der einzelnen Netzabschnitte mit Vorteil benutzt werden.

Verteilungs- und Winkelpunkte sollen sorgfältig durchgebildet werden, weil durch diese besonders in die Augen fallenden Stellen der Gesamteindruck einer Ortsnetzanlage bestimmt wird. Man vermeide es, an Winkel-

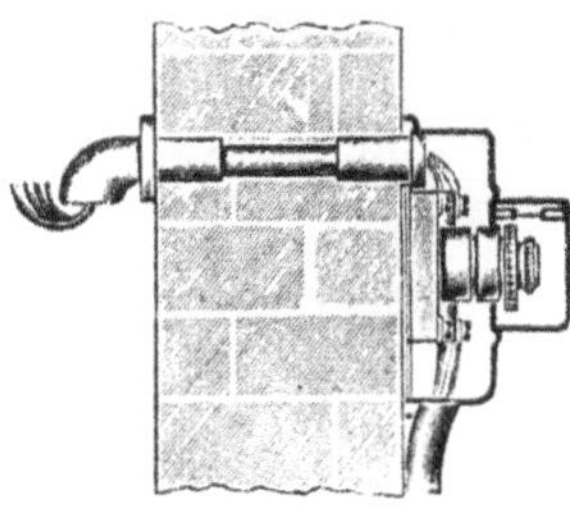

Fig. 325.

Fig. 326.

Fig. 327.

punkten Traversen untereinander zu setzen, wenn diese nicht lotrecht zueinander gestellt werden können. An solchen Punkten sind Verteilungsringe immer zweckmäßiger und deshalb auch schöner.

Einführungen. Sollen Leitungen in Gebäude eingeführt werden, so erfordert die Übergangsstelle besondere Ausführung, um das Eindringen von Wasser in die Gebäude und von den Innenleitungen abzuhalten und den zum Übergang benutzten Leitern dauernd gute Isolation zu sichern. Die einfachste Anordnung besteht in der Verwendung von in die Mauer eingelassenen Hartgummiröhren, die auf der Außenseite des Gebäudes mit Einführungstrichtern (Fig. 325) abgeschlossen werden. Für kleinere Querschnitte können Zwillingstrichter verwendet werden, deren Trichter durch Porzellanscheidewände in zwei oder drei Kammern getrennt sind, die nach innen in ein Rohr münden.

Die zweckmäßige Form eines Ausführungstrichters ist in Fig. 326 dargestellt. Diese von Stotz & Co., Mannheim, auf den Markt gebrachte Einführung besitzt als Abschlußfläche gegen die Wand ein Schild, das genügend groß ist, um bei sorgfältiger Ausführung die durch das Lochschlagen verursachte Wandbeschädigung zu verdecken. Auf der Innenseite der Mauer wird die »Schildpfeife« durch Gegentüllen (Fig. 327) ergänzt.

In Häuser, welche mit Rohrständern oder Wandauslegern besetzt sind, können die Leitungen durch das Rohr in das Innere geführt werden.

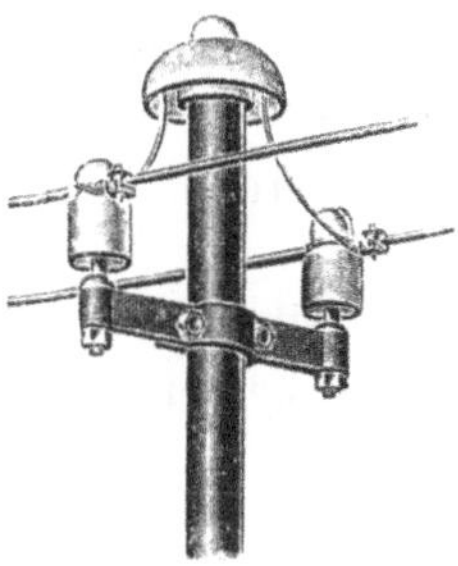

Fig. 328.

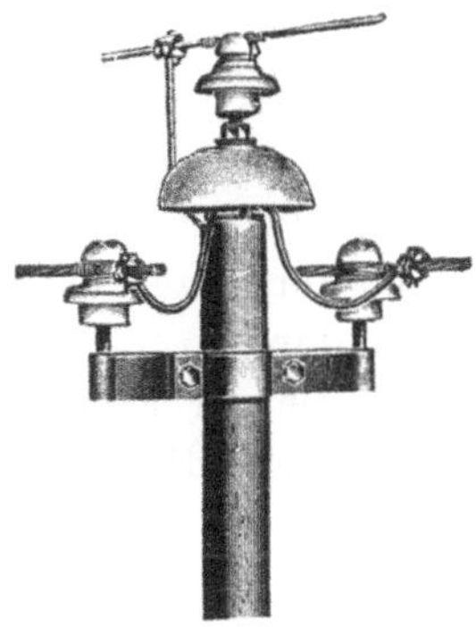

Fig. 329.

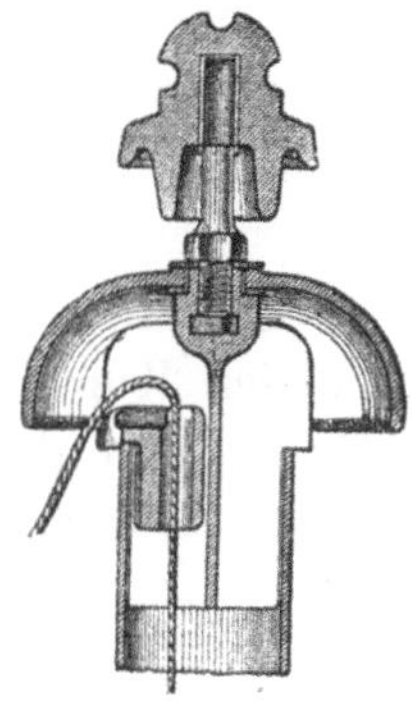

Fig. 330.

Das aufrechtstehende Rohr erhält dann als Abschluß einen Einführungskopf. Stotz & Co., Mannheim, führen porzellanene Einführungsköpfe

Fig. 331.

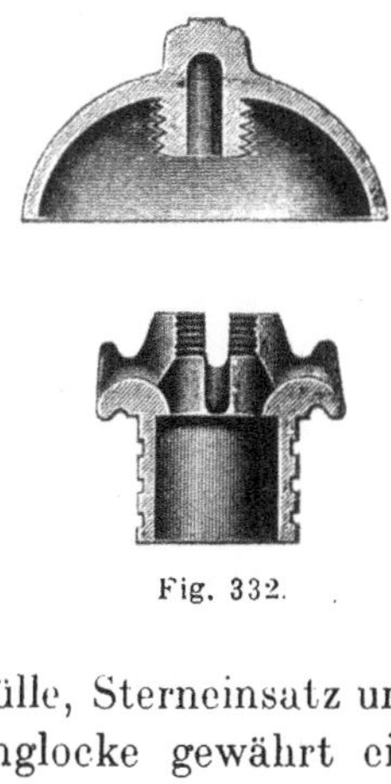

Fig. 332.

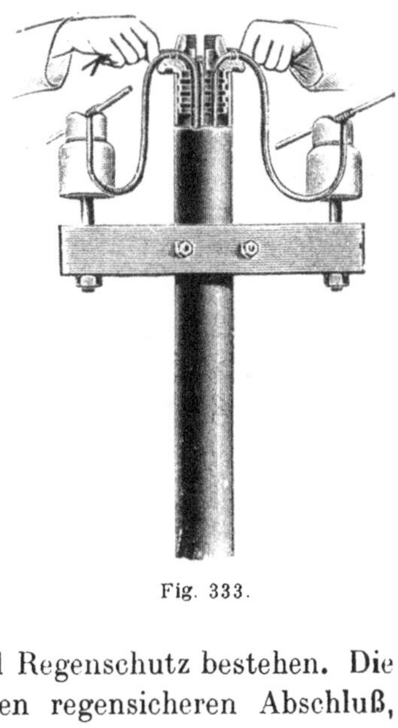

Fig. 333.

aus (Fig. 328), die aus Tülle, Sterneinsatz und Regenschutz bestehen. Die abschraubbare Porzellanglocke gewährt einen regensicheren Abschluß, durch den Sterneinsatz werden die isolierten Leitungen in ihrer Lage gehalten und können sich nicht berühren und verdrehen.

Die Fig. 329 zeigt eine weitere Ausführung dieser Firma. Hier ist der Einführungskopf gleichzeitig als Befestigungspunkt für eine Isolatorstütze ausgebildet. An Stelle der Stütze kann eine Klemme angebracht werden, mit der ein geerdeter Leiter befestigt werden kann oder, es kann

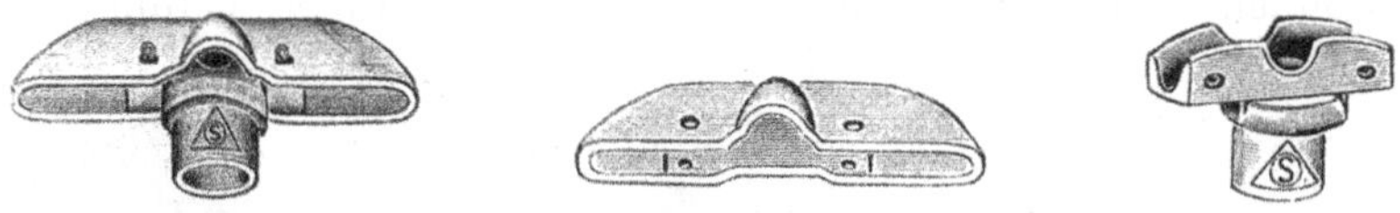

Fig. 334. Fig. 335. Fig. 336.

in das Gewinde eine Blitzableiterspitze eingeschraubt werden. Fig. 330 stellt diesen Kopf im Schnitt dar.

Eine andere Ausführung, die der Preisliste von Bischoff & Hensel, Mannheim, entnommen wurde (Fig. 331/333), ist dadurch bemerkenswert,

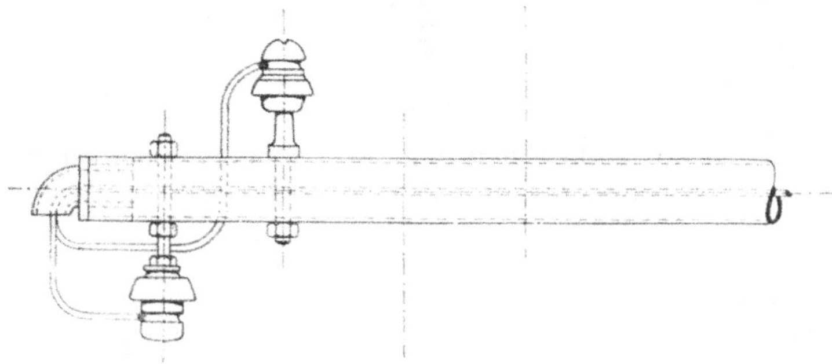

Fig. 337.

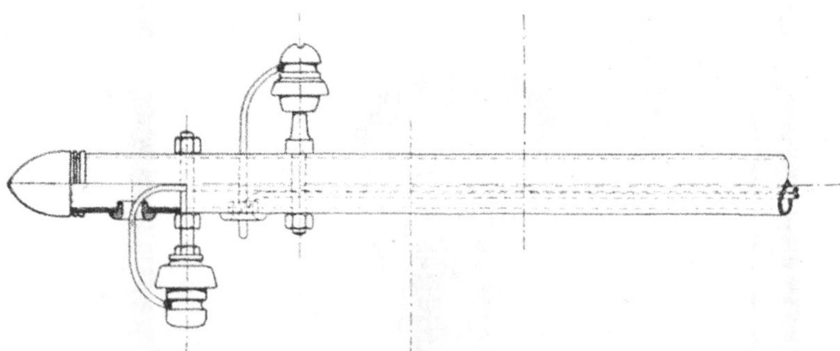

Fig. 338.

daß der Unterteil an den Einführungsstellen so ausgebildet ist, daß die Leitungen mit Bindedrähten befestigt werden können. Infolge der festen Verbindung mit dem Rohrständer ist die Einführung gegen Abheben durch Sturmwind gesichert.

Sollen Anschlußleitungen kleineren Querschnittes durch Rohre mit geringer lichter Weite in Gebäude eingeführt werden, dann ist die in Fig. 334, 335 und 336 dargestellte teilbare Einführungspfeife aus Porzellan für zwei oder drei Leitungen (Stotz & Co., Mannheim) recht zweckmäßig. Das Oberteil wird, nachdem die Drähte eingeführt sind, mit dem Unterteil durch Drahtstifte verbunden.

Drahteinführungen in wagrecht befestigte Rohre, Wandausleger, können nach Fig. 337 und 338 durchgebildet werden. Im ersteren Falle ist in das vordere Rohrende ein Zwillings- oder Drillingseinführungstrichter eingegipst, bei der anderen Anordnung werden die Drähte durch auf der Unterseite des Rohres befindliche und mit Tüllen ausgefütterte Bohrungen eingeführt.

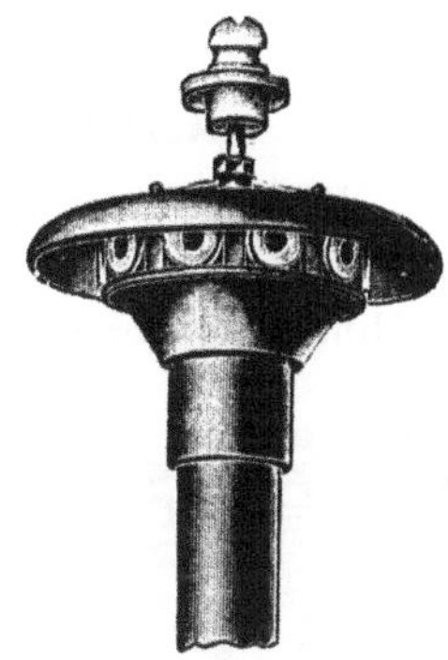

Fig. 339.

Sind eine größere Anzahl Leitungen aus einem Gebäude ins Freie zu führen, wie dies an Verteilungspunkten mit auf Schalttafeln montierten Sicherungen der Fall ist, dann kann das Rohrgestänge entweder als Doppelgestänge ausgebildet wer-

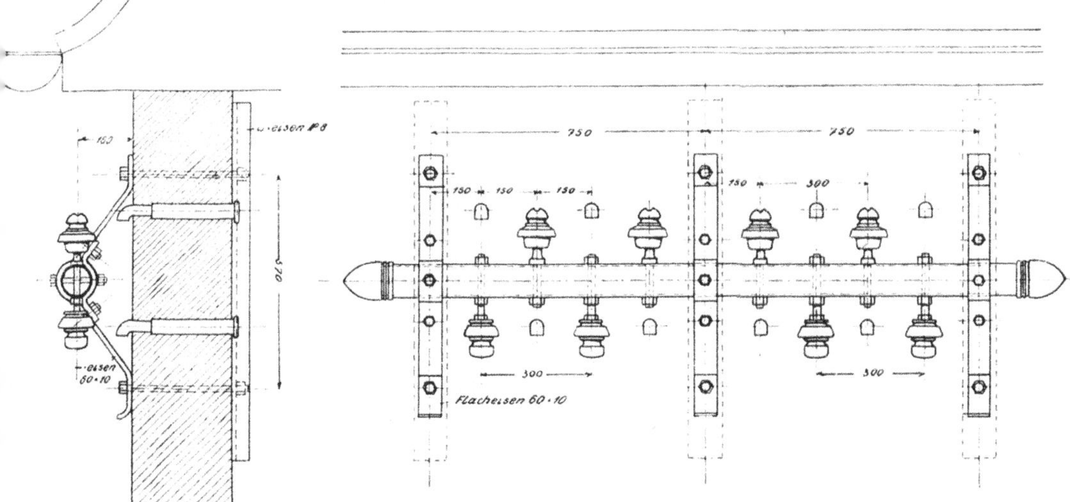

Fig. 340.

den, so daß zwei Rohre zum Durchführen der Leitungen benutzbar sind, oder es kann bei genügend weitem Rohr der in Fig. 339 abgebildete Einführungskopf zum Übergang verwendet werden. An

Wandflächen sind zum Abspannen der Leitungen oft besondere Gestänge notwendig. Ein Ausführungsbeispiel zeigt Fig. 340. Hier dient das Gestänge als Verbindungsstützpunkt der Freileitungen mit den Ausführungsleitungen einer Transformatorenstation.

Abzweig- und Verbindungsstellen, Hausanschlüsse.

Weiches Kupfer kann für Freileitungen seiner geringen Festigkeits- und Elastizitätsgrenze wegen nicht verwendet werden. Bei harten und halbhartgezogenen Kupferleitungen sind Lötungen an vom Zug bean-

Fig. 341.

Fig. 342.

Fig. 343.

spruchten Stellen nicht zulässig. Die Verbindungen an Verteilungspunkten und für Abzweigleitungen werden deshalb durchweg mittels Klemmung ausgeführt, die auch billiger ist wie die Herstellung der Lötstellen. Einige Abzweigklemmen und fertige Verbindungen zeigen die Fig. 341—345.

Fig. 344.

Fig. 345.

Die Verbindungs- und Anschlußleitungen sollen möglichst lot- und wagrecht (Fig. 337 und 338), die Ecken scharf oder in gleichmäßigen Bögen angeordnet werden. Bei Einführung der Leiter durch Rohrständer oder Porzellantrichter vermeide man die bei vielen Monteuren so beliebten Locken, die bald ihre Form verlieren und dann noch häßlicher aussehen. Die Ausführung bedeutet überdies eine Materialverschwendung. Die nicht geerdeten Leitungen, die zum Anschluß der Gebäude an das Verteilungsnetz dienen, müssen, soweit sie nicht nach den Errichtungsvorschriften des V. D. E. zugänglich sind, entsprechend geschützt werden. Für Niederspannungsanlagen bis 250 Volt gegen Erde sind isolierte Leitungen als Schutz gestattet.

Bei der Montage der Hausanschlußleitungen sollte auf das Straßenbild möglichst Rücksicht genommen werden. Ist es auch nicht möglich, die Leitungen immer horizontal über die Straße zu legen, so kann dieser Forderung durch geeignete Wahl des Befestigungspunktes am Gebäude doch möglichst Rechnung getragen werden. Ebenso sollte danach gestrebt werden, die Straßen mit möglichst wenig Leitungen zu kreuzen und diese im rechten Winkel zur Straßen- und Leitungsrichtung zu legen. Da man davon abgekommen ist, die einzelnen Anschlußleitungen an den Abzweigstellen zu sichern, die Hausanschlußleitungen vielmehr als plombierbare Apparate unmittelbar hinter den Einführungen anbringt, so können mehrere Anwesen zu einer Anschlußleitung zusammengefaßt werden.

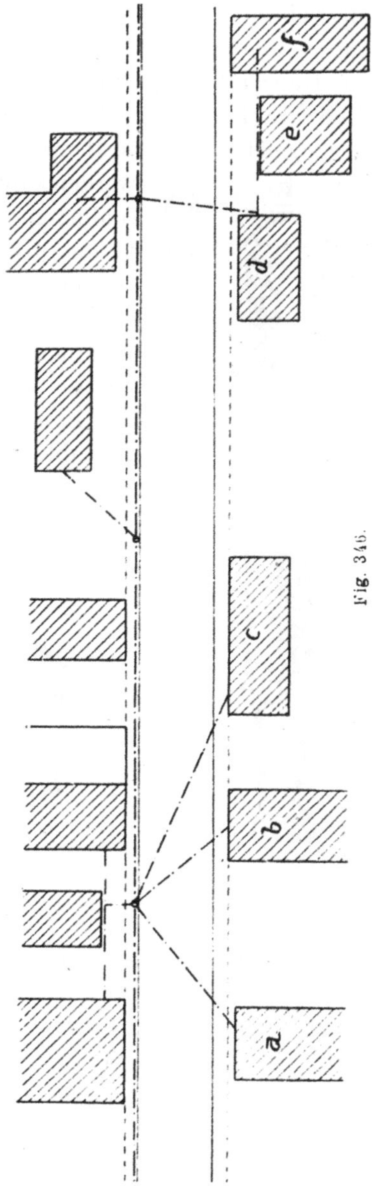

Fig. 346.

Sollen z. B., wie in Fig. 346 erläutert, von der Verteilungsleitung die Gebäude *a*, *b* und *c* angeschlossen werden, so kann anstatt der drei punktierten Straßenkreuzungen mit einer ausgekommen werden, wenn die Leitungen so angelegt werden, wie dies für die Anschlüsse *d*, *e* und *f* angedeutet ist.

Der Abstand der Hausanschlußleitungen von der Erde muß mit Rücksicht auf hochbeladene Wagen mindestens 5 m betragen, die Straßenbauverwaltungen verlangen meistens 6 m Entfernung.

Wie schon erwähnt, ist wegen Bedienungsschwierigkeiten davon abzusehen, die Hausanschlußleitungen bei der Abzweigleitung zu sichern. Der Querschnitt der abzweigenden Leitungen kann trotzdem kleiner gewählt werden wie derjenige der Ortsnetzleitungen. Der kleinst zulässige, Niederspannung führende Freileitungsquerschnitt ist für Kupfer 6 qmm. Dieser Querschnitt darf nach den Errichtungsvorschriften bei Verlegung isolierter Leitungen in Innenräumen mit 31 Amp. belastet werden. Nach § 20 und 22 kann die Strombelastung bei Freileitungen jedoch so groß bemessen werden, daß diese durch den stärksten normal vorkommenden Betriebsstrom keine für den Betrieb oder ihre Umgebung gefährliche Temperatur annehmen können, sofern dadurch ihre Festigkeit nicht merklich leidet. Bei den geringen für Hausanschlußleitungen erforderlichen Spannweiten besitzt die letzte Einschränkung keine Bedeutung. Es ist hieraus ersichtlich, daß bereits der kleinste Querschnitt mit einer so hohen Stromstärke dauernd belastet werden kann, daß bei Kurzschlüssen, denn nur solche können für die kurzen Leitungen ohne Zwischenentnahmestellen in Frage kommen, keine Gefahr für die Leitung besteht.

Zum Anschlusse transportabler Motoren, die zum Betriebe von Dreschmaschinen, Holzschneide-

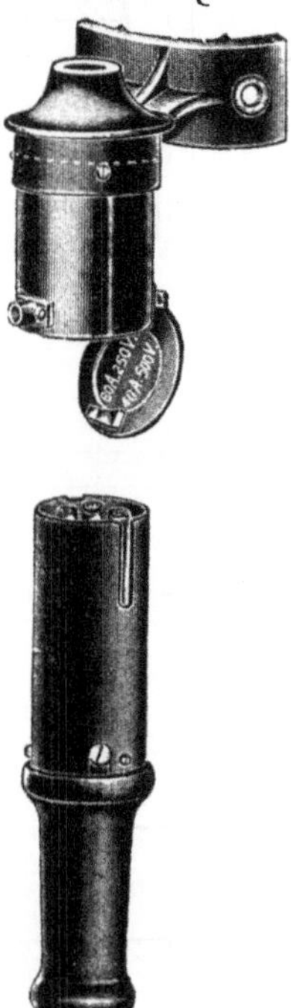

Fig. 347.

Fig. 348.

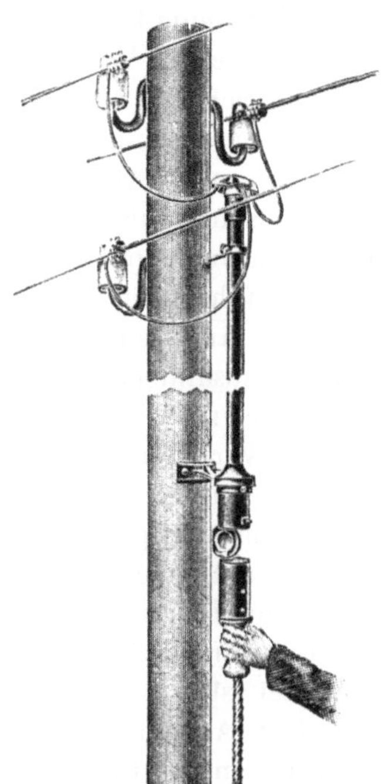

Fig. 349.

maschinen usw. dienen, werden in den Ortschaften Anschlußstellen so verteilt, daß die transportablen Maschinen in jedem Anwesen benutzt werden können. Die Leitungsquerschnitte sind dementsprechend stark auch in den auslaufenden Enden vorzusehen. Dem fahrbaren Motor wird ein auf einer Trommel aufwickelbares Kabel beigegeben, dessen Länge in normalen Fällen 80—100 m beträgt. Die gegenseitige Entfernung der Anschlußstellen kann demnach mit Rücksicht auf die Benutzung der Maschinen in hinter den Häusern liegenden Scheunen 120 bis 160 m betragen. Es ist praktischer, die Steckkontakte näher zusammenzurücken als das verhältnismäßig wenig widerstandsfähige Kabel zu lang zu wählen.

Die Steckkontakte sollen kräftig konstruiert und so gebaut sein, daß die Steckvorrichtungen nur in einer bestimmten Lage eingeführt werden können, daß sie unverwechselbar sind. Erfahrungsgemäß sind Kurzschlüsse bei unachtsamer Behandlung der beweglichen Zuleitungskabel und starke Stromüberlastung durch unsachgemäße Bedienung der transportablen Maschinen nicht selten. Es empfiehlt sich deshalb, den Steckkontakten Sicherungen vorzuschalten, die auch von ungeübtem Personal erreicht und bedient werden können. Stotz & Co., Mannheim, fabrizieren Steckkontakte, die für den besprochenen Zweck recht geeigne sind. Zum Befestigen an Holzmasten ist die Befestigungsflansche der Mastrundung entsprechend geformt (Fig. 347). Die Befestigung an ebenen Wänden ist durch Fig. 348 dargestellt. Die Leitungen zu den Steckdosen werden in Rohre gelegt, wie dies die Fig. 349 für die Anordnung an Masten zeigt. Hier sind für die Steckvorrichtung keine Sicherungen vorgesehen. Zweckmäßig werden diese in eisernem, verschließbarem Gehäuse oberhalb der Steckdose angebracht.

Straßenbeleuchtung. In den meisten Gemeinden werden halbnächtige Lampen, die bis Mitternacht brennen, und ganznächtige Lampen, die als Richtlampen an den Ortseingängen und Straßenkreuzungen angebracht sind, benötigt. Werden die Lampen einzeln geschaltet, dann kann jede Lampe als Richtlampe und als halbnächtige Lampe benutzt werden. Trotzdem diese Anordnung die einfachste Leitungsanlage und die geringsten Erstellungskosten bedingt, wird sie nur selten durchgeführt, weil dadurch der besondere Vorzug der elektrischen Beleuchtung, die Lampen von irgendeiner gewünschten Zentralstelle aus bedienen zu können, hinfällig wird.

Die Hauptgruppen, halbnächtige und ganznächtige Lampen, können wieder so unterteilt werden, daß die auf die einzelnen Leitungen des Mehrleitersystems zu verteilenden Stromkreise höchstens 20 Lampen umfassen. Für jeden Stromkreis müßten nun normalerweise zwei besondere Leitungen auf dem Gestänge vorgesehen werden. Da halbnächtige und ganznächtige Lampen abwechselnd in den Straßen angebracht sind, so müßte jeder Straßenzug vier Leitungen für die Straßenbeleuchtung erhalten. Diese beste Anordnung, die die Lampen in der Ausschaltestellung doppelpolig spannungslos macht, wird in ausgedehnteren Anlagen gewöhnlich zu teuer.

Eine Verbilligung kann dadurch erreicht werden, daß für halbnächtige und Richtlampen eine gemeinsame Rückleitung (Fig. 350) verlegt wird. Auch bei dieser Schaltung sind die Lampen während der Tageszeit spannungslos, wenn doppelpolige Schalter oder Schaltuhren verwandt werden. Einpolige Schaltuhren werden in Verbindung mit einem Handschalter angeordnet, so daß bei Reparaturen beide Leitungen außer Spannung gesetzt werden können (Fig. 350). In Drehstromanlagen ohne

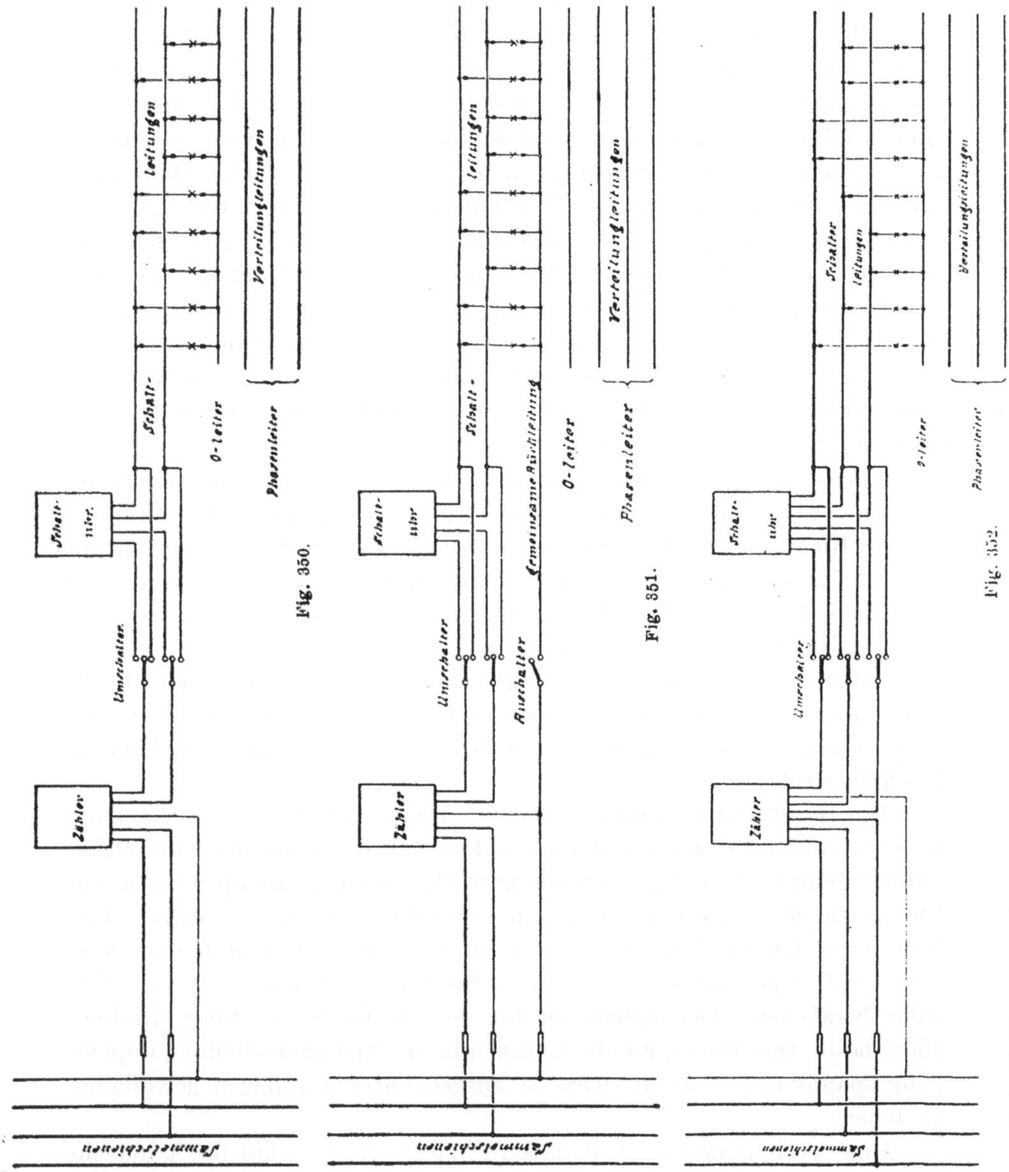

Fig. 350. Fig. 351. Fig. 352.

neutralen Leiter sind die in diesem Falle erforderlichen drei Leitungen mit den drei Leitungen des Verteilungsnetzes entweder zu 2 und 4 oder zu 3 $\times$ 2 symmetrisch auf dem Gestänge unterzubringen. Ist ein neutraler vierter Leiter vorhanden, so würde dieser auf den Spitzen der Gestängekonstruktionen zu montieren sein, um Symmetrie zu erreichen.

Der geringeren Kosten wegen zieht man vor, die Schaltung so einzurichten, daß für die einzelnen Lampengruppen nur Ausschalterdrähte verlegt werden und der andere Pol der Lampen an die Verteilungsleitung (Fig. 351) angeschlossen wird. Es sind demnach für jeden Straßenzug mit halb- und ganznächtigen Lampen nur zwei Drähte notwendig, mittels welchen die Lampen ausgeschaltet werden. Die Lampen stehen auch in der Ausschaltestellung unter Spannung. Für jede weitere Lampengruppe wird ein weiterer Schalterdraht erforderlich (Fig. 352). Das Schalten der Lampen erfolgt zweckmäßig durch selbsttätige Schalter, die für jede Zeit einstellbar von den Spezialfabriken in vollkommener Ausführung geliefert werden.

Fig. 353.

Paul Firchow Nachf., Berlin, liefert diese Schaltuhren (Fig. 353) auch mit astronomischer Einstellvorrichtung, wodurch der Zeitpunkt der Ein- oder Ausschaltung entsprechend dem Sonnen-Auf- oder -Untergange täglich um eine oder zwei Minuten geändert wird.

Durch die Schaltuhren werden die verschiedenen Straßenlampengruppen zu festgesetzten Zeiten ein- und ausgeschaltet. Es kann aber bei besonderen Anlässen, bei Feuer- oder Hochwasseralarm, wünschenswert sein, die Straßenbeleuchtung zu beliebiger Zeit in Tätigkeit setzen zu können. Dies wird durch Anordnung von Umschaltern (Fig. 350 bis 352) erreicht, die, neben der Schaltuhr montiert, auch dann benutzt werden, wenn diese infolge Beschädigung nicht ordnungsgemäß funktioniert oder zur Instandsetzung entfernt wurde.

Die einzelnen Stromkreise werden an der Schaltstelle gesichert. Mit Rücksicht auf die Sicherheit der Anlage würden diese Hauptsicherungen genügen. Der Betrieb erfordert aber, daß auch die einzelnen Lampen mindestens einpolige Sicherungen erhalten. Sind diese nicht eingebaut, dann wird bei Störungen die Hauptsicherung abschmelzen, und damit sind sämtliche Lampen des Stromkreises außer Betrieb. Das Unangenehmere ist aber, daß in der weitverzweigten Anlage die Aufsuchung des Fehlers umständlich und zeitraubend ist. Besitzen aber die einzelnen

Lampen Sicherungen, dann ist der Ort des Fehlers durch Erlöschen der einzelnen Lampe sofort erkennbar. Die Einzelsicherung sollte möglichst nahe dem Abzweig von der Verteilungsleitung eingebaut sein. Der Mißstand, daß zur Bedienung die Maste oder Dächer bestiegen werden müssen, und daß diese Arbeit nur von geschultem Personal vorgenommen werden kann, hat zu Konstruktionen geführt, bei welchen die Sicherung am Straßenwandarm angebracht ist (Fig. 354), so daß sie leicht ausgewechselt werden kann. Hierdurch ist aber nur der Wandarm mit Lampe gesichert, und es ist nötig, daß die Zuleitungen zum Beleuchtungskörper besonders sorgfältig verlegt werden. Sicherer ist die Anordnung, an der Abzweigstelle der Lampenleitung eine einpolige Sicherung einzuschalten, die etwas stärker bemessen ist wie die Sicherung des Wandarmes, damit immer erst die leicht zu erreichende Sicherung durchschmilzt, wenn eine Störung durch die meistens in Betracht kommenden Lampendefekte auftritt.

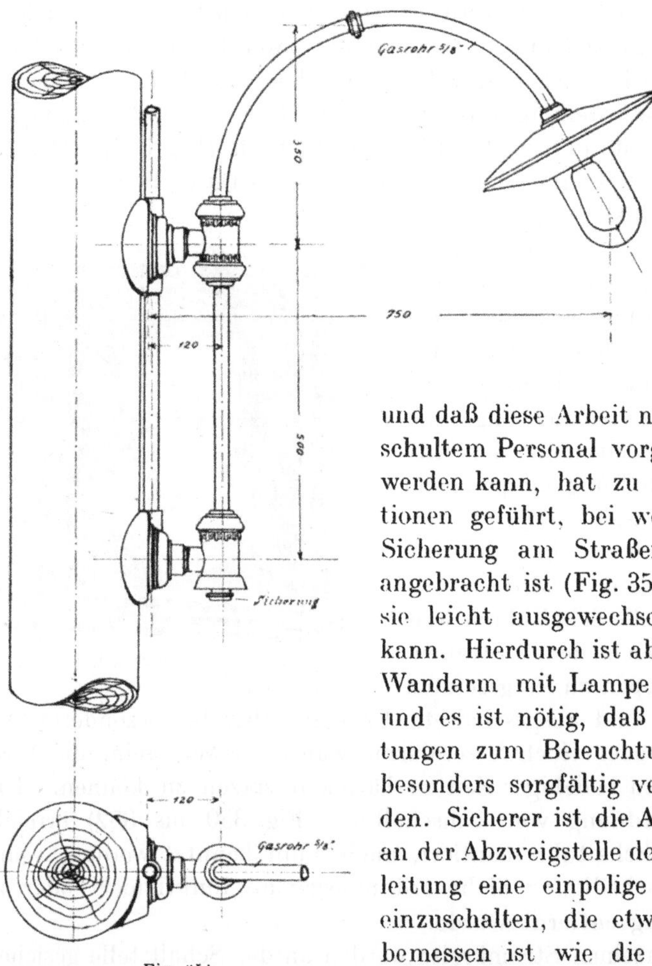

Fig. 354.

Die Zuleitungen zu den einzelnen Straßenlampen werden, in Stahlpanzerrohr verlegt, entweder an Masten oder Gebäuden heruntergeführt. (Fig. 291). Ist es infolge Anwendung von Dachgestängen notwendig, die Straßenlampenleitungen durch die Rohre und das Innere eines Gebäudes

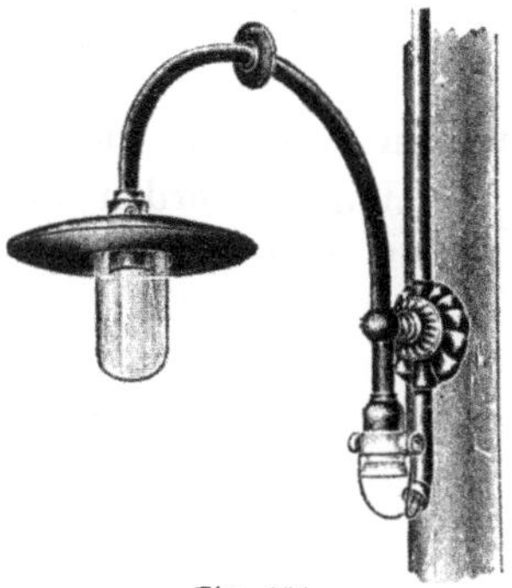

Fig. 355.

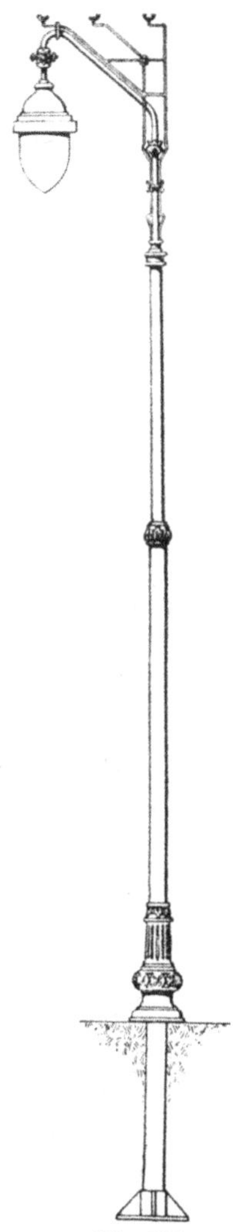

Fig. 356.

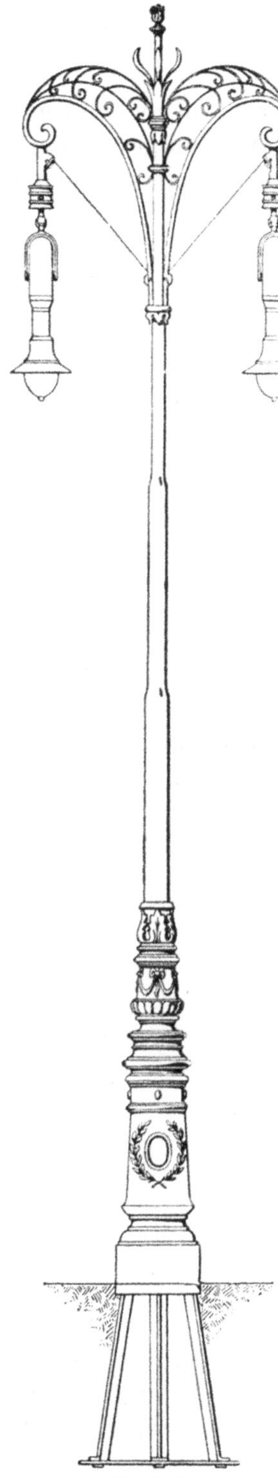

Fig. 357.

zu führen, so muß die Verlegung so geschehen, daß eine unberechtigte Stromentnahme ausgeschlossen ist. Die Leitungen werden zweckentsprechend in Rohren mit plombierbaren Dosen oder ohne Verwendung

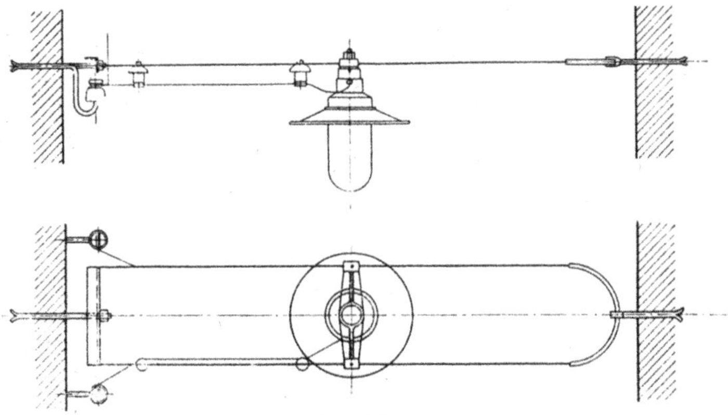

Fig. 358.

von Dosen und sonstigen Unterbrechungsstellen durch das Haus geführt. Die Zuleitungen zu den Straßenlampen sollten an Masten und auch an Gebäuden nicht auf Isolatoren abwärts geführt werden. Das Besteigen

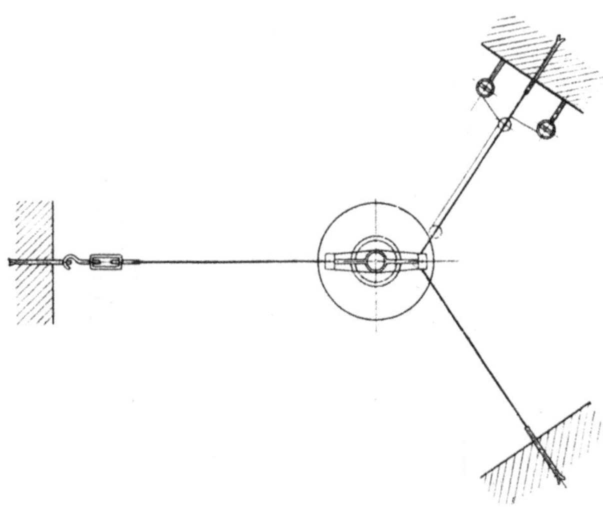

Fig. 359.

der Maste wird hierdurch erschwert, und die Leitungen werden durch angelegte Leitern oder an Häusern durch Arbeiten der Handwerker in kurzer Zeit aus ihrer Montagelage gebracht und wirken dann noch unschöner wie vorher.

Straßenlampen können an Masten oder Gebäuden an der Straßenseite angebracht werden. Je nach dem gewünschten Grade der Helligkeit werden 32- und 50kerzige Lampen in Abständen von 40—100 m möglichst wechselständig auf beiden Seiten der Straße verteilt.

Die Beleuchtungskörper, als Wandarm (Fig. 354 und 355) oder Kandelaber (Fig. 356 und 357) ausgebildet, können in einfachster bis reichverzierter Art zur Anwendung kommen. Bessere Lichtverteilung und Ausnutzung der Lichtstärke wird durch Aufhängen der Lampe über der Straßenmitte in etwa 5 m Höhe erzielt. Auch hierfür gibt es die verschiedensten Ausführungsarten. Konstruktionen der Elektr. Bogenlampen und Apparate-Fabrik, Nürnberg, sind in Fig. 358 und 359 dargestellt. Besitzt die Leitungsanlage einen geerdeten Leiter, dann kann der nicht isolierte Aufhängedraht zur Stromleitung benutzt werden. Soll der zweite Aufhängedraht ebenfalls zur Stromleitung benutzt werden, dann sind Abspannisolatoren einzubauen (Fig. 360). In Fig. 359 ist eine Anordnung abgebildet, die dann verwendet wird, wenn die

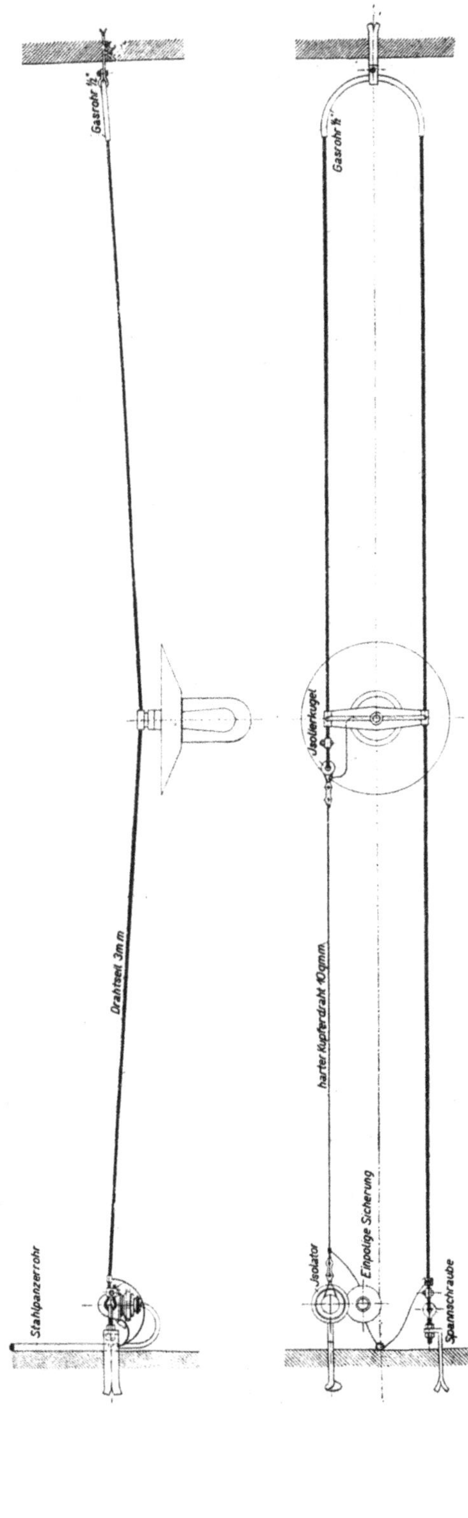

Fig. 360.

Befestigung nicht an zwei gegenüberliegenden Häusern angebracht werden kann. Die Bedienung der Lampe muß bei diesen Konstruktionen durch

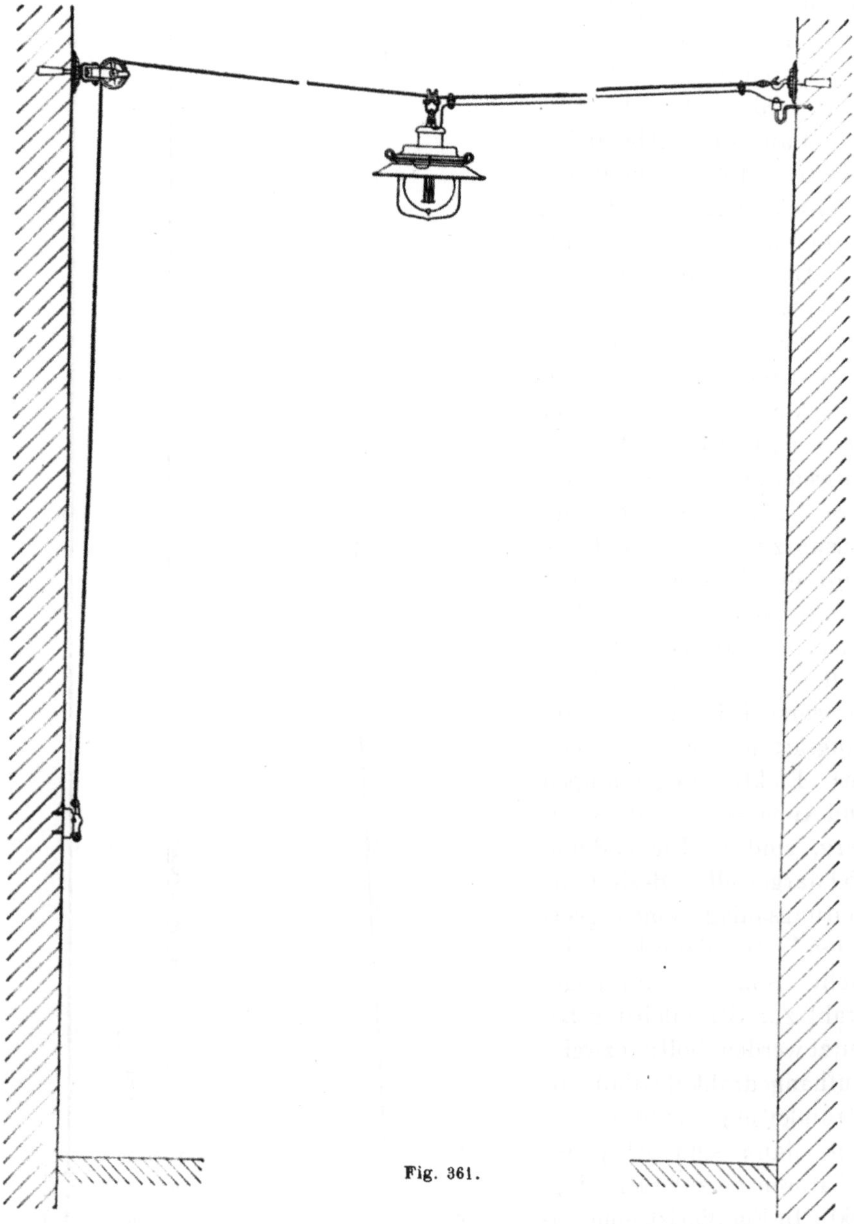

Fig. 361.

eine Leiter erfolgen. Diese Unbequemlichkeit wird beseitigt, wenn die Lampe zum Herablassen eingerichtet ist.

C. A. Schaefer, Hannover, baut die durch Fig. 361 veranschaulichte Aufzugsvorrichtung, deren einfachen Verschluß die Fig. 362 und 363 zeigt. Das Herablassen der Lampe erfolgt ohne Winde durch Einhängen eines mitgeführten Seiles in den Verschluß.

Fig. 362.

Fig. 363.

Kosten von Ortsnetzanlagen.

Ortsnetzanlagen, deren Erstellung und Betrieb einem Unternehmer überlassen bleibt, werden in der Regel nur dann ausgeführt, wenn die aufzuwendenden Kosten noch eine angemessene Rente erwarten lassen. Im allgemeinen können dann auch ästhetische Forderungen nur untergeordnete Berücksichtigung finden. Das Interesse jeder Gemeinde, Straßen und Plätze von Leitungen freizuhalten oder doch, wo dies nicht möglich ist, nur ausgewählte Konstruktionen in bester Anordnung zuzulassen, drängt dahin, die Ortsnetzanlagen selbst zu erstellen und zu betreiben, um so die Rücksichten auf das Straßen und Landschaftsbild möglichst zur Geltung zu bringen. Der private Unternehmer muß für Verzinsung und Abschreibung wesentlich höhere Quoten in Ansatz bringen wie die Gemeinde, welche das Geld zu einem niedrigen Zinsfuße erhält und Entwertung und Tilgung auf eine längere Reihe von Jahren verteilen kann. Ist schon dadurch die Möglichkeit gegeben, bei balancierenden Einnahmen und Ausgaben einen höheren Betrag anzulegen, so kann auch die Gemeinde, da ein allen Gemeindebürgern in gleicher Weise Vorteile bringendes Unternehmen geschaffen wird, wohl eine Anlage erstellen, deren Rentabilität in den ersten Jahren eine ungenügende ist. Der Privatunternehmer kann in einer Gemeinde über eine angemessene Verzinsung erzielte Überschüsse meistens nicht zur Herabsetzung der Strompreise be-

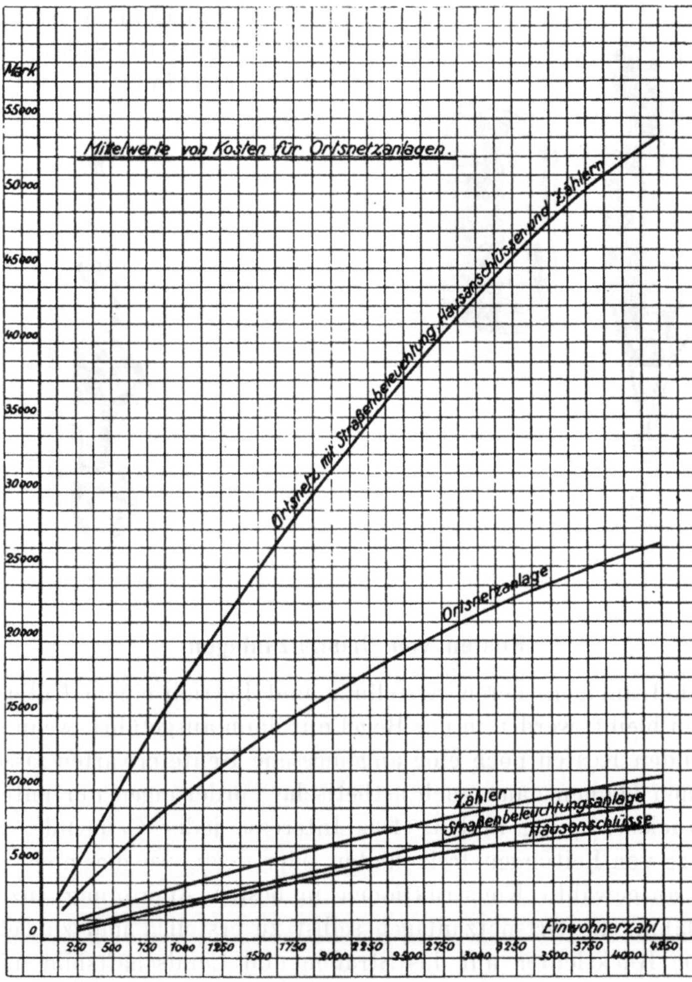

Fig. 364.

nutzen, weil z. B. Verluste in anderen Gemeinden die Mehrbeträge aufzehren. Die Gemeinde kann erzielte Überschüsse zur Verbesserung des Gemeindehaushaltes verwenden, wenn sie diese den Stromabnehmern, nicht unmittelbar zugute kommen lassen will. Anderseits ist zu beachten, daß der Privatunternehmer die Zahl der Konsumenten durch ihm zur

Verfügung stehendes Akquisitionspersonal schneller vermehren kann wie die Gemeinde, und daß er infolge besserer Organisation eher in der Lage ist, größere Abnehmer zu gewinnen. Es kann deshalb unter Umständen zweckmäßig sein, das von der Gemeinde erstellte Ortsnetz dem Privatunternehmer auf einige Jahre zum Betrieb zu überlassen.

Da die Kosten von Ortsnetzanlagen von Verhältnissen abhängen, die sich in allgemeine Form nicht bringen lassen, können nur Mittelwerte aus einer großen Anzahl von ausgeführten Anlagen einigermaßen brauchbare Überschlagswerte liefern. Solche Werte, aus über 100 Kostenanschlägen entnommen, sind in der Kurventafel Fig. 364 aufgezeichnet. Die Preisfestsetzung basiert auf einem Kupferfriedenspreis von M. 170 pro 100 kg, die Beträge für Hausanschlüsse und Zähler auf der Annahme, daß auf einen Einwohner eine Glühlampe zu erwarten sein wird, und daß auf jeden Anschluß fünf Glühlampen entfallen. Die Glühlampen für die Straßenbeleuchtung wurden nach vorhandenen Bebauungsplänen festgesetzt.

---

25. Verträge mit Unternehmern.

Häufig wird der Transport und das Stellen der Maste, manchmal auch das Ziehen der Leitungen an Unternehmer vergeben, die diese Arbeiten als Spezialität ausführen. Um Differenzen während des Baues, bei der Abnahme und Abrechnung zu vermeiden, empfiehlt sich die Aufstellung eines Vertrages, der für den Unternehmer genaue Angaben über Beginn, Fortgang, Beendigung und Ausführung der Arbeiten, über die Abnahme, Garantie, Kaution und Zahlungsbedingungen enthält. Damit dieser Vertrag in allgemeiner Form für alle Fälle benutzt werden kann, werden ihm für den besonderen Fall als integrierende Bestandteile ein Preisverzeichnis der auszuführenden Arbeiten sowie besondere Bedingungen beigefügt, die über die Art und Verwendung der vom Unternehmer zu liefernden Materialien und die Ausführung besonderer Arbeiten Aufschluß geben. Als Muster kann der nachstehende Vertrag mit besonderen Bedingungen und Preisverzeichnis für Arbeiten von Hochspannungs- und Niederspannungsanlagen benutzt werden.

Zwischen

der Firma . . . .
nachstehend kurz »Unternehmer« genannt,

und

. . . .
nachstehend kurz »Elektrizitätswerk« genannt,
wurde folgender Vertrag abgeschlossen.

§ 1. Übertragung und Übernahme der Arbeit.

Das Elektrizitätswerk überträgt und der Unternehmer übernimmt die Ausführung elektrischer Freileitungsanlagen zu den diesem Vertrage angehefteten Zeichnungen, Ausführungsvorschriften und Preisverzeichnissen.

Dem Unternehmer werden vom Elektrizitätswerk ausgearbeitete Pläne kostenlos ausgehändigt, in welchen alle für die Führung der Leitungen erforderlichen Angaben enthalten sind. Änderungen der Leitungstrasse dürfen nur auf schriftlichen begründeten Antrag und hierauf erteilter schriftlicher Genehmigung des Elektrizitätswerkes vorgenommen werden. Ist der Unternehmer ohne schriftliches Einverständnis des Elektrizitätswerkes von der Leitungslinie abgewichen, so hat er für alle sich aus dieser Änderung für das Elektrizitätswerk ergebenden Nachteile und Kosten aufzukommen. Das Elektrizitätswerk hat das Recht, infolge der Änderung der Leitungstrasse etwa mehr verbrauchtes Material dem Unternehmer von seiner Rechnungssumme in Abzug zu bringen oder auf Kosten des Unternehmers die Umänderung der Leitungslinie vornehmen zu lassen.

Das Elektrizitätswerk ist berechtigt, während des Baues einer Leitungsstrecke oder eines Ortsnetzes die Leitungsführung zu ändern. Der Unternehmer kann in solchen Fällen keine Entschädigung verlangen, sofern er sein Personal an anderer Stelle weiterbeschäftigen kann. Ist ihm dies nicht möglich, so werden ihm die durch schriftliche Belege nachzuweisenden Unkosten vergütet.

§ 2. Absteckung der Leitungslinie.

Die Standorte der Maste und der sonstigen Befestigungspunkte für die Leitung werden von dem Elektrizitätswerk bestimmt, welches auch die Einholung der Erlaubnis seitens der Besitzer und Behörden übernimmt. Der Unternehmer ist verpflichtet, vor Beginn der Arbeiten die vom Elektrizitätswerk bezeichneten Stützpunkte an Hand der ihm übergebenen Zeichnungen und Aufstellungen auf ihre Richtigkeit zu prüfen, und übernimmt damit die volle Verantwortung, daß die Maste usw. an richtiger Stelle gesetzt werden; er hat das Recht, von dem Elektrizitätswerk Duplikate der von den Grundeigentümern unterzeichneten Reverse und der an die Behörden eingereichten Zeichnungen zu verlangen.

Auf Grund der Absteckungsarbeiten werden vom Elektrizitätswerk Mastenverzeichnisse aufgestellt, die Aufschluß geben über die Art der zu verwendenden Tragkonstruktionen, deren Höhe und Befestigung. Die Art der Armierung, Abstand der Leitungen und Querschnitte derselben sind aus dem Montageplan zu ersehen. In diesem sind auch die Angaben über Schutznetze, bruchsichere Aufhängungen, Mastschalter, Erdleitungen usw. enthalten. Die im Montageplan eingetragenen Maste werden entsprechend dem Mastenverzeichnis numeriert.

Für die Ausführung von Ortsnetzfreileitungen werden die Mastenbzw. Stützpunktverzeichnisse durch Skizzen erläutert.

§ 3. Material.

Sämtliche für den Bau der Leitungen erforderlich werdenden Materialien werden, wenn nicht anders bestimmt, vom Elektrizitätswerk geliefert und dem Unternehmer von einem Lager innerhalb des Ausbaubezirkes oder ab einer nächstgelegenen Bahnstation zur Verfügung gestellt.

Der Unternehmer verpflichtet sich, sofort nach Erteilung des Auftrages auf Grund der ihm überlassenen Zeichnungen und der sonstigen Unterlagen eine Materialienzusammenstellung dem Elektrizitätswerke einzureichen und die Materialien nach dieser Aufstellung abzurufen. Maste müssen in ganzen Waggonladungen angefordert werden. Werden durch Verschulden des Unternehmers Waggons nicht voll ausgenutzt, so hat dieser die Frachtdifferenz zu tragen. Für rechtzeitigen Abruf und richtige Disposition ist der Unternehmer verantwortlich; er hat für alle Verzögerungen in der Fertigstellung der Arbeiten aufzukommen, die durch falsche Disposition oder nicht rechtzeitigen Abruf der Materialien entstehen.

Der Unternehmer hat den Empfang der ihm von den Baustellen übergebenen Materialien zu bescheinigen. Bei Bahnsendungen wird ihm ein Warenverzeichnis übermittelt. Etwaige Reklamationen seitens des Unternehmers über Quantität und Qualität der Materialien sind bei dem die Lagerstelle verwaltenden Beamten sofort vorzubringen, bei Bahnsendungen dem Elektrizitätswerk schriftlich, spätestens innerhalb 24 Stunden, zu unterbreiten, später erhobene Einwendungen werden nicht mehr berücksichtigt.

Den Transport, die Gefahr und Haftung für die Materialien von der Übergabestelle ab übernimmt der Unternehmer, der auch die durch verspätetes Ausladen fällig gewordenen Wagenmieten zu tragen hat.

Die beim Bau einer Leitungsanlage übrig gebliebenen Materialien werden vom Elektrizitätswerk, sofern sie in gutem, gebrauchsfähigem Zustande sind, gegen schriftliche Bestätigung zurückgenommen. Ergibt sich zwischen den übernommenen und den gemäß Ausmaß und Verrechnung verwendeten Materialien eine Differenz, so ist das Elektrizitätswerk berechtigt, die fehlenden Materialien dem Unternehmer zum Ankaufspreis von seinem Rechnungsbetrage in Abzug zu bringen.

§ 4. Beginn und Fortschritt der Arbeiten.

Der Unternehmer hat mit dem Bau der Leitung spätestens vierzehn Tage nach schriftlicher Aufforderung zu beginnen und verpflichtet sich, den Bau derart zu fördern, daß pro Tag . . . . Meter betriebsfertig erstellt werden. Bleibt der Unternehmer mit seiner Leistung im Rückstande, so ist das Elektrizitätswerk berechtigt, pro vollendete Woche der Verzögerung in der Fertigstellung der Leitungsstrecke 1% des Rechnungsbetrages in Abzug zu bringen, ohne daß ein etwa entstandener Schaden seitens des Elektrizitätswerkes nachzuweisen ist. Wird der vereinbarte Fertigstellungstermin um mehr als vier Wochen überschritten, so ist das Elektrizitätswerk berechtigt, dem Unternehmer allen Schaden aufzurechnen, der ihm infolge der Verzögerung entstanden ist. Nimmt der Unternehmer die Arbeiten zu der vereinbarten Zeit nicht in Angriff, so hat das Elektrizitätswerk das Recht, diese ohne Inverzugsetzung auf Kosten des Unternehmers in eigener Regie oder von einem Dritten ausführen zu lassen.

Der Unternehmer ist berechtigt, den Beginn der Arbeiten zu verweigern, wenn mehr als 3% der Genehmigungen zur Aufstellung oder Befestigung der Leitungsträger fehlen. Verlangt das Elektrizitätswerk dennoch die Inangriffnahme der Arbeiten, so hat der Unternehmer Anspruch auf Ersatz der ihm etwa durch außerhalb des Bauprogrammes auszuführende Arbeiten entstandenen Unkosten.

Eine Verlängerung des Fertigstellungstermins kann der Unternehmer nur verlangen, wenn die benötigten Materialien ihm nicht rechtzeitig zur Verfügung gestellt werden können, oder wenn Behörden den Weiterbau der Leitung untersagen oder durch andere Disposition der Leitungsführung Arbeitsunterbrechungen entstehen sollten. Die Terminverlegung wird schriftlich festgelegt.

§ 5. Personal des Unternehmers und dessen Kontrolle.

Der Unternehmer ist verpflichtet, die Arbeiten mit seinem eigenen Personal auszuführen, eine Übertragung der Arbeiten an Dritte kann nur mit Genehmigung des Elektrizitätswerkes erfolgen. Zur Überwachung der Arbeiten und zur Kontrolle seines Personals muß er, wenn er diese Tätigkeit nicht selbst übernimmt, einen Bevollmächtigten dem Elektrizitätswerk namhaft machen.

Seitens des Elektrizitätswerkes werden die Arbeiten durch einen Angestellten beaufsichtigt und der Unternehmer hat den Anordnungen dieses Beamten ohne jede Weigerung nachzukommen. Beschwerden, Verbesserungs- oder Änderungsvorschläge hat der Unternehmer dem Elektrizitätswerk schriftlich vorzubringen. Nach Prüfung geht ihm schriftlich Nachricht zu.

§ 6. Ausführung der Arbeiten.

Bei Ausführung der Arbeiten hat der Unternehmer die Vorschriften des Verbandes Deutscher Elektrotechniker genau zu beachten und die von dem Elektrizitätswerk herausgegebenen Spezialvorschriften, von welchen ihm ein Exemplar ausgehändigt wird, zu befolgen. Der Unternehmer unterwirft sich des weiteren allen von dem Elektrizitätswerk während der Bauperiode in Bezug auf die Ausführung der Leitungen noch zu erlassenden Vorschriften. Alle Nacharbeiten, die während der Garantiezeit an der ausgeführten Anlage infolge Nichtbeachtung der erwähnten Vorschriften erforderlich werden, hat der Unternehmer auf schriftliche Aufforderung des Elektrizitätswerkes hin sofort vorzunehmen, andernfalls steht dem letzteren das Recht zu, die Änderungen in eigener Regie oder durch Dritte ausführen zu lassen und die entstandenen Kosten dem Unternehmer in Anrechnung zu bringen.

§ 7. Stellung der Werkzeuge.

Der Unternehmer hat für seine Arbeiten sämtliche erforderlichen Werkzeuge und Transportgeräte ohne besondere Berechnung zu stellen und die Lieferung des für das Aufstellen von Masten notwendigen Materials, wie Steine, Kies, Sand, Zement usw., zu übernehmen. Dem Elektrizitätswerk steht das Recht zu, die Materialien jederzeit zu prüfen und nicht zweckentsprechendes Material zurückzuweisen.

§ 8. Außervertragliche Arbeiten.

Arbeiten, deren Ausführung, Preise durch vorliegenden Vertrag nicht geregelt sind, dürfen ohne schriftliche Vereinbarung nicht begonnen werden. Handelt der Unternehmer dieser Bestimmung entgegen, so ist das Elektrizitätswerk berechtigt, Arbeiten oder Lieferungen auf Kosten und Gefahr des Unternehmers beseitigen zu lassen. Der Unternehmer erhält für eigenmächtig ausgeführte Arbeiten und Lieferungen keine Vergütung und hat dem Elektrizitätswerk für ihm oder Dritten etwa entstandenen Schaden aufzukommen.

§ 9. Haftung des Unternehmers.

Der Unternehmer übernimmt die besondere Verpflichtung für Einhaltung der gesetzlichen und behördlichen Vorschriften, welche zum Schutze der Arbeiter oder anderer unbeteiligter Personen erforderlich sind. Er haftet dem Elektrizitätswerk für alle Nachteile, die durch sein Verschulden erwachsen, und hat für etwa entstandene Kosten dem Elektrizitätswerk Ersatz zu leisten. Von dieser Schadensersatzpflicht ausgenommen sind unvermeidliche Flurschäden, die bei der Führung der Leitung über bebautes Feld entstehen, die dem Elektrizitätswerk zur Last fallen.

§ 10. Garantie.

Der Unternehmer verpflichtet sich, nur bestes Material zu verwenden, und übernimmt für die Güte und Zweckmäßigkeit seiner Arbeiten eine Garantie auf die Dauer von einem Jahr in der Weise, daß er mit der kostenlosen Beseitigung aller Schäden, welche während dieser Zeit infolge mangelhafter oder unsachgemäßer Arbeit entstehen, nach erfolgter schriftlicher Aufforderung innerhalb 14 Tagen beginnt, andernfalls das Elektrizitätswerk berechtigt ist, die Instandsetzungsarbeiten auf Kosten des Unternehmers selbst oder durch Dritte ausführen zu lassen.

§ 11. Abnahme der Arbeiten.

Die betriebsfertige Erstellung der übertragenen Leitungsanlage hat der Unternehmer dem Elektrizitätswerk schriftlich anzuzeigen. Spätestens nach 14 Tagen, von der Fertigstellungsanzeige an gerechnet, soll gemeinschaftlich die Übernahme der Montagearbeiten, das Ausmaß und die Aufnahme der verwendeten Materialien stattfinden. Die Aufnahme erfolgt nach Stückzahl, das Ausmaß in der Weise, daß die Verbindungslinien von Mast zu Mast als gerade Linien betrachtet werden. Für Durchhang und Verschnitt der Leitungen sowie Bruch von Isolatoren wird dem Unternehmer eine Toleranz von 3% gewährt.

Sollte sich bei der Abnahme herausstellen, daß die erstellte Anlage nicht den vereinbarten Bedingungen entspricht, so wird dem Unternehmer eine Frist von . . . . Tagen für die Instandsetzung bewilligt. Ist nach Ablauf dieser Frist die Anlage nicht bedingungsgemäß ausgeführt, so steht es dem Elektrizitätswerk frei, die Instandsetzung selbst oder durch Dritte ausführen zu lassen und die erwachsenen Unkosten dem Unternehmer in Rechnung zu stellen.

Der Unternehmer haftet im vollen Umfange für die von ihm erstellte Leitungsanlage bis zu erfolgter Abnahme und Übergabe an das Elektrizitätswerk.

§ 12. Kaution und Zahlung.

Der Unternehmer hinterlegt bis zum Ablauf der Garantiezeit zur Sicherung der aus diesem Vertrage erwachsenden Pflichten eine Kaution in bar oder in mündelsicheren Wertpapieren im Betrage von M. . . . . . unter Vorbehalt weiterer Inanspruchnahme. Das Elektrizitätswerk ist berechtigt, sich an dieser Kaution schadlos zu halten, falls Ersatzansprüche irgendwelcher Art gestellt werden, oder falls es notwendig ist, die dem

Unternehmer übertragenen Arbeiten in eigener Regie oder durch Dritte ausführen zu lassen.

Die Zahlung erfolgt innerhalb vier Wochen nach Abnahme der Anlage, wenn die Rechnung spätestens 14 Tage nach dem Abnahmetermin eingereicht ist. Der Unternehmer ist berechtigt, während des Baues Abschlagszahlungen bis zu 90% der geleisteten Arbeiten zu verlangen. Den Nachweis der ausgeführten Arbeiten hat der Unternehmer durch eine provisorische Aufstellung zu erbringen.

§ 13.

Bei allen über Auslegung und Ausführung dieses Vertrages entstehenden Streitigkeiten soll zuerst eine Einigung durch ein Schiedsgericht versucht werden. Jede Partei hat das Recht, innerhalb 14 Tagen einen Schiedsrichter zu ernennen, die dann ihrerseits im Laufe eines Monats einen rechtskundigen Obmann zu bestimmen haben. Können sich die Schiedsrichter über die Person des Obmannes nicht einigen, so soll dieser binnen eines Monats durch den Vorsitzenden der Handelskammer in . . . . ernannt werden. Ernennt eine Partei innerhalb der hierfür bestimmten Frist ihren Schiedsrichter nicht, so hat die andere Partei das Recht, auch den zweiten Schiedsrichter innerhalb weiterer 14 Tage zu bestimmen.

Die Schiedsrichter und der Obmann haben nach Einziehung genauer Erkundigungen bei den Parteien innerhalb eines Monats einen Vergleichsvorschlag, der auch über die Kosten des ganzen Verfahrens zu bestimmen hat, schriftlich auszuarbeiten. Kommt eine Einigung über diesen Vergleichsvorschlag nicht zustande, so kann der ordentliche Rechtsweg beschritten werden.

§ 14.

Dieser Vertrag ist in zwei Entwürfen ausgearbeitet, jeder Entwurf wurde von beiden Parteien unterschrieben und jeder Partei ein unterzeichnetes Exemplar ausgehändigt.

Besondere Bedingungen für die Ausführung von Freileitungsanlagen.

Der Unternehmer hat dafür zu sorgen, daß Flurschäden nach Möglichkeit vermieden werden. Durch leichtfertige Arbeit oderBöswilligkeit entstandener Flurschaden fällt dem Unternehmer zur Last.

Bei Grabarbeiten im Ackerland muß der Mutterboden gesondert geschichtet und zur Einebnung der Oberfläche wieder benutzt werden. Rasen muß abgehoben und, wenn nötig, wieder eingesät werden. Die Erdoberfläche muß innerhalb acht Tagen in den früheren Zustand versetzt oder nach besonderer Anweisung behandelt werden. Das überflüssige Material ist innerhalb vier Tagen zu entfernen.

Die vorgesehenen Fundamente und Gründungsmethoden sind für normalen Baugrund mit einer Belastungsfähigkeit von . . . kg/qcm gewählt. Ist der Unternehmer der Ansicht, daß der in der vorgeschriebenen Tiefe angetroffene Baugrund dieser Belastung nicht standhalten kann, so hat er unverzüglich dem Aufsichtsbeamten mündlich und dem Elektrizitätswerk schriftlich Mitteilung zu machen. Die Entscheidung über die Fundamentgröße trifft das Elektrizitätswerk. Der Mehraufwand an Beton wird dem Unternehmer nach Einheitspreisen vergütet.

Das Abladen und der Transport der Maste hat vorsichtig zu erfolgen. Verbogene oder beschädigte Teile werden auf Kosten des Unternehmers instand gesetzt. Lagernde Maste, Rüsthölzer und Hebezeuge dürfen den Verkehr nicht hindern. Die in gerader Strecke stehenden Maste müssen lotrecht und so aufgestellt werden, daß sie genau in der Fluchtlinie sich decken. Winkelmaste usw. werden nach den Angaben des Elektrizitätswerkes auf Zug gestellt.

Sämtliche Eisenteile werden grundiert angeliefert. Ist mehrmaliger Anstrich vorgesehen, so muß für die verschiedenen Anstriche die Farbe so gewählt werden, daß der Unterschied deutlich erkennbar ist. Die Farbe des letzten Anstriches bestimmt das Elektrizitätswerk.

Der Unternehmer ist berechtigt, geeignetes ausgehobenes Bodenmaterial zur Betonierung zu verwenden. Der Sand muß scharf sein, Sand und Kies dürfen keine lehmigen oder tonigen Bestandteile enthalten, wenn nötig, müssen die Materialien vorher gewaschen werden. Steine müssen bis auf 70 mm zerkleinert werden, weiche Steine sind zur Verwendung untauglich. Das zur Betonbereitung benutzte Wasser muß ebenfalls rein sein, es darf besonders keine schlammigen Bestandteile enthalten. Die erdfeuchte Betonmasse ist in Lagen von 15—20 cm einzubringen und festzustampfen. Bei eintretendem Frost und großer Hitze müssen fertige Betonarbeiten gut abgedeckt werden.

Die Erdung der Maste usw. hat der Unternehmer nach der vom Elektrizitätswerk ihm übergebenen Anweisung besonders sorgfältig auszuführen.

Stachelkränze sind in gleicher Höhe nach Beendigung der Leitungsmontage, Warnungsschilder nach dem letzten Anstrich anzubringen.

Aluminiumleitungen dürfen nicht geschleift werden, das Ziehen von Kupferleitungen über steiniges Ackerland und Wege ist verboten. Beschädigungen der angelieferten Leitungsdrähte, schlechte Stellen, die gefunden werden, hat der Unternehmer durch Ausschneiden zu beseitigen und dem Elektrizitätswerk hiervon unverzüglich Kenntnis zu geben. Die

Leitungen werden nach den übergebenen Montagetabellen mittels Dynamometer und Nachprüfung des Durchhanges gespannt. In gerader Strecke sind nur Kopfbunde mit übergeschobenen geschlitzten Kupferröhrchen zulässig.

Aufgedeckte Dächer sind bei Regen und nach Schluß der Arbeitszeit zu schützen, schlechte und ungenügende Dachkonstruktionen entsprechend zu verstärken. Der Unternehmer hat sein Personal zur besonderen Vorsicht bei Dacharbeiten und Arbeiten in Anwesen anzuhalten, damit Beschädigungen von Gegenständen vermieden und die Besitzer nicht gestört werden. Das Personal für Ortsnetzarbeiten ist sorgfältig auszuwählen, das Elektrizitätswerk ist berechtigt, die Entfernung von Arbeitern zu verlangen, deren Betragen zu Tadel Veranlassung gibt.

Einheitspreise (Friedenspreise) für Hochspannungsfernleitungsarbeiten.

1. Transport und Setzen von Holzmasten ab Lagerplatz oder vom Eisenbahnwaggon, Graben der Löcher bis 2 m Tiefe, Stampfen des Einfüllmaterials, Wiederherstellung der Erdoberfläche, Abfuhr des überflüssigen Materials und Aufräumungsarbeiten

	M.
bis 11 m lang pro Mast	5,20
bis 12 m lang pro Mast	6,—
bis 13 m lang pro Mast	6,50
bis 14 m lang pro Mast	7,25

2. Verkeilen der Maste mit zwei Steinkränzen, einschl. Lieferung von $^1/_5$ cbm harter Steine

Mehrpreis pro Mast 2,50

3. Transport und Setzen von Strebestangen, Graben des Loches bis zu 1,5 m Tiefe, Zusammenpassen von Strebe mit Stange, Verschrauben beider mit einer $^3/_4$''-Schraube, Stellen der Strebe, Setzen und Liefern einer Druckunterlage aus Stein oder Hartholz, Wiederherstellung der Bodenfläche, Abfuhr des überflüssigen Materials und Aufräumungsarbeiten

pro Strebe 6,90

4. Transport und Setzen von Doppelmasten in A-Form wie unter Pos. 1., Zusammenpassen, einschl. Lieferung von zwei alten Eisenbahnschwellen für den Fuß (2,6 m lang, 14 cm hoch und 22 cm breit) und zwei mit Teeröl imprägnierten Zangen (ca. 90 cm lang, 12—14 cm hoch und 22 cm breit) für die mittlere Querversteifung,

einschl. Lieferung von fünf Schrauben 3/4″ zum Verspannen der Konstruktionsteile M.

bis 11 m Mastlänge 25,50
bis 12 m » . . . . 27,—
bis 13 m » . . . . 29,—
bis 14 m » . . . . 5,—

5. Verteilen der Maste wie unter Pos. 2 . . . . 5,—

6. Transport und Setzen von Mastfüßen aus U-Eisen, Graben der Löcher bis 1,5 m tief wie unter Pos. 1
pro Mastfuß 3,50

7. Transport und Aufstellen von Holzmasten in Mastfüße einschl. Verkeilen und Lieferung der in Leinöl gekochten Hartholzkeile
bis 9 m lang pro Mast . . . . 4,—
bis 11 m lang pro Mast 4,40
bis 12 m lang pro Mast 4,70

8. Montage eines Rundeisenankers, einschl. Eingraben einer Verankerungsplatte 1,5 m tief, Einfügen eines Spannschlosses, der Isoliervorrichtung und Aufräumungsarbeiten 4,60

9. Transport und Aufstellen von Eisenmasten von 11 bis 14 m Länge vom Lagerplatz oder Eisenbahnwaggon
bis 500 kg Gewicht pro Mast . . . . 16,—
bis 1000 kg » » » . . . . 24,—
bis 1500 kg » » » . . . . 29,—
10. Bodenaushub für Betonfundamente pro cbm . . . . . 2,—

11. Ausführung der Betonfundamente in der Mischung 1 : 3 : 6, Glattstrich des Fundamentes, so weit es über Bodenhöhe sich befindet, einschl. Abfuhr des überflüssigen Materials und Aufräumungsarbeiten
pro cbm . . . . 20,—

12. Mehrpreise bei Verwendung von Senkkästen
bis 1 m Senkkastenhöhe, pro Mast 14,50
bis 1,50 m » » » . . . . 22,—

13. Mehrpreis pro Mast für Wasserhaltung
bis 1 m Wassertiefe . . . . 9,—
bei größerer Wassertiefe oder Felsarbeiten . . . . 14,—

14. Ausrüsten eines einfachen Holzmastes oder Doppelholzmastes in A-Form mit drei Isolatoren mit Holzgewinde 1,60

M.

15. Ausrüsten eines einfachen Holzmastes oder Doppelholzmastes in A-Form mit einer Traverse, mit zwei Isolatoren und einer Kopfarmatur für einen Isolator 1,70

16. Ausrüsten eines einfachen Holzmastes oder Doppelholzmastes in A-Form mit drei Konsolen für je einen Stützisolator, Aufsetzen einer Mastkappe zur Befestigung eines Erdungsseiles, Verbinden der Konsole mit der Erdleitung 2,60

17. Ausrüsten eines Eisenmastes mit einer Traverse mit zwei Isolatoren und einem Isolator auf der Kopfarmatur 1,20

18. Ausrüsten eines Eisenmastes für Abspannpunkte mit einer Doppeltraverse mit vier Isolatoren und zwei Isolatoren auf der Kopfarmatur 2,80

19. Ausrüsten eines Eisenmastes für bruchsichere Überführung von drei Leitungen 3,50

20. Ausrüsten eines Eisenmastes mit drei Traversen für je einen Stützisolator 1,60

21. Aufhanfen eines Isolators, einschl. Lieferung von Hanf, Mennige und Filzscheiben . . . . —,18

22. Montage eines Erdungsbügels 1,50

23. Montage eines Fangbügels . . . . —,40

24. Montage eines Sicherheitsbügels . . . . —,40

25. Herstellung einer Erdung, Grabarbeiten bis 2 m, Versenkung einer Erdplatte oder Einschlagen eines Erdungsrohres in der Mastgrube, Verbindung mit dem Erdseil, Befestigung des Seiles am Mast und Anbringung einer Schutzabdeckung über Erde 11,—

26. Montage eines Mastschalters mit Betätigung von der Erde, einschl. Montage des Schutzkastens für die Triebteile . . . . . 21,—

27. Montage einer Warnungstafel . . . . —,15

28. Montage eines Stachelkranzes . . . . —,50

29. Montage einer bruchsicheren Überführung für drei Drähte bis zu 70 qmm . . . . 15,—

30. Betriebsfertige Montage von Dreifachleitungen, Auslegen, Spannen und Befestigen der Leiter, Herstellung der Verbindungs- und Abzweigstellen bei einem durchschnittlichen Mastabstande von 120—170 m

3 × 10 qmm	Querschnitt pro m Einfachleitung	—,05
3 × 16	» » » »	—,06
3 × 25	» » » »	—,07
3 × 35	» » » »	—,08
3 × 50	» » » »	—,09

M.

31. Betriebsfertige Montage einer Telephon-Doppelleitung aus Stahl- oder Bronzedraht bis 10 qmm Querschnitt, Herstellung der Verbindungs-, Abzweig- und Kreuzungsstellen
pro m Doppelleitung . . . . —,06

32. Montage eines Erdungsseiles oder Prelldrahtes bis 35 qmm Querschnitt, Verlegen, Spannen und Befestigen an den Mastkappen und Klemmen
pro lfd. m . . . . —,07

33. Zweimaliger Anstrich von Eisenmasten, einschl. Lieferung der Rostschutzfarbe
pro 100 kg Mastgewicht 2,40

34. Numerieren der Maste
pro Mast . . . . —,20

Einheitspreise (Friedenspreise) für Ortsnetzfreileitungsarbeiten.

35. Transport und Setzen von Holzmasten bis 18 cm Zopfstärke wie Pos. 1, ausschließlich Pflasterarbeiten
bis 9 m lang pro Mast 4,50
bis 10 m lang pro Mast 4,70
bis 11 m lang pro Mast 4,90
bis 12 m lang pro Mast 5,10
bis 13 m lang pro Mast 5,40
bis 14 m lang pro Mast 5,90

36. Mehrpreis für Wasserhaltung ohne Senkkasten
pro Mast . . . . 5,—

37. Mehrpreis für Pflasterarbeiten
pro Mast 1,50

38. Verkeilen der Maste mit zwei Steinkränzen, einschl. Lieferung von $^1/_5$ cbm harten Steinen
Mehrpreis pro Mast . . . . 2,—

39. Transport und Setzen von Strebestangen wie unter Pos. 3, ausschl. Pflasterarbeiten 6,20

40. Montage eines Draht- oder Rundeisenankers, wie Pos. 8, ausschl. Einbau der Isoliervorrichtung und Pflasterarbeiten . . 3,70

41. Montage eines Ankers ohne Erdverankerung . . . . . 3,—

42. Transport und Aufstellen von Eisenmasten bis 13 m Länge
bis 300 kg Gewicht pro Mast . . . . 12,—
bis 500 kg Gewicht pro Mast . . . . 14,—
bis 1000 kg Gewicht pro Mast . . . . 21,—

	M.
43. Bodenaushub für Betonfundamente pro cbm	1,80
44. Ausführung der Betonfundamente wie Pos. 11 pro cbm	18,—
45. Mehrpreis für Wasserhaltung über 1 m Tiefe pro Mast	10,—
46. Mehrpreis für Pflasterarbeiten pro Mast	3,60
47. Montage einer Konsole oder eines Wandauslegers	
mit 2 Befestigungspunkten	4,20
mit 3 »	5,—
mit 4 »	6,20
48. Montage eines Dachständers aus einem Rohr, einschl. der erforderlichen Arbeiten zur Verstärkung der Dachkonstruktion und Anbringung der Abdichtungsmanschetten, ausschl. Wiederherstellen des Daches	7,50
49. Montage eines Doppelrohrdachständers wie Pos. 48 . .	14,—
50. Aufhanfen eines Isolators, einschl. Lieferung von Hanf, Mennige und Filzscheiben	—,14
51. Montage einer Traverse mit zwei Isolatoren an Holz- oder Eisenmasten	—,60
52. Desgleichen mit vier Isolatoren	—,80
53. Montage einer Ringtraverse für Verteilungspunkte an Holz- oder Eisenmasten	3,20
54. Montage eines Isolators mit Holzgewinde	—,35
55. Montage eines Isolators mit gerader Stütze an Traversen usw.	—,25
56. Montage eines Isolators mit Steindolle	—,70
57. Montage einer Mastkappe für geerdeten Leiter oder Erdseil	1,20
58. Versenkung einer Erdplatte oder Einschlagen eines Erdungsrohres in der Mastgrube, Verbindung mit dem Erdseil und dem Nulleiter, Befestigung des Erdseiles am Mast und Anbringung einer Schutzabdeckung über Erde	9,50
59. Montage eines einpoligen Blitzableiters, einschl. Verbindung mit der Erdplatte oder Erdleitung	2,20
60. Montage einer Freileitungssicherung oder Trennstückes einschl. Verbindung mit den Leitungen	1,60
61. Betriebsfertige Montage der Leitungen, Auslegen, Spannen und Befestigung der Leiter, Herstellen der Verbindungs- und Ab-	

zweigstellen

	M.
a) für blanke Leiter 6 qmm, pro 100 m	4.50
» » » 10 » » 100 »	5.—
» » » 16 » » 100 »	6,—
» » » 25 » » 100 »	6,50
» » » 35 » » 100 »	7,50
» » » 50 » » 100 »	8,50
» » » 70 » » 100 »	10.—
b) für isolierte Leiter 6 qmm, pro 100 m	5,—
» » » 10 » » 100 »	5,50
» » » 16 » » 100 »	6,75
» » » 25 » » 100 »	7,50
» » » 35 » » 100 »	8.75
» » » 50 » » 100 »	10,—
» » » 70 » » 100 »	11.50

62. Einbau von Verbindungsstellen zwischen blanken und isolierten Leitern pro Paar 1.60

63. Montage und Herstellung flacher Schutznetze aus verzinkten Drähten oder Seilen, drei Längsdrähte, Querverflechtung 1 m, einschl. Montage der Traversen zur Befestigung
pro m 1.20

64. Montage und Herstellung von Kastenschutznetzen mit sieben Längsdrähten, sonst wie Pos. 63
pro m 2.50

65. Montage eines Straßenwandarmes, einschl. Verlegung der Zuleitung und Verbindung mit den Netzleitungen 6.50

66. Erstellung eines Hausanschlusses bis 10 m Länge, einschl. Anbringen der Isolatoren und Herstellen der Verbindungsstellen
Zweileiteranschluß 3,80
Dreileiteranschluß 6,20
Vierleiteranschluß 9,50

67. Mehrpreis über 10 m Länge, pro m einfache Länge . . —,09

68. Zweimaliger Anstrich einer Traverse mit zwei Isolatorenstützen mit Rostschutzfarbe . . . . —,60

69. Desgleichen mit vier Isolatoren 1,10

70. Desgleichen eines einfachen Rohrständers oder Auslegers 1,30

71. Desgleichen eines Doppelrohrständers 2,50

26. Apparate und Werkzeuge zur Erstellung von Leitungsanlagen.

a) Zum Abstecken von Leitungslinien.

1 Theodolit,
1 einfacher Höhenmesser zur Aufnahme von Straßenkreuzungen, Baumhöhen usw.,
1 einfacher Winkelmesser,
1 Fernglas,
6—10 Visierstäbe mit 2 Riemen zum Zusammenschnallen,
2 Markierungszeichen △ etwa 40 cm Seitenlänge,
1 Stahlbandmaß ca. 20 m,
1 Meterstab 2 m lang,
1 kräftiges Beil zum Einschlagen von Markierungspfählen, mehrere Stücke farbige Markierungskreide,
1 starker Pappdeckel mit Schreibpapier zum Aufnehmen von Profilen usw.
1 kräftiger Rucksack zum Transport der Trassierwerkzeuge.
1 Signalpfeife.

b) Zum Setzen und Armieren von Holzmasten.

1 vierrädriger bedachter Werkzeugwagen mit verschließbaren Vorder- und Hintertüren und Farbeinzeichnung,
1 kräftige Kette mit ebensolchem Hängeschloß zum Anschließen des Wagens an der Baustelle,
1 einfache Diaphragmapumpe mit ca. 4 m Schlauch und Saugkorb,
4 Wasserschöpfer mit langem Stiel,
6 Pickel mit Stiel,
2 Reservestiele,
6 kräftige Spaten mit Stiel,
2 Reservestiele,
6 Erdschaufeln mit Stiel,
2 Reservestiele,
4 gebogene Lochschaufeln mit Stiel,
1 Brechstange (Hebeeisen),
2 lange Stoßeisen,
22 Steinmeissel 300—400 mm lang, 30 mm breit,
2 » 200—300 mm lang, 25 mm breit,
Steinkeile,
1 Vorschlaghammer 5 kg mit Stiel,
2 Handhämmer je 1 kg,

1 Axt mit Stiel,
1 Handbeil mit Stiel,
1 Bügelsäge ca. 1 m Blattlänge,
1 Stemmeisen 25 mm breit mit Eisenringheft,
4 Schlangenbohrer ca. 400 mm lang, 28 mm Durchmesser mit Öhr und Holzgriff,
2 desgleichen 22 mm Durchmesser,
2 » 16 mm »
2 Spitzstangenbohrer mit Öhr und Holzgriffen ca. 400 mm lang, 16 mm Durchmesser,
2 desgleichen 13 mm Durchmesser,
2 Paar Klappsteigeisen 260 mm Weite,
2 Sicherheitsgürtel mit Segeltuchtasche,
1 Senkel mit Schnur,
6 Visierlatten,
4 Erdstampfer,
1 Rutschbrett ca. 2,5 m lang, 20 cm breit, 4 cm dick, mit Bandeisen beschlagen,
1 Seilflaschenzug mit 3rolliger Flasche mit Seil 10—12 mm Durchmesser, 20 m lang,
1 Froschklemme mit parallel geführten Backen 1—9 mm spannend oder besser ein zusammenschraubbarer Drahtspanner mit Haken, ca. 150 mm lang,
1 verstellbarer Schraubenschlüssel,
2 Gabelschlüssel für $^1/_2$''-Holzschlüsselschrauben,
2 » » 1—1 $^1/_2$''-Maschinenschrauben,
2 » » $^7/_8$—$^3/_4$''- » ,
2 » » $^3/_4$—$^5/_8$''- » ,
1 Bastard-Flachfeile ca. 300 mm lang mit Heft,
1 Kombinationszange ca. 220 mm lang,
1 kräftiges Schnitzmesser,
6 Paar Schwalben verschiedener Länge mit Koppelstricken,
3 Reservestücke,
3 Stützgabeln verschiedener Länge,
1 Wurfleine ca. 30 m lang, 10—13 mm Durchmesser,
1 Verbandzeugkasten mit Anleitung,
1 Werkzeugbuch,
1 Arbeitsordnung.

An den inneren Türenwänden sind zu befestigen:

Allgemeine Verhaltungsvorschriften für die Versicherten in den Betrieben der Berufsgenossenschaft nebst Adresse dieser.

Anleitung zur ersten Hilfeleistung bei Unfällen,
1 Hinweis: »Zuwiderhandlung gegen die Unfallvorschriften wird mit M. 6.— bestraft«.

c) Zum Aufstellen von Eisenmasten sind weiter erforderlich:

1 Kettenflaschenzug ca. 10 m Hub ca. 2000 kg Tragfähigkeit,
1 kräftiger Holzvorschlaghammer ca. 150—200 mm Durchmesser, 250 mm hoch mit Eisenringen und Stiel,
6 Ankerpflöcke (Heringe) ca. 1,5—2 m lang, 8—10 cm Durchmesser, zugespitzt, oben mit Schlagring,
1 Holzmast mit Konsole zum Anbringen des Kettenflaschenzuges, 11—12 m lang, 15—17 cm Zopfstärke,
3 Bindeketten mit Haken und Ringen 1,5—2 m Länge, 10 mm Glieddurchmesser,
1 Holzwasserwage ca. 400 mm lang,
1 leichte Zahnstangenwinde,
100 m Eisendraht 5 mm für provisorische Anker.

d) Sind Maste in Gelände mit Fließsand oder starkem Wasserandrang zu setzen, so sind eine Anzahl Spundbretter (ev. Senkkästen) und Rundhölzer zum Anspreizen beigegeben.

e) Sind Holzmaste mit Stockschutz zu versehen, so sind notwendig:

1 leichter Teerofen,
1 kräftiger Bock zum Auflegen der Maste ca. 60 cm hoch,
3 Kokosteerquasten mit schräg angebrachtem Stiel,
2 Reservequasten.

f) Zur Leitungsmontage:

1 vierrädriger, bedachter Werkzeugwagen mit verschließbaren Vorder- und Hintertüren und eingeschobenem, transportablen, verschließbarem Werkzeugkoffer zum Aufbewahren der besseren Werkzeuge,
1 Werkzeugbuch,
1 Arbeitsordnung,
1 Verbandkasten.

An geeigneter Stelle befestigt:

Adresse der Berufsgenossenschaft,
Allgemeine Verhaltungsvorschriften für die Versicherten in den Betrieben der Berufsgenossenschaft,
Anleitung zur Hilfeleistung bei Unfällen sowie ein Blatt: »Zuwiderhandlung gegen die Unfallverhütungsvorschriften wird mit M. 6 bestraft«.

6 Paar Klappsteigeisen 300 mm Weite,
6 Sicherheitsgürtel mit Werkzeugtasche,
6 Paar Flaschenzüge mit Messingrollen 11 mm,
10 Hanfseile dazu, je 25 m lang, 10 mm Durchmesser,
6 Geradespanner zum Feinregulieren des Durchhanges,
6 Drahtspanner mit Schrauben für Leitungen bis 50 qmm,
3 Keildrahtspanner 35—50 qmm,
2 » 25 qmm,
3 Dynamometer 800 kg,
1 Thermometer mit Holzschutz,
2 Meterstäbe 2 m lang,
2 Satz Durchhangstabellen,
40 Laufrollen,
1 Senkel,
3 Kombinationszangen, 265 mm lang,
2 » 200 mm lang,
2 Brennerzangen, 275 mm lang,
4 Flachzangen, 200 mm lang,
2 Rundzangen, 200 mm lang,
2 Vorschneidezangen, 250 mm lang,
1 Hebeldrahtabschneider, 650 mm lang,
1 großer Körner,
1 Flachmeissel, 150 mm lang,
2 Kreuzmeissel, 175 mm lang,
2 verschieden große Durchschläge,
1 Schraubenzieher, 6 mm breit,
2 » 8—10 mm breit,
1 verstellbarer Schraubenschlüssel 300, mm lang,
2 Gabelschlüssel, $^1/_4 \times {^3/_8}''$,
2 » $^1/_2 \times {^5/_8}''$,
1 » $^3/_4 \times 1''$,
1 » $1^1/_4''$,
1 Steckschlüssel mit Drehstift, $^3/_8 \times {^1/_2}''$,
1 » » » $^5/_8 \times {^3/_4}''$,
1 Bohrknarre 250 mm lang,
1 verstellbarer Bohrbügel dazu,
2 Metallspitzbohrer $^3/_8''$,
2 » $^1/_2''$,
2 » $^5/_8''$,
1 Handbohrmaschine mit 2 Übersetzungen und Dreibackenfutter, bis 12,5 mm spannend,

1 Metallsägebogen, 12″,
12 Metallsägeblätter, 12″,
1 Feilkloben ca. 50 mm Backenbreite,
1 Vorschlaghammer 5 kg mit Stiel,
3 Handhämmer je 1 kg mit Stiel,
2 Niethämmer, je 150 g mit Stiel,
2 vollständige Werkzeuge für Nietverbinder,
1 vollständiges Werkzeug für zweiteilige Nietverbinder,
1 Spaten mit Stiel,
2 Schaufeln mit Stiel,
1 Kreuzkratze mit Stiel,
1 Axt mit Stiel,
1 Handbeil mit Stiel,
1 Stemmeisen, 20 mm breit, mit Heft,
1 Fuchsschwanz, 300 mm,
1 Bügelsäge, ca. 900 mm lang,
1 starkes Schnitzmesser,
2 Schlangenbohrer, 400 mm lang, 27 mm Durchmesser,
2 » 600 mm » 19 mm »
1 » 400 mm » 14 mm »
2 Spiralbohrer von je 4, 6, 8 mm Durchmseser,
2 Flachfeilen, Bastard, 12″,
2 » halbschlicht, 12″,
2 » schlicht, 12″,
2 Rundfeilen, 3/8″,
2 » 1/2″,
1 Dreikantfeile, 12″, halbschlicht,
1 Halbrundfeile, 12″, halbschlicht,
1 kleine Sägefeile,
10 verschiedene Feilenhefte,
1 Sturmbenzinlötlampe,
1 Hammerlötkolben mit Stiel,
1 Benzinkanne, ca. 5 l Inhalt,
1 Schmierkanne, ca. 1/4 l Inhalt,
3 Pinsel, ca. 15 mm Durchmesser,
3 » ca. 25 mm Durchmesser,
3 Farbenbüchsen mit Haken, zum Einhängen an den Sicherheitsgürtel.

g) Für Ortsnetzbau:

1 Koffer, Größe 850 × 400 × 400 mm,
1 Vorhängeschloß,

1 Werkzeugbuch,
3 Dynamometer, 800 kg,
1 armiertes Thermometer,
1 Flachzange, 160 mm lang,
2 Rundzangen, 160 mm lang,
2 Zwickzangen, 240 mm lang,
3 Universalzangen, 260 mm lang,
3 Nagelbohrer, 3,5 mm Durchmesser,
1 » 5 mm Durchmesser,
1 » 7 mm »
2 Bohrwinden mit Rätsche und Kugellager,
2 Spitzbohrer, 14 mm Durchmesser, mit Griff,
2 » 18 mm Durchmesser, für Winde,
2 Zentrumbohrer, 6 und 8 mm, für Winde,
1 » 12 mm Durchmesser, für Winde,
1 » 16 mm Durchmesser, für Winde,
2 Hämmer, 0,5 kg, mit Stiel,
2 » 1,0 kg, mit Stiel,
1 Metallsägebogen, 300 mm lang,
3 Metallsägeblätter,
1 Gabelschlüssel, $^3/_4 \times {}^7/_8$,″,
1 » $^5/_8 \times {}^3/_4$,″,
1 » $^1/_2 \times {}^5/_8$,″,
4 Paar Flaschenzüge, 50 mm Rollendurchmesser,
3 Drahtspanner,
2 Froschklemmen, 1—6 mm fassend,
4 » 3—15 mm fassend,
2 Fuchsschwänze, 350 mm lang,
2 Lochsägen, 350 mm lang,
2 Stechbeitel, 20 mm breit, mit Heft,
1 Lötlampe (Sievert),
1 Hammerlötkolben, 250 g, mit Stiel,
1 Senkel, 100 mm lang, mit Schnur,
1 Feilkloben, 160 mm lang,
1 Wasserwage, 200 mm lang,
1 » 400 mm lang,
1 Brennerzange, 180 mm lang,
2 Gipsgeschirre, 140 mm Durchmesser,
2 Spachteln, 50 mm breit,
3 Montagemesser mit Vorreißer,
2 Schraubenzieher zum Umstecken, 4 × 6 mm Klingenbreite,

2 Schraubenzieher zum Umstecken, 8 × 10 mm Klingenbreite,
2 Steinmeißel, 400 mm lang, 15 mm breit,
2 » 400 mm lang, 25 mm breit,
2 Engländer, 300 mm lang,
1 Maurerhammer,
1 Maurerkelle,
4 Gürtel mit Taschen,
4 Paar Steigeisen,
1 Blechschere, 220 mm lang,
1 Benzingefäß,
1 Amboß mit Dorn,
1 Satz Universalschlüssel für Konusverbinder,
2 Bindestricke, à 3 m lang,
1 Wurfseil, 50 m lang,
3 Spannschlösser, 440 mm lang, $^5/_8$'' Gewinde,
2 Biegezangen für 13,5 mm Rohr,
1 » für 16 mm Rohr,
1 » für 23 mm Rohr,
2 Pinsel, Größe 8,
2 Vorfeilen (flach),
1 Raspel (halbrund),
1 Sägefeile,
1 Wurfseil, 200 m lang,
30 Montagerollen.

---

27. Vorschriften für die Errichtung elektrischer Starkstromanlagen nebst Ausführungsregeln.

§ 22. Freileitungen.

a) Ungeerdete Freileitungen dürfen nur auf Porzellanglocken oder gleichwertigen Isoliervorrichtungen verlegt werden.

b) Freileitungen, sowie Apparate an Freileitungen sind so anzubringen, daß sie ohne besondere Hilfsmittel weder vom Erdboden noch von Dächern, Ausbauten, Fenstern und anderen von Menschen betretenen Stätten aus zugänglich sind; wenn diese Stätten selbst nur durch besondere Hilfsmittel zugänglich sind, genügt bei Niederspannung die Verwendung wetterfester, isolierter Leitungen oder die Anbringung besonderer Schutzwehren. Bei Wegübergängen müssen die Leitungen einen angemessenen Abstand vom Erdboden oder einen geeigneten Schutz gegen Berührung erhalten.

1. Ungeschützte Freileitungen für Hochspannung sollen in der Regel mit ihren tiefsten Punkten mindestens 6 m von der Erde, und bei befahrenen Wegübergängen mindestens 7 m von der Fahrbahn entfernt sein.

c) Träger und Schutzverkleidungen von Freileitungen, welche mehr als 750 Volt gegen Erde führen, müssen durch einen roten Blitzpfeil sichtbar gekennzeichnet sein.

d) Leitungen, Schutznetze und ihre Träger müssen genügend widerstandsfähig (auch gegen Winddruck und Schneelast) sein.

2. Die Ausführung und Bemessung von Freileitungen soll nach den »Normalien für Freileitungen« erfolgen.

3. Freileitungen können mit größeren Stromstärken belastet werden als der Tabelle in § 20[1] entspricht, wenn dadurch ihre Festigkeit nicht merklich leidet.

e) Bei Freileitungen für Hochspannung müssen blanke Leitungen verwendet werden; wo ätzende Dünste zu befürchten sind, ist ein schützender Anstrich gestattet.

f) Bei Freileitungen für Hochspannung müssen Eisenmaste, Eisenbetonmaste oder ihre Isolatorenträger und die Ankerdrähte gut geerdet werden. Ferner müssen bei der Führung von Leitungen an Wänden und solchen Holzmasten, welche sich an verkehrsreichen Stellen befinden, Isolatorenstützen und Tragseile von Streckenschaltern, Kurzschließern usw. an die Erdleitung angeschlossen werden. Bei Holzmasten genügt in diesem Falle ein geerdeter Schutzring am Mast unterhalb der Leitung.

g) In die Betätigungsgestänge von Schaltern an Holzmasten sind Isolatoren einzuschalten, wenn eine zuverlässige Erdung des Schalters nicht gewährleistet werden kann. In diesem Falle ist nicht das Gestell selbst, sondern das Betätigungsgestänge unterhalb der Isolatoren zu erden.

Ankerdrähte von Holzmasten sind zu erden oder mit zuverlässigen Abspannisolatoren über Reichhöhe zu versehen.

h) Bei parallel verlaufenden oder sich kreuzenden Freileitungen, die an getrenntem oder gemeinsamem Gestänge geführt sind, sind die Drähte so zu führen oder es sind Vorkehrungen zu treffen, daß eine Berührung der beiden Arten von Leitungen miteinander verhütet oder ungefährlich gemacht wird (s. auch § 4a).

i) Fernmeldefreileitungen, die an einem Freileitungsgestänge für Hochspannung geführt sind, müssen so eingerichtet sein, daß gefährliche Spannungen in ihnen nicht auftreten können oder sie sind wie Hochspannungsleitungen zu behandeln. Fernsprechstellen müssen so eingerichtet sein, daß auch bei Berührung zwischen den beiderseitigen Leitungen eine Gefahr für die Sprechenden ausgeschlossen ist.

4. Fernmeldefreileitungen sollen entweder auf besonderem Gestänge oder bei gemeinsamem Gestänge in abgemessenem Abstand unterhalb der Starkstromleitungen verlegt werden.

k) Wenn eine Hochspannungsleitung über Ortschaften, bewohnte Grundstücke und gewerbliche Anlagen geführt wird, oder wenn sie sich einem verkehrsreichen Fahrweg so weit nähert, daß die Vorüberkommenden durch Drahtbrüche gefährdet werden können, müssen die Leitungsdrähte entweder so hoch angebracht werden, daß im Falle eines Drahtbruches die herabhängenden Enden mindestens 3 m vom Erdboden entfernt sind, oder es müssen Vorrichtungen angebracht werden, die das Herabfallen der Leitungen verhindern oder welche die herabgefallenen Teile selbst spannungslos machen, oder es müssen innerhalb der fraglichen Strecke alle Teile der Leitungsanlage mit entsprechend erhöhter Sicherheit ausgeführt werden.

5. Schutznetze für Hochspannungsleitungen sollen so gestaltet oder angebracht sein, daß sie auch bei starkem Winde mit den Hochspannungsleitungen nicht in Berührung kommen können und einen gebrochenen Draht mit Sicherheit abfangen.

Sie sollen, wo sie nicht geerdet werden können, der höchsten vorkommenden Spannung entsprechend isoliert sein.

6. Bei Winkelpunkten von Hochspannungsleitungen sollen die Leitungen an zwei Isolatoren mit Sicherheit abgespannt werden, die beim Bruch von Isolatoren das Herabfallen der Leitungen verhindern.

l) Hochspannungsfreileitungen zur Versorgung ausgedehnter gewerblicher Anlagen, größerer Anstalten, Gehöfte und dergleichen müssen während des Betriebes streckenweise spannungslos gemacht werden können.

7. Dies soll auch bei Ortschaften den örtlichen Verhältnissen entsprechend beachtet werden.

Normalien für Freileitungen.

I. Leitungen.

a) Geltungsbereich.

Von den folgenden Bestimmungen werden alle (1)[1]) Freileitungen betroffen. Ausgenommen sind Fahrleitungen für Bahnen (2), sowie alle Hausanschlüsse an Niederspannungsleitungen für Stützentfernungen bis einschließlich 20 m und Anschlüsse für Straßenbeleuchtung für Niederspannung.

[1]) Die beigefügten Zahlen mit Klammern verweisen auf den entsprechenden Absatz der Erläuterungen. Diese sind auf S. 259. u. ff. abgedruckt.

b) Normale Querschnitte.

Als kleinster Querschnitt ist für Metalle mit mehr als 7,5 spezifischem Gewicht 10 qmm, für Metalle mit weniger als 7,5 spezifischem Gewicht 25 qmm erlaubt. Die Leitungen sollen nach folgenden Normen (3) hergestellt werden:

Querschnitt (Nennwert) qmm	Drahtzahl		Drahtdurchmesser mm (Nennwert)	Seildurchmesser mm (Nennwert d)
10	1	(massiv)	3,5	—
16	1	»	4,5	—
16	7	(verseilt)	1,7	5,2
25	7	»	2,1	6,5
35	7	»	2,5	7,7
50	14	»	2,1	9,2
70	19	»	2,1	10,9
95	19	»	2,5	12,7
120	19	»	2,8	14,2
150	30	»	2,5	15 9
185	37	»	2,5	17,7
240	37	»	2,8	20,1
310	61	»	2 5	22,9

Die Schlaglänge soll das 12- bis 15fache des äußeren Seildurchmessers betragen.

c) Material.

1. Normales Material (4): Als normales Material gelten Kupfer und Aluminium (5), deren Beschaffenheit folgenden Bedingungen entspricht:

mm Durchmesser			Zuglast in kg, die mindestens 1 Minute lang wirken soll, ohne zum Bruch zu führen.		Widerstand in Ohm/km bei 20° C höchstens	
Nennwert	Grenzwert von	Grenzwert bis	Kupfer	Aluminium	Kupfer	Aluminium
1,7	1,7	1,75	90	—	8,0	—
2,1	2,1	2 2	140	60	5 2	9,0
2,5	2,5	2,6	200	85	3,7	6,4
2,8	2,8	2,9	250	105	3,0	5,0
3 5	3 5	3 6	380	—	1,85	—
4 5	4 5	4 6	600	—	1,15	—

Außerdem sollen die Drähte bei dem Festigkeitsversuch in Form eines ausgeprägten Fließkegels zerreißen (6).

Die im Anhang gegebenen Montagetabellen beruhen auf der Annahme, daß im ungünstigsten Belastungsfall (vgl. Absatz d)

massive Kupferleiter mit 12 kg pro qmm,

Kupferseile mit 16 kg pro qmm,

Aluminiumseile mit 9 kg pro qmm

Zug gespannt seien, wenn die Zuglast in kg, die mindestens eine Minute wirken soll, ohne zum Bruch zu führen, für Drähte von 2,1 mm Nenndurchmesser 65 kg, für solche von 2,5 mm 90 kg, und für solche von 2,8 mm 115 kg beträgt. Diese Grenzwerte sind auch dann einzuhalten, wenn in Ausnahmefällen Kupfer oder Aluminium mit anderen als den in den Montagetabellen genannten Spannweiten verlegt werden.

2. Anderes Material (7): Anderes Material (auch Kupfer und Aluminium mit besonderen Eigenschaften) ist unter den Beschränkungen des Absatzes b zugelassen mit der Maßgabe, daß die Zugspannung im ungünstigsten Belastungsfall (vgl. Absatz d) für massive Drähte ein Drittel, für Seile die Hälfte der Streckgrenze nicht überschreiten darf. Als Streckgrenze ist diejenige Zugspannung zu verstehen, die eine Minute lang auf das Material wirken kann, ohne eine mehr als 0,2% der Meßlänge betragende bleibende Dehnung zu erzeugen.

Außerdem sollen die Drähte bei dem Festigkeitsversuch in Form eines ausgeprägten Fließkegels zerreißen (6).

d) Festigkeitsrechnungen.

Den Festigkeitsrechnungen ist das eine Mal eine Temperatur von — 20° C ohne zusätzliche Belastung, das andere Mal eine Temperatur von — 5° C und eine zusätzliche Belastung, hervorgerufen durch Wind resp. Eis, zugrunde zu legen. Diese Zusatzlast ist hierbei gleich ($180\sqrt{d}$) g pro m Leitungslänge einzusetzen, wobei d den Leitungsdurchmesser, bei isolierten Leitungen den Außendurchmesser in mm bedeutet. In keinem dieser Fälle darf die Beanspruchung des Leitungsmaterials die unter (c) festgesetzte Höchstbeanspruchung überschreiten (8). Für blanke (9) Leitungen dürfen die Züge und Durchhänge die Grenzwerte der Tabellen 13 bis 21 nicht überschreiten. Liegen die Stützpunkte nicht auf gleicher Höhe, so gelten dieselben Grenzwerte mit der Maßgabe, daß unter Spannweite die Entfernung der Stützpunkte, horizontal gemessen, und unter Durchhang der Abstand zwischen der Verbindungslinie der Stützpunkte und der dazu parallelen Tangente an die Durchhangslinie, vertikal gemessen, verstanden wird (10).

e) Leitungsverbindungen.

Leitungsverbindungen müssen mindestens 85% der Festigkeit der zu verbindenden Leitungen besitzen. Verbindungen mit kleinerer Festigkeit sowie Lötverbindungen müssen von Zug entlastet sein (11). Für Eisenleitungen, die nicht mit mehr als 12 kg/qmm gespannt sind, gilt letzteres nicht.

f) Fernsprechleitungen.

Bezüglich Fernsprechleitungen, welche an einem Freileitungsgestänge für Hochspannung verlegt sind, siehe § 20 und 22 der Errichtungsvorschriften (insbesondere § 22 i und k).

II. Gestänge.

a) Allgemeines.

Die Maste sind zu berechnen für den Spitzenzug und außerdem für den in der gleichen Richtung auf den Mast selbst entfallenden Winddruck. Unter Spitzenzug versteht man den auf die Mastspitze bezogenen, in einer der Hauptachsen angreifenden nutzbaren Zug.

Der Spitzenzug der Tragmaste wird durch den in horizontaler Richtung rechtwinklig zur Leitungsebene auf die halbe Länge sämtlicher Leitungen (12) der beiden Nachbarfelder wirkenden Winddruck bestimmt. In der Leitungsrichtung müssen die Maste mindestens ¼ dieses Zuges aufnehmen können. Tragmaste sind nur in gerader Linie oder bis zur Abweichung von 5^0 zulässig.

Als Spitzenzug der Eckmaste für Richtungsänderungen über 20^0 ist die Resultierende aus den größten Leitungszügen einzusetzen. Für kleinere Richtungsänderungen gilt der Spitzenzug für 20^0 Abweichung.

Als Spitzenzug der Abspannmaste sind $^2/_3$ des größten einseitigen Leitungszuges einzusetzen (13). Für Endmaste ist der ganze Zug zu berücksichtigen.

b) Holzgestänge (14).

Einfache Holzmaste für Niederspannungsleitungen müssen mindestens 13 cm, solche für Hochspannungsleitungen mindestens 15 cm Zopfstärke aufweisen. Bei A-Masten und gekuppelten Stangen ist eine Herabsetzung der Zopfstärke bis auf 12 cm zulässig.

Die Beanspruchung der Maste darf bei imprägnierten oder gegen Fäulnis in anderer Weise geschützten Stangen oder bei solchen aus besonders wiederstandsfähigen Holzgattungen (wie z. B. Lärche) 110 kg/qcm, bei nicht imprägnierten Weichholzstangen 80 kg/qcm nicht überschreiten. Die gleichen Werte sind auch der Berechnung zusammengesetzter Stützpunkte (A-Maste, Doppelmaste usw.) zugrunde zu legen (15).

Bei Berechnung der Maste ist der Winddruck mit 125 kg/qm senkrecht getroffener Fläche der Leitung und der Konstruktionsteile anzunehmen. Bei Leitungen ist die Fläche gleich dem 0,5fachen (16), bei Masten gleich dem 0,7fachen des Durchmessers, multipliziert mit der Länge in die Rechnung einzusetzen.

An Stelle der Rechnung auf vorstehender Grundlage kann für gerade Strecken und einfache Holzmaste die Zopfstärke Z entsprechend der Formel

$$Z = 1{,}2 \cdot \sqrt{D \cdot H} \quad {}^{17})$$

bestimmt werden, wobei für die Stangenabstände folgende Höchstwerte zulässig sind:

Für Linien mit einem Gesamtquerschnitt der Leitungsdrähte und Schutzdrähte (18):

a) bis	110 qmm	80 m,
b) über	110 bis 210 qmm	60 m,
c) über	210 bis 300 qmm	50 m,
d) über	300 qmm	40 m.

In obiger Formel bedeutet D die Summe der Durchmesser aller an dem Mast verlegten Leitungen in mm und H die mittlere Höhe der Leitungen am Mast in m.

c) Gestänge aus Flußeisen.

Die Beanspruchung der Eisenkonstruktionen auf Zug, Druck und Biegung darf im ungünstigsten Falle 1500 kg/qcm (Normalspannung), die Scherbeanspruchung der Nieten 1200 kg/qcm, die der Schrauben 900 kg/qcm, der Lochleibungsdruck das Doppelte der Scherbeanspruchung nicht überschreiten. Die auf Druck beanspruchten Glieder müssen eine zweifache Sicherheit gegen Knicken nach der Tetmajerschen Formel haben, wenn:

$$\lambda = \frac{l}{i} = \frac{\text{Knicklänge in cm}}{\text{Trägheitshalbmesser}} < 105$$

ist. Der Sicherheitsgrad wird durch das Verhältnis $\frac{\text{Knick-Spannung}}{\text{Normal-Spannung}}$ bestimmt, worin nach Tetmajer die Knickspannung $= 3100 - 11{,}41 \cdot \frac{l}{i}$ ist. Der Trägheitshalbmesser ist definiert durch die Gleichung $i = \sqrt{\frac{J}{F}}$.

Ist $\lambda > 105$, so müssen die auf Druck beanspruchten Glieder nach der Eulerschen Formel für die zulässige Belastung P in kg nach

$$P = \frac{J \cdot \pi^2 \cdot E}{n \cdot l^2}$$

berechnet werden, worin der Sicherheitsgrad $n = 3$ zu setzen ist (19).

J ist in beiden Fällen das Trägheitsmoment, bezogen auf die zu einem Winkelschenkel parallele Achse ($J\xi$), F die ungeschwächte Querschnittsfläche des Profils in qcm und E der Elastizitätsmodul $= 2150000$ kg/qcm.

Hierbei müssen die Diagonalen eines Feldes bei der Abwicklung der Mastseiten parallel zueinander gerichtet sein. Bei nicht parallelen Diagonalen ist an Stelle von $J\xi$ das kleinste Trägheitsmoment ($J_{\min}$) für die Eckständer einzusetzen. Bei Berechnung der Diagonalen und bei Stäben, die reine Druckspannungen erhalten, ist stets das kleinste Trägheitsmoment ($J_{\min}$) einzusetzen.

Die Abstände für die Anschlußnieten der Diagonalen an den Knotenpunkten sind so klein wie möglich zu bemessen.

Für sämtliche Konstruktionsteile sind Anschlußnieten unter 13 mm Durchmesser und Eisenstärken unter 4 mm unzulässig.

Für die verschiedenen Mindeststabbreiten sind die größten zulässigen Nietdurchmesser nachstehender Tabelle zu entnehmen:

Stabbreite in mm	35	45	55	60	70	80
Nietdurchmesser in mm	13	16	18	20	23	26.

Bei Zuggliedern ist die Nietschwächung zu berücksichtigen.

Die Durchbiegung der Maste darf höchstens 2% der freien Länge betragen, wobei der Winddruck als gleichmäßig auf die freie Mastlänge verteilt einzusetzen ist. Als ungünstigster Fall gilt eine Windbelastung von 125 kg/qm senkrecht getroffener Fläche der Leitungen und der Masten. Hierbei ist entweder der wirkliche Winddruck festzustellen, oder es ist als Windfläche die Hälfte einer als voll angenommenen Mastwand zu berücksichtigen unter Vernachlässigung der Konstruktionsteile und der Saugwirkung auf der Rückseite. Der Winddruck ist dabei in halber Höhe der freien Mastlänge angreifend anzunehmen. Bei Leitungen ist die Fläche gleich dem 0,5fachen (16), bei runden Masten gleich dem 0,7fachen des Durchmessers, multipliziert mit der Länge, einzusetzen.

d) Gestänge aus besonderen Materialien.

Gestänge aus besonderen Materialien dürfen bis zu $^1/_3$ der vom Lieferanten zu garantierenden Bruch- und Knickfestigkeit, gußeiserne Konstruktionsteile jedoch nur bis zu 300 kg/qcm beansprucht werden (20).

e) Aufstellung der Gestänge (21).

Die Masten und Gestänge sind ihrer Länge und der Bodengattung entsprechend tief einzugraben (im allgemeinen wird $^1/_6$ der Mastlänge als Eingrabungstiefe gefordert) und gut zu verrammen (in weichem Boden entsprechend der Beanspruchung zu sichern.) Die Verbindungen von Streben mit Holzmasten müssen durch durchgehende Verschraubungen oder durch Schellen hergestellt werden. Bei Verstrebungen sind auch noch Querverbindungen mit dem Mast anzubringen.

In Winkelpunkten der Leitungsführung ist der Eckmast mit einer seiner beiden Hauptachsen in Richtung der sich aus den Leitungszügen ergebenden Resultierenden zu stellen.

Erfolgt die Aufstellung abweichend hiervon, so ist der Mast entsprechend der Richtung des Spitzenzuges zu der Hauptachse zu berechnen, und zwar so, daß die Resultierende nach den Hauptachsen zu verlegen und der Mast für die Summe der beiden Komponenten zu bemessen ist (22).

Bei Mastfundamenten gilt die erforderliche Standsicherheit der Gestänge im allgemeinen als nachgewiesen, wenn die Abmessungen der Fundamente nach den Formeln nach Fröhlich, Beitrag zur Berechnung von Mastfundamenten (vgl. Zeitschrift für Bauwesen, Jahrgang 1915, Heft 10 bis 12) ermittelt werden. Bei der Berechnung des Fundamentes ist das Gewicht des Betons mit 2000 kg/cbm und das Gewicht des auflastenden Erdreiches mit 1600 kg/cbm einzusetzen.

Über Anordnung der Masten an verkehrsreichen Fahrwegen wird auf § 22k der Errichtungsvorschriften verwiesen.

Bei der Errichtung von Leitungen mit Holzmasten in Gegenden, die besonders heftigen Stürmen ausgesetzt sind, soll auch in geraden Strecken in der Regel alle 500 m ein verankerter Mast vorgesehen werden. Abspannmaste gelten als verankerte Maste (23).

Bei Verwendung eiserner Maste soll auch auf geraden Strecken mindestens alle 3 km ein Abspannmast gesetzt werden, sofern nicht durch Eck- oder Kreuzungsmaste schon für Abspannung gesorgt ist.

f) Konstruktion der Gestänge mit Rücksicht auf Vogelschutz.

Zur Vermeidung der Gefährdung von Vögeln sind bei Hochspannung führenden Starkstromleitungen die Befestigungsteile, Traversen, Stützen usw. möglichst derartig auszubilden, daß Vögeln eine Sitzgelegenheit dadurch nicht gegeben wird. Wo dies nicht angängig ist, sind die horizontalen Abstände zwischen einer Hochspannung führenden Starkstromleitung und geerdeten Eisenteilen mindestens 300 mm groß zu machen (24).

III. Befestigungspunkte der Leitungen.

a) Bunde.

Der Bindedraht soll stets aus demselben und bei Leichtmetallen aus möglichst gleich hartem Material bestehen wie die Leitung selbst. Die Bunde der Leichtmetalleitungen sind ferner vor Zerrung, gleitender Reibung, Vibration und Einschneiden zu schützen (25).

Bei Abweichung von der Geraden ist die Leitung so zu legen, daß der Isolator von der Leitung auf Druck beansprucht wird.

b) Isolatoren.

Die Überschlagsspannung der Hochspannungsisolatoren soll bei senkrecht und bei 45° geneigt einfallendem Regen von 3 mm Niederschlagshöhe in der Minute mindestens gleich der doppelten Netzspannung sein. Die Prüfung hat möglichst den praktischen Verhältnissen in bezug auf Stütze und Lage der Isolatoren entsprechend an Stichproben zu erfolgen. Die Benetzung soll fünf Minuten lang dauern.

Die normale Durchschlagsprüfung soll sich auf alle Isolatoren und über eine Viertelstunde im Wasserbade erstrecken, dabei soll die Durchschlagsspannung der Isolatoren größer sein als die Überschlagsspannung. Bei Isolatoren für weniger als 2000 Volt Netzspannung genügen Stichproben mit 5000 Volt Prüfspannung.

c) Stützen.

Für die Isolatorenstützen gelten die gleichen Festigkeitsgrundsätze wie für die eisernen Gestänge. Für die Befestigung der Isolatoren auf den Stützen wird Aufhanfen empfohlen (26).

IV. Besondere Bestimmungen zur Vermeidung von Schutznetzen.

Sollen durch erhöhte Sicherheit (27) im Sinne des § 22 h und k Freileitungsnormalien des V. D. E. Schutznetze vermieden werden, so sind besondere Vorkehrungen zu treffen, und zwar:

1. Die Leitung darf nur als Seil ausgeführt werden. Kupfer- und Eisenseile sollen einen Mindestquerschnitt von 16 qmm, Aluminiumleitungen von 35 qmm aufweisen.

2. Die Befestigung der Leitungen an den Isolatoren ist so auszuführen, daß bei Isolatorbruch und hierdurch entstehendem Lichtbogen zwischen Leitung und Eisenteilen die beiden Enden der etwa abschmelzenden Leitung nicht herunterfallen können, sondern durch zweckdienliche Einrichtungen zusammengehalten werden. Als solche kommen in Frage: Sicherheitsbügel (29), doppelte Aufhängung (30) oder Verwendung mechanisch besonders sicherer Isolatoren, in Verbindung mit besonders starkem Bund (z. B. Wickelbund).

Bei Kreuzungen außerdem:

3. Die Maste sind so zu berechnen, daß entweder jeder einzelne Mast den gesamten Leitungszug aufnimmt, oder es muß jeder der beiden an der Kreuzung stehenden Maste dem halben im Nachbarfeld vorhandenen Zuge genügen, wobei die Maste mit einem Spannseil verbunden sein müssen, welches die Differenz des Leitungszuges mit erhöhter Sicherheit aufzunehmen in der Lage ist.

Es ist dabei angenommen, daß bei einem Leitungsbruch im Nachbarfeld der einseitige Zug der Leitung durch beide Masten zusammen aufgenommen werden muß.

An Winkelpunkten kann erhöhte Sicherheit erreicht werden durch Fangbügel oder Abspannung der Leitungen an zwei Isolatoren.

Erläuterungen zu den „Normalien für Freileitungen".

Die bisher gültigen Normalien für Freileitungen stehen mit der praktischen Ausführung häufig in Widerspruch.

Die durch die Freileitungskommission neu bearbeiteten Normalien tragen den veränderten Verhältnissen Rechnung, insbesondere stützen sie sich auf die bei dem Bau neuerer Anlagen gesammelten Erfahrungen.

1. Auch Leitungen aus isolierten Drähten fallen darunter.

2. Die grundsätzliche Verschiedenheit der Anwendungsart von Fahrleitungen gegenüber anderen Freileitungen (z. B. in Bezug auf die Drahtdurchmesser) ließ es notwendig erscheinen, künftig die Material- und Berechnungsvorschriften der beiden Gebiete völlig zu trennen.

3. Massive Leitungen sind durch dynamische Beanspruchungen unter Zug so stark gefährdet, daß Leichtmetalle als massive Leiter überhaupt nicht mehr zugelassen werden konnten. Nur Metalle mit mehr als 7,5 spezifischem Gewicht, wie Kupfer, Bronze usw., dürfen unter gewissen Vorsichtsmaßregeln (s. Absatz c) in Einzeldrähten aufgehängt werden. Als kleinster Querschnitt ist für Schwermetalle 10 qmm, für Leichtmetalle 25 qmm erlaubt. Die normalen Seilkonstruktionen sind aus dem Wunsch entstanden, erstens möglichst wenig Drahtsorten zu benötigen, und zweitens deren Dimensionen in ein Gebiet zu verlegen, in dem nach den Erfahrungen der Fabrikanten bei dem normalen Arbeitsverfahren einerseits genügende Festigkeit gewährleistet und anderseits noch nicht übermäßige Einbuße an Zähigkeit zu befürchten ist.

4. Als normales Material für Freileitungen waren diejenigen elementaren Metalle anzusehen, deren physikalische Beschaffenheit als völlig erforscht und nur in engen Grenzen variabel gelten konnte, also Kupfer und Aluminium.

Bei gegebenem Drahtdurchmesser erschien der Stoff durch den Leitungswiderstand, sein Bearbeitungszustand und damit sein im Betrieb nutzbares Tragvermögen durch die Bruchlast zur Genüge definiert.

Um Zweifel über die Meßmethode auszuschließen, wurde bestimmt, daß die vorgeschriebene Mindestzuglast mindestens eine Minute lang wirken müsse, ehe sie zum Bruch führe. Die im Betrieb höchstens zuzulässigen Zugspannungen für Kupfer und Aluminium sind in erster Linie nach den praktischen Erfahrungen im Leitungsbau während der letzten Jahre gewählt unter Berücksichtigung der technologischen Gesichtspunkte. Die Sicherheit massiver Kupferdrähte ist absichtlich etwas größer gewählt als die verseilter Drähte.

5. Bei Aluminium wird vor chemischen Einflüssen (z. B. Rauchgasen usw.) gewarnt. Es ist in Industriegegenden und an der Meeresküste Vorsicht geboten.

6. Als ausgeprägt soll ein Fließkegel gelten, wenn er mindestens 30% Querschnittverjüngung enthält. Dieser Zähigkeitsnachweis wurde als Ersatz der früheren Dehnungsmessung eingeführt, weil als Dehnung hartgezogener Drähte in der Regel nur eine winzige wirkliche gleichförmige Längung, daneben aber hauptsächlich der prozentuale Längenanteil des Fließkegels auftritt. Die Existenz des Fließkegels konnte also als das einfachere Bewertungsmittel direkt herangezogen werden. 30% Querdurchschnittsverjüngung ist eine Erscheinung, die sich dem Auge nach kurzer Übung einprägt. Es wird sich also sogar die Messung in der Mehrzahl der Fälle erübrigen, zumal die tatsächliche Querschnittsverjüngung der zähen Metalle 30% merklich zu übersteigen pflegt und somit zuverlässige Schätzungen ermöglicht.

7. Andere Leitungsmaterialien, also Legierungen, wie Bronzen, Hartaluminium, Bimetalle usw., sind zwar zugelassen und grundsätzlich denselben Festigkeitsrechnungen unterworfen, wie Kupfer und Aluminium; nur wird ausdrücklich in Bezug auf Zähigkeit und chemische Beständigkeit zur Vorsicht gemahnt. Dies gilt auch für Kupfer und Aluminium mit besonderen Eigenschaften, z. B. mit ungewöhnlich hoher Festigkeit, weil die Verfestigung unter Umständen auf Kosten der Zähigkeit zu weit getrieben sein kann.

Leitungen, welche stark angreifenden Dämpfen ausgesetzt sind, können bei Verwendung sehr feindrähtiger Litzen unter Umständen gefährdet sein. Daher wird es sich empfehlen, solche Leitungen nicht unter 35 qmm Querschnitt zu machen, damit die einzelnen Drähte mindestens 2,5 mm Durchmesser erhalten, und ein Seil von 50 qmm statt 14litzig 7litzig auszuführen.

8. Bei Leitungen verschiedenen Querschnittes auf einem Gestänge sind die Leitungen nach dem Durchhang des schwächsten Querschnittes zu spannen, sobald die gegenseitige Lage der Drähte ein Zusammenschlagen derselben möglich erscheinen läßt.

In Gegenden, in denen nachweislich große Eislast zu erwarten ist, muß die Sicherheit der Anlage durch zweckdienliche Maßnahmen erhöht werden. Als solche werden empfohlen: Verringerung des Mastbestandes, Herabsetzung der Höchstbeanspruchung der Leitung bei gleichzeitiger Vergrößerung der Leiterabstände.

9. Bei Berechnung der Freileitungen mit wetterfester Schutzhülle ist das Mehrgewicht entsprechend zu berücksichtigen.

10. Die Definition der Spannweite a und des Durchhangs d bei Stützpunkten verschiedener Höhe ergibt sich aus Fig. 266.

11. Die Vorschrift, daß die Leitungsdrähte nicht unmittelbar durch Lötung miteinander verbunden werden dürfen, wenn die Lötstelle nicht von Zug entlastet ist, rechtfertigt sich durch den Umstand, daß die Festigkeit durch die bei der Lötung eintretende Erwärmung erheblich verringert wird, so daß ohne Entlastung schwache Stellen in der Leitung vorhanden sein würden, die zum Bruch führen können.

Bezüglich der Gefahr durch Kontakt verschiedener Metalle siehe Erläuterung 25.

12. Etwa vorhandene Prelldrähte sind einzurechnen.

13. Um mißverständlicher Auffassung vorzubeugen, wird ausdrücklich bemerkt, daß Abzweigmaste nicht als eine Mastart für sich anzusehen sind, sondern je nach den örtlichen Verhältnissen entweder als gewöhnliche Tragmaste oder als Abspannmaste (Spitzenzug = $^2/_3$ des größten einseitigen Leitungszuges) oder als Eckmaste zu berechnen sind; es kann auch eine Verbindung beider Rechnungsarten in Betracht kommen, z. B. so, daß bei Kreuzung zweier Leitungszüge der Mast in der Richtung der einen Leitung wie ein Abspannmast, in der Richtung der anderen Leitung wie ein Tragmast behandelt wird.

14. Zur Beurteilung des geraden Wuchses von Holzmasten kann die Telegraphen-Bauordnung der Reichspost- und Telegraphenverwaltung als Anhalt dienen, wonach die Verbindungslinie zwischen den Mittelpunkten der Hirnflächen des Stamm- und Zopfendes nirgends außerhalb des Stammes fallen darf.

15. Die Festigkeitsverhältnisse der Hölzer variieren mit der Art des Holzes und der Behandlung. Insbesondere hat auch Feuchtigkeit großen Einfluß. Daher wird auch die Festigkeit der gesetzten Stangen je nach ihrem Zustand verschieden sein. Schon daraus ergibt sich, daß eine sehr scharfe Rechnung keine innere Berechtigung hat. Man kann jedoch auf Grund zahlreicher Versuche die mittlere Bruchfestigkeit des Holzes mit 550 kg/qcm annehmen. Wenn man bei imprägnierten Stangen eine 5 fache Sicherheit als genügend betrachtet, so ergibt sich eine höchstzulässige Beanspruchung von 110 kg/qcm. Den gleichen Wert kann man auch für nicht imprägnierte Stangen aus besonders widerstandsfähigem Holz zulassen. Dagegen empfiehlt es sich, für nicht imprägnierte Stangen, bei welchen mit einer baldigen Abnahme des tragenden Querschnittes zu rechnen ist, einen geringeren Wert vorzuschreiben; deshalb wurde für solche eine Höchstbeanspruchung von 80 kg/qcm festgesetzt.

16. Für Windbelastung ist die auch für Bauwerke festgesetzte Belastung von 125 kg/qm senkrecht getroffener Fläche zugrunde zu legen.

Für runde Körper wurde der Abrundungskoeffizient auf 0,5 ermäßigt, wobei man von folgenden Erwägungen ausging: Nach der Berechnung der Beanspruchung von Freileitungen durch Winddruck auf Grund der bisherigen Normalien ergibt sich beispielsweise, daß Kupferleitungen von 35 und 50 qmm Querschnitt um etwa 60° gegen ihre Ruhelage abgetrieben werden müßten. In der Praxis sind jedoch Abweichungen über 25° nicht beobachtet worden. Diese Unstimmigkeit zwischen den Ergebnissen der Berechnung und der Praxis deutet auf Unrichtigkeit der Rechnungsunterlagen hin. Auf Grund eingehender Versuche, welche übereinstimmend von mehreren Seiten unabhängig voneinander angestellt worden sind (Rebora Atti dell'Assoc. Elettr. Ital.-fasc. 3, Mai-Juni 1908; Göttinger Versuche, s. »Hütte« 1911, Teil I, S. 376; Bowie, »Elektr. World« vom 29. September 1906; Krohne, »ETZ« 1902, S. 593), ergaben sich Winddrücke auf zylindrische Körper von maximal 65 kg/qm bei einer Windgeschwindigkeit von 33 m/Sek. Diese Drücke ergeben Auspendelungen von ca. 50°, welche immer noch wesentlich höher sind als die in der Praxis beobachteten; sie würden der Herabsetzung des Koeffizienten 0,7 für die Abrundung der getroffenen Fläche auf ca. 0,5 entsprechen. Die Kommission war daher der Meinung, daß die Herabsetzung um so mehr gerechtfertigt ist, als der bisher übliche Wert von 0,7 nicht auf experimenteller Grundlage entstanden ist, sondern auf Annahme beruht. Außerdem ist zu berücksichtigen, daß der Winddruck immer nur Teile der Leitungsanlage gleichzeitig in derselben Stärke trifft.

17. Für die Bestimmung der erforderlichen Zopfstärken der Maste ist die bisherige Formel beibehalten worden, aus der sich die Zopfstärke als proportional der Wurzel aus dem Produkte der Summe der Leitungsdurchmesser und der mittleren Höhe der Leitungen über dem Erdboden ergibt. Diese Formel ist aus der Überlegung entstanden, daß die Festigkeit des Mastes proportional dem Quadrate der Zopfstärke wächst, während für die Beanspruchung der Maste die seitliche Windbeanspruchung der Leitungen maßgebend ist.

In Verbindung mit den angegebenen Minimalstärken führt die Formel zu brauchbaren Werten; die geringste Zopfstärke ist bei einfachen Masten und Niederspannung auf 13 cm, bei Hochspannung auf 15 cm, bei A-Masten und gekuppelten Stangen auf 12 cm beschränkt worden.

18. Der Grundsatz, daß der Abstand der Masten bei größerer Belastung kleiner werden muß, ist beibehalten worden. Die unterste Grenzzahl, nach der die Spannweite bei Leitungen bis zu 110 qmm Gesamtquerschnitt bis zu 80 m betragen darf, ergibt sich aus der Überlegung, daß es z. B. bei drei Leitungen von je 25 qmm und einem Blitzschutzseil von 35 qmm bei entsprechender Wahl der Masten keine Bedenken hat,

in gerader Strecke diesen Abstand zuzulassen. Bei größerer Belastung sind die Spannweiten entsprechend kleiner zu wählen.

19. Nach den bisherigen Bestimmungen war für Gestänge aus Flußeisen allgemein eine größte Beanspruchung von 1500 kg/qcm festgesetzt. Aus dem Verhältnis der Festigkeit des Flußeisens von 3700 bis 4400 kg/qcm zu dieser Beanspruchung hat man dann die Sicherheit der Konstruktion zu 2,5 bis 3 angenommen. Die Maste waren allgemein nach der Eulerschen Formel mit diesen Sicherheitsfaktoren berechnet, teilweise unter Einsetzung des auf die zu einem Flansch parallele Achse bezogenen Trägheitsmomentes für die Eckwinkeleisen.

In der Praxis haben die auf diese Weise berechneten Maste zwar bisher den Beanspruchungen standgehalten, doch hat sich in zahlreichen Umbruchversuchen (Z. d. V. d. I. 1912, S. 1901, Festigkeitsversuche von Albert Buß & Co., Wyhlen, Baden; noch nicht veröffentlichte Versuche des Telegraphen-Versuchsamtes, des Freileitungsbureaus der Siemens-Schukkert-Werke, der Weserhütte-Oeynhausen, der Firma C. H. Jucho, Dortmund) gezeigt, daß die Maste eine geringere als 2fache Sicherheit hatten. Die Kommission ist der Ansicht, daß aber eine 2fache Gesamtsicherheit vorhanden sein muß, d. h. daß z. B. Maste für einen Gesamtspitzenzug von 1000 kg erst bei einer Belastung von mehr als 2000 kg zum Bruch kommen dürfen.

Bei beiden Berechnungsarten soll gemäß der bei versetzten Diagonalen möglichen Ausknickungsrichtung das auf die zu einem Schenkel parallele Achse bezogene Trägheitsmoment $J\xi$ eingesetzt werden.

20. Um die Einführung anderer Gestängematerialien nicht zu beschränken, ist für diese die zulässige Beanspruchung von der zu gewährleistenden Bruchfestigkeit abhängig gemacht worden.

21. Bezüglich der Aufstellung der Gestänge ist zu bemerken, daß allgemeine Regeln für die Befestigung im Boden sich nicht geben lassen. Es ist jedoch als leitender Gesichtspunkt hervorzuheben, daß diese Bodenbefestigung der Festigkeit des Mastes möglichst entsprechen soll. In gutem Boden und bei gerader Leitungsführung wird im allgemeinen ein hinreichend tiefes Eingraben und Wiederbefestigung des Bodens genügen, bei winkliger Leitungsführung und in weichem Boden wird man dagegen eine besondere Befestigung vornehmen müssen; es sei hier auf das Einbetonieren der Masten hingewiesen. Bezüglich der Beschaffenheit des Betons ist näheres den allgemeinen Baubestimmungen zu entnehmen. Auch durch vorgelegte imprägnierte Schwellen kann gegebenenfalls der einseitigen Beanspruchung des Bodens durch den Zug der Drähte wirksam begegnet werden.

Von Drahtankern ist bei Hochspannungsmasten abzuraten, weil dadurch Beschädigungen von Personen vorgekommen sind.

Einige Zeit nach der Inbetriebnahme sind eingegrabene Masten zweckmäßig nachzustampfen.

22. Wird ein Eckmast so aufgestellt, daß die Resultierende R der Leitungszüge mit der einen Hauptachse XX des Mastes den Winkel a bildet, demnach mit der anderen Hauptachse YY den Winkel ($90^0 - a$), so ist er für die gleichzeitig wirkenden Kräfte $R \cdot \cos a$ in Richtung der Hauptachse XX und für $R \cdot \cos (90^0 - a)$ in Richtung der Hauptachse YY zu berechnen. Der Angriffspunkt der Kräfte am Mast ist der gleiche wie der der Resultierenden aus den Leitungszügen.

23. Bei Leitungen, die längs der Verkehrswege aufgestellt und besonders heftigen Stürmen, z. B. in Küstengegenden oder auf kahlen Bergrücken, ausgesetzt sind, muß eine besondere Sicherung der Maste gegen Umfallen getroffen werden, wobei die am häufigsten auftretenden Weststürme möglichst berücksichtigt werden sollen. Hierbei wird die Sicherung in Entfernungen von je 500 m für ausreichend erachtet.

24. Die Anbringung von Sitzgelegenheiten für Vögel in größeren Entfernungen von den Leitungsdrähten (z. B. durch Sitzstangen an den Mastspitzen in Richtung der Leitungen) ist ebenfalls zur Verhütung von Schäden für die Vogelwelt von einigen Seiten empfohlen worden, sollte jedoch nicht unterhalb der Leitungen stattfinden[1]).

25. Bei Aluminium und einigen anderen Metallen kann hartes Material positiv und weiches negativ sein, wodurch elektrolytische Zerstörungen eingeleitet werden können. Bei der Verwendung von Kopfbunden ist gewisse Vorsicht nötig, weil die auf den Isolator aufliegende Leitung infolge von Schwingung und gleitender Reibung leicht verletzt wird. Am besten werden für Aluminium praktisch erprobte Spezialbunde benützt.

Bei Aluminiumabzweigungen von Aluminiumleitungen wird darauf hingewiesen, daß durch Verwendung von Abzweigklemmen aus anderem Metall als reinem Aluminium elektrolytische Zerstörungen eingeleitet werden können. Außerdem wird empfohlen, den Zutritt von Feuchtigkeit durch geeignete Mittel zuverlässig zu verhindern. Bei Kupferabzweigungen von Aluminiumleitungen wird aus dem nämlichen Grunde zur Vorsicht gemahnt. Am besten werden praktisch erprobte Spezialkonstruktionen benutzt unter Anwendung des vorstehend empfohlenen Feuchtigkeitsabschlusses.

26. Mittel, welche ein Treiben befürchten lassen, sind zu verwerfen.

---

[1]) Bezüglich empfehlenswerter Ausführungen mit Rücksicht auf den Vogelschutz sei auf die Veröffentlichung »Elektrizität und Vogelschutz« hingewiesen, welche kostenlos bei der Geschäftsstelle des Bundes für Vogelschutz in Stuttgart. Jägerstraße, sowie auch bei der Geschäftsstelle des Verbandes Deutscher Elektrotechniker in Berlin SW, Königgrätzerstraße 106, erhältlich ist.

27. Die Erfüllung der Forderung, daß in den in § 22 h und k der Errichtungsvorschriften angeführten Fällen Drahtbrüche ausgeschlossen oder die Gefahren bei Drahtbrüchen verhindert werden müssen, wurde bisher vielfach durch Verwendung von Erdungsbügeln an den Masten unterhalb der Leitungen zu erreichen versucht. Die Erfahrung hat aber gezeigt, daß diese Bügel nicht betriebssicher sind. Weiter hat sich ergeben, daß die Erdungsbügel den Nutzvögeln außerordentlich gefährlich werden. Diese lassen sich gerne auf den geerdeten Bügeln bzw. den zur Befestigung dieser Bügel dienenden Traversen nieder und gehen dann bei gleichzeitiger Berührung eines Leitungsdrahtes zugrunde. Es wird deshalb empfohlen, die Erdungsbügel durch eine andere Sicherheitsvorrichtung zu ersetzen, z. B. durch Ausführung der Leitung mit »erhöhter Sicherheit«.

28. Diese Sicherheitsbügel werden zweckmäßig aus dem gleichen Material wie die Stromleitungen hergestellt und vor und hinter dem Isolator so an diesem befestigt, daß bei Isolatorbruch die beiden Leitungsenden durch den Sicherheitsbügel zusammengehalten werden und die Leitung von der Traverse aufgefangen wird oder, falls sie von dieser abgleitet, noch mindestens 3 m vom Erdboden entfernt bleibt.

29. Sogenannte Sicherheitskupplungen geben zu Betriebsstörungen Anlaß und sind daher nicht unbedingt zu empfehlen.

Kapper, Freileitungsbau-Ortsnetzbau.

Hochspannungsstrecke:

Hochspannungsleitung.

Anzahl: . . à . . . qmm bei . . . mm φ
Material: . . . . . k_z = ... kg/qmm
Maxim. Belastung: . . . . . . kg/qmm
Winddruck pro lfd. m . . . . . kg

Telephonleitung.

Anzahl: . . à . . . qmm bei . . . mm φ
Material: . . . . . k_z = ... kg/qmm
Maxim. Belastung: . . . . kg/qmm
Winddruck pro lfd. m . . . . . kg

Strecke vom Zentralb…
» begonnen am:
» beendigt am:
Zur Kontrolle eingesa…
Bauerlaubnis erteilt a…
Material abgerufen am…

Nr.						
1	Laufende Nummer					
2	Mast Nummer					
3	Profilplan					
4	Lageplan					
5	Entfernung	m				
6	Durchhang	cm				
7	Niveau-differenz ±	m				
8	Scheitelabst. von der Erde	m				
9	Winkel des Leitungszuges	∢ °				
10	Grösster Zug auf dem Mast	kg				
11	Mast-Type					
12	Länge über der Erde	m				
13	Gesamtlänge	m				
14	Dimensionen des Fundamentes	m				
15	Reserve eingeholt am					
16	Besitzer des Grundstückes.					
17	Bemerkungen.					

Tafel I.

sichtigt am: . .
. . . .
. . . .
. . . .
. . . .
. . . .

An den Unternehmer übergeben am: . . . .
Mastsetzen beendigt am: . . . .
Leitungsauflegen begonnen am: . . . .
» beendigt am: . . . .
In Betrieb gesetzt am: . . . .

Unternehmer für Mastsetzen: . . . .
» » Leitungsverlegen: .
Bauleitender Ingenieur: . . . .
Hilfsarbeiter: . . . .

Druck und Verlag von R. Oldenbourg, München und Berlin.

Materialauszug für Leitu

Hochspannung ....Volt, Kupferleiter .... qm
Telephon .... Bronzeleiter .... „

Stützpunkt		Grundstückbesitzer		Mastabstand	Holzmaste						Eisenmaste					Erdungsmaterial			
Laufende Nr.	Linien-Nr.	Name	Wohnort		Typ Zeichnung Nr.	Länge über Erde	Befestigung im Boden	Eingrabtiefe	Verstärkung durch Anker Material	Verstärkung durch Strebe Material	Typ Zeichnung Nr.	Spitzenzug	Befestigung im Boden	Fundament nach Zeichnung Nr.	Fundament Betonmischung	Erdplatte Material Größe	Rohre mit Schellen Länge Durchmesser	Erdleitung Material Querschnitt	Bleischeib… Schrau… ben Klem… men

Kleinmaterial:

Bindedraht-Weichkupfer . ... qmm, ... kg
Bindedraht-Halbhartkupfer . ... „ .... „
Bindedraht-Monotmetall . . .. „ .... „
Lötzinn . . . . „
Kolophonium . . . . „
Benzin . . . . „
Teer . . . . „

Werkzeuge:

Koffer . . . . Nr. ....
Flaschenzüge . . . .
Haspel . . . .
Dynamometer für .... kg Zug.
Seile . . . .
Leitern . . . .
Steigeisen . . . .
Sicherheitsgürtel . . . .

Tafel II.

…………………………………………

…itt, ………… Adern je ………… mm Durchmesser.

………… „ „ ………… „ „

…n	Stützen		Isolatoren		Mastschalter Zeichnung Nr. …………	Fang-bügel Zeich-nung	Erd-bügel Zeich-nung	Sicher-heits-bügel Zeich-nung	Schutznetze				Erdseil		Niet-ver-binder	Konus-ver-binder	Konus-schluß-bunde	Ab-zweig-klem-men	Be-merkungen
…ach-…m …ch-…ng …r.	Stark-strom Zeich-nung Nr.	Schwach-strom Zeich-nung Nr.	Typ Nr.	Typ Nr.	Antrieb Zeichnung Nr. …………	Nr.	Nr.	Nr.	Längs-drähte φ	Quer-drähte φ	Tra-versen Zeich-nung Nr.	Spann-schrau-ben Zoll	Ma-terial qmm	Befesti-gung Zeich-nung Nr.	Typ	Typ	Typ	Typ	
																			Anzuliefern nach Bahnhof

………… Transport, Setzen der Maste, Ausführung der Fundamente durch: …………

………… laut Vertrag vom …………

………… Montage der Leitungen durch: …………

………… laut Vertrag vom …………

………… Anstreicharbeiten durch: …………

………… laut Auftragschreiben vom …………

………… Beginn der Mastsetzarbeiten: …………

………… „ „ Leitungsmontage: …………

………… Zeitpunkt der Inbetriebsetzung: …………

Druck und Verlag von R. Oldenbourg in München und Berlin.

Printed and bound by CPI Group (UK) Ltd, Croydon, CR0 4YY

18/08/2026

14944368-0002